La fabrique administrative des lois et règlements

La Fabrique du politique
Sociologie de l'action publique
Vol. 8

Emmanuel Martinais

La fabrique administrative des lois et règlements

Enquête au ministère de l'environnement après la catastrophe d'AZF

PETER LANG
Lausanne - Berlin - Bruxelles - Chennai - New York - Oxford

Publié avec le soutien de l'École Nationale des Travaux Publics de l'État (ENTPE).
Image de couverture : Illustration : Pixabay / Composition : Emmanuel Martinais.

Cette publication a fait l'objet d'une évaluation par les pairs.

Publié par Peter Lang Éditions Scientifiques Internationales -
P.I.E. SA, Bruxelles, Belgique

info@peterlang.com - http://www.peterlang.com/

ISSN 2593-1369
ISBN 978-2-87574-913-0
ePDF 978-2-87574-914-7
ePUB 978-2-87574-915-4
DOI 10.3726/b21213
D/2023/5678/48

Information bibliographique publiée par « Die Deutsche Bibliothek »
« Die Deutsche Bibliothek » répertorie cette publication dans la « Deutsche National- bibliografie » ; les données bibliographiques détaillées sont disponibles sur le site <http:// dnb.ddb.de>.

Sommaire

Introduction

Cet ouvrage propose de valoriser un ensemble de travaux consacrés aux suites législatives et réglementaires de la catastrophe d'AZF survenue à Toulouse en septembre 2001[1]. Menées à partir de 2004, ces enquêtes successives ont permis d'accumuler un important matériau empirique qui, tel un puzzle assemblé pièce après pièce, finit par révéler une représentation originale de l'objet étudié. C'est ce « tableau », patiemment constitué au cours des dernières années, que je propose de partager et discuter dans cet ouvrage.

Le suivi longitudinal d'une réforme de politique publique

Une fois rassemblé et envisagé selon la même perspective analytique, le matériau issu de cette longue enquête sur le « post-AZF » retrace les différents épisodes d'une réforme législative et réglementaire destinée à refonder certains piliers de la politique française de prévention des risques industriels. Une première recherche, réalisée en tandem avec ma collègue sociologue Laure Bonnaud, expose ainsi les prémices de cette histoire en se focalisant sur les suites immédiates de la catastrophe, c'est-à-dire la crise médiatique et politique suscitée par l'événement, les enquêtes administratives, rapports d'expertise et débats qui ont contribué à la mise en problème de la situation post-accidentelle, puis l'élaboration du projet de loi voulu par le gouvernement de l'époque pour solutionner une partie de ces problèmes et enfin, le processus parlementaire qui a conduit à l'adoption de la loi du 30 juillet 2003[2], notamment ses deux articles principaux

1 Au sujet de cet accident industriel dont il ne sera finalement pas beaucoup question dans cet ouvrage, voir par exemple (de Terssac, Gaillard, 2008a).

2 Qualifié de « loi risques » ou de « loi Bachelot », ce texte est relatif à la prévention des risques technologiques et naturels et à la réparation des dommages.

visant le renouvellement de l'étude de dangers d'une part, le renforcement de la maîtrise de l'urbanisation via la création de plans de prévention des risques technologiques (PPRT) d'autre part[3]. Ce premier travail, qui a permis de retracer la genèse de ces deux orientations de réforme jusqu'à leur traduction législative, a été immédiatement suivi d'un deuxième, en solo cette fois, consacré à la mise en règlement de ces deux dispositions, c'est-à-dire l'écriture des textes d'application, arrêtés ministériels, circulaires et autres guides méthodologiques, nécessaires à leur mise en œuvre concrète. La troisième recherche, qui démarre fin 2008, est la suite logique des deux précédentes : toujours en solo, elle consiste à suivre la réception de ce nouveau corpus réglementaire par les acteurs de la mise en œuvre à partir d'un cas principal (la vallée de la chimie au sud de l'agglomération lyonnaise) et plusieurs terrains annexes investigués en parallèle, mais de façon moins fouillée (Bollène dans le Vaucluse, Caen-Hérouville dans le Calvados, Donges en Loire-Atlantique, Gaillon dans l'Eure, La Mède dans les Bouches-du-Rhône, La Rochelle en Charente-Maritime, Saint-Pierre-des-Corps en Indre-et-Loire et Tersanne dans la Drôme). Centrée sur les acteurs locaux, cette troisième enquête s'est principalement intéressée à la révision des études de dangers selon les dispositions de la loi de 2003, puis une fois ces documents techniques correctement mis à jour, à leur exploitation dans le cadre des procédures d'élaboration des PPRT qui, dans les cas les plus compliqués, ont mis pas loin de dix ans pour aller jusqu'à leur terme.

---

3 Avec l'information préventive, l'étude de dangers et la maîtrise de l'urbanisation sont les principaux piliers de la prévention des risques industriels en France (Martinais, 2007).

Encadré 1 Quelques repères chronologiques de la réforme post-AZF

- 21 sept. 2001 : Explosion de l'usine AZF à Toulouse.
- 28 sept. 2001 : L. Jospin, premier ministre, annonce la préparation d'une nouvelle loi sur les risques industriels et l'instauration de plans de prévention des risques technologiques pour renforcer les dispositifs préventifs existants.
- Oct.-déc. 2001 : Débat national sur les risques industriels.
- Début 2002 : Préparation par les services du Ministère Cochet d'un avant-projet de loi sur la maîtrise des risques.
- Printemps 2002 : Changement de gouvernement et nomination de R. Bachelot à la tête du Ministère de l'écologie et du développement durable (MEDD).
- Fin 2002–2003 : Préparation d'un nouveau projet de loi par les services de R. Bachelot (ajout d'un volet « risques naturels ») et examen du texte par le Parlement.
- 30 juillet 2003 : Vote de la loi relative à la prévention des risques technologiques et naturels et à la réparation des dommages (dite loi Bachelot ou loi risques).
- 2003–2005 : Écriture des textes d'application du volet « risques technologiques » de la loi et mise en œuvre, dans le cadre de plusieurs expérimentations locales, de la réforme conjointe des études de dangers, de la procédure d'autorisation et de la maîtrise de l'urbanisation avec les PPRT, imposée par les nouvelles dispositions législatives (articles 4 et 5 de la loi).
- Sept.-déc. 2005 : Parution au Journal Officiel des principaux textes d'application des articles 4 et 5 de la loi et diffusion du guide méthodologique d'élaboration des PPRT.
- Début 2006 : Lancement du programme de révision et d'actualisation des études de dangers pour tous les sites industriels concernés par l'élaboration des PPRT.
- 2006–2009 : Mise à contribution des groupes de travail sectoriels pour la résolution des problèmes de mise en œuvre et la production de doctrines complémentaires concernant l'actualisation des études de dangers.

• Fin 2007 :	Lancement du programme national d'élaboration des PPRT (environ 400 plateformes industrielles concernées).
• Printemps 2008 :	Mise en place de l'instance nationale de suivi des PPRT.
• 10 mai 2010 :	Parution de la circulaire récapitulant les règles méthodologiques applicables aux études de dangers, à l'appréciation de la démarche de réduction du risque à la source et aux plans de prévention des risques technologiques (PPRT) dans les installations classées en application de la loi du 30 juillet 2003.
• 16 juillet 2013 :	Vote de la loi portant diverses dispositions d'adaptation au droit de l'Union européenne dans le domaine du développement durable, dont plusieurs articles modifient la règle de financement des PPRT fixée par l'article 34 de la loi du 30 juillet 2003.
• 22 octobre 2015 :	Adoption de l'ordonnance relative aux plans de prévention des risques technologiques qui crée un régime dérogatoire pour les entreprises riveraines concernées par les mesures de réduction de la vulnérabilité imposées par les PPRT.

Cette observation attentive de la mise en œuvre, qui m'a occupé jusqu'à l'approbation du PPRT de la vallée de la chimie lyonnaise en 2016, a également permis de documenter une partie des mobilisations riveraines suscitées par ces nouvelles procédures, puis de s'intéresser à la façon dont cette contestation sociale a pesé sur le processus de réforme en infléchissant, pour les rediriger, certaines règles édictées par la loi de 2003 et/ou ses textes d'application. Ayant vérifié à cette occasion que la mise en œuvre ne se joue pas uniquement au niveau local mais également au niveau central, une dernière enquête m'a finalement ramené du côté des bureaux ministériels et des lieux où se fabriquent les décisions gouvernementales pour observer de près ces effets de rétroaction sur la réglementation principale. Plusieurs dossiers ont alors été décortiqués, notamment l'écriture de l'ordonnance du 22 octobre 2015 qui constitue l'un des derniers épisodes de la réforme initiée près de quinze ans plus tôt (*cf.* encadré 1).

Ainsi reconstituée, cette histoire de réforme invite à trois remarques préliminaires qui concernent directement la définition de l'objet de recherche. La première est que le processus en question, qui couvre à peu près toutes les étapes d'un cycle normal de politique publique[4], s'inscrit dans le temps long de l'action publique (presque deux décennies). De ce point de vue, il importe donc de l'envisager comme une activité structurante, voire constituante, des services administratifs qui en ont la charge (Bezes, Join-Lambert, 2010). La deuxième remarque est que cette activité structurante vise principalement la production de textes normatifs. A chacune des étapes du processus, l'action réformatrice consiste en effet à écrire des articles de loi, des règlements, des guides méthodologiques, des notes de doctrine ou des instructions techniques, puis d'en assurer la diffusion en veillant à leur bonne réception par les metteurs en œuvre chargés de les appliquer sur le terrain. La troisième remarque, enfin, est que ce travail de production normative repose en grande partie sur les agents de bureau, c'est-à-dire les personnels des unités de base des directions d'administration centrale concernées. Telle que nous l'envisageons ici, la réforme n'est donc pas une affaire de hauts-fonctionnaires ou de décideurs politiques. Elle correspond davantage à une activité bureaucratique routinière portée par la « moyenne administration », autrement qualifiée d'administration du milieu (Baruch, 2007).

Un point de vue original sur l'administration du milieu

Si l'on déroule à nouveau le fil de cette réforme, on voit évidemment passer un très grand nombre d'acteurs dans des configurations variables, mais à chacun des épisodes évoqués plus haut, on retrouve au cœur de l'action le même petit groupe de fonctionnaires issus des services ministériels en charge des risques industriels. Au tout début de l'histoire, dans les jours et les semaines qui suivent la catastrophe d'AZF, ce sont déjà ces personnels de bureau qui sont en première ligne, principalement occupés à gérer les urgences de la crise : répondre aux médias, coordonner les actions de sécurisation du site sinistré, organiser une opération « coup de poing » de contrôle de tous les stockages d'ammonitrate répertoriés en France, etc. Dans cette période d'extrême activité, cette petite équipe est également mise à contribution pour réfléchir à des propositions d'amélioration des différents dispositifs de prévention qu'elle administre,

4 Selon l'approche séquentielle qui est généralement utilisée pour décrire et analyser ces politiques (Knoepfel et al., 2015).

répondre aux sollicitations des experts diligentés pour faire la lumière sur l'événement, préparer des contributions pour le débat national sur les risques industriels et alimenter le projet gouvernemental de réforme de la politique publique. Dans la phase suivante, ce petit groupe est toujours à la manœuvre. Il constitue la main d'œuvre principale de l'équipe ministérielle chargée de mettre en forme le projet de loi commandé par le gouvernement, d'en négocier les dispositions avec les autres ministères concernés puis d'accompagner la ministre tout au long du processus parlementaire. Une fois la loi votée, la même petite équipe investit cette fois le pilotage des différents chantiers de la mise en règlement : c'est elle qui s'occupe de constituer et d'animer les groupes de travail dédiés aux deux principales orientations de réforme (étude de dangers et PPRT), de coordonner les expérimentations locales censées aider à la formalisation des règles visant à détailler les articles 4 et 5 de la loi, de mettre en forme les méthodes et outils à la base des nouvelles procédures et puis surtout, d'écrire l'ensemble des textes d'application destinés aux acteurs de terrain (décrets, arrêtés, circulaires, guides méthodologiques).

Très présents dans la phase amont du processus, ces personnels d'administration centrale le sont encore aux étapes suivantes de mise en œuvre et ce, jusque vers la fin du processus réformateur. Même si le rôle des acteurs locaux prend à ce moment-là plus d'importance, les acteurs centraux chargés de la production normative continuent malgré tout d'occuper le devant de la scène. Une fois les textes d'application parus au Journal Officiel, ils doivent en effet veiller à leur bonne diffusion vers les terrains d'application, fournir des modes d'emploi pour expliciter les parties les plus techniques et, le cas échéant, monter des formations spécifiques pour favoriser leur appropriation. Dans cette partie aval du processus, le travail des agents de bureau consiste également à piloter les réseaux d'échange avec les services déconcentrés pour suivre de près la révision des études de dangers et l'élaboration des PPRT, repérer par ce biais les problèmes d'application qui surgissent de façon générique, installer des groupes de travail pour produire des solutions adaptées à ces problèmes et puis, là encore, écrire des guides, des éléments de doctrine, des instructions techniques visant à détailler plus avant la réglementation principale, voire des correctifs législatifs et/ou réglementaires lorsque les problèmes à résoudre imposent de revoir certains des grands principes fixés par la loi et ses textes d'application.

On le voit bien à travers ce rapide aperçu des actions engagées à chaque étape du processus, la réforme dans son ensemble peut facilement s'envisager comme une fenêtre grande ouverte sur le travail des services ministériels chargés de la prévention des risques industriels. Dans la mesure où elle implique les mêmes personnels de bureau sur un temps assez long (une décennie et demi), elle constitue en elle-même un point de vue original sur les activités ordinaires de cette administration du milieu, qu'il s'agisse de coordonner des réseaux de pairs, de mettre en place et d'animer des groupes de travail, de produire de la doctrine, d'écrire des textes réglementaires ou d'assister les acteurs de terrain dans leurs actions de mise en œuvre. Le suivi longitudinal de la réforme post-AZF conduit donc logiquement à centrer le regard sur les fonctionnaires de cette moyenne administration qui sont ici des ingénieurs de catégorie A, cadres de premier niveau (chef et chef-adjoint de bureau) ou chargés de mission au sein des unités directement impliquées dans le suivi et le pilotage des éléments de politique publique considérés. L'objet de recherche s'impose ainsi quasi de lui-même, sachant par ailleurs que les activités concrètes de ces fonctionnaires intermédiaires n'ont jamais vraiment été documentées et qu'elles restent à ce jour très mal connues. En focalisant l'analyse sur ce petit groupe d'ingénieurs spécialisés du Ministère de l'environnement, on se donne donc la possibilité de faire coup double en apportant d'une part de nouveaux éclairages sur la production normative qui constitue un point aveugle des travaux consacrés aux activités bureaucratiques, en redonnant d'autre part toute son épaisseur à l'administration des risques industriels qui, jusqu'à maintenant, a davantage été saisie par ses extrémités que par son milieu.

L'administration des risques industriels entre ombres et lumières

L'administration des risques industriels, en tant que structure bureaucratique spécifiquement dédiée à la lutte contre les risques et les pollutions d'origine industrielle, existe maintenant depuis une cinquantaine d'années. Issue du Ministère de l'industrie où elle prend forme à la fin des années 1960, elle est rattachée au Ministère de l'environnement en 1972, peu de temps après sa création (Bécot, 2021). Depuis, elle s'incarne dans une organisation verticale formée d'une direction d'administration centrale *ad hoc*[5], connectée à des services d'exécution situés aux niveaux

[5] D'abord Direction de la prévention des pollutions et des nuisances (DPPN), elle devient ensuite Direction de la prévention des pollutions et des risques (DPPR), puis Direction générale de la prévention des risques (DGPR) en 2007.

régional et départemental. Ses origines marquées du sceau de l'industrie et sa participation active à la construction du Ministère concurrent de l'environnement en font, dès les années 1970, un objet particulièrement prisé des sociologues et politistes intéressés par la question de l'État. La « jeune » bureaucratie des risques et pollutions industriels fait alors l'objet de nombreux travaux, dans le sillage du programme fondateur que le centre de sociologie des organisations consacre, à partir du milieu des années 1960, aux transformations de l'administration française (Borraz, Ruiz, 2020). L'observation de ses rouages internes permet ainsi de mettre en évidence le pouvoir grandissant des grands corps techniques au sein de l'appareil d'État (Friedberg, Desjeux, 1972), d'exposer au grand jour les principes de l'action réglementaire et les rapports induits avec les assujettis industriels (Padioleau, 1982b) ou de discuter du caractère plus ou moins démocratique des mécanismes de régulation des activités économiques concernées (Pollak, 1982). Dans la décennie suivante, plusieurs chercheurs se saisissent également de cet objet pour souligner l'emprise du néo-corporatisme sur l'action étatique (Brénac, 1988) ou, de façon plus ciblée, décrire les mécanismes d'institutionnalisation de l'environnement comme secteur d'action publique (Lascoumes, 1994). Plus près de nous encore, des analyses plus sociologiques ont exploré d'autres facettes de cette administration spécialisée en l'envisageant cette fois sous l'angle de la professionnalisation de ses agents, notamment les inspecteurs des installations classées qui, sur le terrain, s'occupent du suivi administratif et du contrôle des assujettis industriels (Bonnaud, 2002). Régulièrement actualisés, ces travaux contribuent dans leur ensemble à dresser un tableau assez précis de l'objet. Mais comme la plupart des recherches relatives à l'administration publique en France, ces éclairages portent principalement sur le haut de la structure bureaucratique et sur sa base, laissant dans l'ombre le corps intermédiaire des acteurs administratifs qui ne sont ni des hauts-fonctionnaires, ni des *street level bureaucrats*[6].

[6] Cette propension des sciences sociales françaises à n'envisager l'administration publique que par ses extrémités ressort très clairement des sommaires des deux derniers ouvrages de synthèse consacrés à la question (Eymeri-Douzans, Bouckaert, 2013 ; Dreyfus, Eymeri, 2006).

Vue du haut : une administration réglementaire tenue par des ingénieurs spécialisés

Dans les approches « par le haut », cette administration se singularise par au moins trois caractéristiques : sa destination principale qui est de produire du droit et de veiller à son application, son orientation technocratique qui favorise les approches d'ingénieurs et justifie la production de règles fondées sur une rationalité scientifique et technique, et enfin, son ouverture aux assujettis industriels avec lesquels elle entretient des relations très étroites.

Souvent prise en exemple pour illustrer le phénomène technocratique, l'administration des risques industriels fait partie des secteurs de la puissance publique qui ont été constitués en « biens collectifs » par les corps techniques de l'État (Thoenig, 1996). Depuis sa création à la fin des années 1960, cet appareil administratif est en effet tenu par les ingénieurs du corps des Mines. Cette emprise, qui s'établit de façon progressive, se traduit notamment par un cumul de pouvoirs assez inhabituel dans l'administration : profitant d'un statut d'expert sur les questions de sécurité industrielle, ces ingénieurs sont en effet à la fois chargés de produire le cadre normatif, de veiller à son exécution, de juger des infractions, de définir les sanctions et le cas échéant, d'assister les industriels dans le choix des meilleures techniques préventives. Par ce cumul, ils contrôlent donc le chaînage de l'essentiel de leurs cadres d'action et la totalité du cycle de définition des politiques publiques qu'ils administrent : la formulation des règlements, leur mise en œuvre, leur évaluation critique (au regard notamment des niveaux d'infraction) et leur réajustement ou renouvellement. L'emprise de ces ingénieurs sur le secteur se signale également par les stratégies de diversification qui leur assurent une maîtrise sans cesse renouvelée de leur domaine d'intervention (Lascoumes, 1999). Cet effort, qui vise à la consolidation permanente de leur position, se lit notamment dans l'extension croissante des terrains sur lesquels s'exerce leur autorité technique : celui de la production des savoirs via la généralisation des analyses de risques et le développement des instruments de connaissance des accidents industriels, celui de la maîtrise de l'urbanisation via la promulgation d'outils réglementaires permettant de contraindre l'usage des sols et la construction dans le voisinage des installations les plus dangereuses, celui de la gestion de crise via le développement des plans des secours, celui enfin de l'information du public via la multiplication des dispositifs destinés à favoriser les échanges entre parties prenantes et renforcer l'adhésion du public aux enjeux de prévention. En renouvelant ainsi constamment leurs moyens d'action, les ingénieurs du corps des Mines conservent une capacité sans égale d'influer sur les évolutions du secteur dans un sens qui préserve, voire étend, leurs prérogatives.

La deuxième caractéristique, qui ressort assez bien des approches « par le haut », concerne le rapport au droit. Plusieurs recherches, notamment dans la première période, ont montré comment la petite bureaucratie des risques industriels de la fin des années 1960 a progressivement fait sa place dans l'appareil d'État en s'appuyant sur ses capacités de production normative (Padioleau, 1982a). D'abord orientée vers l'assistance technique et le conseil aux industriels, elle tend par la suite à nettement privilégier l'action réglementaire, c'est-à-dire la production de normes formelles visant la réduction des risques et pollutions (Bonnaud, 2005). Dès la fin des années 1970, sa mission principale consiste à définir ces normes et obtenir des agents économiques concernés qu'ils s'y conforment[7]. Le règlement ainsi produit et régulièrement mis à jour n'est cependant pas l'expression d'un pouvoir commandeur invitant à une surveillance stricte des activités menaçantes et à l'éradication totale des risques et pollutions engendrés par ces activités. Il procède davantage d'une logique processuelle qui favorise la production d'accords négociés entre les représentants de l'administration et les assujettis industriels, concernant notamment les buts à atteindre en matière de prévention et de sécurisation des installations. Dans ce secteur, l'action de l'administration repose donc principalement sur des règles d'organisation visant à cadrer les relations entre les acteurs concernés, beaucoup moins sur des normes de contenu fixant des objectifs quantifiés en termes de réduction des risques (Lascoumes, 1989)[8].

Le troisième trait distinctif, enfin, est l'expression de cette forme de gouvernement qui privilégie, en toutes circonstances, le dialogue à huis-clos (c'est-à-dire en dehors des autres parties prenantes) avec les agents

---

7 Pour l'essentiel, cette activité réglementaire s'inscrit dans le cadre de la législation sur les installations classées qui, depuis le début du XIXe siècle, encadre le fonctionnement des établissements présentant des risques pour leur voisinage (Massard-Guilbaud, 1999).

8 De ce point de vue, l'administration française des risques industriels se distingue de son homologue américaine qui, de son côté, privilégie justement ces objectifs quantifiés (Vogel, 1986).

économiques visés par les obligations réglementaires. Emblématique du néo-corporatisme à la française (Szarka, 2000), la prévention des risques industriels s'est en effet institutionnalisée comme un secteur « cogéré », où chaque décision fait l'objet de discussions préalables entre les détenteurs du pouvoir réglementaire et les représentants des entreprises directement concernées. Envisagée tour à tour sur un mode critique ou plus compréhensif, cette intégration systématique des intérêts industriels dans le processus de décision s'observe aux deux niveaux d'élaboration et de mise en œuvre de la politique de prévention. Au niveau central, elle caractérise surtout le processus de production réglementaire auquel les représentants industriels contribuent activement par le biais de différents canaux (groupes de travail ministériels, tours de tables informels, consultations officielles, avis formels sur les projets de texte). Au niveau local, ce dialogue bilatéral conditionne également l'action des services d'inspection chargés de veiller à l'application de ces textes, notamment dans le cadre de la procédure d'autorisation qui contribue à définir les objectifs de réduction des risques s'imposant à chaque industriel. Ce mode de faire, déjà décrit dans les années 1980 (Brénac, 1985), perdure encore aujourd'hui sans être véritablement remis en cause par les autres parties prenantes du domaine (Bonnaud, Martinais, 2010).

Vue du bas : une administration coopérative au service du développement industriel

Dans la littérature sur les risques industriels, les éclairages « par le haut » ont été régulièrement complétés par des analyses davantage focalisées sur les conditions de mise en œuvre de la réglementation principale et les situations de travail des agents de terrain chargés de suivre l'exécution des programmes d'action publique correspondants. Ces approches « par le bas » ont notamment permis d'entrer plus avant dans le fonctionnement du tandem que les services d'inspection ont l'habitude de former avec leurs partenaires industriels lorsqu'il s'agit de procéder à la révision des études de dangers, d'actualiser les arrêtés d'autorisation des établissements à risques, ou bien encore de définir les mesures de maîtrise de l'urbanisation visant à contraindre l'urbanisation dans le voisinage immédiat de ces établissements. L'exploration de ces « huis-clos technicistes » si caractéristiques de la prévention des risques industriels a alors favorisé la compréhension de ces conduites de coopération et finalement conduit à moins les envisager sur le mode de la « capture réglementaire[9] » que comme une pratique administrative visant à atténuer les phénomènes d'incertitude liés à l'application du droit. Défini en termes de « stratégie de l'accommodation » ou de « régulation négociée », ce principe d'action permet en effet la prise d'information sur les milieux assujettis et la constitution de connaissances qui s'avèrent souvent nécessaires à l'application de la réglementation (Padioleau, 1982b). En faisant prévaloir là encore le compromis négocié et les procédures contractuelles sur l'exercice autoritaire de la contrainte, il crée en même temps la possibilité pour les industriels de contrôler et de canaliser, en fonction de leurs contraintes propres, les exigences de l'administration et d'en réguler les effets sur la concurrence, d'en étaler l'incidence dans le temps, d'en assurer la compatibilité avec leurs propres stratégies de développement. En retour, cette stratégie offre à l'administration une meilleure garantie d'efficacité de son intervention, en minimisant les réactions de rejet, les risques de conflit ouvert et les tactiques défensives des industriels.

Centrées sur les interactions avec les assujettis, ces analyses permettent également de mieux saisir les finalités de l'action administrative. Bien que rattachés au Ministère de l'environnement, les services chargés de la prévention des risques industriels sont en général plus industrialistes qu'environnementalistes, dans le sens où leur but ultime est moins de protéger l'environnement en tant que tel que de créer les conditions les plus favorables au déploiement des activités industrielles. Leur action correspond ainsi à une problématisation spécifique de l'environnement qui priorise le développement sur la prévention, ou plus exactement, qui fait de la prévention un facteur décisif du développement (Vlassopoulou, 2007). La logique profonde de cette administration est de soutenir l'activité industrielle en incitant les agents économiques concernés à faire constamment le maximum sur le plan environnemental, sur la base d'un principe qui consiste à considérer que l'on peut leur imposer beaucoup si on leur garantit en retour qu'ils feront l'objet d'un traitement équitable vis-à-vis des entreprises concurrentes, qu'ils auront le temps de s'adapter pour aboutir à telle norme idéale en matière de réduction des risques et enfin, que les règles du jeu resteront relativement stables dans la durée (Lascoumes, 1994). L'action administrative consiste alors à placer les

---

9 Très prisée des politistes américains, la théorie de la « capture réglementaire » fait référence aux processus par lesquels la régulation est orientée de manière constante par l'industrie régulée en fonction de ses intérêts propres (Pautz, 2009).

assujettis industriels dans une dynamique de progrès continus, à élever pas à pas le niveau de la prévention en veillant à ce que ces efforts répétés dans le temps restent en permanence dans le domaine du techniquement possible et de l'économiquement acceptable, de façon à ne compromettre la pérennité des établissements concernés. Cette logique industrialiste, que le droit des installations classées perpétue depuis le début du XIXe siècle (Le Roux, 2016 ; Fressoz, 2012), fixe le cap des agents administratifs dans la plupart de leurs interventions (Bonnaud, 2007). Elle s'incarne également dans les différents instruments auxquels ils recourent pour maintenir les industriels sur la voie du progrès permanent : l'étude de dangers, la procédure d'autorisation, les zonages de maîtrise de l'urbanisation, les plans de secours, sans oublier les multiples dispositifs d'information préventive créés ces deux dernières décennies (Suraud et al., 2009). La diversité de cet arsenal juridique, qui multiplie les moyens de pression et les leviers d'action à disposition des services d'inspection, montre finalement qu'il n'y a pas de contradiction fondamentale entre une vision libérale du développement industriel et la possibilité d'un contrôle public contraignant. Comme l'a bien montré David Greaber par ailleurs, le libéralisme n'existe pas sans un minimum d'encadrement réglementaire, sans sécurité juridique, sans une bureaucratie susceptible de lui garantir la préservation d'un contexte favorable à son emprise sur le corps social (Graeber, 2015). Dans cette perspective, le bon gouvernement des risques industriels suppose donc de produire des règles qui incitent l'industrie à se protéger d'elle-même, qui l'aide à lutter contre sa tendance naturelle à privilégier le profit plutôt que les investissements de sécurité jugés non productifs, afin de lui permettre au bout du compte de produire ses effets les plus utiles (Lascoumes, 2011).

Mis en regard des approches « par le haut », ces éclairages « par le bas » contribuent finalement à parfaire la connaissance de cette administration sectorielle dans ses fondements technocratiques, ses orientations néo-corporatistes et ses finalités industrialistes. En se fixant sur le travail des metteurs en œuvre, ces observations au ras du sol ne montrent en revanche pas grand-chose du fonctionnement interne de la structure bureaucratique, notamment les rouages intermédiaires qui assurent les transmissions entre le sommet et la base. Assez largement ignorée des approches « par le haut », l'administration du milieu n'est pas davantage mise en valeur par les travaux consacrés aux activités de mise en œuvre. Pourtant, on l'a bien noté en survolant rapidement les différents épisodes de la réforme post-AZF, ce corps intermédiaire est loin d'être passif ou relégué à des fonctions auxiliaires. À leur niveau, les moyens fonctionnaires participent activement à la définition du projet réformateur et sa traduction réglementaire, mais également, et de façon plus inattendue, à sa concrétisation sur le terrain. Leur rôle, qui n'est pas négligeable, mérite donc d'être davantage précisé et détaillé. A quoi servent exactement ces fonctionnaires du milieu ? Que font-ils concrètement ? Dans quels espaces évoluent-ils ? Comment travaillent-ils ? De quoi décident-ils ? C'est à ces questions toutes simples que nous proposons finalement de répondre dans cet ouvrage, en suivant pas à pas le processus de réforme de la politique de prévention des risques industriels favorisé par la catastrophe d'AZF de septembre 2001.

La règle comme production collective d'acteurs en interaction

Pour suivre les fonctionnaires en action, deux approches sont généralement privilégiées : la première focalise sur les agents dans l'exécution de leurs tâches quotidiennes et l'intimité de leurs espaces de travail ; la seconde s'intéresse davantage aux collectifs dans lesquels ils s'insèrent pour faire vivre et avancer les dossiers qu'ils suivent. Dans un cas, l'analyse porte principalement sur les pratiques concrètes et les manières d'agir, au bureau ou au guichet, avec ce qu'elles engagent comme activités discrètes d'écriture, de calcul, de classement et de signature (Spire, 2005 ; Dubois, 1999 ; Weller, 1999). Dans l'autre, la focale s'ouvre plus largement pour intégrer au champ d'observation l'environnement de travail des agents, notamment la structure organisationnelle et relationnelle dans laquelle ils évoluent (Weller, 2018 ; Laurens, 2008). Choisissant de mettre les professionnels au cœur de la réflexion ou préférant focaliser l'attention sur les situations de travail de ces fonctionnaires, les deux approches ne se valent donc pas au plan analytique. Comme l'indique Jean-Marc Weller, elles reposent chacune sur un présupposé différent : « pour la première, c'est le contrôleur, le technicien, le bureaucrate qui s'avère l'acteur par excellence de la décision réglementaire ; pour la seconde, c'est l'agencement, l'organisation, le collectif composé de ressources hétérogènes [...] qui en demeure le véritable auteur » (Weller, 2013 : 228).

Le fait d'envisager la réforme post-AZF comme une activité bureaucratique reposant sur un petit groupe de fonctionnaires nous place donc plutôt du côté de la seconde perspective, c'est-à-dire d'une analyse empruntant aux théories de l'action collective organisée. L'approche par le travail permet par ailleurs de reconnaître que ces agents administratifs n'agissent pas en circuit fermé et que pour atteindre leurs buts, ils ont le plus souvent besoin de partenaires, voire de « complices » si l'on choisit de parler comme Jean-Luc Bodiguel et Jean-Pierre Le Crom[10]. Selon les étapes de la réforme et les objectifs visés, les acteurs qu'ils rallient ainsi à leur cause peuvent être des collègues de bureaux voisins, des supérieurs hiérarchiques, des représentants d'autres ministères ou des agents de terrain. En raison des orientations néo-corporatistes évoquées plus haut, ces « complices » peuvent aussi faire partie du vivier des interlocuteurs industriels ordinaires, en particulier les représentants des syndicats patronaux régulièrement sollicités pour s'associer à la production réglementaire. Lorsqu'ils travaillent à réformer la politique publique dont ils ont la charge, les agents ministériels ne sont donc pas repliés sur eux-mêmes, mais en interaction avec tout ou partie de ces alliés potentiels qu'ils sollicitent et coalisent autour d'eux en fonction des circonstances et de la nature des missions à remplir. Ainsi, l'attelage formé à l'occasion de la préparation d'un projet de loi ou d'un décret n'aura pas nécessairement les mêmes caractéristiques que le groupe de travail dédié à l'élaboration d'un guide technique. Les acteurs mis en réseau dans ces différents cas de figure ne seront pas exactement les mêmes, en nombre et qualités, même si au bout du compte certains seront plus systématiquement sollicités que d'autres, du côté des représentants industriels notamment. Dans l'approche par les situations de travail que nous privilégions ici, les fonctionnaires en action se présentent donc à la fois comme ordonnateurs et parties prenantes de ces organisations informelles d'appui, qu'ils créent spécialement et/ou recomposent à chaque étape du processus réformateur. C'est pourquoi leur observation dans la durée conduit inévitablement à penser leur contribution à la réforme en termes d'« administration coopérative[11] » ou, plus précisément, d'interactions d'acteurs contextualisées.

---

10 Les deux auteurs désignent ainsi les acteurs avec lesquels les rédacteurs du ministère du travail ont l'habitude de collaborer pour mettre en forme les réglementations éponymes (Bodiguel, Le Crom, 2006).

11 Ce terme d'« administration coopérative », qui désigne des fonctionnaires en négociation avec des acteurs privés et d'autres acteurs publics dans des réseaux de politique publique plus ou moins stabilisés, renvoie plus particulièrement à la science administrative allemande (Benz, Bogumil, 2006).

Pour décrire et analyser ces interactions contextualisées qui constituent l'environnement professionnel des agents ministériels étudiés, un cadrage par les réseaux d'action publique s'impose à première vue comme une option pertinente. Cette perspective théorique, souvent mobilisée pour appréhender l'administration en action (Varone et al., 2016), repose en effet sur l'idée que les politiques publiques ne sont pas seulement produites par l'État mais par un ensemble plus large d'acteurs en interaction. Comme l'écrit Patrick Le Galès, « les réseaux sont le résultat de la coopération plus ou moins stable, non hiérarchique, entre des organisations qui se connaissent et se reconnaissent, négocient, échangent des ressources et peuvent partager des normes et des intérêts » (Le Galès, 1995b : 14). Conçus avant tout pour décrire et analyser l'action de l'État, les réseaux d'action publique présentent un certain nombre de traits communs avec les « systèmes d'action concrets » préalablement conceptualisés par la sociologie des organisations (Crozier, Friedberg, 1977) : leurs règles de fonctionnement sont informelles et s'élaborent dans l'action ; l'interdépendance de leurs membres résulte des ressources qu'ils échangent ; le pouvoir qu'ils confèrent est avant tout relationnel ; et enfin, ils fonctionnement plutôt comme des espaces clos se suffisant à eux-mêmes. L'approche par les réseaux se distingue toutefois de la théorie de l'acteur stratégique sur au moins deux points : parce qu'elle fait référence d'une part à des systèmes organisés qui articulent des logiques d'action différentes et, dans ces conditions, échappent aux institutions ; parce qu'elle transcende d'autre part la distinction habituelle entre acteurs publics et acteurs privés (Massardier, 2003). Un apport fondamental de ce cadre d'analyse est également d'envisager la fabrication des politiques publiques comme un processus fragmenté qui mobilise des acteurs différenciés et singuliers, qui ne se présentent pas comme des entités abstraites et homogènes (l'État, les industriels, les collectivités locales, etc.), mais comme des représentants occupant des positions sociales et institutionnelles différentes et défendant, à cet égard, des intérêts spécifiques (Wright, 1988). Dans le cas qui nous intéresse, cette perspective conduit ainsi à reconnaître que l'administration (comme les partenaires qu'elle sollicite d'ailleurs) se compose en réalité d'une pluralité d'agents agissant à des niveaux différents, qui se différencient autant par les fonctions et les grades que par les objectifs qu'ils visent individuellement et les stratégies qu'ils déploient pour les atteindre. Autrement dit, les réseaux d'action publique invitent à prendre les acteurs engagés dans la fabrication des politiques publiques pour ce qu'ils sont concrètement, c'est-à-dire des professionnels dotés de caractéristiques propres, en partie agis par leur rattachement institutionnel et soumis à des contraintes spécifiques selon les contextes dans lesquels ils évoluent.

Rapportée à notre objet de recherche, cette approche par les réseaux conduit finalement à focaliser l'analyse sur trois dimensions essentielles de l'action collective organisée : les stratégies des acteurs qui dépendent à la fois des ressources à leur disposition[12], des systèmes de représentation qui façonnent leur vision du monde et des intérêts liés à leur position et/ou identité ; les modalités de collaboration, c'est-à-dire les manières dont ces acteurs font réseau pour travailler ensemble, les structures et les formes organisationnelles qu'ils mettent en place pour échanger et, de façon encore plus précise, les lieux physiques dans lesquels ils se retrouvent pour discuter, se coordonner et prendre des décisions ; et enfin, les contextes dans lesquels ils évoluent qui, à l'échelle du processus de réforme, ne cessent de se redéfinir, les obligeant à revoir régulièrement leurs stratégies et adapter leurs façons d'interagir. Ainsi formalisé, le cadrage par les réseaux d'action publique permet finalement d'éclairer les mécanismes de la production normative sous plusieurs angles : la mise en relation d'univers professionnels hétérogènes, les activités d'échange entre les parties prenantes, la mobilité des alliances et des oppositions au sein des groupes qui se succèdent dans le temps (Hassenteufel, 1995a). En donnant beaucoup d'importance aux aspects relationnels et organisationnels, cette approche tend cependant à minorer d'autres éléments structurants des situations de travail observées de bout en bout du processus de réforme, notamment la dimension conflictuelle des rapports sociaux nécessaires à la production des politiques publiques.

Si les réseaux d'action publique sont très utiles pour penser le travail des acteurs réformateurs, ils ne sont donc pas suffisants pour en expliquer toutes les caractéristiques. D'où l'intérêt de les combiner avec deux autres cadres d'analyse qui, mobilisés de façon complémentaire, permettront de pallier ces limites : les coalitions de cause d'un côté, les acteurs programmatiques de l'autre. Conçue dans le courant des années 1990, l'approche par les coalitions de cause (*advocacy coalitions*) invite elle aussi à considérer les politiques publiques comme le produit d'acteurs en interaction (Sabatier, Jenkins-Smith, 1993). Le modèle de référence, qui présente un

---

12 Dans le secteur de l'environnement, ces ressources peuvent être de nature diverse : juridique, humaine, financière, informationnelle, relationnelle, politique, temporelle, etc. (Larrue, 2000).

certain nombre de points communs avec le précédent[13], repose sur deux postulats principaux. Le premier est que l'unité d'analyse la plus appropriée pour comprendre les évolutions d'une politique publique n'est pas le service gouvernemental en charge, mais le domaine correspondant, qualifié de sous-système de politique publique (*policy subsystem*), c'est-à-dire l'ensemble des acteurs, publics et privés, directement concernés, spécialistes des problèmes traités et qui cherchent de façon régulière à influer sur les solutions mises en œuvre. Le second postulat est que les politiques publiques sont porteuses de théories implicites concernant la façon d'atteindre les objectifs qu'elles visent, des théories implicites qui peuvent être conceptualisées comme des systèmes de croyance (*belief systems*). Le principe de base du modèle est alors qu'à chaque politique correspondent plusieurs systèmes de croyances en compétition (de deux à quatre) portés par des groupes d'acteurs spécifiques (des coalitions), qui ont chacun pour objectif de s'imposer aux autres pour prendre le contrôle de la politique et promouvoir les changements qu'ils estiment nécessaires (Sabatier, 1998).

Comme les réseaux d'action publique, l'*advocacy coalition framework* permet donc d'expliquer comment des acteurs dont la provenance est différente, dont les intérêts sont différents, dont les logiques d'action sont différentes, sont conduits à pérenniser des relations d'échange pour former des collectifs de travail relativement stables dans le temps. En faisant des croyances le ciment et le moteur de ces coalitions, cette deuxième approche propose toutefois une vision un peu moins consensuelle de l'action publique en accordant davantage d'importance aux relations conflictuelles, entre les groupes en compétition au sein d'un même sous-système, mais également au sein de ces groupes coalisés. Sur ce deuxième plan, les hypothèses à la base du modèle aident notamment à décrypter toutes les situations ordinaires où les acteurs réformateurs sont amenés à s'allier pour défendre leurs préférences de politique publique (réformer l'étude de dangers ou faire advenir le PPRT dans le paysage de la prévention des risques industriels par exemple) tout en s'opposant, parfois violemment, sur la façon de concrétiser ces évolutions et les décliner en pratique. Outre la compréhension de ces interactions où conflit et coopération coexistent « normalement », sans que l'un ne paraisse en mesure de compromettre l'autre, l'approche par les coalitions de cause conduit

---

13 Certains auteurs voient d'ailleurs les coalitions de cause comme une forme spécifique de réseau d'action publique (Weible, 2005).

également à reconnaître que les croyances qui guident les acteurs dans leurs alliances et leurs stratégies ne sont pas définies une fois pour toute, mais qu'elles évoluent au fil du temps, par le biais de mécanismes d'apprentissage notamment (Sabatier, 1988). Fréquemment mobilisée dans les analyses cognitives pour penser le changement dans l'action publique (Sabatier, Schlager, 2000), la notion d'apprentissage (*policy-oriented learning*) fait ici référence à des expériences et/ou informations qui, par effet d'accumulation, finissent par altérer les croyances des acteurs coalisés en les incitant sur le temps long à réviser leurs stratégies en même temps que leurs préférences de politique publique.

Beaucoup plus français par ses origines, le cadre d'action programmatique (*programmatic action framework*) est le troisième outil d'analyse qui compose l'appareillage théorique et conceptuel de notre observation des fonctionnaires en action. Plus sociologique que les deux précédentes, cette approche s'inscrit malgré tout dans la même perspective élitiste de petits groupes de spécialistes évoluant dans des espaces intermédiaires et se comportant stratégiquement comme des acteurs collectifs pour soutenir des programmes de changement politique (Hassenteufel, Genieys, 2020). Qualifiés ici de programmatiques, ces acteurs se définissent par trois caractéristiques principales : 1) ils partagent des idées ou des projets de réforme se présentant sous la forme de principes généraux, d'argumentaires justifiant les transformations envisagées et d'instruments à même de concrétiser ces évolutions ; 2) ils disposent de ressources de pouvoir leur donnant accès aux espaces de décision ; 3) comme les acteurs de l'*advocacy coalition framework*, ils s'inscrivent dans des processus d'apprentissage liés à leur présence durable dans un domaine d'action publique. Sur ce dernier plan, le cadre d'action programmatique est toutefois plus précis que le modèle de Paul Sabatier puisqu'il décompose la catégorie homogène de *policy-oriented learning* en trois formes possibles : l'apprentissage instrumental, relatif à la maitrise des techniques et des instruments ; l'apprentissage social qui concerne la grille de lecture des problèmes, mais également les valeurs et les raisonnements au fondement des principes de l'action publique ; et enfin, l'apprentissage politique (ou stratégique) qui détermine la capacité à maîtriser les interactions d'acteurs dans les processus décisionnels (Genieys, Hassenteufel, 2012).

Élaboré à l'occasion de recherches sur les réformes de l'assurance maladie en France et aux États-Unis (Genieys, 2010 ; Genieys, Hassenteufel, 2001), le cadre d'action programmatique complète les analyses des réseaux d'action publique et des coalitions de cause sur au moins deux points. Un premier apport, vis-à-vis des deux précédents modèles, est de ne pas surestimer la valeur explicative des interdépendances et des croyances en liant plus explicitement les logiques d'action des acteurs collectifs considérés à leurs ressources de pouvoir[14]. Au sein des groupes programmatiques, les accords sur la façon d'engager le changement et de le concrétiser ne résultent pas uniquement de la confrontation des idées et de la qualité des argumentaires. Ils dépendent aussi des rapports de force internes, c'est-à-dire de la répartition plus ou moins équitable des ressources de pouvoir entre les membres du groupe. En partie lié à cette question de la distribution des ressources, l'autre apport de l'approche programmatique est de ne pas négliger les trajectoires des acteurs étudiés. Considérée comme un point de passage obligé des enquêtes relevant de cette perspective, la reconstitution des parcours professionnels s'avère en effet souvent très utile pour comprendre les capacités d'action individuelles et collectives des acteurs programmatiques. Car si certaines ressources sont étroitement liées aux positions occupées, d'autres découlent beaucoup plus directement des épreuves traversées au cours de la carrière. C'est le cas notamment des ressources d'expertise individuelle qui résultent de l'accumulation de savoirs et d'expériences sur un enjeu donné. C'est le cas également des ressources sociales et politiques qui reposent sur l'élargissement progressif des réseaux d'interconnaissances des acteurs concernés (Genieys, Hassenteufel, 2012).

Au final, l'approche privilégiée pour rendre compte de l'action réformatrice des fonctionnaires du Ministère de l'environnement ne fait pas le choix d'un unique outil d'analyse. Elle cherche plutôt à les combiner afin d'appréhender au mieux les cadres d'interactions au sein desquels ces agents évoluent aux différentes étapes du processus de réforme. Ce parti-pris, qui permet de pallier les limites explicatives d'un modèle par les apports spécifiques des deux autres, a l'avantage de la commodité lorsqu'il s'agit d'interpréter un matériau empirique consistant, se référant à des contextes divers. Il est d'une certaine manière la garantie d'un cadre d'analyse « tout terrain » qui s'adapte à chaque situation étudiée et s'ancre

---

[14] Ces ressources sont de nature différente. Elles peuvent être liées à l'occupation de positions institutionnelles facilitant l'accès aux espaces de décision, à la détention de savoirs et de capacités d'expertise spécifiques, au statut qui confère reconnaissance sociale et légitimité, à l'intégration dans des réseaux d'interconnaissance diversifiés, à l'expérience et aux savoir-faire capitalisés par la présence continue dans un domaine d'action publique donné (Hassenteufel et al., 2010).

à coup sûr dans les données d'observation, conformément aux principes de la *grounded theory* particulièrement prisée des ethnographes (Glaser, Strauss, 1967).

Une ethnographie de la fabrique du règlement

Comme indiqué plus haut, les données d'observation qui constituent le matériau empirique de cet ouvrage sont issues de plusieurs études de cas réalisées à des moments différents de la réforme qui a suivi la catastrophe d'AZF (*cf.* tableau récapitulatif des sources en fin d'ouvrage). Bien que portant sur des terrains variés, ces enquêtes successives présentent malgré tout une certaine régularité méthodologique. Elles ont notamment en commun de se concentrer sur le même petit groupe de fonctionnaires réformateurs et de s'attacher à les suivre, individuellement et collectivement, dans leurs interactions gouvernantes, c'est-à-dire les coopérations multiples à travers lesquelles ils agissent pour concrétiser les changements attendus[15]. Menées de façon répétée sur un peu plus d'une décennie, ces observations offrent, dans leur ensemble, un point de vue privilégié sur le travail ordinaire de ces agents ministériels. En se centrant sur leurs actions, le matériau accumulé au fil de ces recherches permet en effet de pénétrer l'envers du décor administratif, d'explorer le dédale de l'État central et de s'immerger dans les espaces intermédiaires de la machinerie administrative, au cœur de la fabrique du règlement. Cette plongée dans la « cale de l'État[16] » est donc aussi l'occasion de décrire avec précision cette activité bureaucratique de production normative qui, bien qu'essentielle à bon nombre de ministères, reste curieusement peu étudiée et donc, assez mal connue[17]. L'observer de près permet en particulier de ne pas la réduire à un simple exercice de traduction juridique, mais au contraire de la révéler pour ce qu'elle est réellement, c'est-à-dire un travail

---

15 Le terme d'interactions gouvernantes, qui désigne ici les organisations informelles auxquelles recourent les agents du Ministère de l'environnement pour concrétiser leurs intentions réformatrices, est emprunté à Jean-Michel Eymeri (2006).

16 Cette métaphore navale, très utile pour se représenter l'organisation bureaucratique de l'État, est l'œuvre de Marc-Olivier Baruch et Vincent Duclert (2000).

17 A notre connaissance, les deux seuls Ministères à avoir été investigués sous cet angle particulier de la production réglementaire sont ceux du travail et de la santé (Bodiguel, 2007 ; Torny, 2007). Encore peu développées en France, ces recherches sur la fabrique administrative du règlement le sont davantage dans les pays anglo-saxons (Page, Jenkins, 2005).

de longue haleine nécessitant de nombreuses médiations et associant des compétences multiples de problématisation, de légitimation, de mobilisation, d'organisation, de conciliation, de publicisation et de formation (Chevallier, 2011).

Pour mener à bien cette étude intensive et microscopique de la fabrique administrative de la règle, la méthode a consisté à combiner trois types de sources assez classiquement mobilisées dans les approches ethnographiques des fonctionnaires au travail (Buton, 2013). Les premières, accumulées tout au long de la recherche, sont constituées d'un volume assez conséquent de documents produits dans l'action en tant que supports et moyens de la production normative. Retrouvés aux archives nationales ou dans les armoires des agents rencontrés dans le cours de l'enquête, ces écrits du travail prennent des formes très variables. En matière de recueil documentaire, tout est en effet bon à prendre et à thésauriser : les brouillons, les notes internes, les synthèses, les rapports, les discours, les présentations, les courriers officiels, les bordereaux de transmission et même les échanges de mails qui sont parfois imprimés pour être annotés ou conservés pour faire trace au cas où. Dans cette masse de papiers, les comptes rendus de réunion sont également des biens précieux qui révèlent l'existence de relations concrètes entre les acteurs, donnent à voir des choix d'organisation spécifiques (comme la création d'un groupe de travail *ad hoc* par exemple), rendent compte des sujets discutés à un moment donné et témoignent de la façon dont les problèmes sont conçus et pris en charge. Enfin, parmi les « bonnes prises » documentaires, il ne faut surtout pas oublier les versions successives des nombreux textes juridiques qui donnent progressivement forme au projet réformateur, qu'il s'agisse d'articles de loi, de règlements d'exécution (décrets et arrêtés) et, plus largement, de toutes les dispositions de *soft law* (circulaires, guides méthodologiques, instructions techniques, etc.) destinées à orienter les acteurs de terrains. Lorsqu'on est en mesure de les récupérer pour les analyser, ces matériaux peuvent être très utiles pour rendre compte du processus d'écriture dans son ensemble en pointant les formulations qui s'ajoutent, se retranchent et se modifient d'une version à l'autre, en traçant les contributions respectives des acteurs qui ont la capacité d'intervenir sur le contenu du texte, en mettant au jour les questions qui font débat et en caractérisant les compromis qui résultent de ces confrontations.

Si les matériaux écrits sont particulièrement utiles pour identifier et caractériser les interactions gouvernantes qui président aux actions réformatrices, ils n'offrent cependant qu'une vue partielle et souvent déformée de ces dynamiques de coopération et de leurs effets sur la décision. D'où l'intérêt de les confronter, dès que possible, avec des observations directes des acteurs en situation, dans le cadre notamment de réunions ou groupes de travail. Au cours de l'enquête, plusieurs situations de ce type ont été investies et suivies sur des périodes plus ou moins longues : le comité de pilotage chargé au Ministère de l'environnement d'élaborer une partie des textes d'application de l'article PPRT de la loi 2003 ; des groupes de travail locaux créés au même moment pour expérimenter ces dispositions nouvelles et aider à la finalisation de la réglementation principale, puis ensuite, diverses instances coopératives liées à l'élaboration de ces mêmes PPRT[18]. La position de témoin (en général non participant) permet alors de saisir plus précisément les mécanismes de constitution et les logiques de fonctionnement des groupes coalisés qui contribuent à la fabrique de la règle aux différentes étapes du processus, s'agissant notamment des méthodes de sélection des contributeurs, de leurs modalités d'arrimage au processus décisionnel, de l'état des rapports de force qui structurent le collectif, ou encore, des jeux souvent subtils (donc difficiles à retranscrire dans les comptes rendus) résultant de la confrontation des croyances partagées avec les intérêts particuliers défendus par les participants (de Maillard, 2019 ; Chauvin, Jounin, 2010). Pour les groupes qui se réunissent beaucoup, l'observation directe est aussi utile pour repérer les effets de socialisation, c'est-à-dire toutes les inflexions dans les attitudes des acteurs concernés qui sont en mesure d'agir sur la dynamique collective et au final, de redéfinir les modalités d'action du groupe (en facilitant par exemple la négociation ou en autorisant certains marchandages qui n'auraient pas été possibles dans une configuration plus classique de confrontation).

En prolongement de ces observations, l'immersion dans le milieu enquêté a également donné lieu à des échanges nourris avec les agents ministériels placés en première ligne ainsi qu'avec les partenaires coalisés autour d'eux aux différentes étapes du processus réformateur. Au total,

---

18 Des observations directes plus ponctuelles ont également été réalisées tout au long de l'enquête dans des cadres assez différents : forums sectoriels destinés à discuter de l'avancement de la réforme avec la profession, rencontres annuelles de réseaux de pairs, assemblées générales d'associations et de syndicats professionnels représentés dans les petits groupes d'acteurs mis en réseaux par les agents du Ministère de l'environnement.

cinquante entretiens approfondis ont été réalisés, auxquels se sont ajoutés des débriefings plus ciblés, placés à intervalles réguliers (environ tous les deux ans), avec certains acteurs-clés du processus[19]. Formant là encore un matériau conséquent, ces temps d'échange appuient la démarche ethnographique de diverses manières. Ils sont d'abord utiles pour compléter les données biographiques à disposition, notamment lorsque les enquêtés ne laissent que peu de traces de leurs parcours professionnels dans les documents d'archive et sur Internet[20]. Dans ce cas, seul l'entretien est en mesure de faire émerger les caractéristiques sociales de l'intéressé et de mettre au jour les éléments de trajectoire susceptibles d'expliquer des manières de penser et d'agir et plus largement, des capacités à mobiliser certains types de ressources (en termes notamment d'expertise, d'entregent politique, de maîtrise des interactions gouvernantes). Lorsqu'il est utilisé en complément des matériaux d'archives et d'observations, l'entretien permet par ailleurs de valider des interprétations en sollicitant des récits détaillés, en faisant préciser des argumentaires ou expliciter des stratégies. Dans ce cas, la prise d'information n'est pas envisagée comme un instrument de preuve, mais comme un moyen de confirmer ce qui a été compris par ailleurs, c'est-à-dire de vérifier que les analyses tirées des documents écrits et des observations directes s'accordent bien avec la réalité vécue des enquêtés (Laurens, 2007). En incitant les intéressés à se raconter en référence à des situations précises, l'entretien permet en même temps d'éclairer des manières de faire et de penser, d'entrevoir les coulisses informelles de l'action, de faire décrire ce qui se discute en marge des interactions concrètes et, plus largement, de mettre le projecteur sur ce qui ne s'écrit pas dans les comptes rendus et ne se voit pas dans les réunions de travail.

Au final, la combinaison des trois types de sources mobilisés au cours de l'enquête fournit un matériau dense et précis, qui permet des descriptions fines du travail des fonctionnaires étudiés et, plus largement, de la fabrique du règlement en administration centrale. L'analyse croisée des

---

19 Contrairement aux entretiens, ces débriefings n'ont pas été systématiquement enregistrés et retranscrits. Certains n'ont été conservés que sous la forme de notes mises au propre dans la foulée de l'échange.

20 On note en effet que chez les cadres intermédiaires, le souci de la présentation de soi et de l'exposition de la carrière est beaucoup moins développé que chez les hauts-fonctionnaires relevant des grands corps de l'État, même si en la matière l'essor des réseaux sociaux numériques professionnels comme Linkedin semble peu à peu changer la donne.

données tirées du recueil documentaire, de l'immersion dans certaines interactions et des entretiens avec les principaux contributeurs est en effet un moyen efficace de consolider des observations microsociologiques attentives aux variations dans les pratiques, aux jeux et hésitations des acteurs, aux détails des situations et des activités du quotidien. Elle offre également la possibilité d'entrer dans la technicité de ce qui se discute et s'élabore, de suivre les acteurs dans leurs argumentations, d'explorer avec eux les problèmes concrets auxquels ils se confrontent dans l'action, bref de questionner le contenu même de la production normative qui, dans un domaine comme les risques industriels, se présente le plus souvent comme une activité fondée sur des savoirs d'ingénieurs et des connaissances scientifiques. Autrement dit, la démarche ethnographique nous assure de pouvoir vérifier l'hypothèse selon laquelle l'essence du travail des fonctionnaires est d'autant plus facile à discerner qu'on se rapproche de la matière concrète qu'ils manipulent, notamment les outils et les méthodes supposés concrétiser les changements attendus[21].

Un récit chronologique et thématisé

Pour rendre compte de l'action réformatrice des moyens-fonctionnaires du Ministère de l'environnement depuis la catastrophe d'AZF, nous avons fait le choix d'un récit à la fois chronologique et thématique. Organisée en deux grandes parties, l'analyse portera successivement sur la refondation de l'étude de dangers (partie 1) puis l'exécution du programme PPRT (partie 2). Ce découpage, qui correspond à deux moments consécutifs de la réforme, permettra de suivre les agents étudiés d'un bout à l'autre du processus, depuis le début des années 2000 jusqu'à l'élaboration et l'application de l'ordonnance de 2015 qui clôt cette longue séquence du post-AZF. Cette structuration du propos en deux temps permettra également d'observer plusieurs facettes de la production normative et, plus largement, de caractériser dans la durée ce gouvernement des ingénieurs qui, depuis la catastrophe d'AZF, préside aux principales transformations de la prévention des risques industriels en France.

Dans la première partie consacrée à l'étude de dangers, on verra comment le projet de redéfinition de l'instrument, qui émerge un peu

21 Cette hypothèse est inspirée des travaux d'Étienne Penissat sur la statistique administrative (Penissat, 2007).

avant la catastrophe d'AZF, conduit les agents ministériels concernés à se coaliser avec quelques représentants industriels et experts du domaine (chapitre 1), puis comment ils interagissent avec ce petit groupe de partenaires pour concrétiser cette intention réformatrice (chapitre 2) et, finalement, inscrire les changements attendus dans des principes d'application, des outils et des méthodes conformes à leurs préférences de politiques publiques (chapitre 3). Dans la deuxième partie, consacrée cette fois au cadrage réglementaire du PPRT, on continuera de suivre ce petit groupe d'ingénieurs spécialisés pour tenter de caractériser plus finement ses principes d'organisation, sa dynamique interne et ses modalités d'action. Dans un premier temps, on verra comment cet autre volet de la réforme conduit la coalition réformatrice à s'extraire du schéma néo-corporatiste habituel pour se réinventer dans un format d'interaction totalement inédit associant des représentants des collectivités locales et des associations environnementales (chapitre 4). Puis, on s'immergera dans le fonctionnement de ce groupe recomposé pour montrer comment l'ouverture à ces nouveaux acteurs conditionne le travail de production normative (chapitre 5). Enfin, on prendra un peu de champ pour envisager ce même groupe dans sa relation aux autres parties prenantes, notamment les ressortissants du PPRT, dont certains se mobilisent pour tenter d'orienter la réforme dans un sens plus favorable à leurs préférences de politiques publiques (chapitre 6).

Une fois mené jusqu'au bout, le récit chronologique des suites législatives et réglementaires d'AZF fera ressortir deux arguments principaux. Le premier est que le sens de cette réforme se joue nettement moins dans le cadrage général de la loi que dans le détail de la réglementation et des textes de rangs inférieurs (les circulaires, les guides méthodologiques, les notes et instructions techniques, etc.) qui s'élaborent jusqu'au bout du processus. Le second, lié au précédent, est que la réforme ne suit pas vraiment le schéma classique de conception et de mise en œuvre des politiques publiques. Elle ne se conçoit pas au centre pour se décliner ensuite au local. Elle s'élabore en réalité dans d'innombrables interactions entre ces deux niveaux. Chapitre après chapitre, on verra ainsi que les représentants sectoriels ne se cantonnent pas aux activités d'écriture du droit et à la mise en place des programmes d'action publique correspondants, qu'ils s'associent systématiquement aux actions et décisions locales. Inversement, on constatera que les acteurs de terrain ne sont pas limités aux opérations de mise en œuvre, qu'ils s'invitent en permanence dans les lieux où se discutent et se décident les orientations de la politique publique. Ce constat d'interpénétration constante des échelles de l'action publique sera d'ailleurs l'occasion, en conclusion de cet ouvrage, d'une discussion sur la dimension territoriale de cette réforme de la politique de prévention des risques industriels.

Partie 1

La conversion probabiliste de la prévention des risques industriels

La conversion probabiliste que l'on suit dans cette première partie ne concerne pas la prévention des risques industriels dans sa globalité. Elle porte uniquement sur ce que les spécialistes du domaine appellent « l'analyse des risques », c'est-à-dire l'ensemble des opérations d'évaluation et de figuration qui préparent les décisions relatives à la réduction des risques à la source, la maitrise de l'urbanisation, l'information du public et la planification des secours. Inventée aux États-Unis dans les années 1970 pour canaliser les controverses liées aux pollutions industrielles, l'analyse des risques se définit comme un instrument d'action publique qui permet de produire des mesures de prévention à partir d'une évaluation scientifique de la situation de risque, en s'assurant que ces actions d'évaluation et de gestion se distinguent bien l'une de l'autre tout en étant réalisées en interaction l'une avec l'autre (Boudia, Demortain, 2014). L'analyse des risques ne consiste donc pas seulement en un dispositif de quantification et de représentation du risque, elle est aussi une procédure qui articule les dimensions scientifiques et politiques de la prévention en les faisant apparaître comme deux facteurs liés, mais distincts, de la prise de décision.

Ainsi configuré, l'instrument s'est progressivement diffusé dans un grand nombre de contextes nationaux et transnationaux pour s'appliquer à toutes sortes de problèmes conçus en termes de risques, notamment dans les secteurs de la finance, de l'aéronautique, du nucléaire, de la sécurité ferroviaire et, plus récemment des nanotechnologies (Rothstein et al., 2006a). En colonisant tous ces domaines d'activité, l'analyse des risques s'est finalement institutionnalisée comme un champ disciplinaire à part entière, doté de sa propre communauté scientifique (la *Society for risk analysis*), de ses programmes de recherche, de ses revues et publications (Tierney, 2010). Ses principes et techniques ont alors imprégné les enseignements universitaires et les parcours de formation spécialisés, circulant en même temps vers les nombreux réseaux professionnels qui ont contribué à l'ancrer dans le monde de la pratique. En deux décennies, l'analyse des risques est donc devenue bien plus qu'un instrument générique de gouvernement : elle est également un domaine de savoirs appuyé sur des volumes immenses de données (concernant la nature des phénomènes analysés, leurs effets potentiels, leurs régularités statistiques, etc.), des théories et des concepts permettant d'organiser cette connaissance pléthorique du monde des accidents et enfin, des méthodes standardisées de calcul et de saisie du réel.

Dans la plupart de leurs domaines d'application, ces méthodes standardisées d'analyse des risques relèvent de deux approches possibles. La première est dite probabiliste, dans la mesure où elle invite à agir en proportion de la chance que le risque a de se manifester (on parle alors de probabilité d'occurrence) et des dommages qu'il est susceptible d'engendrer (on parle alors de gravité). Dans ce cadre d'analyse, la réponse est sélective et ne s'adresse qu'aux possibilités jugées critiques parmi toutes celles qui ont été passées en revue[22]. Dans la seconde approche en revanche, dite déterministe, l'action n'est envisagée que d'un seul point de vue, celui de la pire des situations représentables (y compris si elle est considérée comme fortement improbable). Fondées sur des présupposés antagonistes, ces deux approches sont souvent mises en concurrence, le choix de l'une pouvant conduire à la marginalisation de l'autre. Dans le nucléaire par exemple, la priorité donnée au pire des cas (fusion du réacteur) pour procéder à la construction des premières centrales a longtemps fait obstacle aux études probabilistes de sûreté (EPS), quand bien même leur utilité était globalement reconnue (Keller, Modarres, 2005). Dans d'autres secteurs comme l'aéronautique, ce sont au contraire ces dernières qui ont toujours dominé, indépendamment des contextes d'application (Llory, 1979).

Dans le domaine des risques industriels, la contribution respective des deux approches dépend surtout des pays considérés. Car si les firmes qui exploitent des raffineries et des usines chimiques un peu partout dans le monde ont unanimement adopté le probabilisme pour

---

[22] Dans ce mode de saisie du risque, la criticité d'un événement est donnée par la combinaison probabilité-gravité. Plus il est grave et probable, plus il est considéré comme critique du point de vue de la sécurité (Brissaud, 2014).

développer leurs fonctions internes de sécurité[23], les États ont pris quant à eux des positions contrastées au moment de répercuter ces évolutions dans leurs réglementations nationales. Ainsi quand la directive Seveso de 1982 impose aux membres de l'Union européenne de convertir leurs politiques de prévention aux principes de l'analyse des risques (via l'instauration d'une règle invitant les fabricants à fournir une « notification technique » en préalable à toute décision des autorités de contrôle), certains pays comme les Pays-Bas et le Royaume-Uni décident de suivre les industriels sur la voie du probabilisme, alors que d'autres s'en écartent en privilégiant le déterminisme (Farret, 2010). C'est le cas notamment de la France qui, en créant le mécanisme de l'étude de dangers pour satisfaire à ces obligations communautaires, décide de fonder son nouvel édifice doctrinal de prévention des risques majeurs sur l'hypothèse extrême de l'accident-maximum (Decrop, Gilbert, 1993). A partir du milieu des années 1980, l'analyse des risques s'intègre donc à la gestion française des risques industriels selon deux voies parallèles : probabiliste dans le cadre des fonctions de sécurité internes aux établissements industriels ; déterministe dans le cadre réglementaire de l'étude de dangers et des actions de prévention visant ces mêmes établissements.

Cette première partie de l'ouvrage retrace la suite de cette histoire de l'analyse des risques dans le domaine des risques industriels en France. Après un bref retour dans les années 1990, on se focalisera sur le tournant des années 2000 qui met fin à la cohabitation entre les approches probabilistes des industriels et les orientations déterministes de l'étude de dangers, pour montrer que cette initiative est l'œuvre d'un petit groupe de représentants sectoriels formé d'acteurs administratifs, de dirigeants industriels et de quelques experts, spécialistes de l'analyse des risques. Dans un premier temps (chapitre 1), on verra que cette coalition agit concrètement comme un groupe programmatique, profitant de la crise suscitée par la catastrophe d'AZF de 2001 pour ériger la conversion probabiliste de l'étude de dangers en objectif de réforme, l'imposer politiquement et commencer à la concrétiser dans des textes réglementaires destinés à renouveler les principes de l'analyse de risques et ses usages préventifs. Dans un deuxième temps (chapitre 2), on montrera que si

---

23 Les fonctions de sécurité désignent les unités opérationnelles et les procédures par l'intermédiaire desquelles les exploitants industriels assurent la fiabilité de leurs installations à toutes les étapes de leur vie, de la conception à l'exploitation (Colmellère, 2008).

ces ingénieurs spécialisés manœuvrent en relative autonomie vis-à-vis du politique et des instances dirigeantes dont ils dépendent, ils sont en revanche fortement connectés au niveau local, du fait notamment des divergences de vue qui les opposent en permanence dans la défense de cette cause commune qui les unit par ailleurs. Enfin, dans un troisième temps (chapitre 3), on verra que le processus réformateur ne se réduit pas à la production d'un nouveau cadre réglementaire, mais se poursuit dans des allers et retours continus entre le niveau central et les territoires d'application, pour finalement se concrétiser dans des formes instrumentales plus ou moins bien anticipées au départ.

Chapitre 1

Une réforme portée par un petit groupe de représentants sectoriels

Depuis sa prise en charge par le corps des Mines dans les années 1970, la politique française de prévention des risques industriels est fondée sur un principe de « cogestion », qui suppose un dialogue permanent entre les détenteurs du pouvoir réglementaire et les agents économiques assujettis au règlement. Parmi les premiers à décrire ces formes d'intermédiation et de concertation de type néo-corporatiste, Erhard Friedberg et Dominique Desjeux rapportent que l'administration interagit avec ces interlocuteurs à tous les stades de son travail, que ce soit pour obtenir d'eux les informations nécessaires à l'accomplissement de ses fonctions ou pour faire faire ou faire prendre par eux les initiatives jugées souhaitables (Friedberg, Desjeux, 1972). Mais cette imbrication structurelle des sphères de pratiques des agents administratifs et de leurs partenaires industriels, analysée ensuite en termes de régulation négociée (Lascoumes, 1994) ou de monopole de politique publique (Vlassopoulou, 2007), n'implique pas nécessairement que ces représentants convergent à tout moment sur le sens à donner aux éléments de politique publique qu'ils définissent ensemble. L'intégration des analyses des risques illustre bien ce constat, dans la mesure où l'orientation méthodologique définie dans les années 1980 continue de faire débat une décennie plus tard, jusqu'à ce que la catastrophe d'AZF crée les conditions d'un alignement des acteurs administratifs sur la position de leurs interlocuteurs industriels. Pour rendre compte de cette conversion, on commencera par expliciter les termes du débat qui, pendant presque deux décennies, oppose les tenants des analyses probabilistes aux défenseurs des approches déterministes. On verra ensuite comment ces derniers sont progressivement amenés à redéfinir leur position de départ, puis comment ils décident de se coaliser avec certains représentants industriels pour promouvoir ce changement doctrinal dans le cadre de la réforme de politique publique initiée en réponse à la catastrophe d'AZF.

1.1. Un débat animé par les grands groupes industriels

La question des analyses probabilistes et de leur reconnaissance par le droit des installations classées ne surgit pas avec la catastrophe d'AZF de 2001. Au moment où l'accident de Toulouse donne de la visibilité au sujet, cela fait déjà longtemps qu'il divise les représentants du secteur, entre d'un côté les partisans de leur généralisation et de l'autre, des acteurs administratifs craignant qu'un usage excessif de ces instruments soit préjudiciable à la sécurité industrielle. Ce débat, propre au contexte français, prend sa source dans les années 1980, au moment où le Ministère de l'environnement fait le choix du déterminisme pour transposer la première directive Seveso, plaçant ainsi la réglementation nationale sur une voie différente de celle suivie à l'époque par les grands groupes industriels dans le cadre de leurs procédures internes de sécurité. S'estimant lésées par cette décision qui place la France sur une trajectoire singulière, ces firmes mondialisées entrent alors en résistance, profitant de toutes les occasions pour contester le choix de l'administration française et revendiquer, au nom de la saine concurrence, l'uniformisation des pratiques au plan international.

1.1.1. Le développement de politiques industrielles probabilistes

Dans les années 1970 et 1980, trois facteurs principaux poussent les grands groupes industriels à prendre le virage de la sécurité et à faire de la fiabilité de leurs installations un enjeu prioritaire : la prise de conscience, après la catastrophe de Feyzin de 1966, des coûts induits de l'accident industriel qui ruine autant l'outil de production que l'image de l'entreprise concernée ; la pression croissante des réglementations nationales et européennes dans un contexte marqué par une répétition d'événements marquants (notamment Flixborough en 1974 et Seveso en 1976) ; et enfin, la mise à disposition par le champ de l'expertise de ressources techniques et méthodologiques pour penser et résoudre ce problème nouveau (des outils d'analyse des risques, des savoirs sur la dangerosité des produits et procédés mis en œuvre, des recommandations techniques basées sur le retour d'expérience[24], etc.). La fiabilité s'imposant dans ces

---

[24] En matière de risques industriels, le retour d'expérience est constitué de la somme des enseignements tirés des analyses post-accidentelles, capitalisée dans des bases de

conditions comme une dimension à part entière de la production, les principales entreprises du secteur fournissent alors des efforts importants pour structurer des fonctions de sécurité, le plus souvent intégrées dans des directions et services hygiène-sécurité-environnement (HSE) créés pour l'occasion. Dans le même temps, des procédures rigoureuses et normalisées sont développées et mises en œuvre : inspection systématique des installations, maintenance et entretien des équipements, formation débouchant sur des habilitations, entraînement du personnel, généralisation du retour d'expérience après chaque incident et enfin, mise au point de méthodologies d'analyse de la sûreté adaptées à chaque entreprise et à ses procédés de fabrication (Boullet, 2012).

Rhône-Poulenc, leader français de la chimie à l'époque, est l'un des tout premiers à utiliser une telle méthode pour intégrer la sécurité aux différentes phases de vie de ses installations (conception, construction et exploitation). Présenté dans un numéro des *Annales des Mines* de 1986, cet outil « maison » est décrit comme permettant de « caractériser les risques liés à l'exploitation (en conditions normales et anormales), analyser leurs causes, probabilités, conséquences, et proposer des solutions visant à maintenir un niveau de sécurité acceptable » (Vuillard, 1986 : 63). Conçue comme une procédure standardisée, elle se décompose en plusieurs étapes : caractérisation de l'installation examinée ; identification des risques dus à l'activité ; évaluation de la probabilité et de la gravité de ces risques sur une échelle à trois niveaux ; et enfin, positionnement de ces risques dans une matrice de criticité (liant niveaux de probabilité et de gravité) pour décider au bout du compte si la situation analysée est « indésirable » (et nécessite de toute urgence des améliorations concrètes pour abaisser le niveau de risque calculé), « à améliorer » (appelant là aussi des travaux de sécurisation, mais sans urgence) ou « acceptable » (pas de changement à prévoir).

Durant la décennie 1980, plusieurs autres groupes industriels suivent cette voie et développent à leur tour des méthodes d'analyse des risques en soutien de leurs politiques de sécurité. C'est le cas par exemple d'Elf Atochem et, un peu plus tard, des pétroliers Esso et Shell qui exploitent alors plusieurs raffineries et installations pétrochimiques en France (Guiraudet, 1989 ; Chevalier, 2003). Élaborées en référence à des contextes

---

données qui informent à la fois des conditions de perte de fiabilité des équipements de production et des effets occasionnés par ces dysfonctionnements.

diversifiés et en fonction d'objectifs dépendant de chaque firme, ces outils ont tendance à se distinguer sur un certain nombre d'aspects, notamment la façon d'identifier et de mesurer les phénomènes accidentels, de les hiérarchiser et de planifier, au terme de la démarche, les actions correctrices. Mais si la comparaison fait apparaître des divergences liées aux spécificités de chaque entreprise, elle montre en même temps l'existence de nombreuses similitudes, concernant notamment le recours aux standards de l'approche probabiliste : mise à contribution des personnels d'exploitation dans des revues collectives de procédé, élaboration de scénarios sous forme d'arbres de causes et d'événements, recours à des bases de données de défaillances pour attribuer des valeurs de probabilité à ces scénarios, hiérarchisation des risques à l'aide d'une matrice de criticité, c'est-à-dire un tableau à double entrée (probabilité-gravité) attribuant une action à chaque scénario étudié (*cf.* encadré 2). Dans tous les cas, la démarche procède du même principe : recenser tous les accidents susceptibles de compromettre le bon fonctionnement des installations et/ou d'atteindre les salariés à leur poste de travail, quantifier pour chacun d'eux la chance qu'ils ont de se produire (c'est-à-dire leur probabilité) et les dommages qu'ils pourraient occasionner (c'est-à-dire leur gravité), pour finalement les hiérarchiser selon le rapport probabilité-gravité (qualifié en termes de criticité) afin de distinguer ceux qui exigent des mesures correctrices de ceux qui peuvent être considérés comme acceptables (c'est-à-dire n'appelant pas d'intervention particulière).

Encadré 2 Exemple de matrice de criticité

Gravité ↑	Améliorer	Améliorer	Indésirable	Indésirable	Indésirable
	Améliorer	Améliorer	Améliorer	Indésirable	Indésirable
	Acceptable	Améliorer	Améliorer	Améliorer	Indésirable
	Acceptable	Acceptable	Améliorer	Améliorer	Améliorer
	Acceptable	Acceptable	Acceptable	Améliorer	Améliorer

Probabilité →

Cette appropriation assez standard des outils probabilistes conduit finalement les groupes industriels concernés à mettre en place des politiques de gestion des risques relativement homogènes, fondées sur une même approche de la prévention (dite *risk-based*) qui vise moins l'éradication totale des risques que l'optimisation des moyens financiers de l'entreprise en ciblant prioritairement les dangers les plus importants et/ou les plus critiques pour l'exploitant (Rothstein et al., 2006b). De ce point de vue, les approches probabilistes instaurent un mode de régulation et d'allocation des ressources qui légitime l'existence de risques résiduels (dans la mesure où ils sont jugés acceptables) en intégrant, dans le même temps, les exigences de rentabilité de la production (préservant ainsi la compétitivité de l'entreprise et ses positions sur le marché). Comme l'indique à l'époque un responsable du groupe Elf Atochem, cette façon d'envisager la sécurité s'inscrit dans une conception libérale de l'entreprise qui ne déroge pas à ses responsabilités en matière de prévention, mais fait porter une partie des problèmes qu'elle génère sur la collectivité (les travailleurs et les voisins potentiellement exposés aux dangers résiduels et, accessoirement, l'État qui lui délivre l'autorisation d'exploiter) :

> Il faut se saisir de tout et savoir, après avoir fait le tri, ce qui est important ou ce qui ne l'est pas (...). Pour cela, nous devons nous assurer que nous avons une connaissance suffisante (dans l'état des connaissances du moment) des dangers liés aux produits et aux techniques. Dans cette acception-ci, le mot « danger » caractérise une propriété intrinsèque au produit ou au système, c'est-à-dire une potentialité qui peut s'exprimer mais qui ne se produira pas forcément si on arrive à la maîtriser. C'est ce qui fait que nous avons une certaine légitimité à mettre en jeu des éléments dangereux pour autant que nous nous sommes assurés que nous savons en maîtriser les effets potentiellement néfastes. On ne peut pas s'arrêter au seul fait que quelque chose est dangereux pour y renoncer[25].

Dans les années 1970 et 1980, le développement des méthodes probabilistes contribue ainsi à promouvoir une conception de la sécurité industrielle qui, sous l'apparente neutralité de la science et de la technique, répond en fait à l'intérêt premier des grands groupes du secteur, c'est-à-dire faire le maximum de profits en générant le minimum de

---

25 Ce témoignage d'Yvan Vérot, alors directeur sécurité environnement du groupe, est extrait des actes de la première séance du séminaire « Retour d'expérience, apprentissages et vigilances organisationnelles. Approches croisées » organisé par le Programme *Risques Collectifs et Situations de Crise* à la fin des années 1990.

dommages à l'environnement. On comprend alors pourquoi, au moment de transposer la directive Seveso dans le droit des installations classées et d'imposer l'étude de dangers dans le paysage réglementaire de la prévention des risques industriels, ces mêmes groupes vont s'unir pour inciter le Ministère de l'environnement à les suivre dans la voie du probabilisme.

1.1.2. L'inflexion déterminisme de la politique de prévention

En France, l'étude de dangers est introduite dans le droit des installations classées par le décret du 21 septembre 1977 (Deharbe, 2004). D'abord réservée à la création de nouveaux sites de production, elle est progressivement généralisée aux établissements existants, par le biais notamment de la directive européenne Seveso du 24 juin 1982 qui prévoit la réalisation d'un tel diagnostic au cours de la procédure d'autorisation administrative. Définie par une circulaire de 1984, elle s'impose alors comme le principal outil de dialogue technique et de décision entre l'exploitant et l'administration (pour l'élaboration des prescriptions figurant dans les arrêtés d'autorisation et le contrôle de leur exécution), mais également comme un outil d'information des élus et de la population pour la fabrication des zonages de maitrise de l'urbanisation et des plans particuliers d'intervention (PPI) qui complètent le dispositif de prévention (Martinais, 2011).

Pour fournir la matière première de ces décisions (prescriptions de l'arrêté d'autorisation, zonages de maitrise de l'urbanisation et périmètres PPI), deux principes méthodologiques complémentaires sont retenus par la réglementation : l'inventaire des *potentiels de dangers* de l'installation concernée, c'est-à-dire l'ensemble des accidents-maximum qu'elle est susceptible d'engendrer par conception[26], puis sur cette base, la définition de *scénarios de référence* conçus pour décrire la totalité des accidents pouvant survenir en fonctionnement[27]. Destinés à la maîtrise de l'urbanisation et

[26] Ces *potentiels de dangers* sont qualifiés de Scénarios maximum physiquement possibles (SMPP). Pour une installation utilisant une substance hautement toxique (chlore, ammoniac, etc.), un SMPP correspond à la ruine totale de l'équipement contenant le produit (une sphère, un conteneur, etc.) et à la libération instantanée de la totalité du volume stocké.

[27] Qualifiés de Scénarios maximum historiquement vraisemblables (SMHV), les *scénarios de référence* correspondent à des possibilités accidentelles calquées sur les grandes catastrophes industrielles comme Feyzin en 1966, Mexico et Bhopal en

la planification des secours, ces *scénarios de référence* sont définis comme des accidents « majorants », dont les effets sur l'environnement sont supposés être plus graves que ceux de n'importe quel autre accident qui se produirait sur une même unité de fabrication ou de stockage. L'objectif est ainsi de « scénariser le pire » (Jouzel, 2005), en considérant que si l'environnement est protégé contre le plus grave des dangers, alors cette protection doit demeurer efficace contre tous les autres, moins graves quoique peut-être plus probables. Fonctionnant à la fois comme un dispositif de visualisation des risques et comme une base de calcul, le *scénario de référence* permet par ailleurs de modéliser des distances d'effets puis de délimiter les zones géographiques potentiellement exposées, c'est-à-dire les zones de dangers qui pourront être affichées dans le cadre d'une démarche de maîtrise de l'urbanisation, sous forme de porter à connaissance notamment.

En optant pour cette approche déterministe, qui fonde l'étude de dangers sur le pire des cas (*worst case*) et uniquement celui-ci, le Ministère de l'environnement prend le contre-pied des industriels qui, de leur côté, défendent plutôt l'idée d'un critère d'acceptabilité, c'est-à-dire une valeur limite de probabilité au-delà de laquelle les scénarios d'accident sont considérés comme trop improbables pour justifier des mesures de maitrise de l'urbanisation ou d'information du public. Débattu dans les groupes de travail chargés de définir les orientations méthodologiques de l'étude de dangers, ce choix s'explique pour partie par le peu de confiance que les représentants ministériels accordent à l'époque aux analyses probabilistes. Dans un document interne, le Service de l'environnement industriel (SEI) note ainsi que ces outils font l'objet d'utilisations encore trop parcellaires, qu'ils mobilisent des savoirs peu stabilisés (du fait notamment de l'absence d'échange entre les industriels qui les utilisent) et que, dans ces conditions, ils sont surtout la promesse de débats d'experts difficiles à trancher par les services d'inspection[28]. Dans

---

1984. Leur caractère de vraisemblance vient du fait qu'ils sont définis sur la base d'un traitement statistique des accidents industriels passés et des enseignements tirés d'un programme ministériel lancé fin des années 1970 pour recenser les caractéristiques physiques des accidents industriels. Les accidents possibles et envisageables, mais beaucoup trop rares pour être considérés comme réalistes ou qui ne se sont jamais vraiment réalisés, n'entrent donc pas dans cette liste des *scénarios de référence*.

28 Ce document de mars 1990 est intitulé « Prévention des risques industriels. Législation des installations classées, application de la directive Seveso ».

un article détaillant le contenu de cette décision (Demarcq, 1987), un des responsables du même service ajoute qu'une telle orientation irait par ailleurs à l'encontre du principe de proportionnalité propre à la politique de prévention des risques industriels :

> Certains pays sont tentés par une approche qui consiste à considérer qu'une installation est satisfaisante dès lors que la probabilité d'accident entraînant un certain niveau de conséquences est inférieur à un seuil fixé *a priori* et de manière uniforme par l'administration. Deux inconvénients nous paraissent devoir exclure à ce jour une telle approche :
>
> – Les exploitants risquent de passer plus de temps et de mettre plus d'énergie à « se battre » sur l'évaluation des probabilités, de manière à prouver coûte que coûte que leurs projets sont bons, plutôt que de réfléchir au fond aux améliorations possibles de la sûreté ; l'inspection se laissera immanquablement entraîner sur cette pente et l'on assistera à des discussions entre spécialistes des probabilités plutôt que de la sûreté des installations… (dans un contexte où l'évaluation probabiliste est fortement sujette à caution) ;
> – Intrinsèquement, les différents types d'installation et les différentes implantations industrielles présentent des niveaux de risque ou de sensibilité aux risques très différents ; or, il est clair qu'un dépôt de fuel lourd en pleine campagne ne présentera jamais le même risque qu'un dépôt, même modeste, de gaz de pétrole liquéfié dans une zone suburbaine. Fixer un critère uniforme revendrait, soit à « niveler par le bas » (ne pas prendre de mesures de lutte contre l'incendie autour du dépôt de fuel), soit à exiger des choses impossibles physiquement et économiquement (ne plus stocker de GPL à proximité des villes, c'est-à-dire là où le besoin s'en fait sentir !).

Si le choix du déterminisme résulte pour partie de cette défiance envers le probabilisme, il se justifie également par des motifs d'ordre pratique liées aux contraintes organisationnelles, aux savoir-faire et habitudes de travail des inspecteurs des installations classées. Cette approche permet notamment de valoriser, en le prolongeant, le programme de recensement des accidents industriels majeurs lancé par l'administration juste après l'adoption de la directive Seveso[29]. D'autre part, l'orientation déterministe s'accorde plutôt bien avec les moyens limités du Ministère de l'environnement et le peu d'effectifs disponibles dans les services

[29] Ce travail d'inventaire, qui cherche à capitaliser le retour d'expérience accumulé depuis la fin des années 1960, conduit *in fine* à la création du bureau d'analyse des risques et pollutions industriels (BARPI) en 1992.

déconcentrés pour mettre en œuvre le programme de maîtrise de l'urbanisation (qui suppose quand même l'élaboration et la mise à jour d'environ 600 études de dangers sur tout le territoire national) : dans ces conditions, la focalisation sur l'accident le plus grave permet de réduire considérablement le champ d'investigation des inspecteurs en limitant les points de contrôle et de vérification à quelques situations accidentelles seulement. Enfin, dans un contexte où les connaissances en matière de sécurité industrielle sont encore peu développées (ou de façon très inégale selon les entreprises), la solution déterministe permet aux services de l'État de se prémunir d'éventuelles erreurs d'appréciation et de jugement, en absorbant plus facilement les incertitudes inhérentes à l'analyse de systèmes techniques complexes et à la quantification de phénomènes accidentels encore mal maîtrisés sur le plan théorique.

Mais si l'orientation déterministe cadre bien avec les contraintes propres de l'administration, elle est loin de faire l'unanimité dans le camp des futurs assujettis, notamment les grands groupes industriels qui pensaient profiter de l'installation de l'étude de dangers dans le paysage réglementaire pour valoriser leurs politiques internes de sécurité et leurs méthodes d'analyse des risques. Forcément contrariés par cette décision contraire à leurs attentes, ces derniers s'engagent alors dans une lutte sans merci envers ces *potentiels de dangers* et autres *scénarios de référence* que les services d'inspection leur demandent d'étudier, de mettre en carte et de rendre publics dans le cadre des procédures de régularisation administrative et de maîtrise de l'urbanisation qui se généralisent au début des années 1990.

1.1.3. Croyance contre croyance : la cohabitation conflictuelle des deux approches

Le débat qui résulte de la coexistence de l'approche déterministe (imposée par l'administration dans le cadre de l'étude de dangers) et des méthodes probabilistes (utilisées par les exploitants pour alimenter leurs fonctions de sécurité) peut s'analyser comme la confrontation de deux systèmes de croyance antagonistes. Des deux côtés, on peut en effet parler de croyance dans la mesure où les façons de penser ces questions se fondent sur des convictions et des appréciations qui n'ont pas vraiment besoin d'être démontrées ou validées par des faits tangibles pour être reconnues comme vraies. Ainsi, si les ingénieurs du Ministère de l'environnement postulent à l'époque que l'accident-maximum est le meilleur moyen de faire progresser les industriels, c'est avant tout parce que l'outil semble satisfaire aux attentes en matière de sûreté dans le secteur voisin du nucléaire (compte tenu notamment du peu d'accidents significatifs recensés à l'époque)[30]. Le fait que le *worst case* fasse déjà partie de la culture professionnelle de ces agents administratifs compte également beaucoup et renforce l'évidence de sa transposition dans le domaine des risques industriels[31]. Il en va de même de sa compatibilité avec certaines valeurs fondatrices du métier, notamment cette idée selon laquelle l'industriel doit en permanence être protégé de lui-même et de son penchant naturel à faire passer les critères économiques avant les impératifs de sécurité (Lascoumes, 2011). De ce point de vue, l'accident-maximum se présente aux yeux des ingénieurs du Ministère de l'environnement comme la garantie d'analyses des risques et de mesures de sécurité qui couvrent toutes les éventualités, notamment les plus graves que les exploitants ont tendance à minorer au motif qu'elles comptent aussi parmi les plus improbables. Il est dans ces conditions le meilleur garde-fou contre l'accident grave qui serait de nature à remettre en cause l'intégration et l'acceptation de l'industrie dans la société[32].

On le voit bien à travers cette conception administrative de la sécurité industrielle, la croyance à laquelle se rattachent les partisans du déterminisme procède à l'inverse de celle qui caractérise les défenseurs du probabilisme, notamment les grands groupes qui poussent à la généralisation de ces approches. Ainsi quand les ingénieurs du Ministère de l'environnement considèrent l'accident-maximum comme une référence inévitable pour penser efficacement la sécurité des installations les plus dangereuses, ces industriels le voient surtout comme une hypothèse de travail sans rapport avec la réalité. S'ils peuvent à la limite le concevoir de façon théorique, comme « une vue de l'esprit », ils ont en revanche

---

30 Avant l'apparition des évaluations probabilistes de sûreté (EPS) dans les années 1990, la sûreté des réacteurs nucléaires repose en effet sur une approche exclusivement déterministe, dans laquelle les dispositions de conception sont justifiées par l'étude d'un nombre limité d'accidents dits « de dimensionnement » et par l'application de règles incluant d'importantes marges de sécurité (Foasso, 2012).

31 Les ingénieurs chargés de l'inspection des installations classées et leurs homologues de l'Autorité de sûreté nucléaire (ASN) appartiennent en effet aux mêmes corps de la fonction publique d'État et partagent, de ce point de vue, un certain nombre de références, de valeurs et de savoir-faire.

32 L'argument figure en ces termes dans la note du SEI de mars 1990 citée un peu plus haut.

beaucoup plus de mal à l'envisager en termes de risques dans la mesure où il nécessite, pour se réaliser pleinement, la ruine complète des systèmes de défense dont la fonction est justement d'éviter sa réalisation. Cette difficulté structurelle à envisager l'invraisemblable se comprend également par la perte d'usage de l'accident-maximum en tant qu'outil d'analyse pertinent de la fiabilité des installations, compte tenu notamment des investissements continus auxquels il donne lieu depuis la fin des années 1970 et la généralisation des procédures internes de gestion des risques (*cf.* encadré 3). Après plus d'une décennie d'efforts pour ramener ces risques à des niveaux jugés acceptables, les industriels ont tendance à considérer que la sécurité de leurs installations se joue moins dans l'analyse du pire des cas que dans celle des événements plus ordinaires, souvent moins graves mais tout aussi préoccupants dans une logique industrielle. Ce qu'explique ce représentant d'une direction sécurité d'un grand groupe français en évoquant les débats récurrents qui l'opposent à l'administration durant les années 1990 :

> L'approche déterministe exclut l'analyse approfondie des scénarios d'accident aux conséquences plus faibles mais dont la probabilité est plus forte et qui sont, pour un industriel, des éléments dont il faut traiter la potentialité en priorité. Parce que ce sont d'abord ces événements qui mettent en péril les gens qui travaillent dans les usines, voire pour certains, les riverains quand ils sont proches du site. Notre priorité, en matière de maîtrise des risques, elle est là maintenant. Elle n'est pas de réduire un scénario d'accident de très faible probabilité, voire extrêmement faible probabilité, même si ses conséquences potentielles sont plus importantes. *A contrario*, l'approche probabiliste c'est une façon de prioriser les objectifs industriels avec l'intention d'être efficace en matière de sécurité. C'est aussi un problème de management, parce qu'on ne peut pas faire comprendre aux opérateurs ou aux ingénieurs sécurité dans nos usines qu'il est nécessaire de réduire les risques de tous les jours alors que l'administration, l'autorité de contrôle qui les surveille, ne leur demande de réduire que l'accident majeur. C'est un antagonisme qui est extrêmement difficile à gérer.

Aux yeux des industriels, l'approche déterministe portée par l'administration cumule plusieurs torts : elle détourne l'exploitant de ses priorités en matière de sécurité, elle met en péril la cohérence globale et l'efficacité de la prévention, elle fait courir le risque de ne pas très bien protéger les salariés et les riverains et enfin (surtout), elle nuit aux marges bénéficiaires des entreprises par les coûts de production superflus qu'elle induit, en termes d'études complémentaires et d'investissements de sécurité lorsqu'elle se traduit par des mesures correctrices. Cette appréciation, qui s'appuie sur des considérations pratiques et économiques, procède en même temps de jugements normatifs sur les rôles respectifs de l'État et de l'entreprise en matière de prévention. Comme le rappelle Stefan Aykut à propos de la lutte contre le changement climatique, les industriels sont toujours tentés de dénoncer la rigidité des régulations étatiques lorsqu'elles leur imposent des prescriptions ou des technologies qui ne cadrent pas précisément avec leurs intérêts (Aykut, 2014). Ainsi, les approches forfaitaires de type *one-size-fits-all* (comme ici les *scénarios de référence*) sont-elles systématiquement accusées de ne pas prendre en compte les particularités des entreprises qu'elles visent, tandis qu'à l'inverse le recours aux notions d'expérience et de compétence suggère que les acteurs industriels sont nécessairement mieux armés que leurs partenaires administratifs pour résoudre les problèmes qui les concernent directement. Constitutifs du modèle de « l'entreprise innovante, frustrée dans ses efforts par une bureaucratie centralisée et inflexible[33] », ces arguments sont assez largement mobilisés par les représentants industriels qui contribuent à la critique du déterminisme tout au long des années 1990. Ce dont témoigne par exemple cette intervention d'un dirigeant d'une entreprise d'armement dans un colloque de l'époque réunissant une bonne partie de la communauté des ingénieurs sécurité de l'industrie chimique et pétrolière :

> Compte tenu du fait que l'administration française a pour habitude de considérer les hypothèses les plus pénalisantes, alors qu'à l'étranger on prend les hypothèses les plus probables pour les scénarios d'accidents, on aboutit à des résultats irréalistes et très pénalisants, propres à terroriser un public incompétent et à pousser les industriels à l'expatriation vers des pays plus raisonnables[34].

---

[33] Cette image de l'entreprise entravée par l'action coercitive de l'administration est un thème récurrent de la critique néolibérale des régulations environnementales, notamment aux Etats-Unis (Malloy, 2010).

[34] D'après une note retrouvée dans une liasse de documents du Service de l'environnement industriel du Ministère de l'environnement (Archives nationales, cote CAC 20080057, art. 61, dossier 190).

Encadré 3 Un exemple significatif de réduction des risques à la source (photo : E. Martinais)

La sphère de chlorure de vinyle monomère (CVM) de l'usine Elf Atochem de Saint-Fons dans le Rhône est une illustration parlante des efforts consentis par les industriels pour sécuriser leurs installations dans les années 1980 et 1990. Isolé sur un terrain de 15 hectares contigu aux ateliers de fabrication, ce stockage de 5 200 m^3, pouvant contenir jusqu'à 4 100 tonnes de produit, figure parmi les installations les plus dangereuses exploitées en France. Pour réduire les risques qu'elle engendre à un niveau jugé acceptable, les responsables du site ont été amenés à mettre en place différents types de parades et de barrières de sécurité. Pour éviter la réalisation d'un BLEVE (c'est-à-dire l'explosion du réservoir suite à sa mise à feu par une fuite en pied), une fosse de rétention déportée est créée qui permet de déplacer le foyer de l'incendie en cas de fuite et d'inflammation du produit. Par la suite, d'autres mesures viennent compléter ce premier système de protection : installation d'un dispositif d'arrosage par déluge déclenché depuis une commande à distance (pour interdire le déplacement du produit sous forme gazeuse) ; couverture de la fosse déportée et des abords de la sphère par 27 canons à mousses destinés à isoler le produit en cas de fuite et à étouffer le feu en cas d'incendie ; mise en place d'un mécanisme permettant d'injecter de l'eau dans le stockage en cas de fuite en pied (l'eau, plus lourde que le CVM, vient alors se substituer au produit dans la partie basse de la sphère, assurant ainsi la maîtrise de la fuite) ; création d'une réserve incendie spécifique de 2 400 m^3 d'eau alimentée par deux groupes diesel autonomes assurant un débit de 600 m^3/h ; pose d'équipements de détection et d'alarme (capteurs de pression détecteurs de fuite, réseaux d'alerte, caméras) ; création d'un réseau de commandes à distance par boutons « coup de poing » déclenchant automatiquement la fermeture des vannes et l'appel à l'intervention. À la fin des années 1990, cette accumulation de dispositifs de sécurité fait dire aux responsables du site que le seul moyen qu'ils pourraient envisager pour réduire encore le danger serait de supprimer l'installation.

Pendant plus d'une décennie, le débat se perpétue ainsi dans une certaine stabilité. D'un côté, les représentants ministériels continuent de penser l'approche déterministe comme le meilleur moyen de protéger les exploitants d'eux-mêmes en les incitant à pousser la recherche de sécurité à son maximum. De l'autre, les acteurs industriels tirent profit de toutes les tribunes (rencontres professionnelles, revues spécialisées, groupe de travail avec l'administration, etc.) pour alimenter la critique de l'accident-maximum, tenter de faire la preuve de son inanité et revendiquer un retour des autorités régulatrices à la raison probabiliste. Ces assauts répétés, ajoutés aux bilans mitigés du programme de maîtrise de l'urbanisation lancé à la fin des années 1980, amènent cependant les ingénieurs du Ministère de l'environnement à progressivement modifier leur regard sur les analyses probabilistes. Cette inflexion, qui prend forme à partir du milieu des années 1990, n'est toutefois pas suffisante pour trancher le débat dans le sens attendu par les industriels. Il faudra pour cela attendre encore un peu que la catastrophe d'AZF crée des conditions plus propices à ce basculement.

1.2. Des fonctionnaires progressivement convertis au probabilisme

Le concept d'apprentissage (*policy-oriented learning*), défini par l'*advocacy coalition framework* de Sabatier comme par le cadre d'action programmatique de Genieys et Hassenteufel, est particulièrement utile pour comprendre et expliquer cette conversion des acteurs administratifs. Dans les deux modèles, la notion d'apprentissage suppose que les acteurs apprennent en permanence de leurs engagements dans l'élaboration et la mise en œuvre des programmes de changement qu'ils portent.

Confrontés à la réalité de leurs actions, ils accumulent des expériences et des informations qui, une fois incorporées, finissent par modifier leurs jugements et ouvrir de nouvelles voies pour penser les problèmes auxquels ils font face et les solutions qu'ils mettent en œuvre pour atteindre leurs objectifs. Pour les fonctionnaires du Ministère de l'environnement qui défendent à l'époque l'orientation déterministe de la politique de prévention, ces dynamiques d'apprentissage sont principalement associées à deux types d'activités : le suivi du programme d'élaboration des études de dangers et de maitrise de l'urbanisation d'une part ; la participation aux groupes de travail européens dédiés à la prévention des risques industriels d'autre part.

1.2.1. Des apprentissages qui changent le point de vue de l'administration

Opérant sur deux fronts distincts, ces apprentissages ne produisent pas exactement les mêmes éclairages. Alors que le premier contribue à délégitimer l'option déterministe en révélant peu à peu l'incapacité de l'accident-maximum à atteindre son objectif de sécurisation des installations les plus dangereuses, le second a surtout pour effet de restaurer (au moins en partie) l'image dégradée des approches probabilistes. L'un dans l'autre, ce mouvement de balancier finit par mettre les deux options sur un pied d'égalité, créant ainsi les conditions de possibilité d'une conversion inimaginable quelques années plus tôt.

Couvrant à peu près toute la décennie 1990, le programme conjoint d'élaboration des études de dangers et de mise en œuvre de la loi du 22 juillet 1987[35] fait l'objet de plusieurs retours d'expérience, dans le cadre de groupes d'échange avec les services déconcentrés ou d'audits confiés à

[35] La loi du 22 juillet 1987, relative à l'organisation de la sécurité civile, à la protection de la forêt contre l'incendie et à la prévention des risques majeurs, finit de transposer la directive Seveso dans le droit français en dotant les acteurs locaux de moyens d'action spécifiques concernant l'information préventive (diffusion d'informations sur les risques et les consignes de sécurité en cas d'accident), l'organisation des secours (préparation de plans pour la gestion de crise) et la maîtrise de l'urbanisation (restriction des droits à construire dans le voisinage des usines à risques). Par ce biais, elle étend au domaine de l'environnement industriel le souci d'affichage des risques qui prévalait déjà depuis quelques années dans le domaine des risques naturels, notamment dans le cadre de l'élaboration des plans d'exposition aux risques (Decrop, 1991).

l'Inspection générale de l'environnement (IGE). Assez mitigés, ces bilans témoignent tous à leur manière d'une action publique perturbée, sinon empêchée, par des conflits répétés entre services d'inspection, exploitants et collectivités locales. La plupart du temps, les oppositions se focalisent sur les *scénarios de référence* qui sont vécus comme la négation des fonctions de sécurité existantes et des efforts fournis par les industriels pour mettre en fiabilité leurs installations les plus dangereuses. Le fait que ces scénarios conduisent à l'affichage de zones de dangers débordant largement les limites des établissements[36] pose aussi d'évidents problèmes d'image et de crédibilité aux exploitants qui, depuis la fin des années 1970, communiquent beaucoup sur la sûreté et l'utilité sociale de leurs productions et pas vraiment sur les risques qu'elles engendrent (Le Noan, 2015). De même, les restrictions des droits à construire, qui résultent de la transcription des zones de dangers dans les documents d'urbanisme, sont à l'origine de contestations importantes, notamment dans les contextes où les installations à risques n'ont jamais été vues comme un danger pour le voisinage (Chabbal, 2005). Dans ces situations, où industriels et collectivités locales ont tendance à s'allier pour faire obstacle à l'action publique, les *scénarios de référence* peinent donc à atteindre leur but en termes de réduction des risques à la source. Et ce d'autant plus que les blocages qu'ils créent sont plus facilement dissous par des compromis sur les zones de maîtrise de l'urbanisation que par l'ajout de sécurités dans les établissements (Duchêne, 2008).

Sur cette période, les retours d'expérience relient également cette inefficacité de la politique de l'accident-maximum à une déconnexion totale entre les études de dangers demandées par l'administration et les procédures internes de gestion des risques suivies par les exploitants. De nombreux acteurs de terrain relèvent ainsi que les deux démarches ne s'inscrivent pas dans les mêmes temporalités, qu'elles ne visent pas les mêmes buts, qu'elles n'engagent pas les mêmes méthodes et enfin, qu'elles n'impliquent pas les mêmes interlocuteurs dans la mesure où la sécurité des salariés relève principalement du droit du travail alors que les risques pour l'environnement sont pris en charge par le droit des installations classées. Comme l'explique cet ancien responsable HSE dans un entretien réalisé au tournant des années 2000, les deux démarches ont

---

[36] Par exemple, la modélisation des *scénarios de référence* associés aux fabrications à base de chlore ou aux stockages de gaz de pétrole liquéfiés (GPL) donne assez facilement des zones de dangers de plusieurs kilomètres de rayon.

tendance à s'envisager séparément, selon un ordre de priorité qui privilégie nettement le règlement des affaires internes à l'établissement :

> Quand un industriel fait une analyse de risques, c'est pour répondre à toutes sortes d'obligations. D'abord et surtout les siennes : dimensionner ses installations, choisir ses fréquences de maintenance, justifier au titre du code du Travail qu'il est bien dans les clous en termes de sécurité, justifier à son management interne ou à son *risk manager* qu'il est dans les clous du *risk management* de l'entreprise. Après tout ça, il y a le reste qui n'est vraiment pas le principal pour lui : justifier auprès des services de l'État, du préfet, qu'il est bien dans les clous en termes d'installations classées.

A l'époque, les procédures internes de gestion des risques (probabilistes) et les études de dangers (déterministes) renvoient donc à deux univers de pratiques quasi indépendants l'un de l'autre : la sécurité des procédés et la bonne marche des installations d'un côté, les obligations réglementaires et les demandes de l'administration de l'autre. Du coup, leur coexistence s'établit principalement sur le mode du cloisonnement, sans que les unes ne profitent aux autres. Ce que confirme ce rapport, dans un passage consacré au bilan de cette période de cohabitation du probabilisme industriel et du déterminisme administratif :

> La plupart des études de dangers comportent une analyse des risques, dont la méthode et la forme ne sont pas imposées ; or cette analyse des risques est établie le plus souvent sans lien avec les analyses des risques menées par ailleurs sur les mêmes installations dans une optique d'hygiène et sécurité au travail. Celles-ci sont utilisées pour déterminer les éléments importants pour la sécurité (EIPS), sur lesquels le système général de la sécurité (SGS) est fondé. Ces éléments amènent incontestablement des gains en termes de sécurité. La question se pose alors de leur prise en compte dans le processus de gestion des risques majeurs[37].

Pour partie lié à cette accumulation d'appréciations négatives sur l'approche déterministe, le changement de point de vue des ingénieurs du Ministère de l'environnement sur les analyses des risques est aussi la conséquence de leur socialisation dans les groupes de travail européens. Participant à ces instances depuis le milieu des années 1980, ils s'y réunissent régulièrement avec les représentants d'autres États-membres pour préparer l'écriture des directives, élaborer des guides visant à

---

[37] INERIS, Opération j – Intégration de la dimension probabiliste dans l'analyse des risques, Rapport d'étude n° 46036, Programme EAT, DRA 34, 2006, p. 11.

clarifier le contenu de ces règlements, mutualiser des connaissances (via par exemple l'établissement de bases de données communes sur les événements accidentels) ou bien encore, tenter de faire converger les réglementations nationales sur les sujets où les industriels sont demandeurs d'un minimum d'harmonisation (Bourillet, 2010). Soumis aux effets normatifs de ces groupes d'échange majoritairement acquis aux approches probabilistes, les fonctionnaires du Ministère de l'environnement sont alors progressivement conduits à changer leur façon de voir ces outils. Outre le fait de devoir assumer la position singulière de la France sur le sujet, ces échanges les amènent à parcourir des horizons nouveaux et à se familiariser avec les méthodes correspondantes, les techniques associées et leurs usages possibles. Par l'intermédiaire de ces groupes de travail, ils sont aussi amenés à reconnaître que les critiques usuelles du probabilisme (principalement le manque de connaissance sur les origines physiques des accidents et de données statistiques sur leurs fréquences) sont de moins en moins fondées, compte tenu des investissements réalisés depuis la fin des années 1980 pour améliorer les techniques d'analyse et de modélisation, développer les savoirs sur les phénomènes accidentels et renforcer les outils statistiques permettant de quantifier ces événements. L'expérience acquise au contact de leurs homologues étrangers permet enfin de constater qu'en dépit des divergences d'approche et de méthode, les politiques nationales de prévention produisent des effets assez comparables, s'agissant notamment des investissements de sécurité réalisés par les exploitants ou des distances d'isolement définies dans le cadre des procédures de maîtrise de l'urbanisation (Blancher, 1998).

Rapportés au manque d'efficacité de l'accident-maximum constaté par ailleurs, ces différents enseignements invitent logiquement les fonctionnaires du Ministère de l'environnement à finir par se poser la question d'une réforme réglementaire permettant d'associer les deux approches. Pour tester cette hypothèse, une première mission d'étude est confiée à l'Institut de protection et de sureté nucléaire (IPSN)[38]. Son objectif est double : réaliser un inventaire des pratiques par secteurs et pays d'une part, procéder à une analyse critique de ces approches d'autre part. L'entrée en matière du rapport remis en 1996 précise ainsi que « la recherche

---

[38] L'Institut de protection et de sureté nucléaire (IPSN) devient en 2001 l'Institut de radioprotection et de sureté nucléaire (IRSN) en fusionnant avec l'Office de protection contre les rayonnements ionisants (OPRI).

faite ici pour le compte du Ministère de l'environnement vise à présenter l'approche probabiliste, à examiner ses différences avec l'approche déterministe dans le cadre de la gestion du risque, et à savoir si ces deux approches sont induites par la nature des dangers, la qualité des données, les connaissances théoriques ou encore le type de problème à gérer (contrôle des installations, autorisations de fonctionnement, etc.)[39] ». Ne concluant pas vraiment sur l'intérêt d'associer les deux approches, cette première étude est suivie d'une seconde confiée cette fois à l'Institut national de l'environnement industriel et des risques (INERIS). Un peu plus poussée que la précédente, cette nouvelle mission d'étude consiste à détailler les avantages et inconvénients des méthodes développées par les principaux experts européens des analyses des risques (deux anglais, un néerlandais, un finlandais, un danois, un grec, un italien et un français)[40]. Lancé en 1998, le projet conclut finalement qu'« aucune des deux approches n'est parfaitement adaptée pour baser une politique cohérente et transparente de gestion », mais propose d'explorer une troisième voie qui consiste en une méthode dite « par barrières de défense » censée garantir davantage « de transparence dans la présentation de la gestion des risques, et donc une communication mieux perçue au final par le public et les associations[41] ».

Forcément intéressés par cette méthode présentée comme plus cohérente et transparente, les ingénieurs du Ministère de l'environnement envisagent alors de profiter de la transposition de la directive Seveso 2[42]

---

39 Note SEGR n° 96/34, Maitrise des risques : évaluation comparative des modes d'approche dans les secteurs industriels, IPSN, mai 1996, p. 3.

40 Ce projet européen, piloté par l'INERIS, est identifié par l'acronyme ASSURANCE, pour Assessment of the uncertainties in risk analysis of chemical establishments.

41 ASSURANCE, Analyse des risques et prévention des accidents majeurs (DRA-007), Rapport final – Opération a, INERIS, septembre 2002, p. 4.

42 Adoptée le 9 décembre 1996 en remplacement du texte de 1982, la directive Seveso 2 est transposée dans le droit français par l'intermédiaire de la circulaire et de l'arrêté du 10 mai 2000 relatifs à la prévention des accidents majeurs impliquant des substances ou des préparations dangereuses présentes dans certaines catégories d'installations classées pour la protection de l'environnement soumises à autorisation. Visant à renforcer les dispositions initiales, elle étend le champ d'application à un plus grand nombre d'établissements (soit environ 400 en France) et ajoute de nouveaux moyens d'action, notamment l'obligation pour les exploitants de mettre en place un système de gestion de la sécurité (SGS), de planifier l'inspection de leurs installations et de procéder à des tests réguliers de leurs plans d'urgence.

pour la mettre à l'épreuve sur des cas concrets, dans le cadre d'expérimentations locales notamment. A leurs yeux, la proposition de l'INERIS présente en effet plusieurs avantages : premièrement, elle cadre plutôt bien avec l'idée d'associer déterminisme et probabilisme pour se sortir de l'impasse dans laquelle se trouve à ce moment-là le programme de maîtrise de l'urbanisation ; deuxièmement, elle autorise un changement incrémental qui ne suppose pas de rompre avec la prise en compte de l'accident-maximum dans laquelle ils continuent de croire malgré tout ; et troisièmement, elle permet de répondre aux demandes d'homogénéisation de l'Union européenne en convergeant doucement vers les autres États-membres, notamment la Grande-Bretagne et les Pays-Bas qui, selon ce qu'en disent les experts de l'INERIS à l'époque, s'orientent également vers ce type d'approche. A ce stade, les fonctionnaires du Ministère de l'environnement n'ont cependant pas complètement achevé leur conversion, dans la mesure où la solution qu'ils imaginent ne consiste pas à substituer une approche par une autre, mais uniquement à chercher une façon de les rendre complémentaires sans compromettre les objectifs de la politique publique dont ils sont garants, notamment la préservation de la dynamique d'amélioration continue de la sécurité des installations les plus dangereuses. Mais ce plan d'action élaboré au début des années 2000 ne va pas résister à la catastrophe d'AZF de septembre 2001 et à l'intervention de leurs partenaires industriels qui profitent des suites données à l'événement pour précipiter la mise à l'agenda d'une réforme beaucoup plus radicale de l'étude de dangers.

Encadré 4 Quelques données factuelles sur la catastrophe d'AZF du 21 septembre 2001

A 10h17 le 21 septembre 2001, plusieurs dizaines de tonnes de nitrate d'ammonium stockés dans le hangar 221 de l'usine Azote Fertilisant (AZF) de Toulouse détonnent en masse. Extrêmement violente, l'explosion fait de nombreuses victimes : 30 personnes tuées dans un rayon de 500 mètres et des milliers de blessés jusqu'à des distances de plusieurs kilomètres (à cause des bris de vitres notamment). Les dommages matériels sont considérables : une grande partie de l'usine AZF est dévastée tandis que la plateforme industrielle qui l'accueille est contrainte de stopper la majorité de ses activités. L'onde de choc et des projectiles divers touchent des dizaines d'établissements scolaires et d'enseignement supérieur ainsi que trois résidences universitaires. Face à l'usine, un dépôt abritant une centaine de bus est détruit, comme une partie des activités commerciales situées à proximité. Au total, près de 1 300 entreprises représentant 20 000 emplois sont sinistrées à des degrés divers. De même, un peu plus de 25 000 logements sont endommagés, plus d'un millier sont totalement détruits et environ 1 200 familles doivent être relogées en urgence. L'ensemble de ces dégâts représente un coût qui sera évalué à près de 2 milliards d'euros.

1.2.2. L'intervention opportuniste des grands groupes industriels

Pour les acteurs concernés, l'accident grave est toujours un moment paradoxal qui génère des situations d'extrême contrainte, mais également d'extrême opportunité. Dans ces circonstances exceptionnelles, les aspects contraignants sont souvent les plus faciles à appréhender. La catastrophe, quand elle survient, impose en effet son agenda aux acteurs en responsabilité : il faut gérer la crise, répondre aux sollicitations, produire des explications, faire face aux mises en cause publiques, organiser le retour à la normale, etc. Les opportunités sont en revanche plus difficiles à percevoir, sans doute parce qu'elles nécessitent de s'intéresser aux visées stratégiques de ces mêmes acteurs qui ne se contentent pas de répondre aux contraintes, mais jouent en même temps des effets de « désectorisation » produits par l'événement pour tenter de renforcer leur position, élargir leur champ de compétences ou impulser des changements plus en phase avec leurs préférences politiques (Dobry, 1986).

La mise à l'agenda de la conversion probabiliste de l'étude de dangers correspond précisément à ce cas de figure de la catastrophe comme fenêtre d'opportunité. Elle montre bien comment la crise suscitée par l'événement permet aux grands groupes industriels de légitimer une conception particulière de l'analyse des risques et, finalement, de pousser l'administration à revoir ses plans pour accélérer une réforme qu'elle pensait au départ mener beaucoup plus prudemment. Très actifs dans les espaces de débat dédiés aux suites de l'accident, notamment la grande consultation nationale lancée par le gouvernement à l'automne 2001 et la commission d'enquête parlementaire constituée au même moment, les représentants de ces firmes mondialisées profitent de leurs ressources d'action spécifiques, notamment un accès privilégié aux détenteurs du pouvoir politique (Offerlé, 2009), pour mobiliser les participants à ces échanges et diffuser le plus largement possible une lecture de l'événement qui contribue, d'une part, à discréditer les orientations déterministes de la politique française de prévention des risques et, d'autre part, à faire reconnaître l'approche probabiliste mobilisée dans la plupart des autres pays européens comme la principale (voire l'unique) solution à ce problème (Bonnaud, Martinais, 2008).

L'efficacité de ce travail de cadrage se mesure notamment à la place qui est donnée au sujet de l'analyse des risques dans l'ensemble des contributions écrites rassemblées fin 2001 par les services du Ministère de l'environnement chargés de préparer la nouvelle loi sur les risques souhaitée par le gouvernement de l'époque. Sans surprise, cette demande est très largement développée par les principales organisations patronales du secteur, notamment le Mouvement des entreprises de France (MEDEF) et ses deux fédérations des industries chimiques et pétrolières, l'UIC et l'UFIP, auxquelles sont affiliés l'ensemble des grands groupes qui travaillent à ce moment-là à délégitimer l'approche déterministe[43]. Mais de façon un peu moins attendue, la demande est également portée par l'inspection des installations classées, accompagnée dans ce mouvement par une partie des organisations professionnelles du secteur, par exemple l'Association française des ingénieurs et responsables de maintenance et le Conseil national des ingénieurs et scientifiques de France, ainsi que

---

43 L'union des industries chimiques (UIC) et l'union française des industries pétrolières (UFIP) parmi les fédérations les plus puissantes du MEDEF.

par la plupart des organisations syndicales et représentants des collectivités locales, notamment l'Association des maires de France (AMF) et l'Association nationale des communes pour la maîtrise des risques technologiques majeurs (ANCMRTM). Même les associations environnementales comme France nature environnement (FNE), pourtant peu en phase avec les intérêts industriels en temps normal, suggèrent dans leurs contributions de réformer l'étude de dangers en y introduisant une approche probabiliste[44]. Portée de façon quasi unanime par les acteurs du secteur, il n'est donc pas surprenant de retrouver cette même proposition en très bonne place dans la synthèse des 26 tables rondes régionales organisées dans le cadre du débat national[45], ainsi que dans le rapport remis au gouvernement à l'issue de cette vaste consultation[46]. Mobilisant sensiblement les mêmes acteurs, la commission d'enquête parlementaire suit également le mouvement, consacrant une partie de ses recommandations à la « rénovation de l'étude de dangers » et « la nécessité d'une convergence des méthodes utilisées dans l'Union européenne » :

> La France a opté pour une approche dite « déterministe » de l'étude des dangers relatifs à une installation industrielle. En conséquence, l'étude des dangers doit identifier et analyser tous les accidents envisageables, en ne rejetant pas les plus improbables. Dans la pratique, la Commission d'enquête n'a pu que constater combien est fragile la frontière qui sépare l'improbable du probable en matière de risques industriels. En tout état de cause, il semble indispensable de progresser rapidement dans la méthodologie des études de dangers. Différentes voies de progrès doivent être empruntées simultanément. Parmi les principales, on peut citer l'amélioration du recensement des scénarios notamment grâce une pluralité d'intervenants dans la conduite de l'étude. Une autre voie, étroitement liée à la précédente, correspond au complément que la méthode probabiliste peut apporter sous certaines conditions à la méthode déterministe[47].

---

44 Elle fait notamment partie des 85 propositions que l'association remet au gouvernement en novembre 2001, dans le cadre du débat national sur les risques majeurs industriels (Archives internes, N/Réf : F0256/JC/01).

45 Ce document a été retrouvé dans les archives du bureau des risques du ministère de l'environnement (Archives nationales, cote CAC 20080057, art. 60, dossier 187).

46 *Cf.* Essig P., Débat national sur les risques industriels. Octobre-décembre 2001, Rapport à Monsieur le Premier ministre, janvier 2002, p. 14.

47 Loos F., Le Déaut J.-Y., Rapport fait au nom de la commission d'enquête sur la sûreté des installations industrielles et des centres de recherche et sur la protection des personnes et de l'environnement en cas d'accident industriel majeur (Rapport n° 3559), Paris, Assemblée nationale, 2002, p. 25.

Apparaissant au final comme une demande unanime et consensuelle, la conversion probabiliste de l'étude de dangers est donc logiquement mise à l'agenda du projet de réforme impulsé par le gouvernement Jospin en réaction à la catastrophe d'AZF, légitimant du même coup l'action préalablement engagée par le Service de l'environnement industriel, mais selon une feuille de route profondément remaniée par rapport aux objectifs de départ. Car une fois la décision actée (fin 2001) puis appropriée par tous les niveaux hiérarchiques du Ministère de l'environnement (début 2002), l'enjeu pour les agents chargés du dossier n'est plus de se donner le temps d'expérimenter et de tâtonner pour trouver la meilleure voie possible, mais de s'organiser pour produire à brève échéance les textes réglementaires qui permettront de concrétiser ce programme de changement gouvernemental. Autrement dit, la crise et le projet réformateur qui en découle imposent leur rythme, désormais plus proche des grandes enjambées que des petits pas.

1.2.3. Cap sur les « gisements » inexploités de réduction des risques à la source

Pour les services concernés, le changement de rythme imposé par la mise à l'agenda de la conversion probabiliste correspond avec une période de transition, marquée par les élections présidentielles et législatives du printemps 2002. Membre de la nouvelle majorité UMP, Roselyne Bachelot prend alors la suite d'Yves Cochet à la tête du ministère qui, pour l'occasion, change d'intitulé[48]. Dans le sillage de sa nomination, le cabinet est entièrement renouvelé, ce qui conduit à l'entrée en fonction d'un nouveau conseiller sur la thématique des risques puis, un peu plus tard, au remplacement du chef du Bureau des risques de la DPPR[49]. Occupé

48 De l'aménagement du territoire et de l'environnement sous Cochet, il devient de l'écologie et du développement durable sous Bachelot. Par commodité, on continuera cependant à utiliser la dénomination générique de « Ministère de l'environnement » dans la suite de ce chapitre et le reste de l'ouvrage.

49 Le Bureau des risques technologiques et des industries chimiques et pétrolières (BRTICP), récemment devenu Bureau des risques des industries de l'énergie et de la chimie (BRIEC), a longtemps fait partie du Service de l'environnement industriel (SEI) de la Direction de la prévention des pollutions et des risques (DPPR). Depuis 2009, la structure hiérarchique de la Direction générale de la prévention des risques (DGPR) comprend un niveau supplémentaire : la Sous-direction des risques accidentels qui s'intercale entre le Bureau des risques et le Service des risques technologiques (SRT).

par un jeune ingénieur des Mines depuis un peu plus de quatre ans, le poste est alors confié à un autre jeune mineur en provenance de la région Alsace. Ayant assuré pendant près de trois ans la direction du Service régional de l'environnement industriel en charge de l'inspection des installations classées, ce dernier n'est donc pas complètement dépaysé en arrivant à la DPPR. Il connaît déjà bien la thématique des risques industriels et la plupart des parties prenantes du secteur[50]. Lors de son passage en région, il a notamment suivi l'application d'une partie du programme de maîtrise de l'urbanisation et, dans le même temps, fait l'expérience des difficultés posées par la politique de l'accident-maximum dans ses déclinaisons locales.

À sa prise de poste en juillet 2002, le nouveau chef du Bureau des risques est rapidement à la manœuvre sur le dossier de la conversion probabiliste de l'étude de dangers. Profitant de la relative accalmie de la période estivale, il peut prendre le temps d'absorber l'ensemble des contributions, synthèses et autres rapports d'expertise produits depuis la catastrophe[51], de se familiariser avec les enjeux de la réforme et en parallèle, de se coordonner avec la cheffe du SEI et le DPPR pour définir une stratégie d'action commune. En quelques semaines, le nouveau venu et ses deux supérieurs directs s'attèlent ainsi à mettre en forme un diagnostic précis des insuffisances de l'approche déterministe ainsi qu'une vision spécifique de ce que les analyses probabilistes pourraient apporter en complément. Détaillée dans une note qui servira ensuite de feuille de route ministérielle, cette problématisation insiste sur trois constats principaux : le découplage des analyses des risques réalisées dans le cadre des procédures internes de gestion des risques et des études de dangers réalisées pour le compte de l'administration ; le caractère peu incitatif des *scénarios de référence* sur le registre spécifique de la sécurisation des installations les plus dangereuses ; et le maintien, dans ces conditions, de « gisements » importants de réduction des risques à la source qui pourraient être davantage exploités. L'extrait suivant, issu de cette note datée du 28 août 2002, explicite le raisonnement :

---

50 A l'époque, le poste de chef du Bureau des risque revient traditionnellement à un ingénieur des Mines ayant fait un premier poste en Service régional de l'environnement industriel (SREI), dans le domaine du contrôle des installations classées et de la prévention des risques industriels.

51 Pour une présentation détaillée de ces rapports et de leur contribution aux décisions prises en réaction à la catastrophe d'AZF, voir (de Terssac, Gaillard, 2008b).

> Très succinctement, le constat actuel est que les préoccupations des pouvoirs publics en matière de prévention des risques se limitent, dans de nombreux cas, à un débat focalisé sur la gestion des conséquences des accidents majeurs qui sont quantifiés sur la base de scénarios à caractère déterministe (...). Cette démarche a, dans bien des cas, occulté toute la phase amont mais essentielle d'identification puis de gestion des risques par la mise en œuvre de mesures de prévention et de protection appropriées. De nombreuses études de dangers ne permettent pas d'évaluer le niveau de sécurité des installations et ne proposent pas aux pouvoirs publics de réelles et notables améliorations en matière de mesures de prévention et protection : les études de dangers fournies sont souvent succinctes et se limitent à un catalogue de scénarios. Cette politique n'incite pas les exploitants à réduire le risque à la source et à prendre des mesures pour réduire la probabilité d'occurrence des accidents. A la suite de la catastrophe de Toulouse, il a aussi été constaté que peu d'exploitants se sont inscrits dans une dynamique d'amélioration permanente de la prévention des risques d'accidents, par exemple en reconsidérant régulièrement la nécessité de disposer des mêmes capacités, sauf quand l'inspection des installations a maintenu une pression constante au cours des années[52].

Comme expliqué dans une autre note interne, ces gains de sécurité sont à rechercher dans de multiples directions : substitution des substances les plus dangereuses comme le phosgène, le chlore et l'ammoniac par des produits plus stables et moins létaux ; augmentation des flux et réduction des quantités de matières produites, employées ou stockées sur site ; généralisation des confinements passifs pour les installations à l'origine des risques toxiques les plus critiques ; réduction systématique du diamètre des canalisations de façon à limiter en proportion les débits de fuite, etc. Mais comme l'indique la même note, ces « gisements » de réduction des risques à la source ne sont que trop rarement exploités, car de telles actions nécessitent en général de modifier les procédés de fabrication et d'adapter le fonctionnement des installations :

> L'industriel ne met en œuvre ces actions de réduction que sous une contrainte, car elles constituent un facteur de coût, de délai, mobilisent des ingénieries qui ne s'investissent pas par ailleurs dans la productivité... et ces actions ne sont pas toujours visibles, donc pas nécessairement rentables. Cette contrainte est nécessaire car l'autorégulation ne suffit pas[53].

---

[52] Note du 28 août 2002 ayant pour but de présenter et d'échanger sur la nouvelle politique de la DPPR en matière de prévention des risques d'accident majeurs (Archives nationales, cote CAC 20080057, art. 126, dossier 406).

[53] Document interne du 20 mars 2002 (Archives nationales, cote CAC 20080057, art. 61, dossier 190).

Partageant ce constat, les ingénieurs de la DPPR voient alors les analyses probabilistes comme l'instrument de cette contrainte, c'est-à-dire le moyen d'inciter les exploitants à investir davantage dans la sécurisation de leurs installations. Pour atteindre cet objectif, ils comptent notamment sur deux fonctionnalités de l'outil : d'une part, le fait qu'il ouvre le champ de l'évaluation des risques à toutes les défaillances recensées dans l'accidentologie ; et d'autre part, le fait qu'il conditionne l'acceptabilité de chacun de ces risques à l'existence de mesures de sécurité ayant démontré leur fiabilité. L'intention est donc de recourir à ces méthodes pour pousser les exploitants à ne plus considérer qu'une faible probabilité d'occurrence suffit à écarter un risque donné (et donc à s'en désintéresser en termes de prévention), mais à justifier à chaque fois de l'existence de mesures de sécurité efficaces pour être autorisés à ne pas déclencher d'action correctrices. Autrement dit, quand les industriels voient le verre à moitié plein en envisageant la conversion probabiliste de l'étude de dangers comme la possibilité de rentabiliser les investissements de sécurité réalisés depuis le milieu des années 1980, c'est-à-dire faire valoir les niveaux de fiabilité atteint pour focaliser la prévention sur des modes de défaillance plus courants et moins coûteux à corriger, l'administration voit à ce moment-là le verre à moitié vide en considérant cette réforme comme un moyen de contraindre les exploitants à poursuivre l'effort de sécurisation de leurs installations avec l'espoir qu'ils s'attaquent aux gisements non encore exploités de réduction des risques à la source évoqués plus haut.

Finalement constituée en doctrine d'action, cette vision particulière du tournant probabiliste est une ressource importante pour la suite du processus réformateur. En fixant un cap, elle permet d'abord de mobiliser l'ensemble de la chaîne hiérarchique, jusqu'à la ministre et ses conseillers, de façon à rendre possible le portage d'un programme de changement décidé par un prédécesseur de gauche, qui plus est écologiste[54]. Cette doctrine d'action permet également d'orienter le travail des organismes experts déjà sollicités sur le sujet pour aider le Bureau des risques à la

---

[54] Pour obtenir le feu vert du cabinet et de la ministre, les responsables de la DPPR cherchent notamment à politiser leur doctrine d'action en présentant la réforme de l'étude de danger comme une mesure susceptible de contribuer au projet sécuritaire du nouveau gouvernement (une orientation rappelée par le Premier ministre Jean-Pierre Raffarin dans son discours de politique générale du 3 juillet 2003) tout en favorisant la compétitivité des entreprises exploitant des installations en France, via l'alignement de la réglementation nationale sur celles des autres pays européens.

traduction méthodologique de la réforme, le cas échéant en s'appuyant sur la méthode par barrières préalablement développée par l'INERIS. Elle permet enfin de rédiger les premières versions des textes visant à détailler la procédure d'élaboration de l'étude de dangers probabiliste et, sur cette base, d'engager les discussions avec les représentants industriels que l'administration entend associer à l'écriture de ce nouveau règlement.

1.3. Un tournant probabiliste engagé par voie réglementaire

Comme le rappelle Jacques Chevallier, la production administrative du règlement ne saurait être considérée comme un simple travail technique, consistant à traduire dans le langage du droit des choix préalablement arrêtés par le pouvoir politique. L'activité d'écriture de la norme juridique révèle au contraire l'influence de l'administration qui s'exerce notamment par l'intermédiaire de son pouvoir d'organisation, c'est-à-dire sa capacité à définir le cadre des échanges avec les autres parties prenantes (Chevallier, 2011). Dans le cas de la conversion probabiliste de l'étude de dangers, ce pouvoir d'organisation réside dans une série de tâches préalables à l'écriture de la règle : se doter d'une doctrine d'action après avoir spécifié le problème à résoudre, s'efforcer de la rendre compatible avec les attentes des supérieurs hiérarchiques et les orientations politiques de la ministre en place, l'inscrire dans des orientations techniques et méthodologiques qui constitueront l'ossature des avant-projets de texte à discuter avec les autres parties prenantes de la production normative. Une partie importante de ce travail préalable de cadrage consiste également à sélectionner ces parties prenantes, à les mobiliser et à créer (ou réactiver) les canaux par lesquels elles pourront s'arrimer aux activités d'écriture.

1.3.1. La mise en réseau d'un petit groupe de représentants sectoriels

Orchestrée par le Bureau des risques, cette « mise en réseau » conduit ici à la mobilisation conjointe de trois groupes d'acteurs. Les premiers sont les experts de l'INERIS et de l'IRSN, déjà sollicités sur le sujet, qui sont cette fois chargés de faire des propositions méthodologiques concernant l'intégration des principes de l'analyse probabiliste dans la structure existante de l'étude de dangers. Les deuxièmes sont les permanents de l'UIC, de l'UFIP et du MEDEF avec lesquels les agents de la DPPR échangent en continu sur l'ensemble des sujets relatifs à la prévention des risques industriels. Enfin, les troisièmes sont les représentants des grands groupes industriels les plus intéressés par la réforme de l'étude de dangers, notamment ceux qui sont à la manœuvre depuis la catastrophe d'AZF pour imposer ce tournant probabiliste.

Si de leur côté les experts de l'INERIS et de l'IRSN sont associés au travail d'écriture dans une logique d'assistance technique, c'est-à-dire comme pourvoyeurs de méthodes, les acteurs industriels le sont davantage dans une logique d'accommodation, c'est-à-dire en tant que représentants des futurs assujettis[55]. Le Bureau des risques souhaitant couvrir au mieux le secteur, les sollicitations s'adressent alors en priorité aux membres permanents des trois organisations patronales habilitées à parler au nom de l'ensemble de la profession sur le thème de la prévention des risques industriels, soit le directeur des affaires techniques de l'UIC, le directeur raffinage, sécurité et environnement de l'UFIP et le chargé de mission de la direction environnement du MEDEF[56]. Les responsables des divisions sécurité des grands groupes qui exploitent une part importante des établissements Seveso directement concernés par la réforme de l'étude de dangers (plateformes chimiques, raffineries, parcs de stockages d'hydrocarbure, etc.) sont également visés par ces demandes et formellement invités à s'associer aux activités d'écriture. Ce qu'explique le chef du Bureau des risques de l'époque à propos des représentants de Total :

> Total a une cinquantaine de sites de France, directement ou indirectement avec ses prises de participation. Cinquante sites qui devront appliquer la nouvelle méthodologie des études de dangers qu'on commence à discuter en 2002. A partir du moment où ils créent une cellule dédiée au siège, ça veut dire qu'ils sont intéressés pour discuter avec nous. Et ensuite, on est aussi intéressé pour discuter avec eux parce que leur retour d'expérience est utile. Ça permet de faire remonter les problèmes. En même temps, quand on arrive à leur faire passer un message, je suis sûr que les cinquante sites de Total sont informés instantanément et qu'ils vont dans la bonne direction.

---

55 Comme rappelé en introduction, la stratégie de l'accommodation repose sur des conduites de coopération, grâce auxquelles l'État atténue les phénomènes d'incertitude liés à l'application des textes qu'il produit (Padioleau, 1982b).

56 L'UIC et l'UFIP faisant partie du MEDEF et les adhérents de l'UFIP étant tous membres de l'UIC, les prises de parole se font indifféremment au nom de l'une ou l'autre de ces fédérations. Du coup, la distinction entre ces représentants n'est pas toujours aisée (Offerlé, 2013).

Cinquante sites sur les 600 qu'on vise à ce moment-là, je fais presque 10 % d'un coup. A chaque fois que les industriels ont monté des structures de pilotage comme ça et ont demandé à venir nous voir, on a dit : « Oui, bien volontiers ». Et on a pris l'habitude ensuite de se voir. Total, c'était assez souvent parce qu'évidemment avec cinquante sites, il y a toujours de l'actualité.

Dans son observation des activités de lobbying à la Commission européenne, Sylvain Laurens montre que les entreprises et les organisations patronales sont largement déterminées, dans leur forme et leur agenda, par les espaces bureaucratiques qu'elles cherchent à influencer (Laurens, 2015). Le même constat ressort ici puisque l'invitation du Bureau des risques à s'insérer dans le dispositif de réforme conduit la plupart des entreprises sollicitées à réorganiser leurs structures de direction pour se doter d'une division sécurité autonome, chargée de la politique interne de gestion des risques et de la représentation des intérêts des exploitants dans le dossier de la conversion probabiliste de l'étude de dangers[57]. Total et Rhodia créent ainsi, presqu'au même moment, une direction de la sécurité industrielle pour le premier et une direction sécurité monde pour le second, chacune étant directement rattachée au PDG du groupe et composée, d'un côté comme de l'autre, de quelques ingénieurs expérimentés, spécialisés dans les domaines de la sécurité des procédés et de l'analyse des risques (Duval, 2006). Conçues sur le modèle de la *task force*, ces petites unités opérationnelles servent alors d'interface entre les acteurs de l'entreprise concernés par la réforme, principalement les dirigeants des divisions fonctionnelles et les exploitants qui gèrent les installations sur les sites de production, et les interlocuteurs extérieurs qui contribuent à définir le contenu de cette réforme, c'est-à-dire les permanents des organisations patronales qui portent les intérêts communs de la profession et les représentants du Bureau des risques qui supervisent le travail d'écriture.

Lancée à l'automne 2002, la réforme réglementaire de l'étude de dangers conduit ainsi à la structuration d'un petit groupe d'une vingtaine de représentants sectoriels qui, outre les agents en charge du dossier à la DPPR (notamment le chef du Bureau des risques), comprend les quelques experts de l'IRSN et de l'INERIS mis à contribution sur les aspects méthodologiques, les trois permanents « risques industriels »

[57] Ceux qui disposent déjà d'une telle organisation (Atofina par exemple) se contente alors de renforcer la division *ad hoc* par le recrutement d'un ou deux ingénieurs spécialistes de la prévention des risques.

de l'UIC, de l'UFIP et du MEDEF évoqués plus haut, ainsi que les responsables des unités dédiées des groupes industriels les plus intéressés par le tournant probabiliste. Dans ce dernier ensemble, on trouve notamment des représentants de Total (qui vient à l'époque d'absorber les pétroliers Elf et Petrofina) et de ses deux principaux concurrents Shell et Esso qui, de leur côté, exploitent plusieurs raffineries et unités de stockage dans l'estuaire de la Seine, en région parisienne, en Alsace et sur le pourtour de l'étang de Berre. Les chimistes sont également représentés dans ce groupe, notamment Atofina (l'ancienne filiale chimie de Total qui devient Arkema en 2004), Rhodia et Aventis (issus de la fusion de Rhône-Poulenc avec l'Allemand Hoechst), ainsi que les principaux gaziers gestionnaires d'installations en France, c'est-à-dire Butagaz, Antargaz et Rhône-Gaz. Ainsi formé, ce réseau d'acteurs sectoriels se caractérise donc par une relative diversité des appartenances institutionnelles et une forte hétérogénéité des intérêts représentés, notamment du côté industriel où les entreprises mobilisées sont le plus souvent concurrentes sur les marchés qu'elles investissent pour écouler leurs productions. En revanche, si l'on s'intéresse aux trajectoires socio-professionnelles de ces représentants, on observe une certaine régularité dans les formations, les types de postes occupés au cours de la carrière et les positions dans les organigrammes des organisations d'appartenance.

1.3.2. Un groupe d'ingénieurs spécialisés

Dans le groupe que l'on vient de détailler, tous les représentants sont des ingénieurs de formation ou des chimistes universitaires ayant rapidement exercé des fonctions d'ingénieur dans l'industrie. Bien que positionnés sur des postes stratégiques de second niveau, ils ne dépendent pas des grands corps techniques de l'État qui dominent le secteur. Le seul à faire exception sur ce point est le chef du Bureau des risques qui, comme tous ses prédécesseurs à ce poste, a un parcours classique de polytechnicien complété par une spécialisation à l'école des Mines de Paris. Mais à part lui, tous les autres membres du groupe sont issus d'écoles nettement moins prestigieuses. Du côté de l'administration, les agents du Bureau des risques sont en effet des cadres intermédiaires de la fonction publique, relevant des « petits corps » techniques de l'Industrie et des Mines ou des Travaux publics de l'État. C'est le cas également de la plupart des représentants industriels et des experts de l'INERIS et de l'IRSN, qui ont été formés dans les mêmes écoles que leurs interlocuteurs administratifs (notamment les Mines de Douai, d'Alès ou de Nancy) ou dans des écoles se situant à peu près au même rang, comme l'INSA, les Arts et Métiers, l'Université technologique de Compiègne ou l'École nationale supérieure des industries chimiques de Nancy. Quant aux quelques autres qui n'ont pas de formation d'ingénieur, ils sont issus d'un parcours universitaire en chimie, souvent complété par un doctorat ou une spécialisation de mastère.

Mis à part le chef du Bureau des risques, les acteurs sollicités pour mener à bien la réforme de l'étude de dangers ne peuvent donc pas être considérés comme faisant partie de l'élite dirigeante, c'est-à-dire ces femmes et ces hommes qui détiennent les plus hautes positions de pouvoir dans les administrations et les entreprises privées. Ils n'ont pas été formés à l'ENA, ni à Polytechnique. Ils ne sont pas hauts-fonctionnaires ou membres des comités exécutifs des organisations patronales et des compagnies qu'ils représentent. Tous se situent plus bas dans la hiérarchie des organisations représentées : ils sont agents de bureau au niveau intermédiaire des organigrammes administratifs, manager au sein d'une direction sécurité d'entreprise, permanent d'une fédération professionnelle ou chef de projet d'un organisme expert. À ces positions, les tâches qui leur sont confiées ne sont pas dénuées de responsabilités, loin de là, mais elles sont davantage tournées vers le suivi opérationnel des dossiers et les questions techniques que vers le management, la stratégie d'organisation et les fonctions de direction. Ils ne sont donc pas formellement des décideurs, même s'ils disposent d'un capital de connaissance et d'expérience suffisamment important pour fonctionner en relative autonomie vis-à-vis des instances dirigeantes dont ils dépendent, c'est-à-dire les supérieurs hiérarchiques directs, le cabinet et le ministre pour les agents administratifs, le président directeur général et son comité exécutif pour les représentants industriels.

Plus ou moins avancés dans leur carrière, ces ingénieurs se caractérisent également par des trajectoires de spécialistes. Du côté de l'administration, une partie des agents du Bureau des risques mobilisés sur la réforme de l'étude de dangers a ainsi l'expérience d'un ou plusieurs postes en services déconcentrés sur la thématique de l'environnement industriel, dans les domaines de la prévention des risques ou de la lutte contre les pollutions. De façon symétrique, la plupart des représentants industriels ont un passé d'exploitant et une expérience plus ou moins longue du terrain. Quasiment tous ont été ingénieur sécurité en usine, responsable de fabrication et/ou directeur de site avant d'accéder à de plus hautes responsabilités au niveau *corporate*[58] de leur entreprise. Par exemple, un des représentants de Rhodia évoqués plus haut a été responsable du service sécurité et environnement de la plateforme chimique des Roches-de-Roussillon en Isère, puis directeur manufacturing du même site avant de devenir directeur sécurité monde du groupe au tournant des années 2000. Présentant des caractéristiques similaires, les permanents des organisations patronales ont également une connaissance fine du terrain et du métier d'exploitant. Pur produit de l'industrie chimique, le directeur des affaires techniques de l'UIC de l'époque a ainsi réalisé la première partie de sa carrière en usine, où il a occupé différents types de poste (recherche et développement, logistique, production, puis direction de site). Certains, dans le groupe des industriels, ont également fait l'expérience d'un passage plus ou moins long dans l'administration, en tant qu'inspecteur des installations classées ou chargé de mission d'un des organismes experts sous tutelle du Ministère de l'environnement (l'INERIS en particulier). C'est le cas par exemple du directeur de la sécurité industrielle de Total qui, avant de se faire recruter pour développer la politique de sécurité du groupe pétrolier, a longtemps exercé dans un service régional de l'Autorité de sûreté nucléaire, puis à la division environnement de la Direction régionale de l'industrie, de la recherche et de l'environnement (DRIRE) Provence-Alpes-Côte-D'azur, où il a notamment été chargé du suivi administratif de la raffinerie de la Mède.

On le voit à la lumière de ces trajectoires, les acteurs mis en réseau pour contribuer à la réforme de l'étude de dangers constituent au final un groupe assez homogène d'ingénieurs expérimentés, spécialisés dans les domaines du génie chimique, de la sécurité des procédés et de l'analyse des risques et, pour beaucoup, bons connaisseurs des contextes de mise en œuvre de la réglementation. Même s'ils se distinguent par leurs origines et les positions occupées au fil de la carrière (contrôleur, contrôlé ou expert), ces représentants sectoriels relèvent en pratique du même monde professionnel : ils partagent depuis longtemps les mêmes environnements de travail, sont animés par les mêmes dynamiques d'interconnaissance et ont, dans l'ensemble, des façons communes de concevoir les problèmes auxquels ils font face dans leurs fonctions respectives. La plupart se reconnaît également dans des cadres de référence assez similaires, qui tendent

---

[58] Les acteurs industriels désignent ainsi les services centraux des grandes firmes qui exploitent des installations chimiques et pétrolières.

à clairement dissocier les sites d'implantation les plus en difficulté face à la politique de l'accident-maximum de la majorité des lieux de production où les *scénarios de référence* et les règles de maîtrise de l'urbanisation s'appliquent finalement sans trop de difficulté. Plus directement liés aux premiers, du fait de leurs parcours et rattachements institutionnels, les représentants mis en réseau par le Bureau des risques ont donc également en commun de privilégier le point de vue des situations les plus critiques pour penser les problèmes à résoudre et, on le verra plus loin, définir collectivement leurs propositions de réforme.

Ainsi constitué, ce petit réseau de représentants s'apparente donc à ce que les approches en termes de coalitions de cause qualifient de « forum professionnel », c'est-à-dire un groupe relativement fermé de spécialistes relevant d'un même secteur, partageant le même programme de changement (ici la réforme de l'étude de dangers) et globalement intéressé pour contribuer au cadrage réglementaire de ce changement (Sabatier, Weible, 2007). Concrètement, ce forum s'incarne dans des espaces multiples, régis par des règles et des dynamiques spécifiques. Certains de ces espaces engagent des relations très informelles, comme des échanges de mails, des documents annotés mis en circulation ou des discussions de couloir en marge de réunions de travail. D'autres ont en revanche un caractère plus officiel. C'est le cas par exemple des rencontres organisées par les permanents de l'UIC et de l'UFIP pour se coordonner avec les représentants des entreprises ou des réunions bilatérales programmées par le Bureau des risques pour discuter en marge du collectif avec tel ou tel représentant. C'est également le cas du groupe de travail *méthodologie des études de dangers* mis en place en septembre 2002 pour contribuer à la définition des règles d'élaboration et de lecture des futures études de dangers probabilistes.

1.3.3. La création du GT méthodologie des études de dangers ou GT EDD

Depuis les années 1980 et l'augmentation continue du rythme de la production normative dans le domaine de la prévention des risques industriels[59], l'écriture des textes réglementaires s'accompagne le plus souvent de la création de groupes de travail *ad hoc*. Constitués de représentants

[59] Du fait notamment de la révision fréquente des directives européennes (Goellner, 2011).

des futurs assujettis, d'experts du sujet traité et parfois d'inspecteurs des installations classées, ces lieux d'échange ont vocation à concilier les positions de l'administration et de ses partenaires industriels sur les projets de règlement avant leur mise en consultation et le passage par les étapes formelles de signature[60]. S'agissant de la réforme de l'étude de danger, la création du groupe de travail *ad hoc* est décidée dans le courant de l'été 2002, comme l'atteste ce message du chef du Bureau des risques au conseiller technique de la ministre :

> A ajouter, dans les actions prospectives du ministère : 1) mobilisation d'organismes experts étrangers [...] ; 2) développement de programmes de recherche cofinancés par l'État, les entreprises et l'Union européenne, faisant coopérer des organismes de recherche et des experts de l'IRSN, de l'INERIS, du CNRS (projet Aramis) ; 3) réflexion sur une approche mixte probabiliste-déterministe de la gestion des risques (maîtrise à la source par réduction du potentiel de dangers et mise en place de barrières adaptées à chaque événement redouté) ; (...). Première étape : l'INERIS, l'IRSN et Technip ont été saisis par la DPPR pour proposer une note de réflexion méthodologique. Constitution d'un groupe de travail chargé d'élaborer une méthode et des guides pratiques de quantification du risque et des dispositifs de maîtrise associés (barrières)[61].

Comme l'indique le chef du Bureau des risques dans son message, la contribution attendue de ce groupe de travail est de produire un guide méthodologique d'élaboration et de lecture de l'étude de dangers dans un nouveau format associant déterminisme et probabilisme. Ce qu'il ne précise pas, en revanche, c'est que la mise en écriture de ce guide répond à une demande exprimée par plusieurs représentants industriels quelques semaines plus tôt, lors d'un « tour de table » effectué par la DPPR en prévision de la décision de la ministre de remettre le projet de loi de son prédécesseur sur le métier. Ce dont atteste cette contribution du MEDEF envoyée dans le courant de l'été :

---

[60] Lorsqu'il produit du règlement, le Bureau des risques consulte officiellement ses services déconcentrés (les SREI des DRIRE à l'époque), les professionnels concernés (c'est-à-dire les industriels visés par le règlement), les parties associées (notamment les associations environnementales et les représentants des collectivités locales) ainsi que le Conseil supérieur des installations classées (de la prévention des risques technologiques aujourd'hui) qui regroupe des représentants de toutes les parties associées.

[61] Courriel daté du 30 août 2002 (Archives nationales, cote CAC 20080057, art. 70, dossier 221).

> Les dispositions applicables aux installations classées nécessitent une clarification. Celle-ci pourrait prendre la forme d'un guide méthodologique national d'analyse des risques élaboré en concertation entre l'administration et les industriels. Il préciserait, entre autres, l'approche méthodologique (déterminisme/probabilisme, valeurs des seuils thermiques de surpression, scénarios à envisager, etc.)[62].

Conformément au planning détaillé dans la note au cabinet, les organismes experts sont donc réunis fin août 2002 pour définir les orientations méthodologiques de la réforme et lancer la rédaction d'une première version de guide. Composé de l'ensemble des représentants sectoriels évoqués plus haut, le *GT méthodologie des études de dangers*, dit GT EDD, est lancé dans la foulée. Plusieurs réunions sont alors consacrées à des présentations croisées de la plupart des participants et à l'examen de diverses notes de position. L'exploration des archives du Bureau des risques révèle ainsi un document de cadrage de la DPPR rappelant qu'en matière d'étude de dangers, la vocation première des méthodes probabilistes doit être de « présenter, à l'issue du recensement des *potentiels de dangers* et de l'analyse des risques, une panoplie de scénarios afin de mettre en lumière l'ensemble des risques (des plus importants aux plus faibles) et de faire apparaître le choix des barrières de sécurité mises en place (nombre, fiabilité, indépendance)[63] ». Parmi les contributions écrites qui circulent à ce moment-là entre les membres du groupe de travail, on trouve également une note de l'INERIS exposant les principes d'une méthode par barrières inspirée des travaux réalisés dans le cadre des projets ASSURRANCE et ARAMIS[64], des présentations de Technip et de l'IRSN, plusieurs mémos détaillant les outils d'analyse des risques développées par les industriels, notamment les pétroliers Esso et Shell et les chimistes Atofina, Aventis et Rhodia, et enfin, une note de position de l'UIC et de l'UFIP prenant acte de la diversité de ces standards et

62 Note de position du MEDEF, datée du 27 juillet 2002, relative au projet de loi post-AZF du ministère de l'environnement (Archives nationales, cote CAC 20080057, art. 70, dossier 222).

63 Compte-rendu du *GT méthodologie des études de dangers* du 26 septembre 2002 (Archives nationales, cote CAC 20080057, art. 126, dossier 406).

64 Note de l'INERIS datée du 22 septembre 2002 et intitulée « Analyse des risques dans le cadre d'une étude de dangers » (Archives nationales, cote CAC 20080057, art. 126, dossier 406).

esquissant, dans le même temps, les principes d'une méthode générique conçue pour être compatible avec chacun d'eux[65].

Révélant des incompatibilités manifestes entre tous ces outils, les premières réunions du GT EDD ne permettent pas d'engager l'écriture du guide, comme prévu initialement. Les échanges qu'elles favorisent sont malgré tout l'occasion de plusieurs apprentissages collectifs qui vont conditionner la suite du processus réformateur. La confrontation des points de vue permet tout d'abord à chacun de mesurer l'engagement des autres participants et de vérifier que tous les membres du groupe partagent bien le même programme de changement. Les discussions en réunion et les notes mises en circulation permettent également au collectif de se familiariser avec l'ensemble des méthodes existantes et les diverses possibilités qu'elles offrent pour attribuer des valeurs de probabilité et de gravité aux scénarios accidentels étudiés dans les études de dangers, mesurer la performance des systèmes de sécurité existants, ou bien encore départager les risques de défaillance qui impliquent de prévoir des mesures correctrices de ceux qui peuvent être considérées comme acceptables. Enfin, si les premiers échanges sont l'occasion pour tous les participants de se reconnaître dans l'orientation programmatique portée collectivement et de repérer quelques points d'accord sur la façon de la concrétiser (concernant notamment le recours à des outils comme les arbres de causes et d'événements et les matrices de criticité), ils confirment en même temps que les buts poursuivis par les agents administratifs (tendre vers une approche associant déterminisme et probabilisme) ne correspondent pas exactement à ceux visés par les industriels (faire disparaître les *scénarios de référence* des études de dangers). Cette divergence de vue, qui se révèle au fil des réunions, n'est toutefois pas de nature à compromettre la cohésion du groupe et faire obstacle à la poursuite du processus réformateur, comme nous le verrons au chapitre suivant.

* * *

Au final, ce retour vers les origines de la conversion probabiliste de l'étude de dangers permet de constater que les réformes de politiques publiques ne sont pas toujours associées aux élites dirigeantes sur

---

[65] Note de position de l'UIC et de l'UFIP du 9 décembre 2002, complétée d'une annexe méthodologique datée du 15 janvier 2003 (Archives nationales, cote CAC 20080057, art. 126, dossier 406).

lesquelles focalisent la plupart des travaux relevant de l'*advocacy coalition framework* et du cadre d'action programmatique. Comme l'a bien montré ce premier chapitre, de tels changements peuvent aussi être impulsés et concrétisés par des spécialistes qui se situent plutôt aux niveaux intermédiaires des organisations qu'ils représentent, dans les « terres du milieu » des hiérarchies administratives et industrielles. Le fait de ne pas appartenir à la classe dirigeante et de ne pas être positionnés au plus haut des institutions de pouvoir n'empêche pas ces cadres intermédiaires de « faire groupe » et, dans le même temps, d'intégrer la plupart des caractéristiques des élites programmatiques, c'est-à-dire une manière de voir commune (concernant notamment la nécessité de réformer l'étude de dangers), une cohésion et une capacité d'action collective, mais également des interactions systématiques qui assurent l'existence du groupe et son identité propre d'acteur collectif. Les premières réunions du *GT méthodologie des études de dangers* montrent cependant que cette identité collective reste en compétition avec les visions particulières de certains protagonistes. Car si le groupe est bien animé par la même intention programmatique, il ne s'accorde pas encore sur les principes de sa traduction concrète. Les divergences de vue s'expriment notamment dans le rapport entre sécurité et rentabilité et la façon de hiérarchiser ces deux termes. Alors que les acteurs administratifs ont tendance à voir la rentabilité comme une résultante de la sécurité, les représentants industriels procèdent à l'inverse en envisageant la sécurité au prisme de la rentabilité : de leur point de vue, le profit est toujours le but recherché et la sécurité participe de cette finalité tant qu'elle ne la remet pas en cause. Pour les deux parties, l'enjeu est alors de faire converger ces visions contraires sans compromettre l'unité du groupe programmatique et les conditions de réalisation de la réforme qu'ils continuent de promouvoir.

Chapitre 2

Un acteur collectif travaillé par des conflits internes

Dans ce deuxième chapitre, on s'intéresse plus particulièrement aux luttes d'influence qui caractérisent les relations entre les représentants de l'État et leurs partenaires industriels, les ressources que chaque partie mobilise pour tenter d'imposer ses vues à l'autre et les stratégies déployées pour prendre l'ascendant sans compromettre l'unité du groupe qu'ils forment ensemble. Dans leur grande majorité, les travaux qui cherchent à expliquer le changement en recourant aux théories de l'action collective organisée ont en commun d'être beaucoup plus attentifs aux facteurs de cohésion qu'aux facteurs de différenciation lorsqu'ils envisagent les configurations favorables à la transformation des politiques publiques. Dans le modèle de l'*advocacy coalition framework*, Paul Sabatier et ses collègues choisissent même d'en faire un angle mort de l'analyse, considérant que les croyances qui soudent les coalitions l'emportent toujours sur les enjeux d'affiliation et les disputes qui émaillent le cas échéant leurs actions (Sabatier, Jenkins-Smith, 1999 ; Schlager, 1995). De même, si la sociologie des élites ne néglige pas cette caractéristique dans son approche théorique des acteurs programmatiques, elle ne s'y intéresse pas vraiment en pratique, insistant davantage sur ce qui fait groupe et la façon dont ces éléments de cohésion participent à la fabrication des programmes d'action publique[66].

L'observation de la coalition sectorielle chargée de réformer l'étude de dangers est l'occasion de réintroduire ce facteur dans l'analyse pour tenter de voir comment les divergences d'intérêts conditionnent la définition des instruments et des dispositifs de politiques publiques chargés

---

[66] Sur le corpus constitué à partir de la littérature française, un texte de William Genieys et Laura Michel fait toutefois exception en envisageant les logiques d'intérêts opposés qui s'expriment au sein de l'élite sectorielle étudiée (Genieys, Michel, 2006).

de concrétiser le changement. Pour tenter de saisir le rôle joué par ces facteurs de dissension, on commencera par retracer l'écriture du guide méthodologique confiée fin 2002 au *GT méthodologie des études de dangers*. On verra alors que ce travail plutôt consensuel au départ finit par révéler l'existence d'un désaccord de principe entre les membres du groupe qui va avoir pour conséquence de placer la réforme sur une nouvelle trajectoire. On s'intéressera ensuite à ce « changement de voie » pour montrer comment la stratégie initiale de l'administration (réformer par le règlement) est compromise par les intérêts industriels et comment ces divergences de vue se traduisent finalement par l'introduction d'un article de loi spécifique dans le texte que Roselyne Bachelot présente au Parlement au printemps 2003. Enfin, on suivra la mise en forme des textes d'application de cet article destiné à « graver le tournant probabiliste dans le marbre de la loi » pour montrer comment la coalition réformatrice constituée autour du Bureau des risques est finalement contrainte de se territorialiser pour réduire ses dissensions internes et trouver un terrain d'entente acceptable pour chacun de ses membres. Ce détour par les contextes d'application permettra notamment de décrire précisément la façon dont les situations locales sollicitées pour mettre à l'épreuve les textes en cours d'écriture contribuent en retour à marquer de leur empreinte la réforme de l'étude de dangers.

2.1. La découverte d'un désaccord de principe

On l'a vu à la fin du chapitre précédent, la constitution du groupe chargé de la réforme de l'étude de dangers donne lieu à de multiples apprentissages. Elle permet une exploration collective de l'univers probabiliste et des pratiques associées, y compris pour les représentants industriels qui jusqu'à la mise en place du *GT méthodologie des études de dangers* n'avaient qu'une vision partielle des façons de faire de leurs pairs. L'émergence de ce collectif permet également de mettre au jour l'étendue des possibilités offertes par les outils et méthodes probabilistes en matière d'analyse des risques et de dimensionnement des mesures de prévention dans le cadre de l'étude de dangers. Elle permet enfin d'inventorier les parties vraiment intéressées par ce changement en même temps que leurs intérêts et identités, dont la distribution n'était pas vraiment connue avant le lancement effectif de la réforme. C'est ainsi que la mise en écriture du guide méthodologique fin 2002 et les premières réunions de travail consacrées à ce projet amènent les membres du groupe à identifier l'existence d'un profond désaccord sur le devenir des *potentiels de dangers* et leur utilité dans une démarche d'évaluation probabiliste.

2.1.1. Le retour du débat sur les potentiels de dangers

Le *potentiel de dangers*, parfois qualifié de scénario maximum physiquement possible, représente l'accident ultime qui peut survenir sur une installation donnée. Si l'on prend l'exemple d'une fabrication qui met en œuvre une substance hautement toxique (chlore, ammoniac, etc.), il correspond à la ruine totale de l'équipement contenant le produit (une sphère, un conteneur, etc.) et à la libération instantanée de l'intégralité du volume stocké (soit plusieurs milliers de m^3 pour un équipement moyen de l'industrie chimique). Dans l'étude de dangers, l'identification de cet accident maximal sert deux finalités distinctes : la première est d'ouvrir une discussion sur l'opportunité d'abaisser le niveau de risque par une modification « lourde » de l'installation (changement de procédé, remplacement des produits utilisés par des substances moins dangereuses, réduction des quantités mises en œuvre en jouant sur les flux et la taille des stockages, etc.)[67] ; la seconde est de fixer la limite supérieure des accidents possibles et d'orienter le travail d'élaboration des scénarios qui constituent la matière principale de l'analyse des risques et du dimensionnement des mesures correctrices.

Le désaccord qui surgit à propos de cette représentation de l'accident maximal concerne en fait sa place et sa fonction dans la nouvelle architecture de l'étude de dangers. En engageant la discussion sur le sujet, les représentants industriels découvrent en particulier que si leurs interlocuteurs administratifs ont bien fait le deuil des *scénarios de référence*, comme attendu, ils n'ont en revanche pas complètement renoncé à l'identification des *potentiels de dangers* qu'ils continuent de voir comme un moyen efficace d'envisager toutes les possibilités de sécurisation des installations les plus dangereuses. Comme l'indique le chef du Bureau des risques lors d'une réunion du *GT méthodologie des études de dangers*, l'outil reste à ses yeux pertinent dans une démarche d'évaluation ayant pour ambition de couvrir tout le spectre des accidents possibles, des plus graves et improbables aux plus courants, qui sont en général moins graves :

---

67 Si l'identification des *potentiels de dangers* conduit rarement l'exploitant à mettre en œuvre de telles mesures, elle l'oblige néanmoins à les envisager et à faire la preuve de son incapacité technico-économique à les réaliser.

> L'étude de dangers doit présenter, à l'issue du recensement des *potentiels de dangers* et de l'analyse des risques, une « panoplie » de scénarios afin de mettre en lumière l'ensemble des risques (des plus importants aux plus faibles) et de faire apparaître le choix des barrières de sécurité mises en place (nombre, fiabilité, indépendance)[68].

Mais de leur côté, les représentants industriels ne sont pas du tout sur cette ligne. Ils défendent une vision plus radicale de la réforme. Leur objectif est une conversion intégrale de l'étude de dangers et une rupture totale avec la politique de l'accident-maximum, c'est-à-dire l'abolition définitive des *scénarios de référence*, mais également des *potentiels de dangers*. De leur point de vue, plus aucune mention ne devrait être faite à l'accident ultime, sous quelque forme que ce soit, y compris dans le nom « étude de dangers » qu'ils proposent de remplacer par « étude de risques ». Si l'enjeu de cette évolution sémantique est en partie symbolique, il est aussi clairement économique dans la mesure où l'examen de ces accidents ultimes dans l'étude de dangers fait nécessairement porter la discussion avec les services d'inspection sur des mesures de réduction des risques qui n'entrent pas *a priori* dans le calcul de rentabilité des entreprises et, dans le même temps, les obligent à de coûteuses études technico-économiques pour justifier leur non prise en compte dans les programmes d'investissement qui concluent ces démarches d'évaluation. De façon incidente, l'abandon des *potentiels de dangers* est aussi un moyen pour les représentants industriels de mettre fin aux interminables discussions que suscitent ces hypothèses extrêmes dans les procédures d'autorisation, d'information du public et de maîtrise de l'urbanisation.

A peine engagée, l'écriture du guide méthodologique bute donc sur cette question des *potentiels de dangers*. D'un côté, les ingénieurs du Bureau des risques militent pour leur maintien, considérant qu'ils restent utiles au dimensionnement des mesures de prévention, même dans le cadre d'une démarche probabiliste. De l'autre, les représentants des grands groupes industriels et des fédérations patronales jouent l'unité face à leurs interlocuteurs ministériels pour revendiquer l'abolition pure et simple de l'outil, considérant qu'il alourdit inutilement les échanges avec l'inspection des installations classées en obligeant les exploitants à des dépenses inutiles et à l'affichage de zones de risques qui nuisent

---

[68] Compte-rendu du *GT méthodologie des études de dangers* du 24 janvier 2003 (Archives nationales, cote CAC 20080057, art. 126, dossier 406).

à l'acceptation sociale de leurs établissements. Après un premier temps consacré au partage de connaissances, le GT *méthodologie des études de dangers* entre alors dans une phase plus délicate qui consiste à trouver une voie de conciliation entre ces deux positions contraires puis à se mettre d'accord sur un canevas d'étude de dangers qui réponde au mieux aux attentes de chacun.

2.1.2. Un guide méthodologique finalement réduit à sa plus simple expression

Pour avancer dans l'écriture du guide et tendre vers l'objectif commun, deux voies de conciliation sont finalement privilégiées par les membres du groupe de travail. La première vise à limiter les potentialités conflictuelles de l'exercice en cantonnant les échanges aux grands principes de la nouvelle étude de dangers, sans entrer dans le détail des méthodes, des articulations et des finalités concrètes de chaque étape (*cf.* encadré 5). La seconde est de rechercher un compromis sur le rôle effectif des *potentiels de dangers* dans cette architecture d'ensemble. Le fait de renoncer à l'écriture d'un guide détaillé et de réduire d'emblée la portée de l'accident-maximum ne simplifie cependant pas totalement la tâche des rédacteurs, qui doivent malgré tout négocier pied à pied chaque formulation pour finalement aboutir à une proposition satisfaisante pour tous les contributeurs, en particulier les représentants des grands groupes les plus investis dans ce chantier. Ce que confirme l'un des participants, lors d'un entretien consacré aux travaux du *GT méthodologie des études de dangers* :

> Pendant quelques mois, ça a été hyper chaud l'écriture de ce premier guide. On était presque tous les jours dessus. On a beaucoup discuté. Sur chaque phrase. Chaque mot. C'était quasi impossible de faire autre chose durant cette période.

Encadré 5 Les principes d'élaboration de l'étude de dangers (d'après le guide du 25 juin 2003).

Le guide, publié par circulaire le 25 juin 2003, liste en les détaillant de façon sommaire les points clés qui devront figurer dans les nouvelles études de dangers. Sept étapes sont ainsi définies :

1) l'identification et la caractérisation des *potentiels de dangers* ;
2) la réduction des *potentiels de dangers* (par la réalisation d'un examen technico-économique visant à supprimer ou substituer aux procédés et aux produits dangereux, à l'origine de ces dangers potentiels, des procédés ou produits présentant des risques moindres) ;
3) l'estimation des conséquences de la matérialisation de ces dangers (limités toutefois aux événements physiquement vraisemblables) pour permettre l'information du public et l'élaboration du plan particulier d'intervention (PPI) ;
4) le rappel des accidents et incidents survenus (ainsi que les mesures d'amélioration possibles que l'analyse de ces événements conduit à envisager) ;
5) l'évaluation préliminaire des risques (identification de tous les scénarios susceptibles d'être à l'origine d'un accident majeur au sens de l'arrêté du 10 mai 2000, recherche des barrières préliminaires de sécurité qui peuvent prévenir, détecter ou réduire les conséquences de ce déconfinement de produit, cotation en probabilité et gravité de ces événements en vue de la sélection des scénarios critiques) ;
6) l'étude détaillée de ces scénarios critiques (démarche itérative de réduction des risques à la source) ;
7) la quantification et hiérarchisation des différents scénarios tenant compte des mesures de réduction des risques à la source définie à l'étape précédente et proposition des scénarios qui pourraient servir à l'élaboration des plans d'opération internes (POI), plans particuliers d'intervention (PPI), zonages de maîtrise de l'urbanisation et PPRT.

Publié dans une première version en juin 2003[69], ce guide n'est pas à proprement parler un outil « méthodologique ». Il ne se présente pas comme un mode d'emploi détaillé de la nouvelle étude de dangers

69 Circulaire du 25 juin 2003 relative aux principes généraux pour l'élaboration et la lecture des études de dangers.

probabiliste. Tenant en six pages, il se contente juste de poser succinctement les grands principes de son élaboration, d'esquisser à gros traits le contenu et les finalités des différents chapitres du document. La note, diffusée par circulaire, permet cependant de sceller le compromis sur les *potentiels de dangers* en postulant que si l'examen de ces possibilités accidentelles continue de former le socle de l'étude de dangers, leur déclinaison en mesures de prévention doit être strictement limitée à l'information du public et la planification des secours, c'est-à-dire aux actions concrètes qui n'engagent pas les industriels sur le plan financier et ne nécessitent pas de transformation lourde de l'appareil de production. Ce qu'indique très clairement cet extrait de l'étape 3 consacrée à « l'estimation des conséquences de la matérialisation des dangers » :

> Avant toute analyse de risque et afin de permettre l'information du public et l'élaboration du PPI, sont présentées les conséquences de la libération des *potentiels de dangers*. A ce stade, l'ensemble des évènements physiquement vraisemblables sont envisagés à l'exclusion de ceux résultant des actes de malveillance. [...] Cette estimation peut conduire à plusieurs variantes tenant compte de la réalité physique du stockage ou du procédé, des mesures de protection physiques passives de grande ampleur qui auraient déjà été mises en œuvre pour réduire le risque à la source, et des limites physiques réalistes référencées par le retour d'expérience et les méthodes de calcul en usage (fraction de la quantité d'engrais conduisant à une explosion, ou de GPL impliqué dans un BLEVE). Il est rappelé que les accidents pris en compte pour l'établissement du PPI ne tiennent pas compte des mesures de prévention mises en œuvre : ces scénarios sont donc en fait très « alarmistes » et ne doivent pas servir de base aux autres approches[70].

Si au final cette courte note ne correspond pas vraiment à l'objectif initial qui était de produire un guide détaillé de l'étude de dangers probabiliste, son écriture est néanmoins un moment décisif du processus de réforme. Pour plusieurs raisons. La première est que les discussions qu'elle suscite permettent au groupe chargé de son élaboration de franchir sans encombre l'obstacle des *potentiels de dangers* en identifiant la voie à suivre pour accorder la vision administrative de la réforme (préserver le socle déterministe de l'étude de dangers) avec celles des représentants industriels (dissocier définitivement la politique de l'accident-maximum des procédures d'autorisation et de maîtrise de l'urbanisation). Sur un autre registre, elle permet également de valider le recours aux matrices

[70] Circulaire du 25 juin 2003, *op. cit.*, p. 4.

de criticité dans le cadre de l'évaluation préliminaire des risques (étape 5) et par la même occasion, de justifier le lancement d'expérimentations locales pour comparer les façons de faire des différentes entreprises concernées et tenter de faire émerger, à partir de ces enseignements, une règle de sélection des scénarios critiques susceptible de convenir à chacun d'eux. Enfin, ces échanges sont l'occasion de poursuivre l'exploration collective des intérêts et identités représentés au sein du groupe, pour mettre en évidence de façon encore plus explicite les attentes de chacune des parties. Cette mise au point, qui conduit chaque protagoniste à y voir plus clair dans le jeu de ses partenaires, produit surtout ses effets du côté des représentants industriels qui, compte tenu des écarts d'appréciation révélés par la mise en forme du guide, en viennent finalement à douter de leurs partenaires administratifs en se demandant si leur attachement au socle déterministe de l'étude de dangers, qui ne leur était pas apparu si clairement au départ, ne serait pas le signe d'un malentendu sur les finalités de la réforme. En dépit de leur engagement dans le *GT méthodologie des études de dangers*, les agents du Bureau des risques sont-ils à ce point convaincus par les approches probabilistes ? Iront-ils jusqu'au bout du processus de conversion, conformément à nos attentes ? Telles sont les interrogations, suscitées et renforcées par l'écriture de la circulaire du 25 juin 2003, qui incitent finalement les représentants industriels à privilégier la voie législative, de façon à ce que la loi entérine une fois pour toute l'orientation probabiliste de l'étude de dangers, sans possibilité de retour en arrière.

2.2. Les divergences de vue sur la nécessité du recours à la loi

Fin 2002, au moment où le *GT méthodologie des études de dangers* lance l'élaboration du guide méthodologique, l'écriture du projet de loi est déjà bien avancée, mais pas complètement finalisée. Dans son volet « risques technologiques », le texte contient alors quatre chapitres consacrés à l'information, la maîtrise de l'urbanisation, la sécurité du personnel et l'indemnisation des victimes. Visant principalement à la création des comités locaux d'information et de concertation (CLIC), à la mise en place des PPRT et au renforcement des pouvoirs des comités d'hygiène, de sécurité et des conditions de travail (CHSCT) des entreprises, ce projet est sans lien formel avec la réforme de l'étude de dangers que les responsables ministériels ont prévu de mener par la voie réglementaire, en dehors du cadre législatif. La seule connexion qui existe à ce stade entre les deux démarches figure au chapitre II du projet de loi, dans un paragraphe spécifiant que le périmètre du PPRT est « subdivisé en zones d'exposition fonction du type de risque, de la probabilité d'occurrence, la gravité et la cinétique des accidents potentiels ». Au moment où l'administration finalise le texte qui sera déposé début 2003 au Parlement, les deux dossiers sont donc traités séparément, sans que l'un ne communique vraiment avec l'autre. Mais si les responsables ministériels tiennent fermement à cette dissociation, les représentants des groupes industriels et fédérations patronales mobilisés sur les deux sujets insistent de leur côté pour mettre l'orientation probabiliste de l'étude de dangers au programme de la loi.

2.2.1. La construction d'un désaccord sur le véhicule de la réforme

La demande visant à inscrire le tournant probabiliste dans la loi apparaît dès l'été 2002, au moment des premières consultations sur le projet que le Bureau des risques vient de remettre sur le métier après l'alternance du printemps précédent et le changement de majorité. Portée par plusieurs grands groupes (notamment Total) et les représentants des trois fédérations patronales, cette demande réapparait ensuite dans le cadre du *GT méthodologie des études de dangers*, dès la réunion de lancement de septembre 2002 :

> Suite au propos introductif [du chef du Bureau des risques], une discussion s'est engagée. Il en ressort les points suivants : dans le code de l'Environnement, l'étude de dangers n'est pas citée explicitement. Seule la directive Seveso parle de rapport de sûreté. Ne pourrait-on pas intégrer dans la loi un article spécifique sur l'étude de dangers ? Ce serait peut-être l'occasion de trouver une nouvelle désignation et de préciser le contenu attendu.

En défendant l'introduction de cet article, les représentants industriels tentent en fait de forcer la conversion de l'étude de dangers, pour se prémunir d'un éventuel revirement des services ministériels sur le sujet, mais également pour se protéger des pratiques discrétionnaires des inspecteurs de terrain qui, selon eux, peuvent conduire à de fortes hétérogénéités dans l'application de la réglementation et donc, à de possibles distorsions de concurrence entre exploitants. Ce qu'explique à demi-mots le responsable de la direction de la sécurité industrielle du groupe Total qui fait alors partie des participants les plus actifs du *GT méthodologie des études de dangers* :

> Lors des premières réunions du groupe de travail, les industriels ont proposé au ministère de prendre en charge la préparation d'un document qui définirait la méthodologie d'élaboration des études de dangers telle qu'ils la voyaient eux, avec l'idée bien claire de ne pas avoir à revivre l'épisode extrêmement désagréable de la révision en catastrophe de ces études entre 2000 et 2002 suite à la transposition un peu tardive de la directive Seveso 2 par la France. Parce qu'on s'est retrouvé, avec bien évidemment la concomitance de l'accident d'AZF, à devoir réviser toutes nos études de dangers dans des conditions qui n'ont pas permis de donner une qualité suffisante à ces documents. Et qui ont conduit à des différences inacceptables entre les sites et les régions. Donc cette proposition a été faite par des industriels début 2003 ou fin 2002 d'aller vers une méthodologie partagée incluant notamment l'utilisation d'une matrice de hiérarchisation des accidents en termes de probabilité et de gravité des conséquences. Et le ministère ne s'est pas opposé à cette proposition. Il en a accepté le principe méthodologique, ce qui a conduit à la rédaction d'un guide méthodologique (publié en juin 2003) qui a constitué en fait les prémisses de l'article 4 de la loi du 30 juillet 2003 qui a été rédigé en ce sens[71].

Si les représentants ministériels ne sont effectivement pas hostiles aux matrices de criticité, ils sont en revanche totalement opposés à l'introduction dans la loi d'une disposition cadrant leurs usages. Comme l'indique la cheffe du SEI lors d'un échange en *GT méthodologie des études de dangers* auquel elle a été invitée à prendre part, l'administration n'entend pas faire voter un texte fixant des critères d'acceptabilité sans connaître les implications préventives de ces valeurs-limites, c'est-à-dire les niveaux de contrainte qu'elles imposeraient par la suite aux exploitants :

> L'utilisation de matrice de criticité est une présentation adaptée. Cette matrice doit servir d'outil d'aide à la décision d'abord pour définir les mesures de réduction des risques à la source [...], puis pour établir les PPRT en gestion des risques à l'extérieur de l'entreprise. Par contre, le [Ministère de l'environnement] ne veut pas, au niveau national, discuter d'une

71 Dans une note adressée au Ministère de l'environnement le 18 novembre 2002, l'UFIP soutient également cette position en rappelant « avoir souhaité de façon constante que le contenu et la méthodologie de l'étude de dangers soit définis dans la loi » et en soulignant que « l'absence d'une telle définition entraînerait une hétérogénéité des exigences concernant le contenu et les conséquences de ces études » (Archives nationales, cote CAC 20080057, art. 70, dossier 222).

loi fixant, en s'appuyant sur des matrices de criticité, des seuils de risques (individuel/sociétal) acceptables ou tolérables[72].

Si l'administration ne veut pas d'une telle loi, c'est avant tout pour ne pas prendre le risque d'un débat parlementaire décidant de seuils d'acceptabilité contraires à ses attentes, c'est-à-dire valorisant le niveau de sécurité actuellement atteint par les exploitants en les détournant des objectifs de sécurisation continue des installations et des gisements non encore exploités de réduction des risques à la source. De leur point de vue, ce cadrage ne peut pas résulter d'une décision hâtive, qui plus est peu informée au plan technique. Elle doit être le fruit d'un travail réfléchi, mené de façon progressive, en concertation avec les futurs assujettis et les experts du domaine. Chaque demande des industriels se solde donc par une fin de non-recevoir de l'administration qui veille ainsi à ce que la décision reste confinée dans le cadre du *GT méthodologie des études de dangers* (qu'elle maîtrise) et ne lui échappe pas en se déplaçant vers l'arène parlementaire et des espaces de discussion plus ouverts aux considérations politiques (qu'elle contrôle *a priori* beaucoup moins bien). Ce qu'illustre ce compte rendu de réunion qui argumente sur la non disponibilité des données relatives à la fiabilité des barrières pour justifier la nécessité de maintenir la réforme sur la voie réglementaire :

> L'ensemble des participants a souligné la difficulté pour introduire des approches intégrant des notions de probabilité ou de fréquence d'occurrence des événements accidentels identifiés. Au-delà de l'analyse de l'accidentologie, des données sur les performances et la fiabilité des barrières sont indispensables. Or, de telles données qui sont disponibles dans le domaine du nucléaire, sont quasi-inexistantes dans le domaine des installations classées. On pourra donc procéder par itérations, en introduisant des éléments de comparaison entre installations présentant des risques similaires au niveau international et en exploitant le retour d'expérience des incidents plus largement (diffusion des meilleures pratiques)[73].

Même si les industriels sont plutôt d'accord avec cette proposition qui rejoint leur idée d'expérimentations locales, l'argument du manque de connaissances ne suffit pas à les convaincre de renoncer à l'article de loi. Et ce d'autant moins que ce dernier leur paraît seul en mesure de

---

72 Compte rendu de la réunion du 24 janvier 2003 du *GT méthodologie des études de dangers* (Archives nationales, cote CAC 20080057, art. 126, dossier 406).

73 Compte rendu de la réunion du 24 janvier 2003, *op. cit.*

verrouiller efficacement le processus de réforme et parer « à coup sûr » aux incertitudes révélées par l'écriture du guide méthodologique. Mais ne voyant pas d'ouverture dans le face à face avec l'administration, ils vont finalement chercher à mettre en défaut la stratégie du confinement de leurs interlocuteurs en jouant le jeu inverse de la « mise en politique[74] », c'est-à-dire en portant le différend dans l'enceinte du Parlement. Ainsi quand le gouvernement dépose au Sénat un projet de loi ne comportant pas l'article soutenu par les représentants industriels, les fédérations patronales s'empressent-elles de déposer des amendements visant l'introduction de cet article. Ce qu'explique le chef du Bureau des risques de l'époque, dans un entretien réalisé un an après le vote de la loi :

> L'étude de danger probabiliste, on voulait le faire. On l'a écrit, déclaré dans des discours, des notes, des circulaires. Les industriels ne nous ont pas fait confiance. Il faut dire qu'il y avait un précédent... enfin des équipes précédentes, ici au ministère, qui avaient laissé des traces dans l'industrie sur le thème : le Ministère de l'environnement est très conservatoire, il nous impose des choses un peu démentielles et très écartées de ce que font les voisins européens, et tout le mal vient du fait qu'il n'y a pas d'approche probabiliste. Bon. Alors certains des griefs étaient justifiés, le diagnostic était partiellement juste, mais la solution proposée l'était beaucoup moins. Mais ça ! Donc des travaux exploratoires avaient été lancés en 2000 par le ministère sur : comment faire une analyse probabiliste dans une étude de dangers ? L'INERIS et l'IRSN travaillaient là-dessus et on attendait les résultats. Du coup, on communiquait vers les industriels, en disant : « Oui on y va, mais 1) par étape. Parce que ça coûte de l'argent tout ça et qu'il faut faire attention à ne pas tout bouleverser d'un coup. Et 2) on attend d'avoir... Enfin, on ne s'interdit pas de travailler d'abord sur un secteur donné où on va avoir des industriels prêts à avancer plus vite. A vous de nous dire quand vous êtes prêts à avancer ». Donc cette déclaration d'intention, ils n'y ont pas cru et ils sont en fait passés par les parlementaires pour déposer un amendement.

Dans les relations de travail entre l'inspection des installations classées et les assujettis industriels, les situations de défiance réciproque sont assez courantes. Le fait de partager des croyances et de s'associer pour défendre des orientations de politique publique n'implique pas nécessairement (ou pas toujours) des échanges fondés sur une coopération apaisée

[74] On suit ici Yannick Barthe qui utilise ce terme pour qualifier le processus « d'accès à l'espace politique » d'une cause, d'un sujet technique, d'un problème social qui relevait jusque-là d'un traitement non politique (Barthe, 2006).

(Etienne, 2013). Depuis plusieurs décennies, l'esprit de coalition qui unit ces acteurs dans la défense de causes communes s'établit en effet sur des rapports de force actualisés en permanence qui visent à rechercher des points d'équilibre (ou des voies de conciliation) entre des positions qui ne convergent pas toujours en tout point (Bonnaud, Martinais, 2010). C'est précisément le cas ici : si les deux parties sont parfaitement d'accord sur la nécessité de faire évoluer la réglementation, elles divergent nettement sur la façon d'atteindre cet objectif. Chacune joue alors de ses ressources propres pour tenter de s'imposer à l'autre : l'administration profite de sa fonction de rédactrice pour présenter au Parlement un projet de loi qui ne tient pas compte de la demande des industriels et en réaction, ces derniers recourent aux armes du lobbying pour faire amender le texte. Ainsi ce représentant de l'UFIP, chargé à l'époque d'approcher les parlementaires pour faire valoir les intérêts industriels :

> On est passé en force parce qu'il y avait pour nous une absolue nécessité à acter de manière la plus solide et la plus forte possible le fait qu'en France on abandonnait les démarches déterministes pour accepter l'application d'une démarche dite probabiliste. Autrement dit qu'on se rapprochait des démarches adoptées dans une grande partie des autres pays de la communauté européenne.

Confié au Parlement, le règlement du différend va finalement donner lieu à un combat très indécis, dans lequel les industriels et les représentants ministériels prennent successivement l'avantage, pour finalement se neutraliser dans un compromis rédactionnel qui satisfait les attentes des premiers (parce qu'il impose le recours au probabilisme) sans mettre en difficulté les seconds (parce qu'il ne donne aucune orientation méthodologique).

2.2.2. Le combat en cinq rounds du Parlement

En se délocalisant au Parlement, le différend entre les représentants ministériels et industriels du *GT méthodologie des études de dangers* ne change pas fondamentalement de nature. La scène sur laquelle il prend place est cependant différente, ainsi que les rôles tenus par les protagonistes. Les agents administratifs, même s'ils gardent une maîtrise partielle des modifications envisagées par les deux chambres (de Galembert, 2013), n'ont plus la main sur le texte et n'interviennent dans les débats que par le truchement des rapporteurs et des parlementaires désignés pour voter les amendements. De même, les représentants industriels doivent composer avec différents intermédiaires pour faire valoir leurs attentes, déposer des amendements et tenter de faire modifier le texte dans le sens souhaité. De part et d'autre, les arguments sont donc en partie reformulés pour répondre à la sensibilité de ces interlocuteurs politiques et s'ajuster au mieux à leur lecture du texte. C'est ainsi qu'en première lecture au Sénat, les représentants industriels incitent la majorité de droite à la prise en compte de leur amendement en présentant cet ajout comme une mesure de sauvegarde de l'industrie. Comme l'explique le rapporteur, à partir du moment où le point de vue adopté sur le texte est très industrialiste, l'argument consistant à faire du déterminisme une cause possible de fermeture d'usine et/ou de transfert d'activités vers des contrées plus favorables (en l'occurrence les pays ayant fait le choix du probabilisme) l'emporte inévitablement sur toute autre considération :

> L'approche qu'on a eue au Sénat par rapport au texte et de manière plus marquée qu'à l'Assemblée nationale, ça a été de concilier au mieux les dispositions nouvelles qu'il fallait introduire pour éviter que se reproduise ce qui s'était passé à Toulouse, avec la nécessité pour les entreprises de pouvoir continuer à se développer et à s'installer dans notre pays. Éviter qu'elles se disent : « J'ai tellement de contraintes en France que finalement je vais aller voir ailleurs si ce n'est pas plus simple de m'installer ! » On a beau nous dire que les délocalisations pures, ça ne représente que 4 % des installations d'entreprises françaises à l'étranger, ce n'est pas ce qu'on ressent sur le terrain. Sur le terrain, on voit beaucoup de départs d'entreprises et donc, il faut faire très attention à ça. Donc, c'était véritablement l'angle d'examen du dossier que je me suis donné, suivi en cela par la majorité de la commission des affaires économiques. Je dois dire que les grandes différences qu'on a eu à régler avec les députés étaient autour de ça, c'est-à-dire que l'Assemblée nationale allait beaucoup plus loin que nous sur certains points et n'a pas eu le même souci que nous de trouver un équilibre entre contraintes nouvelles et nécessité de ne pas décourager les entreprises.

En dépit d'une intervention de la ministre en séance soulignant le peu d'intérêt de cet ajout compte tenu des travaux déjà engagés par son administration, l'amendement préparé par l'UIC et l'UFIP est malgré tout maintenu et adopté par l'assemblée sénatoriale. Les industriels sortent donc vainqueurs du premier round en obtenant gain de cause, mais le second va permettre aux agents ministériels de reprendre l'avantage. Ces derniers profitent en effet de la navette et de la prise en charge du texte par la commission des affaires économiques de l'Assemblée nationale pour faire voter la suppression de l'article préalablement introduit par les sénateurs. Pour convaincre les députés de prendre le contrepied de leurs collègues du Sénat, les représentants de l'administration chargés d'accompagner le travail parlementaire (notamment le chef du Bureau des risques) développent un argumentaire en quatre points : 1) contrairement à ce que prétendent les industriels, il existe bien une définition législative de l'étude de dangers[75] ; 2) légiférer dans ces conditions sur l'usage des analyses probabilistes, c'est imposer *de facto* cette conversion méthodologique à toutes les installations classées soumises à autorisation et pas seulement aux établissements Seveso ; 3) la mesure sera difficile à mettre en œuvre, économiquement et techniquement, au-delà du cercle restreint des grands groupes ; 4) passer par la voie réglementaire est le meilleur moyen d'éviter ces problèmes en laissant le temps à la profession (notamment aux petites entreprises) de digérer l'évolution doctrinale. A l'argument de la désindustrialisation avancé par les fédérations patronales, l'administration oppose donc la nécessité de maintenir une certaine équité entre les entreprises du secteur. Ainsi le chef du Bureau des risques de l'époque :

> On ne voulait pas deux choses : on ne voulait pas que le ministère apparaisse « contre » cette évolution qui allait dans le bon sens, mais on ne voulait pas non plus qu'il apparaisse « pour ». Surtout pour la postérité ! Qu'on se souvienne de ça, que le ministère était « pour » entrer au forceps dans la loi, sans aucun délai, une disposition qui s'appliquerait à toutes les installations soumises à autorisation, y compris aux élevages, et qui impliquerait des méthodes extrêmement lourdes. Et donc extrêmement coûteuses. Donc on a attiré l'attention de tout le monde là-dessus, mais là je pense que le Sénat, ou même les syndicats patronaux, ont été victimes de leur vision partielle. C'est-à-dire que les représentants de ces fédérations sont des parisiens logés à Paris, anciens employés ou en contact courant avec les PDG des grands groupes et seulement des grands groupes. Donc leur vision des PME est nulle. Enfin « nulle » au sens « zéro », hein ! Très faible. Mais ça, ça a dominé les débats.

---

[75] Dans son rapport pour la commission des affaires économiques, le rapporteur Alain Venot note ainsi que le code de l'Environnement prévoit la réalisation d'une telle étude pour les projets de création d'installations et d'ouvrages à l'origine d'un plan particulier d'intervention (PPI). *Cf.* Venot A., Rapport fait au nom de la commission des affaires économiques, de l'environnement et du territoire sur le projet de loi, adopté par le Sénat (n° 606), relatif à la prévention des risques technologiques et naturels et à la réparation des dommages (enregistré le 26 février 2003), Assemblée Nationale, Paris, p. 40.

L'adoption par la commission d'un amendement du rapporteur visant à supprimer l'article introduit par le Sénat marque la fin du deuxième round, mais également le début du troisième. Les débats qui précèdent ce vote ouvrent en effet une fenêtre d'opportunité qui permet à quelques députés de l'opposition de réintroduire dans la discussion des propositions de la commission d'enquête parlementaire que l'administration n'avait pas jugé utile de retenir dans le projet de loi[76]. Jean-Yves Le Déaut, membre du groupe socialiste et co-auteur du rapport remis en 2002, défend alors l'idée de maintenir l'article pour lui faire porter un certain nombre d'orientations méthodologiques qui, de son point de vue, aligneraient l'étude de dangers sur les pratiques des secteurs d'activité pouvant se prévaloir d'un très haut niveau de sûreté[77]. Prenant exemple sur le nucléaire, où les études probabilistes de sûreté (EPS) sont considérées comme une source de progrès importants dans la sécurité des centrales[78], il propose alors d'indiquer dans la loi les moyens par lesquels les installations chimiques et pétrolières pourraient remonter dans l'échelle de la fiabilité des activités à risques.

Délaissant momentanément son rôle de député de l'opposition pour endosser celui de courtier, Jean-Yves Le Déaut invite finalement à la recherche d'un compromis entre les positions de la commission, de l'administration et des industriels qui, entretemps, se sont vivement émus de la suppression de l'article additionnel du Sénat[79]. Même s'il est aligné

---

[76] Il s'agit notamment des propositions n° 9 et 10 libellées comme suit : « Mettre au point une méthode probabiliste européenne harmonisée des études de dangers » et « Conduire et achever rapidement un programme de recherche sur la complémentarité des méthodes déterministes et probabilistes en vue de la définition d'une méthode européenne unique des études de dangers ». *Cf.* Loos, F., Le Déaut, J.-Y., Rapport fait au nom de la commission d'enquête sur la sûreté des installations industrielles et des centres de recherche et sur la protection des personnes et de l'environnement en cas d'accident industriel majeur, Assemblée nationale, Paris, 2002, p. 34–35.

[77] Le député se réfère notamment à l'échelle de René Amalberti qui place l'aviation commerciale, les chemins de fer et le nucléaire parmi les activités les plus sûres avec des probabilités de défaillance de l'ordre de 10^{-6} (Amalberti, 1996).

[78] Dans un article des *Annales des Mines*, deux inspecteurs de l'autorité de sûreté nucléaire (ASN), notent ainsi que « depuis 1990, l'utilisation des EPS est devenue courante pour conforter ou compléter les analyses de sûreté déterministes classiques » (Charpentier, Gupta, 2007 : 35).

[79] Note de l'UIC du 28 février 2003 relatives aux amendements adoptés par la commission des affaires économiques le 26 février 2003 (Archives nationales, cote CAC 20080057, art. 71, dossier 226).

sur la position du gouvernement, le rapporteur ne peut pas ignorer la proposition de son collègue socialiste dans la mesure où elle reprend les conclusions de la commission d'enquête, qui avaient été adoptées à l'unanimité par des députés encore en partie présents dans l'hémicycle[80]. Les quelques jours qui séparent le travail en commission et les discussions en séance publique sont donc mis à profit pour préparer, en concertation avec les représentants ministériels et les fédérations patronales, un nouvel amendement conciliant les différentes positions exprimées. L'article, finalement rétabli suite au vote de l'assemblée (*cf.* encadré 6), se présente alors comme un compromis donnant à la fois satisfaction à Jean-Yves Le Déaut (et par son intermédiaire à la commission d'enquête), aux industriels (via la mention aux analyses probabilistes) et à l'administration (en indiquant, dans sa dernière phrase, les voies possibles d'exploitation des gisements de réduction des risques à la source).

Encadré 6 L'article 4 de la loi du 30 juillet 2003 dans sa version du 4 mars 2003

Le demandeur fournit une étude de dangers qui expose les dangers que peut présenter l'installation en cas d'accident ainsi que les extensions possibles de cet accident. Cette étude de dangers prend en compte les types de risques, leur gravité, leur probabilité d'occurrence et la cinétique des accidents potentiels. Elle précise la méthodologie utilisée pour établir l'étude et, le cas échéant, les experts consultés au cours de sa réalisation. Elle précise également les mesures d'organisation et de gestion propres à prévenir et à réduire à la source la probabilité et les effets d'un accident, notamment par des changements de procédés de fabrication permettant d'éliminer le recours à des produits intermédiaires dangereux, par des mesures de fractionnement des stocks de produits dangereux, de limitation des volumes de produits dangereux et par d'autres mesures de sécurité passive.

---

80 Dans sa démarche, Jean-Yves Le Déaut profite également de la légitimité que lui confèrent sa contribution active à l'Office parlementaire d'évaluation des choix scientifiques et technologiques (OPECST) et l'expertise dont il peut se prévaloir auprès de ses pairs sur les sujets de risques et d'environnement.

Le combat aurait pu s'arrêter au terme de cette troisième manche par un partage à peu près équitable des points. Mais le retour du texte au Sénat pour la seconde lecture offre la possibilité d'un quatrième round dont les industriels se saisissent pour faire supprimer la dernière phrase de l'article, c'est-à-dire la référence aux moyens de réduction des risques à la source. Trop précise à leur goût, cette liste de mesures fait problème dans la mesure où les orientations qu'elle prescrit ne pourront pas toujours être suivies de façon systématique (pour des raisons techniques ou économiques). L'UIC demande donc et obtient un retour à la formulation initiale de l'article, en proposant malgré tout de conserver la mention aux mesures de maîtrise des risques, mais sans préciser la nature précise de ces moyens de prévention[81]. L'article revient donc à l'Assemblée nationale dans une version proche de celle discutée en première lecture, mais dans un rapport de force qui a sensiblement évolué : alors que le député Le Déaut maintient son idée de faire figurer dans le texte les moyens par lesquels les industriels devront satisfaire aux exigences de sécurité, le rapporteur se désolidarise pour se ranger aux côtés des représentants de l'administration qui proposent, dans un amendement de compromis, de se contenter d'une formule générique pour encadrer les pratiques des industriels. Ce que confirme cette proposition d'amendement du gouvernement :

> Le gouvernement propose de ne pas lister au niveau législatif les moyens utilisables pour réduire le risque à la source, car ces derniers sont très divers et évoluent en permanence. Il s'agit par exemple de réduction de la quantité de matière dangereuse ou de la modification du mode d'exploitation, de la mise en place de moyens de détection et de correction de dérives réactionnelles, de mesures actives et passives de limitation de la durée ou du débit en cas de fuite ou de dysfonctionnement d'un réacteur, réservoir ou de canalisations contenant des produits toxiques explosifs ou inflammables. Le recours à l'un ou l'autre de ces moyens dépend du type de risque, de la nature de l'installation et de la sensibilité de son environnement[82].

Globalement d'accord avec cette proposition, les fédérations patronales finissent par appuyer la démarche de l'administration tout en veillant à ce qu'aucun changement ne puisse intervenir jusqu'à l'adoption

---

[81] D'après un document de travail de l'UIC daté du 7 avril 2003 faisant propositions d'amendement et commentaires en vue de l'examen du projet de loi Bachelot en deuxième lecture (Archives nationales, cote CAC 20080057, art. 71, dossier 223).

[82] Proposition d'amendement du gouvernement datée du 11 juillet 2013 (Archives nationales, cote CAC 20080057, art. 72, dossier 228).

définitive de l'article. Ce dont témoigne le député Le Déaut au moment du vote en séance publique :

> Je ne veux pas faire de procès d'intention, madame la ministre. Mais certains groupes de pression sont intervenus auprès de nous pour nous dire que moins nous serions précis et mieux ce serait... Espérons en tout cas que nous nous en tiendrons à une définition la plus précise possible[83].

Encadré 7 L'article 4 de la loi du 30 juillet 2003 dans sa version définitive

Le demandeur fournit une étude de dangers qui précise les risques auxquels l'installation peut exposer, directement ou indirectement, les intérêts visés à l'article L. 511-1 en cas d'accident, que la cause de cet accident soit interne ou externe à l'installation. Cette étude donne lieu à une analyse de risques qui prend en compte la probabilité d'occurrence, la cinétique et la gravité des accidents potentiels selon une méthodologie qu'elle explicite. Elle définit et justifie les mesures propres à réduire la probabilité et les effets de ces accidents.

A la lecture de l'article finalement approuvé (*cf.* encadré 7), on n'imagine pas ce que ce paragraphe de quelques lignes représente en termes de travail et de temps passé, dans chaque camp, à évaluer les effets possibles des termes choisis, anticiper les mouvements de l'adversaire, élaborer des stratégies, produire des argumentaires, distribuer des notes, négocier avec les rapporteurs, courir les couloirs des deux assemblées pour s'assurer le soutien d'un nombre suffisant de parlementaires, faire en sorte que le bon amendement soit présenté au bon moment, etc. A lui tout seul, il est une parfaite illustration de cette épaisseur sociologique de la loi que Jacques Commaille a bien résumé dans cette formule : « la production de la loi, ce n'est pas seulement des débats parlementaires sous forme de comptes rendus au Journal officiel. Ce sont des téléphones échangés, des apartés, des déjeuners en ville, des lettres ou des messages manuscrits, etc. (...) Derrière les discours, il y [a] les conversations privées avec le ministre, les discussions informelles dans les couloirs de l'Assemblée avec le rapporteur du projet de loi et son principal opposant » (Commaille, 1994 : 12–13).

---

83 Assemblée nationale, séance publique du 15 juillet 2003.

Fruit d'une longue bataille menée dans l'enceinte du Parlement, mais aussi dans les bureaux ministériels et ceux des grands groupes industriels engagés aux côtés des fédérations patronales du secteur, cet article 4 témoigne également de la dynamique interne du petit groupe de représentants sectoriels désormais investis de la conversion probabiliste, notamment sa capacité à faire coexister en permanence coopération et compétition sans que l'une de ces modalités relationnelles ne paraisse en mesure de compromettre l'autre. On le verra à plusieurs reprises par la suite, les membres du groupe peuvent en effet privilégier la collaboration et la mise en commun de leurs ressources sur une scène (le *GT méthodologie des études de dangers*) alors que dans le même temps, ils jouent de ces mêmes ressources pour se livrer un combat sans merci sur une autre (l'élaboration de la loi au Parlement). Cette séquence pour le moins confuse du premier semestre 2003 conduit toutefois le collectif constitué autour du Bureau des risques à trancher le différend sur le mode d'intégration de l'approche probabiliste (voie législative vs. voie réglementaire) et en parallèle, à trouver un consensus sur les grands principes de cette intégration (via l'élaboration du guide diffusé par circulaire le 25 juin 2003). En revanche, peu d'avancées sont à signaler sur le terrain des outils et des méthodes, s'agissant notamment de la fabrication des valeurs de probabilité et du format des matrices de criticité destinées à hiérarchiser les risques. D'importantes incertitudes subsistent donc encore à ce stade, qui ne vont pas manquer de resurgir lors de la séquence suivante consacrée à l'écriture des textes d'application de la loi.

2.3. Le débat sur les méthodes quantitatives et les bases de données génériques

Le fait d'avoir trouvé un compromis sur le devenir des *potentiels de dangers* et le contenu de l'article 4 ne signifie pas que le groupe chargé de réformer l'étude de dangers a épuisé toutes les possibilités de conflit interne. Au contraire, à peine se remet-il au travail après le vote de la loi que de nouveaux sujets de discorde apparaissent, concernant notamment les méthodes quantitatives et les bases de données génériques qu'une partie des grands groupes envisagent d'utiliser pour qualifier la probabilité des scénarios d'accident dans le cadre de l'évaluation préliminaire des risques (correspondant à l'étape 5 dans le guide de juin 2003). Prenant la suite des deux précédents conflits, ce débat sur les outils de mesure et de quantification des risques oppose toujours les représentants industriels du *GT méthodologie des études de dangers*, qui revendiquent le droit de valoriser les méthodes développées dans le cadre de leurs politiques internes de sécurité, et les agents du Bureau des risques qui jugent ces outils peu fiables et leur préfèrent l'approche par barrières promue par les organismes experts (*cf.* 1.2.1.). Très technique en apparence, ce différend est surtout d'ordre politique et économique. Car le choix de l'une ou l'autre des deux options a des implications directes, en termes de ressources d'action et de pouvoir réglementaire pour l'autorité de contrôle et de coûts induits pour l'industriel, s'agissant des études à réaliser et des investissements de sécurité qui peuvent en découler. Autrement dit, l'enjeu principal de ce conflit sur les probabilités quantifiées porte sur la définition d'un cadre normatif plus ou moins favorable aux intérêts des industriels d'un côté, de l'administration de l'autre.

2.3.1. Deux options méthodologiques en compétition

Pour bien comprendre les ressorts du débat sur les bases de données génériques, il faut commencer par expliquer comment l'analyse des risques procède pour attribuer une valeur de probabilité à un phénomène dangereux. En général, trois opérations successives sont requises. La première consiste à représenter les accidents possibles sous la forme de scénarios, c'est-à-dire de « nœuds papillon » articulant des arbres de causes et de conséquences sur lesquels sont positionnées les barrières de sécurité existantes (*cf.* encadré 8)[84]. La deuxième étape vise ensuite à « coter en probabilité » tous les éléments constitutifs du nœud papillon, ce qui revient à définir les fréquences d'occurrence des causes initiales, les probabilités conditionnelles des embranchements (quand un événement intermédiaire doit se combiner à un autre pour donner le suivant ou quand un événement redouté peut donner lieu à différents phénomènes dangereux) et les fréquences de défaillance des barrières de prévention et de protection. Enfin, la troisième étape consiste à mettre en équation

---

84 Pour rappel, une barrière de sécurité se définit comme un dispositif technique et/ou organisationnel ayant pour fonction principale de s'opposer à l'enchaînement d'évènements susceptible d'aboutir à un accident (quand elle agit en prévention) ou de diminuer les conséquences de l'événement redouté (quand elle agit en protection). Il s'agit par exemple d'une procédure de maintenance visant à prévenir les ruptures de canalisation, d'un système de rideau d'eau limitant l'intensité d'une fuite toxique, d'un plan d'urgence permettant de limiter la vulnérabilité des cibles, etc. (Chevreau, Wybo, 2007).

tous les chemins représentés par le nœud papillon afin d'obtenir en sortie la probabilité de chaque accident possible (c'est-à-dire la valeur qui déterminera sa position dans la matrice de criticité).

Encadré 8 La figuration des scénarios accidentels selon la méthode dite des « nœuds papillon »

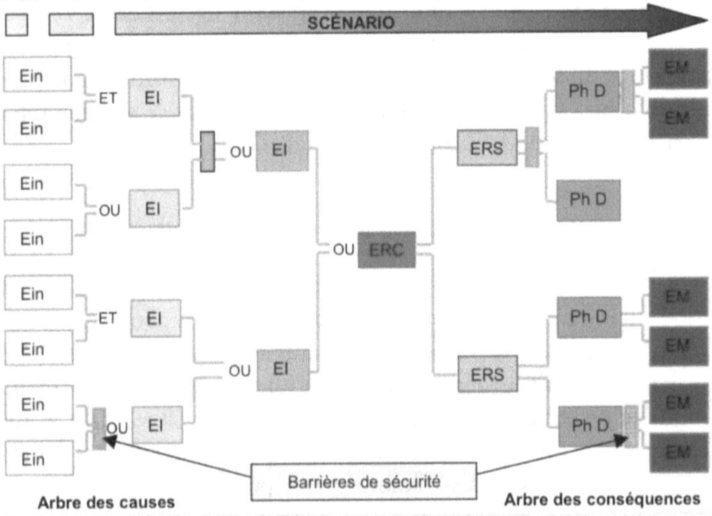

Le principe du scénario est de décrire, à partir d'un événement dit « redouté central » (ERC dans le langage indigène), les causes et enchaînements possibles de différents types de défaillances. Pour envisager une potentialité accidentelle, il suffit alors de suivre, en partant de la gauche, les chemins qui relient un ou plusieurs événements initiateurs (Ein) à un événement majeur (EM), correspondant à l'étape ultime de réalisation de l'accident scénarisé. Par exemple : la perte de contrôle d'un véhicule de manutention provoque la chute d'un objet depuis une passerelle (Ein) qui, en tombant, produit un choc sur une canalisation de produit inflammable (EI). Le choc cause la rupture de la canalisation et une fuite du produit (ERC) qui s'enflamme au bout de quelques secondes au contact de l'air (ERS), déclenche un incendie qui gagne rapidement l'ensemble de l'atelier (PhD) et produit l'explosion en chaîne des stockages de gaz liquéfiés situés à proximité (EM). Dans ce système de représentation en « nœud papillon », EI désigne un événement intermédiaire, ERS un événement redouté secondaire et PhD un phénomène dangereux.

Dans cet enchaînement d'opérations (mise en scénario, cotation des événements intermédiaires et calcul des probabilités), la première et la dernière étape sont globalement consensuelles. Celle du milieu, en revanche, ne l'est pas dans la mesure où diverses techniques peuvent être employées pour coter en probabilité les éléments constitutifs des scénarios d'accident. Un benchmark de l'INERIS, réalisé fin 2003 à la demande du Bureau des risques, distingue ainsi deux grandes familles de méthodes : des approches dites « quantitatives », qui recourent à des traitements statistiques, et des approches dites « qualitatives », qui privilégient l'expertise d'usage des acteurs industriels en charge des installations étudiées. Détaillant ces deux options, l'étude de l'INERIS note que le choix de l'une ou l'autre dépend le plus souvent de la quantité et de la nature des informations disponibles :

> Lorsque les données utilisées font référence à des événements passés [...] et que ces événements se présentent sous la forme d'une quantité suffisante, alors la probabilité d'occurrence est souvent déterminée sur la base de démarches statistiques. Dans ce cas, la probabilité [...] est réduite au calcul d'une fréquence et s'exprime par un chiffre du type 10^{-n}. Lorsque que les données utilisées ne sont pas suffisantes, ne se prêtent pas à des manipulations statistiques, ou font référence à un événement potentiel, les démarches les plus souvent utilisées sont basées sur l'expertise. Cette dernière est soit directe (c'est-à-dire produite *in situ* par les experts du site assistés le cas échéant des spécialistes de l'entreprise), soit indirecte, c'est-à-dire résultant d'une analyse multicritère, par barrières, etc. Dans ce cas, la probabilité est subjective car il n'y a pas de statistique historique pleinement exploitable[85].

Pour le dire de façon plus précise, les méthodes quantitatives reposent donc sur des bases de données génériques qui comptabilisent les défaillances des matériels et équipements (réacteurs, réservoirs, appareils à pression, tuyaux, vannes, soupapes, détections, etc.) en les rapportant à des temps d'exploitation (souvent mesurés en années), tandis que les approches qualitatives donnent la préférence aux jugements contextualisés des opérateurs et autres spécialistes chargés de faire fonctionner et sécuriser les installations objets de l'étude.

Présenté début 2004, ce benchmark de l'INERIS met également en évidence la préférence de la plupart des groupes industriels pour les

---

85 INERIS, Analyse de l'état de l'art sur les grilles de criticité, Rapport final (n° 46058), Appui technique aux comités nationaux d'harmonisation des pratiques des études de dangers et des expertises, DRA 38, 16 mars 2004, p. 17.

approches quantitatives[86]. C'est le cas notamment de Rhodia qui produit depuis les années 1980 ses propres statistiques de défaillance de matériels à partir d'analyses détaillées de tous les événements survenus sur ses installations, en France et ailleurs dans le monde. De même, les pétroliers disposent à l'époque de méthodes assez semblables dans leur principe, fondées les unes et les autres sur l'utilisation de bases de données mises à disposition par des organismes experts comme le Committe for the prevention of disasters (CPR) néerlandais[87]. Total par exemple, qui travaille en parallèle au développement d'une nouvelle méthodologie applicable à tous les sites opérés par le groupe[88], s'est clairement engagé dans cette voie en faisant reposer l'étude détaillée de ses risques, c'est-à-dire l'essentiel de ses décisions en matière de sécurité, sur une approche quantitative de la probabilité[89]. Comme la plupart des autres groupes représentés au *GT méthodologie des études de dangers*, le pétrolier français est donc particulièrement intéressé par la possibilité de valoriser ces outils statistiques dans le cadre de l'étude de dangers, pour s'économiser des coûts de développements méthodologiques supplémentaires, mais également pour rentabiliser un mode d'organisation qui s'incarne dans des services et des agents dédiés, des procédures de recueil et de traitement de données, des échanges d'expériences dans des réseaux professionnels, des *fees* payés à des organismes experts internationaux, etc.

Pour défendre le droit aux approches quantitatives dans l'étude de dangers, les représentants industriels, soutenus là encore par leurs

[86] L'étude passe au crible une trentaine de méthodes, dont celles développées par une partie des entreprises représentées au *GT méthodologie des études de dangers* (Shell, BP, Atofina, Aventis, Rhodia, Total, Esso, etc.).

[87] Ce comité édite notamment le fameux *Guidelines for quantitative risk assessment*, plus connu sous le nom de *Purple Book*, qui fournit des valeurs de fréquences de défaillance pour des équipements variés d'installations industrielles en fonctionnement standard. Pour une présentation détaillée de cet outil, voir INERIS, Avis sur l'utilisation des données quantifiées du Purple Book, Rapport d'étude n° DRA-07-73073-04726A, 7 mars 2007.

[88] Si le pétrolier français a longtemps fait exception dans la profession en tardant à investir ce domaine d'activité, sa fusion avec Petrofina et Elf, combinée avec la catastrophe d'AZF, lui ont donné l'occasion d'engager une réflexion sur les méthodes d'analyse des risques employées par les différentes composantes du groupe, en vue de leur homogénéisation dans une méthodologie unique (Duval, 2006).

[89] Ces règles d'évaluation et de gestion des risques sont détaillées dans un document interne intitulé *Directive Sécurité Groupe n° 08*, dont une première version paraît fin 2003. Depuis, cette directive a été actualisée à plusieurs reprises.

homologues de l'UFIP et de l'UIC, développent un argumentaire en plusieurs points. Premièrement, ils rappellent qu'en matière d'étude de dangers, la réglementation leur a toujours donné le droit de recourir aux méthodes de leur choix dans la mesure où ils étaient capables d'en justifier le bien fondé à l'autorité de contrôle. Deuxièmement, ils mettent en avant le fait que ces approches sont reconnues par la plupart des États-membres de l'Union européenne et qu'à ce titre, il n'y a pas de raison que la France fasse exception dès lors qu'elle a décidé de prendre le tournant probabiliste. Enfin, ils défendent l'idée que la même méthode déployée uniformément dans tous les pays où ils exploitent des installations est non seulement gage d'économie (du fait de la standardisation des études), mais également de cohérence et d'efficacité dans la mise en œuvre des politiques de sécurité. Ce que précise ce responsable de la direction de la sécurité industrielle de Total de l'époque :

> L'harmonisation est nécessaire pour un groupe comme Total qui exploite des raffineries en Angleterre, en Hollande, en Belgique, en Allemagne, en Italie… qui ne peut pas accepter aujourd'hui d'adopter des méthodes d'analyse de risques variables uniquement parce que la réglementation, dans la Communauté européenne, varie. Elles peuvent varier hors Communauté européenne, c'est plus facilement compréhensible. Dans la Communauté européenne, ça l'est beaucoup moins. Bon nous, là, on est en train de construire une politique de sécurité industrielle et en particulier de maîtrise des risques technologiques. On a, fin 2003, établi ou édicté une directive sécurité groupe qui définit une méthodologie d'analyse des risques. Cette méthodologie d'analyse des risques est essentiellement probabiliste, avec une approche quantitative. Et donc, il est impensable que dans un groupe comme le nôtre, on ait six raffineries hors France qui adoptent une démarche quantitative et six raffineries en France qui adoptent un autre type de démarche. Surtout quand on estime que notre approche permet d'obtenir l'analyse la plus détaillée, la plus efficace possible.

Les agents du Bureau des risques, à la suite des experts qui les conseillent sur ces sujets, se montrent en revanche assez critiques vis-à-vis de ces méthodes quantitatives et des bases de données qu'elles mobilisent. Ils dénoncent en particulier le caractère générique de ces outils qui limite leur capacité à représenter le vrai et autorise toutes sortes de manipulations. Ainsi ce représentant de l'INERIS qui, à l'époque, travaille sur le sujet pour le compte de ses commanditaires du Bureau des risques et participe, à ce titre, à la plupart des réunions du *GT méthodologie des études de dangers* :

> On a été les premiers à le dire, en particulier au ministère : « Ne vous fiez pas aux bases de données, on peut les utiliser pour leur faire dire n'importe quoi ». Pour le coup, c'est la boîte noire. Du coup, la crainte du ministère a été de se dire : « Ouh, la, la, on va nous balancer des chiffres de probabilité qu'on sera incapable de vérifier ». Parce que ça fait des années qu'on leur dit : « Les approches probabilistes c'est bien, mais méfiez-vous des bases de données ». Ce sont des messages un peu subliminaux qu'on fait passer à travers nos rapports ou des choses comme ça.

Plusieurs arguments viennent là aussi étayer cette position critique vis-à-vis des approches quantitatives. Le premier consiste à remettre en cause la valeur statistique des données mobilisées, compte tenu de la rareté relative des événements à quantifier. Comme l'écrit à l'époque un représentant de l'administration dans une note discutée au *GT méthodologie des études de dangers*, « il faut garder à l'esprit que les lois de probabilités sont faibles, qu'on est dans des gammes de 10^{-6} à 10^{-7} et que, mathématiquement, il faudrait une série statistique suffisamment longue pour en bâtir une loi (de l'ordre *a priori* d'un million d'années de retour d'expérience, ce qui est totalement incompatible avec les process industriels)[90] ». A cet égard, les agents ministériels signalent d'importantes disparités entre les bases de données disponibles sur le marché, les valeurs de probabilité caractérisant une même défaillance pouvant varier d'un facteur 10 à 100 selon les sources[91]. Ils pointent également le fait que certaines bases, en particulier celles issues du *purple book* du CPR néerlandais, sont conçues à partir de données anciennes (plus de 25 ans selon l'INERIS) qui ne sont plus forcément adaptées aux nouveaux standards de conception des installations. Enfin, comme l'explique le chef du Bureau des risques de l'époque dans un article publié fin 2003, ces données sont trop difficiles à contextualiser pour qu'elles puissent être considérées comme pertinentes dans tous les cas de figure :

> La défense en profondeur renvoie à la définition et à l'évaluation de barrières de sécurité fiables et indépendantes et donc à l'évaluation de probabilités de défaillance, ou encore de probabilités d'occurrence d'un scénario accidentel pouvant conduire à une atteinte à la santé ou à la sécurité des personnes ou de l'environnement hors du site. Ces questions d'analyse de risques, liées à la

---

90 Document de travail non daté, mais annoté d'une mention « à discuter en GT méthodologie » (Archives nationales, cote CAC 20080057, art. 126, dossier 406).

91 *Cf.* INERIS, Intégration de la dimension probabiliste dans l'analyse des risques. Partie 2 : données quantifiées, Rapport d'étude n° 46036, Programme EAT – opération j, DRA 34, 27 mars 2006, p. 42.

justification des lignes de défense nécessaires et suffisantes, sont particulièrement complexes pour les installations classées en raison de la disparité des installations et de son corollaire, le manque de données de fiabilité. En effet, contrairement aux réacteurs de puissance, les installations Seveso sont de nature, de taille et de conceptions très variables. Entre un stockage d'engrais en vrac, une sphère de GPL et une usine de chimie fine multi-produits, il est difficile de trouver un standard commun pour les équipements ou les procédures d'exploitation. Cette disparité se double d'une multiplicité d'opérateurs industriels, de taille et de pratiques hétéroclites (Cahen, 2003 : 101).

Ainsi formulées, les réticences administratives créent inévitablement les conditions d'un débat animé au sein du *GT méthodologie des études de dangers*, sachant qu'une bonne moitié de ses membres représente les grands groupes industriels qui figurent à ce moment-là parmi les plus ardents défenseurs des bases de données génériques. La réaction de ce représentant du groupe Shell au précédent article du chef du Bureau des risques donne une idée assez précise de cette nouvelle confrontation entre les acteurs administratifs et leur homologues industriels :

> Après une longue tradition de déterminisme, la loi du 30 juillet précisée par la circulaire du 25 juin 2003 ouvre enfin la porte aux probabilités dans les études de dangers ; il est donc normal que la France et les principales fédérations professionnelles concernées n'aient pas encore officialisé l'existence de bases de données de fiabilité des équipements.
>
> Cependant, au niveau mondial, de nombreuses bases de données existent dans l'activité pétrochimique ainsi que, en interne, dans plusieurs groupes pétrochimistes. Par ailleurs, la similarité des équipements utilisés, des standards mis en œuvre dans la conception des unités, du mode de gestion HSE et d'exploitation des unités font que l'utilisation de données issues des USA, d'Australie ou de Hollande pour la France est parfaitement concevable.
>
> Il faut noter par ailleurs qu'un taux de défaillance d'équipement n'est pas une « valeur vraie » dans l'absolu mais une fourchette de valeurs à utiliser pour calculer la probabilité d'occurrence d'un accident avec une certaine incertitude.
>
> Pour illustrer mon propos, je travaille depuis près d'un an sur la collecte de bases de données de fiabilité. A ce jour, j'en ai rassemblé une dizaine tant en externe qu'en interne qui m'ont permis de faire une synthèse très cohérente. Je pense que ce sujet que nous n'avons pas encore débattu dans notre GT méthodologie […] méritera quelques discussions, réflexions et actions[92].

---

92 Courriel daté du 5 septembre 2003, envoyé par le chargé de mission risques industriels du groupe Shell (Archives nationales, cote CAC 20080057, art. 33, dossier 91).

Le débat, dont hérite le *GT méthodologie des études de dangers*, consiste finalement à décider dans quelle mesure les bases de données existantes, que les grands groupes industriels comptent utiliser pour coter en probabilité les défaillances de barrières et les événements qui composent les scénarios d'accidents, sont exploitables dans le cadre de l'étude de dangers. A cette question, les agents ministériels sont tentés de répondre qu'elles ne devraient pas l'être, ou alors de façon encadrée pour tenter de dépasser les limites préalablement identifiées. Ce qu'explique le chef du Bureau des risques en prenant l'exemple des bases de données mises à disposition par TNO, un autre organisme de recherche néerlandais ayant largement contribué à la mise en forme du *purple book* évoqué juste avant :

> La base de données TNO, elle est pertinente aux Pays-Bas puisqu'elle a été définie comme telle. C'est-à-dire en gros : pour utiliser les données TNO, c'est-à-dire pour pouvoir dire que ma vanne elle a le taux de défaillance qui est indiqué dans le TNO, il y a un paquet de points à vérifier avant. Et ça, c'est très bien décrit dans le *purple book* d'ailleurs. Mais parfois, c'est passé sous silence par les utilisateurs. Et donc nous, on veut que ça ne soit pas passé sous silence. C'est-à-dire vérifier qu'on est dans le contexte d'application de la méthode TNO, c'est-à-dire que mon installation est au moins aussi performante, dans sa conception et dans sa réalité au jour le jour, y compris son organisation financière et humaine, que les installations néerlandaises moyennes. Ça, il faut le prouver. Et ce n'est pas gagné. C'est même très dur.

Pour conformer l'usage des bases de données génériques à leurs attentes, les responsables ministériels tentent donc de faire reconnaître aux industriels l'intérêt de « contextualiser » ces informations par le biais de groupe de travail locaux, c'est-à-dire de les mettre en œuvre non plus dans une visée purement quantitative, mais dans des approches semi-quantitatives mêlant données statistiques et jugements experts fondés sur l'expérience et la connaissance des sites concernés. D'où le retour en force, dans les discussions et les premières ébauches de texte soumises au *GT méthodologie des études de dangers* fin 2003, de la méthode par barrières préalablement imaginée par l'INERIS sur la base des développements testés dans le cadre du projet de recherche ARAMIS. Ainsi cette version projet d'une circulaire visant à compléter le guide du 25 juin 2003 qui, dans un passage consacré au calcul de probabilité des scénarios d'accident, encourage clairement au choix de l'approche semi-quantifiée en alertant sur les défauts des méthodes concurrentes et des bases de données associées :

> Sources de données et évaluation. Deux cas se présentent : 1. Lorsque les données quantitatives sont disponibles, une quantification globale du risque est possible à partir des fréquences et de la cinétique des événements, intégrant la fiabilité des équipements et le comportement des systèmes incluant des actions humaines. Il convient de noter que pour les installations existantes, même pour les installations Seveso, ce cas est rare. 2. Lorsque l'information quantitative est insuffisante, une approche semi-quantitative, voire qualitative, est recommandée. Une telle approche est souvent qualifiée d'approche « par barrières », car elle est basée sur l'identification et la qualification des mesures de sécurité selon leur indépendance et leur niveau de confiance[93].

Le soutien appuyé de la DPPR à la méthode par barrières préconisée par l'INERIS ne fait cependant pas la décision, dans la mesure où les grands groupes (notamment les pétroliers, mais aussi Rhodia) continuent de se penser dans leur bon droit en revendiquant l'usage des bases de données génériques. Dans l'impasse, les agents du Bureau des risques proposent alors de soumettre les termes de ce débat à l'épreuve du terrain, c'est-à-dire de tester sur des cas réels les méthodes défendues de part et d'autre. Comme le dira un peu plus tard un des membres du groupe de travail, « il n'était pas possible de trancher en théorie, il fallait mettre en application les outils dont on débattait pour évaluer précisément les avantages et inconvénients des différentes approches ». Fin mars 2004, le chef du Bureau des risques annonce donc la mise en sommeil du *GT méthodologie des études de dangers* et la sollicitation concomitante de certains *GT sectoriels*[94] dans le but de « poursuivre et affiner les travaux initiés afin d'améliorer et de clarifier la méthodologie[95] ». Au même moment, les responsables ministériels proposent également à leurs interlocuteurs industriels de concrétiser l'idée émise un peu plus tôt de lancer quelques expérimentations locales pour faciliter la rédaction des textes

---

93 Version projet non datée d'un texte détaillant les instructions aux exploitants pour l'élaboration des études de dangers et aux services instructeurs pour leur examen (Archives nationales, cote CAC 20080057, art. 33, dossier 91).

94 Dans une note datée du 31 janvier 2004, la DPPR indique que le rôle de ces *GT sectoriels* relatifs au chlore, aux gaz de pétrole liquéfiés (GPL) et aux liquides inflammables, est « d'identifier les enjeux majeurs de sécurité et proposer des axes de progrès, pour chaque secteur industriel permettant de définir une politique de prévention des risques majeurs à moyen terme et contribuant à l'avancement des travaux du *GT méthodologie.* »

95 Compte-rendu du *GT méthodologie des études de dangers* du 23 mars 2004 (Archives nationales, cote CAC 20080057, art. 131, dossier 420).

d'application de la loi (notamment le projet de circulaire évoqué plus haut) et juger de la validité des options méthodologiques en compétition.

2.3.2. La territorialisation comme modalité d'arbitrage

Depuis le début du processus de réforme, les contextes d'application ont surtout été convoqués pour faire la preuve de l'inefficacité de la politique de l'accident-maximum, justifier dans le même temps la nécessité du tournant probabiliste et, une fois la décision prise de concrétiser ce changement, penser plus précisément les conditions de possibilité d'un nouveau format d'étude de dangers conciliant les visions contrastées des membres du *GT méthodologie des études de dangers*. Avec les expérimentations qui démarrent au printemps 2004, le recours aux situations locales suit une logique sensiblement différente. Il ne s'agit plus cette fois de convoquer le territoire comme cadre de référence pour penser les modalités du changement, mais comme espace de pratiques pour juger de la validité opérationnelle des règles et outils censés concrétiser ce changement. Dans le cadre des expérimentations locales décidées par les acteurs centraux, les terrains d'application sont en effet sollicités pour mettre à l'épreuve les textes en cours d'écriture, faire l'essai des outils et méthodes dans des situations réelles et finalement, créer les conditions d'un arbitrage entre les différentes voies de réforme en cours d'exploration. Leur contribution attendue est donc d'aider les membres du *GT méthodologie des études de dangers* à trancher entre les deux options méthodologiques en compétition, départager les arguments mobilisés de part et d'autre, faire le tri dans les croyances qui fondent les positions respectives de l'administration et des représentants industriels.

Dans le domaine de la prévention des risques industriels, l'expérimentation ne fait pas partie du répertoire d'action habituel des représentants ministériels chargés de la production normative. Pour écrire le règlement, ces derniers préfèrent en général opérer par l'intermédiaire de dispositifs de coopération sectoriels (pour les instructions techniques élaborées par type d'installations) ou de groupes de travail *ad hoc* (lorsque la production normative concerne l'ensemble du parc, comme pour la transposition des directives européennes par exemple). Pour la réforme de l'étude de dangers, la mise à l'épreuve par le local présente cependant des avantages spécifiques que n'offrent pas les productions « en chambre » des groupes de travail : elle permet de mobiliser les acteurs locaux en les préparant par anticipation aux changements à venir ; elle permet en même temps de renforcer l'applicabilité de la règle en cours d'élaboration, en l'adaptant par tâtonnements aux contraintes des futurs assujettis ; elle permet enfin de favoriser l'acceptabilité globale de la réforme en la présentant comme une action réversible, susceptible d'être remise en cause à tout moment ou pouvant donner lieu à des corrections, en fonction des difficultés rencontrées ou des erreurs constatées. En optant pour ce procédé, les ingénieurs du Bureau des risques s'intègrent donc à un dispositif d'écriture relativement inédit, qui consiste à mettre à contribution sur un temps limité plusieurs sites pilotes dans le but de tester en situation réelle l'opérationnalité de la nouvelle architecture de l'étude de dangers (définie par le guide de juin 2003), de juger de la validité des méthodes d'évaluation des risques en compétition et en même temps, de mettre à l'épreuve les outils opérationnels élaborés en parallèle par un autre groupe de travail (le *GT guide PPRT*) pour transformer les données brutes de l'étude de dangers en zonages et mesures de maîtrise de l'urbanisation (Martinais, 2010). Du point de vue des agents administratifs, cette expérimentation recèle donc deux enjeux principaux : aboutir à un règlement qui cadre l'ensemble des opérations depuis l'étude de dangers jusqu'au PPRT d'une part, statuer sur la question des bases de données génériques et des principes de cotation en probabilité des scénarios d'accidents d'autre part. Ce que confirme le chef du Bureau des risques de l'époque, en réponse à une question sur l'objectif assigné à cette démarche relativement inédite dans ce secteur d'action publique :

> L'objectif, c'était : on a besoin d'expérimenter et uniquement ça. On n'avait pas de méthodes homogènes. Chaque industriel avait la sienne et l'État n'en avait pas. Plus exactement, on proposait aux expérimentateurs d'utiliser une méthode semi-quantitative, mais sans l'imposer. On disait : « Soit vous prenez une méthode dont vous avez convenu entre vous et à défaut, on vous donne celle-là ». On n'avait pas de préjugé à l'époque par rapport à cette méthode qui avait été mise au point par l'INERIS. On ne savait vraiment pas si elle mourrait avec les expérimentations ou serait pérennisée. On n'en avait aucune idée. L'objectif de ces expérimentations, c'était de tester et de voir. Rien d'autre.

Pour procéder à ce test grandeur nature, huit sites pilotes sont alors définis en croisant trois niveaux de contraintes : diversifier au maximum les types d'installation, privilégier les régions industrielles où les services déconcentrés disposent des compétences et moyens suffisants pour supporter la charge de l'expérimentation et surtout, pourvoir à une distribution équitable entre les groupes industriels représentés au *GT méthodologie des études de dangers*. Trois sites sont ainsi attribués à Total, dont un via sa filiale Grande Paroisse : un dépôt pétrolier à Lorient (Bretagne), une raffinerie à Feyzin, au sud de Lyon (Rhône-Alpes) et une usine chimique à Mazingarbe (Nord-Pas-de-Calais). Deux reviennent à Butagaz : un dépôt de GPL à Vire (Normandie) et une installation à peu près semblable à Bollène (Provence-Alpes-Côte d'Azur). Quant aux trois derniers, ils concernent Esso (via un dépôt pétrolier à Toulouse en Midi-Pyrénées), Exxon (via sa plateforme pétrochimique de Port-Jérôme en Normandie) et Rhodia (via son usine chimique de Roussillon en Rhône-Alpes).

Lancée en deux vagues au printemps 2004, l'expérimentation a pour première conséquence d'élargir significativement le cercle des acteurs de la mise en règlement. Localement, la démarche mobilise en effet l'ensemble des parties prenantes de la prévention des risques industriels : les préfectures, les Directions régionales de l'industrie, de la recherche et de l'environnement (DRIRE) qui hébergent les services d'inspection, les Directions départementales de l'équipement (DDE) missionnées pour co-instruire les PPRT, les exploitants, les élus et techniciens des communes concernées et, dans certains cas, des associations et riverains. Placé sous l'autorité du préfet, chaque site pilote est en pratique constitué de deux groupes de travail thématiques[96]. Le premier, animé par la DRIRE, est plus spécialement chargé de l'évaluation et de la figuration des risques, avec l'objectif de mobiliser dans la mesure du possible les textes en cours d'écriture et de tester les méthodes en compétition. Le second, animé par la DDE, effectue le même travail, mais sur le versant maîtrise de l'urbanisation. Le schéma d'organisation prévoit également des restitutions et des discussions en assemblée plénière, ainsi que des échanges réguliers avec le Bureau des risques, afin de créer des itérations continues entre la « théorie générale » des textes en préparation et « l'approche fonctionnelle » des acteurs de terrain. Ce qu'explique cet inspecteur de la DRIRE Rhône-Alpes en charge de l'expérimentation de Feyzin :

> En Rhône-Alpes, on a pris le parti de jouer l'expérimentation sans tabou. Le credo était le suivant : « Si on a des observations à faire valoir, on les fera valoir ». On a donc considéré que tout ce qui venait du ministère avait vocation à être confronté à la dure réalité des dossiers. On agissait en véritables

[96] Conformément à une note de cadrage ministérielle, adressée le 22 avril 2004 aux DRIRE et DDE pour la mise en œuvre des expérimentations PPRT.

débuggeurs des projets de textes et des guides qui s'élaboraient légitimement au niveau national. Si on a fait une expérimentation, c'était bien pour confronter la théorie à la pratique. Parfois, il a donc fallu dire des choses désagréables : « Le schéma conceptuel que vous proposez, on peut le comprendre sur le papier, mais une fois qu'on le confronte à la réalité de la situation locale, on ne sait pas l'appliquer ». On était des sortes de laborantins [rire], les laborantins des études de dangers probabilistes et des PPRT. On a envisagé cette expérimentation en praticiens. Des praticiens qui s'approprient des outils conçus par des gens un peu loin du terrain et qui ont pour mission de les valider, de les critiquer, de les expertiser, et puis de les réorienter éventuellement.

S'agissant de la réforme de l'étude de dangers, les outils en question figurent dans un document technique intitulé *note probabilité*[97] qui constitue l'ossature principale d'un projet d'arrêté dit *PIGC*[98]. Chargés d'appliquer ces outils sur les différents sites pilotes, les expérimentateurs cherchent alors à évaluer leur fonctionnalité, c'est-à-dire leur capacité à satisfaire les besoins pour lesquels ils ont été pensés (représenter les scénarios d'accident sous la forme de nœuds papillon, leur affecter des valeurs de probabilité et gravité, les hiérarchiser pour sélectionner ceux qui justifient l'élaboration d'un PPRT, etc.). Ils s'intéressent également à leur maniabilité, c'est-à-dire la façon dont ils affectent les conditions d'exercice des métiers concernés, notamment ceux d'inspecteur et d'exploitant. Ainsi ce représentant d'une des DRIRE engagées localement, qui voit sa contribution à la fois comme une occasion de s'éprouver techniquement et comme une opportunité de faire valoir les intérêts de la profession vis-à-vis des deux approches méthodologiques en compétition :

Quand on a commencé à parler des expérimentations, on a tout de suite été partant. On a immédiatement dit : « Oui, c'est intéressant. Ça nous plait, parce que justement ça va permettre de mesurer un peu notre savoir-faire,

---

97 Coécrite par l'INERIS et le Bureau des risques, cette *note probabilité* présente une description détaillée de la méthode semi-quantifiée par barrières que la DPPR recommande à ce moment-là d'utiliser pour réviser les études de dangers dans la perspective des PPRT. Mis en forme durant le printemps 2004, ce document technique d'une vingtaine de pages est mis à disposition des acteurs de terrain au moment où les expérimentations entrent en phase opérationnelle.

98 L'arrêté PCIG (pour probabilité, cinétique, intensité et gravité), approuvé le 29 septembre 2005, est relatif à l'évaluation et à la prise en compte de la probabilité d'occurrence, de la cinétique, de l'intensité des effets et de la gravité des conséquences des accidents potentiels dans les études de dangers des installations classées soumises à autorisation.

d'évaluer notre savoir-faire et tout ce qu'il nous reste à apprendre ». En particulier, on avait vraiment envie d'évaluer l'impact de l'examen de ces études probabilistes sur le fonctionnement… Enfin, l'impact en termes de boulot pour l'inspection des installations classées. Le savoir-faire à acquérir, etc. Évidemment que c'était une motivation. Il y avait une espèce d'excitation technique, à se dire : « Il y a un beau sujet, ça va être intéressant au plan technique ». Mais c'est sûr qu'il y avait aussi une motivation en termes d'organisation, de mesure, d'évaluation du coût pour la corporation.

Avec l'entrée en jeu des DRIRE, la confrontation des intérêts dépasse donc le cadre restreint du petit groupe de représentants sectoriels constitué autour du Bureau des risques. Elle s'étend aux inspecteurs des services déconcentrés qui profitent de leur position privilégiée d'expérimentateur pour mêler leur voix à celles des autres parties prenantes et tenter par ce biais de peser sur le contenu des textes en cours d'élaboration. Assez peu considérés jusque-là, les enjeux de préservation du métier d'inspecteur s'immiscent alors dans les différends entre les agents ministériels et les représentants industriels, pour finalement redéfinir les rapports de force internes à la coalition réformatrice et créer la possibilité d'un arbitrage entre les positions défendues de part et d'autre. Au cours de l'expérimentation, plusieurs sujets en débat sont ainsi tranchés, parfois dans le sens des agents du Bureau des risques, parfois dans celui des groupes industriels et des fédérations patronales. La contribution des inspecteurs à la mise en règlement n'est donc pas univoque et peut, selon les cas, conduire à des décisions diversement favorables aux parties prenantes. Ce que montre notamment l'exemple des bases de données génériques et des méthodes d'estimation de la probabilité des scénarios d'accident qui nous intéresse ici : dans ce cas, en effet, l'intervention des services d'inspection joue dans un sens plutôt inattendu, dans la mesure où elle conduit les agents ministériels et leurs interlocuteurs industriels à renoncer au projet initial de réglementer les procédés de quantification probabilistes des risques pour se contenter au bout du compte d'un cadrage assez peu contraignant qui sera jugé moyennement satisfaisant par les deux parties.

2.3.3. La contribution décisive des services d'inspection

Pour illustrer la façon dont les services d'inspection se retrouvent en position d'arbitrer ce conflit, il faut s'immerger au cœur de l'expérimentation de Feyzin et s'intéresser aux discussions du groupe de travail chargé de tester les outils d'évaluation et de figuration des risques.

Fonctionnant à huis-clos, cette assemblée d'une dizaine de techniciens se compose d'une partie du pôle risques de la DRIRE Rhône-Alpes[99] et d'une équipe Total formée des ingénieurs HSE de la raffinerie d'une part, des deux membres de la direction de la sécurité industrielle chargés de représenter l'entreprise au *GT méthodologie des études de dangers* et de rédiger la *directive sécurité groupe* d'autre part. Lancées un peu avant la diffusion de la note de cadrage ministérielle, les discussions entre les deux parties visent dans un premier temps à définir le cadre des échanges, à sélectionner les études de dangers « tests »[100], à fixer les dates de remise des essais de conversion et enfin, à s'accorder sur les objectifs de l'expérimentation. Sur ce dernier point, la difficulté vient notamment de ce que les attentes de Total (mettre à l'épreuve la méthodologie du groupe et procéder aux derniers ajustement de la *directive sécurité groupe* avant sa mise en œuvre) compliquent un peu la tâche des inspecteurs DRIRE en les obligeant à se prononcer en même temps sur la recevabilité des essais de conversion des études de dangers progressivement remis par l'industriel (au regard notamment des principes fixés par le guide de juin 2003) et sur l'applicabilité des instructions techniques et des ébauches de texte mises à disposition par l'administration centrale (notamment la *note probabilité*). Plusieurs réunions préparatoires sont alors nécessaires pour trouver la bonne formule, qui consiste finalement à laisser Total réviser ses études de dangers comme il l'entend, mais en lui demandant en contrepartie d'identifier les moyens de transposer les résultats obtenus avec sa propre méthode dans les termes de la méthode semi-quantitative proposée par le Bureau des risques.

A mi-parcours (juillet 2004), le groupe de travail se retrouve pour un premier bilan des travaux en cours[101], en présence de représentants

---

[99] La catastrophe d'AZF et la loi Bachelot ont été à l'origine d'une réorganisation partielle des services d'inspection, afin de faire face à l'élargissement de leurs missions dans le domaine de la prévention des risques industriels. Cette réorganisation s'est notamment traduite par des renforts en personnel et la création de pôles risques au sein des services régionaux de l'environnement industriel (Bonnaud, 2011).

[100] Six sont finalement retenues sur la quinzaine possible. Pour définir cette liste, les protagonistes ont privilégié les études prêtes à réviser (c'est-à-dire arrivant au terme des cinq ans imposés par la directive Seveso) en cherchant à couvrir la palette des scénarios d'accidents caractéristiques des installations de raffinage (flux thermique, surpression et toxicité liée à une fuite de sulfure d'hydrogène).

[101] A ce stade de l'expérimentation, quatre études de dangers relatives aux stockages d'hydrocarbures liquides et aux unités d'hydrodésulfuration, de craquage

du Bureau des risques et de l'INERIS. Visant à comparer la méthode utilisée par Total avec celle détaillée dans la *note probabilité* de l'administration, cette réunion est l'occasion d'identifier un certain nombre de convergences (concernant par exemple la confection des arbres de causes et d'évènements, leur représentation sous forme de nœuds papillon, le positionnement de barrières sur ces arbres), mais également des divergences s'agissant de l'attribution de valeurs de probabilité aux événement initiateurs (Ein) et barrières positionnées en partie amont des scénarios d'accidents, sur les arbres de causes (*cf.* encadré 8). Au cours des échanges, les ingénieurs Total indiquent en effet avoir des difficultés à faire correspondre les deux approches sur ce dernier point, dans la mesure où la méthode semi-quantifiée exige de coter en probabilité tous les éléments constitutifs du nœud papillon (y compris les événements initiateurs et les barrières de prévention), alors que la méthode de l'entreprise ignore les éléments positionnés sur les arbres de causes pour ne considérer que la valeur de probabilité de l'événement redouté central (ERC) donnée par le *purple book*[102]. Prenant acte de cette incompatibilité, les participants conviennent alors de poursuivre le travail de révision des études de dangers dans le sens d'une possible réconciliation des deux approches, via notamment l'élaboration de tableaux d'équivalence permettant d'appliquer la méthode semi-quantifiée décrite par la *note probabilité* avec les valeurs quantifiées de Total.

Chargé de compléter ces tableaux fournis par l'INERIS, l'industriel va toutefois renoncer à cet engagement en remettant, quelques semaines plus tard, une nouvelle version de l'étude de dangers FCC (unité de craquage catalytique) ne contenant pas les informations demandées. Le compte rendu d'un échange entre la DRIRE et l'INERIS, consacré à l'examen de ce complément fourni par Total, indique en effet : « Dans les nœuds papillon présentés dans le document communiqué, une probabilité est affectée à l'événement redouté central. En revanche aucune

---

catalytique et distillation atmosphérique, ont été converties au format probabiliste par l'exploitant et remises pour évaluation aux services d'inspection. Les conclusions de ce premier examen figurent dans une série de rapports d'évaluation datés du 4 juin 2004.

[102] Le compte rendu de cette réunion du 26 juillet 2004 indique que la méthode Total prévoit également de valider l'ordre de grandeur de ces valeurs tirées du *purple book* en les comparant « à la base de données de retour d'expérience d'un groupement professionnel de pétroliers (CONCAWE) fondées sur quarante années d'exploitation du parc de raffineries européennes ».

fréquence d'occurrence ne qualifie les événements initiateurs et aucun niveau de confiance n'est attribué aux barrières tels que décrits dans le projet de note du Ministère de l'environnement[103] ». Invité à se justifier lors de la réunion suivante du groupe de travail, qui se tient là encore en présence du Bureau des risques et de l'INERIS, le pétrolier prend cette fois plus clairement position en évoquant son incapacité à fournir les informations attendues. Ainsi cet échange qui figure au compte rendu de la réunion :

> Total estime que la cotation en probabilité de l'événement redouté central à partir de la probabilité des événements initiateurs n'est pas possible faute de données suffisantes et a donc utilisé les fréquences génériques proposées par le TNO en considérant que l'établissement était au moins égal voire supérieur aux standards de la profession.
>
> La DRIRE observe que les arbres de défaillance permettent de visualiser les barrières sur l'ensemble des chemins conduisant à un accident majeur mais qu'ils n'ont pas été utilisés pour l'évaluation d'un indice de probabilité final à partir des fréquences des événements initiateurs tels que définis par le projet de méthode en test [...].
>
> En conclusion, Total réitère son avis sur l'inapplicabilité, pour les usines mettant en œuvre des procédés complexes, de la méthode préconisée par le projet de *note probabilité* et propose de calculer l'indice de probabilité final en prenant en compte la probabilité de l'ERC (d'après la base de données TNO) et la fiabilité des barrières de protection et/ou d'intervention (TNO ou OREDA).
>
> Le [Bureau des risques] appelle quant à lui les expérimentateurs à formuler des propositions alternatives dans le cas où les textes nationaux (projets) ou méthodes ne semblent pas optimales[104].

D'apparence consensuelle, cette dernière intervention du chef du Bureau des risques traduit en réalité des positions beaucoup plus tranchées, qui n'ont pas beaucoup évolué depuis le lancement de l'expérimentation : tandis que la DPPR continue de défendre l'irrecevabilité des bases de données génériques au motif qu'elles n'intègrent pas les spécificités des sites, Total plaide de son côté l'inapplicabilité de la méthode

---

[103] Compte rendu de la réunion DRIRE-INERIS du 10 septembre 2004 ayant pour objet de « procéder à une première analyse de l'étude pilote relative à l'unité FCC de la raffinerie de Feyzin, en vue du GT du 16 septembre ».

[104] Relevé de conclusions définitif de la réunion du 16 septembre 2004 consacrée à l'examen du dossier complémentaire à l'étude de dangers de l'unité FCC.

semi-quantifiée sur les installations où les possibilités accidentelles sont trop nombreuses, allant même jusqu'à proposer aux représentants ministériels et aux experts de l'INERIS de fournir les valeurs qu'il n'est pas en mesure de produire lui-même. Car en l'espèce, l'opposition du groupe pétrolier est surtout motivée par des considérations économiques liées aux coûts d'acquisition des bases de données dont il aurait besoin pour quantifier les événements initiateurs et la fiabilité des barrières de prévention positionnées sur les arbres de causes, en amont de l'événement redouté central. Comme le précise ce représentant de la *direction de la sécurité industrielle*, derrière l'argument technique de la non disponibilité des données se cache un enjeu plus prosaïque de coût financier :

> Aujourd'hui, les bases de données statistiques dont disposent l'industriel ne sont pas suffisamment pertinentes pour quantifier les événements initiateurs en termes de probabilité. On est capable de probabiliser les événements redoutés centraux parce qu'on dispose d'un retour d'expérience de trente ou quarante ans sur les activités pétrolières. On a ce suivi, qui nous permet aussi de quantifier l'efficacité de toutes les barrières dites de protection qui ont pour objectif de réduire l'importance et les conséquences d'un accident. En revanche, il nous faudra au moins une dizaine d'années, voire un peu plus, pour constituer des bases de données en termes d'événements initiateurs d'accident et pouvoir ainsi quantifier la partie amont des arbres des causes. Mais pour le moment, on n'a pas ces données. Bon, ça c'est une chose. Et puis, la deuxième chose, en ce qui concerne les barrières, c'est que les bases de données qui existent présentent des fourchettes tellement larges qu'elles sont de nature à piéger totalement les priorités d'action des industriels en termes d'amélioration. Donc effectivement, à lui faire réaliser des actions qui ne s'avèreraient pas prioritaires donc à mobiliser des moyens économiques là où ils sont les moins efficaces d'une part. Et puis d'autre part, en termes d'image, je ne sais pas comment on pourrait justifier de tels écarts. Parce que ça fait parfois des différences de plusieurs puissances de dix pour un même événement, ce qui est rigoureusement incompréhensible, normalement incompréhensible.

A ce stade de l'expérimentation, le site pilote de Feyzin ne paraît donc pas en mesure d'arbitrer entre la logique anti-bases de données du Bureau des risques et les positions pro-bases des industriels défendues ici par les représentants de Total. Le *statu quo* semble en effet demeurer intact, jusqu'à ce que les protagonistes de la DRIRE commencent à envisager la compétition entre les deux approches en termes de charge de travail et de capacité des services d'inspection à absorber le changement dans les deux cas de figure. Un chiffrage rapide leur permet ainsi de montrer que l'application de la *note probabilité* du Bureau des risques aux quinze installations de la raffinerie nécessiterait environ 45 000 opérations de vérification (correspondant à la totalité des éléments figurés sur les nœuds papillon des quinze études de dangers), soit 7 500 heures de travail (à raison de 10 minutes par opération), c'est-à-dire quatre années et demi de la vie professionnelle d'un inspecteur. Ainsi présenté, l'argument ne laisse en réalité aucune chance à la méthode semi-quantifiée détaillée dans la *note probabilité* : beaucoup trop coûteuse en temps d'inspecteur, elle apparaît de fait inapplicable dans le cas des installations les plus complexes, pour lesquelles les scénarios d'accident se chiffrent souvent par centaines. Comme l'indique le chef du pôle risques de la DRIRE Rhône-Alpes à l'origine de ce calcul, le jugement ne porte pas sur les fondements de la méthode, ni même sur ses implications politiques, mais sur le fait qu'elle est globalement inadaptée aux conditions d'exercice du métier d'inspecteur, s'agissant de l'évaluation des études de dangers sur certains types d'installation :

> Quand on fait un calcul de rupture de canalisation avec TNO, on assortit cet événement d'une probabilité qu'on va chercher dans une table. TNO dit : voilà les probabilités de rupture de canalisation dans le monde industriel référencé par le *purple book*. C'est 10^{-6} par mètre et par an, pour un tuyau de telle et telle taille, exploité normalement. Ça, c'est l'approche que j'appelle forfaitaire, qui correspond en gros à la méthode Total. L'approche que voulait nous imposer le ministère, ce n'est pas du tout celle-là. C'est de dire : avant de calculer la probabilité de rupture du tuyau, je dois construire un arbre de causes de l'événement : peut-il se rompre par l'effet d'un chantier voisin, d'une explosion voisine ou de je ne sais quoi encore, du séisme, de la corrosion ? Enfin bref, l'imagination n'a pas de limite... Et pour qu'il ne perce pas du fait de la corrosion, je dois interposer une protection cathodique. Pour qu'il ne se rompt pas suite à la chute d'une grue, je dois prévoir que ma grue manœuvre à 100 m du tuyau. Etc., etc. Et une fois que j'ai fait ça, la note probabilité me dit de combiner toutes les probabilités de défaillance... 1) Je dois connaître toutes les probabilités des initiateurs : la grue est là ? la grue n'est pas là ? le séisme tape ou ne tape pas ? la foudre tombe ou ne tombe pas ? 2) Je dois aussi connaître la probabilité de défaillance de mes barrières et 3) par une combinatoire, j'agrège tout ça et je détermine la probabilité de l'événement central. Excusez du peu ! C'est contre ça... Enfin ça, c'est vraiment totalement irréaliste.

Une fois formalisé en ces termes, l'argument de la DRIRE Rhône-Alpes revient ensuite comme un *leitmotiv* dans tous ses échanges avec l'administration centrale, qu'il s'agisse des réunions du site pilote de

Feyzin auxquelles le Bureau des risques continue de participer, des consultations sur les projets de textes en cours d'écriture ou des relations courantes que la direction régionale entretient avec les différents échelons de la DPPR. Les messages d'alerte, qui remontent jusqu'au DPPR (soit directement, soit par l'intermédiaire de la cheffe du SEI), s'ajoutent alors aux retours d'autres expérimentateurs (notamment la DRIRE Normandie) et aux pressions que les groupes industriels les plus opposés à la *note probabilité* (Total mais aussi Butagaz) ne manquent pas d'exercer au même moment sur la hiérarchie ministérielle. Principal exutoire de ce faisceau convergeant de critiques, le DPPR est alors fortement invité à prendre position, ce qu'il finit par faire au printemps 2005 en arbitrant dans le sens des opposants à la méthode semi-quantifiée détaillée dans la *note probabilité.* Une ingénieure du Bureau des risques se souvient de cette décision qui marque un tournant décisif dans le processus de mise en règlement de l'article 4 de la loi :

> Sur la probabilité, il y a eu des remontées assez fortes au niveau du DPPR, avant même qu'on ait commencé à rédiger le texte. Rien que sur les expérimentations et la *note probabilité* qu'on avait faite, il y avait des remontées au niveau du DPPR en disant : « Ça ne va pas du tout ». Les gens prenaient rendez-vous, écrivaient. Alors qu'ils étaient consultés par ailleurs. Mais oui, ils essayaient de bloquer le processus bien avant. Et d'ailleurs, sur la probabilité, ça a eu un impact. Parce qu'au départ, on partait sur une méthode semi-quantifiée. L'INERIS nous avait proposé quelque chose qui faisait l'objet d'un consensus au niveau du Bureau des risques. Sur les expérimentations, on s'apercevait que... Bon sur Feyzin et sur Vire, ça posait problème mais sur d'autres sites, ça marchait bien. Mais le fait qu'il y ait cette levée de boucliers a conduit en fait à des positions... le DPPR s'est dit : « C'est quoi cette usine à gaz ? Il ne faut pas partir là-dessus ». Parce qu'il y avait des gens qui le contactait en lui disant : « C'est n'importe quoi, c'est beaucoup trop compliqué, on ne va jamais s'en sortir ». Et le DPPR n'avait pas encore vu le fond de la méthode. Il était opposé avant même de l'avoir vue, parce qu'il y avait des pressions importantes sur cette note. Donc, oui c'est sûr que les industriels peuvent avoir plusieurs voies d'entrée. Les DRIRE aussi. Parce qu'il y a des DRIRE qui ont contacté le DPPR aussi sur la probabilité en disant qu'ils n'étaient pas du tout d'accord avec cette méthode, qu'ils ne s'en sortiraient pas.

Finalement dépourvu de méthode, le Bureau des risques n'a donc pas d'autre choix que de reconnaître la validité des outils privilégiés par ses partenaires industriels du *GT méthodologie des études de dangers*, y compris ceux relevant d'approches quantitatives. Transcrite dans un article *ad hoc* de l'arrêté PIGC qui sera approuvé quelques mois plus tard (septembre 2005), cette orientation se traduit concrètement par une formulation qui, tout en indiquant la possibilité de recourir à une approche semi-quantifiée, valide clairement l'usage des « banques de données internationales » et « banques de données relatives à des installations ou équipements similaires mis en œuvre dans des conditions comparables » revendiqué par les représentants industriels associés à l'écriture des textes d'application de la loi 2003 (*cf.* encadré 9). Ce que le chef du Bureau des risques présente au final comme une source possible d'enrichissement des connaissances à disposition des exploitants et services d'inspection chargés de quantifier les risques des installations concernées :

> On a conclu que la diversité des méthodes était non seulement une donnée structurante, mais qu'elle n'était pas un mal, parce qu'elle constitue un critère de regards croisés intéressant à conserver. Donc on a conservé cette richesse à terme. C'est pourquoi dans l'arrêté, on laisse finalement la liberté. En fait, on n'avait aussi pas trop le choix, hein ? Plus prosaïquement, la loi dit que la méthode est aux mains de l'industriel. C'est-à-dire que dans la phase expérimentale, personne (y compris chez nous) n'avait vraiment percuté sur le fait que l'analyse des risques dans l'étude de dangers, c'est forcément aux mains de l'exploitant. Contrôlé par l'État, mais c'est quand même l'industriel qui a le choix de la méthode tant qu'il peut justifier de sa pertinence au plan technique.

Encadré 9 Extrait de l'article 2 de l'arrêté PIGC du 29 septembre 2005

L'évaluation de la probabilité s'appuie sur une méthode dont la pertinence est démontrée. Cette méthode utilise des éléments qualifiés ou quantifiés tenant compte de la spécificité de l'installation considérée. Elle peut s'appuyer sur la fréquence des événements initiateurs spécifiques ou génériques et sur les niveaux de confiance des mesures de maîtrise des risques agissant en prévention ou en limitation des effets. A défaut de données fiables, disponibles et statistiquement représentatives, il peut être fait usage de banques de données internationales reconnues, de banques de données relatives à des installations ou équipements similaires mis en œuvre dans des conditions comparables, et d'avis d'experts fondés et justifiés. Ces éléments sont confrontés au retour d'expérience relatif aux incidents ou accidents survenus sur l'installation considérée ou des installations comparables.

L'article 2 de l'arrêté PIGC est le principal aboutissement des expérimentations locales menées entre le printemps 2004 et le début 2005. En quelques phrases, il clôt le débat sur les méthodes quantitatives et les bases de données génériques par une sorte de compromis qui, à défaut de départager les approches en compétition, conduit surtout à ne léser aucun des protagonistes ayant participé à l'écriture du règlement. Son caractère non prescriptif préserve en effet tous les intérêts représentés, même ceux du Bureau des risques qui finit par maintenir en tête d'article deux phrases stipulant que la méthode choisie par l'exploitant « utilise des éléments qualifiés ou quantifiés tenant compte de la spécificité de l'installation considérée » et qu'elle « peut s'appuyer sur la fréquence des événements initiateurs spécifiques ou génériques et sur les niveaux de confiance des mesures de maîtrise des risques agissant en prévention ou en limitation des effets ». Adoptant un style qui suggère plus qu'il n'oblige, cet article 2 de l'arrêté PIGC montre aussi que l'objectif commun, c'est-à-dire s'entendre sur un texte destiné à réglementer la conversion probabiliste de l'étude de dangers, n'est jamais vraiment en mesure d'infléchir les stratégies individuelles des contributeurs qui, même lorsque les discussions semblent achopper, peinent à converger vers une position commune. Aux différentes étapes du processus d'écriture, depuis la mise en forme des premières ébauches de texte jusqu'aux consultations finales en passant par les expérimentations, les parties prenantes témoignent ainsi d'une relative constance vis-à-vis des intérêts défendus, qu'il s'agisse de limiter au maximum les coûts de la réforme, de défendre des positions de pouvoir et/ou de préserver des identités professionnelles. La diversité des acteurs engagés dans la production du règlement et la multiplicité des rapports de pouvoir que cette activité bureaucratique met en jeu, y compris en interne à l'administration ou entre les groupes industriels du secteur, expliquent alors que la décision n'est jamais vraiment acquise et que lorsqu'elle finit par s'imposer malgré tout, c'est selon des modalités qui rappellent davantage le modèle de l'anarchie organisée (Cohen et al., 1972) que celui du choix raisonné et parfaitement maîtrisé.

* * *

Ce deuxième chapitre, qui débute avec l'écriture du guide méthodologique de juin 2003 et s'achève à l'automne 2005 par la publication des textes d'application de l'article 4 de la loi Bachelot, conduit finalement à deux constats principaux. Le premier est que les acteurs programmatiques à l'origine de la réforme de l'étude de dangers ne se contentent pas d'impulser le changement, ils se chargent également de le concrétiser en prenant non seulement la direction des opérations de mise en règlement, mais en se mêlant concrètement du travail d'écriture et de conception technique. Le second constat est que cet engagement collectif n'atténue pas les divergences de vue entre les membres du groupe, qui continuent de poursuivre leurs intérêts sectoriels et à manifester leur propre vision de ce qui est efficace et rationnel en même temps qu'ils contribuent à l'avancement du projet commun. Les étapes successives de cette mise en règlement révèlent ainsi des contextes d'action où conflit et coopération coexistent dans une certaine normalité, sans que l'une de ces deux modalités relationnelles ne paraisse en mesure de compromettre l'autre. Le fait de partager des croyances et des préférences de politique publique n'empêche donc pas de poursuivre en même temps des intérêts divergents, et inversement. Ou pour le dire autrement, si tous les acteurs engagés dans la réforme de l'étude de dangers s'accordent pour défendre une croyance partagée dans les vertus du probabilisme, cela ne signifie pas que les intérêts particuliers qui les poussent à agir convergent en tout point et qu'ils sont disposés à les mettre de côté au nom de leur engagement commun. Comme l'indique justement Patrick Hassenteufel à propos des groupes coalisés, les stratégies qu'ils déploient sont fortement déterminées non seulement par le type et le nombre de ressources, d'intérêts et de représentations qui les constituent en tant qu'acteur collectif, mais aussi par leur degré de cohésion et les éventuels clivages et conflits qui les traversent (Hassenteufel, 2008). Ici, les facteurs de dissension ne jouent pas particulièrement sur l'unité du groupe ni sur sa capacité d'action, plutôt sur la façon dont il traduit ses préférences et ses intérêts en dispositifs concrets de politique publique. Comme le montre bien chacune des épreuves traversées pour atteindre l'objectif visé, les ajustements s'opèrent à chaque fois en fonction des relations de pouvoir qui se tissent entre les différents acteurs, conduisant au final à des choix plus ou moins bien contrôlés et des orientations méthodologiques assez éloignées dans leurs principes des intentions initiales. A l'image de l'article 2 de l'arrêté PIGC, les règlements supposés donner un contenu opératoire à la réforme de l'étude de dangers se contentent alors d'articuler de façon imparfaite et contingente les engagements divers dont ils ont fait l'objet tout au long du processus d'écriture, sans véritablement trancher les débats apparus en cours de route ni complètement résoudre les problèmes pratiques posés par le recours à certains outils comme les bases de données génériques. De ce point de vue, on peut donc dire que la mise en règlement n'achève pas totalement la réforme de l'étude de dangers. Elle n'en constitue qu'une étape, dans un processus au long cours qui est amené à se poursuivre jusque dans les actions de mise en œuvre.

Chapitre 3

Une coalition réformatrice au cœur de la mise en œuvre

Les travaux consacrés aux changements dans les politiques publiques s'intéressent en général aux conditions qui favorisent ces changements, plus rarement à la façon dont ils prennent forme en se concrétisant dans des actions et des dispositifs concrets (Fontaine, Hassenteufel, 2002 ; Schlager, 2007). Cette critique s'adresse tout particulièrement aux approches par les coalitions de cause qui omettent souvent certains facteurs explicatifs des évolutions analysées en se concentrant uniquement sur l'amont des décisions et en minorant ce qui se passe après, dans les phases de mise en œuvre notamment. Dans un article visant à étayer cette limite, Adrian Smith montre notamment que les changements qui affectent les politiques de lutte contre les pollutions industrielles au Royaume-Uni ne sont pas uniquement le fait des coalitions qui les initient, mais dépendent également des acteurs de terrain qui choisissent toujours de les concrétiser dans une certaine mesure, voire de les neutraliser lorsqu'ils vont à l'encontre de leurs propres croyances (Smith, 2000). Prenant acte de ces travaux qui invitent à ne pas négliger les activités de mise en œuvre dans l'analyse du changement, ce troisième chapitre propose de continuer à dérouler le processus de conversion probabiliste de la politique de prévention des risques industriels, en faisant l'hypothèse que la parution en 2005 des textes d'application de la loi n'achève pas la réforme en cours et que celle-ci continue de se jouer dans son appropriation par les acteurs de terrain.

Pour tester cette hypothèse, la séquence de mise en œuvre sera présentée sous trois angles différents : celui de la territorialisation et de l'acclimatation locale du nouveau corpus réglementaire ; celui de la mise au jour, dans ce cadre, de multiples problèmes d'application et de leur prise en charge par des groupes de travail sectoriels créés ou réactivés pour l'occasion ; celui enfin des compléments réglementaires produits par ces groupes de travail nationaux pour aider à la résolution des problèmes d'application et finalement permettre la réalisation complète de la réforme de l'étude de dangers. En prenant successivement ces trois points de vue, on verra notamment que la mise en œuvre ne se déploie pas uniquement au niveau local, mais qu'elle se joue aussi (et peut-être surtout) au niveau central, dans les activités visant à détailler et ajuster la règle de droit en fonction des demandes concrètes émanant des acteurs de terrain. L'immersion au cœur de ces activités d'écriture, qui procèdent par allers et retours successifs entre les deux niveaux, sera également l'occasion de reconnaître le rôle de premier plan que continue de jouer le petit groupe de représentants sectoriels à l'origine de la réforme. Toujours très engagés, les agents du Bureau des risques et leurs partenaires industriels restent les principales chevilles ouvrières de cette dernière séquence qui, en invitant les acteurs de terrain à redéfinir le monde des conventions de l'évaluation et de la mise en nombre des risques industriels, finit de concrétiser le changement initié une décennie plus tôt.

3.1. Un monde de conventions locales à réinventer

Quand on prend le point de vue de l'analyse des politiques publiques, il n'est pas possible de réduire la mise en œuvre à l'exécution mécanique des règles définies au niveau central. Pour être correctement analysée, cette séquence doit plutôt s'envisager comme le développement d'une action collective territorialisée, qui vise à faire correspondre le contenu du programme considéré avec les conditions locales de son application. La mise en œuvre se présente alors comme une « scène active et politiquement chargée » (Mény, Thoenig, 1989) qui se saisit des catégories normatives diffusées par le centre pour leur substituer des normes secondaires d'application ajustées aux enjeux territoriaux et aux contraintes spécifiques des acteurs locaux (Lascoumes, 1990). En règle générale, ce processus d'acclimatation articule trois types d'activités : la réévaluation locale du problème à résoudre et son inscription sur l'agenda politique et administratif des entités territoriales concernées ; l'appropriation des outils, méthodes et catégories normatives associés au nouveau programme et leur insertion plus ou moins conflictuelle dans les réseaux d'action publique existants, souvent orientés selon d'autres logiques ; et enfin, la reconfiguration de ces réseaux via la production de significations partagées sur les différentes composantes de la politique à exécuter, c'est-à-dire les objectifs visés, les moyens à mettre en œuvre, les délais d'exécution, etc. (Le Bourhis, Bayet, 2002). S'agissant de la conversion probabiliste de l'étude de dangers, les réseaux en question ne sont pas très étoffés. Ils se limitent aux acteurs spécialistes de la sécurité industrielle qui ont l'habitude de fonctionner en circuit fermé sur tous les sujets se rapportant à la quantification et la figuration des risques, c'est-à-dire les *pôles risques* des DRIRE et les inspecteurs des groupes de subdivisions chargés du suivi administratif des établissements visés par la nouvelle réglementation[105], les exploitants et responsables HSE des unités de production concernées et enfin, de façon plus incidente, les prestataires (consultants et bureaux d'étude) que ces derniers ont l'habitude de solliciter pour conduire les analyses des risques et rédiger les études de dangers[106]. Sur ce volet particulier de la loi de 2003, l'appropriation locale de la nouvelle réglementation se caractérise donc par des actions relativement discrètes, cantonnées aux huis-clos technicistes de ce premier cercle de la prévention des risques industriels.

3.1.1. L'acclimatation discrète de la nouvelle réglementation

Localement, la mise en œuvre des articles 4 et 5 de la loi de 2003 nécessite de lancer trois chantiers successifs. Le premier, qui est aussi le plus consistant, vise à convertir l'ensemble des études de dangers des installations Seveso au nouveau format probabiliste, conformément aux instructions du guide de juin 2003 détaillées par l'arrêté PIGC de septembre 2005. Dans la foulée, un deuxième chantier doit permettre l'application de la circulaire dite MMR du 29 septembre 2005 qui cadre les actions de maîtrise des risques que les exploitants s'engagent à mettre en œuvre une fois les nouvelles études de dangers de leurs installations

---

[105] A l'époque, les DRIRE disposent de subdivisions territoriales (en général infra-départementales) pour l'exécution des programmes dont elles ont la charge, notamment ceux dédiés au contrôle et au suivi administratif des installations classées pour la protection de l'environnement. Dans chaque département, ces subdivisions sont regroupées au sein de groupes de subdivisions (GS) placés sous l'autorité du préfet de département.

[106] Si l'étude de dangers est de la responsabilité exclusive de l'exploitant, sa réalisation est le résultat d'un travail collectif qui mobilise différents types d'acteurs industriels. Supervisée par le service HSE de l'usine, elle est en général confiée à un bureau d'étude spécialisé qui, pour procéder à l'examen approfondi de tous les dysfonctionnements possibles, s'appuie sur une partie des personnels et services de l'usine, notamment ceux qui détiennent une expertise d'usage susceptible de contribuer à l'identification des causes accidentelles.

validées par l'administration[107]. Le troisième chantier, enfin, fait le lien entre la conversion des études de dangers et l'élaboration des PPRT : il consiste à identifier, dans les études de dangers nouvellement révisées, tous les scénarios d'accidents susceptibles de dimensionner la démarche associée de maîtrise de l'urbanisation et, dans ces conditions, d'entrer dans la fabrication des mesures correspondantes, selon des instructions établies par le guide méthodologique PPRT du 16 décembre 2005[108].

Encadré 10 Les étapes d'élaboration d'une étude de dangers probabiliste

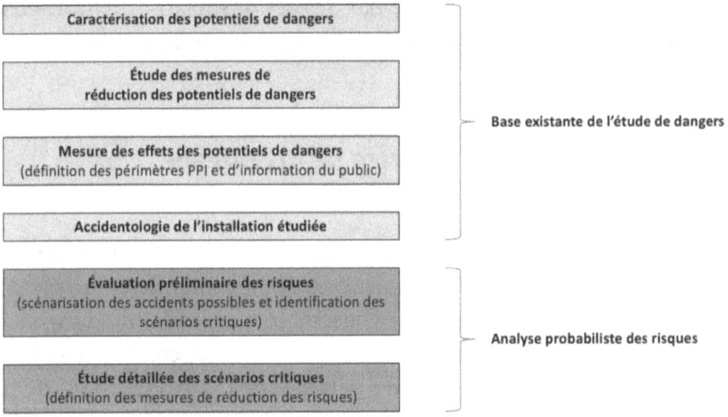

Destinée à produire les données nécessaires aux deux autres, le chantier de la révision des études de dangers constitue le point de départ de la mise en œuvre. Le travail consiste à reprendre les études existantes en leur ajoutant une analyse probabiliste correspondant aux étapes 5 et 6 du guide méthodologique de juin 2003 (*cf.* encadré 10). Concrètement, ce complément vise à : 1) identifier et représenter selon la méthode des

[107] La circulaire MMR (pour mesures de maîtrise des risques) est relative aux critères d'appréciation de la démarche de maîtrise des risques d'accidents susceptibles de survenir dans les établissements Seveso visés par l'arrêté du 10 mai 2000 modifié.

[108] Ce guide, qui détaille les méthodes de fabrication du PPRT, est actualisé en décembre 2007. Cette deuxième version, plus précise sur certains aspects de la procédure, sera pendant près de dix ans la « bible » des acteurs en charge de l'élaboration de ces plans.

arbres de causes et d'événements tous les scénarios pouvant conduire à un « accident majeur » (c'est-à-dire un phénomène dangereux qui expose le voisinage proche de l'installation) ; 2) inventorier l'ensemble des barrières de sécurité existantes susceptibles de prévenir, détecter le déclenchement ou réduire les conséquences de ces accidents possibles ; 3) positionner ces barrières sur les arbres de causes et d'évènements figurant ces accidents possibles ; 4) coter en probabilité et gravité l'ensemble de ces événements en vue de leur hiérarchisation par l'intermédiaire de la matrice de criticité mise en œuvre par l'exploitant ; 5) étudier dans le détail les scénarios ainsi définis comme critiques de façon à identifier pour chacun d'eux les mesures de réduction des risques à la source susceptibles de les ramener dans les cases « acceptables » ou « à surveiller » de la matrice ; 6) et enfin, planifier ces ajouts de barrières sur les cinq années de validité de l'étude de dangers.

Le deuxième chantier, qui s'ouvre une fois les premières études de dangers converties dans le nouveau format probabiliste, est lié à la circulaire MMR précédemment évoquée. Il consiste à reprendre, pour chaque établissement, tous les scénarios d'accidents hiérarchisés par l'exploitant à l'aide de sa propre matrice de criticité, y compris ceux qui l'ont conduit à planifier l'ajout de barrières, pour les positionner dans une grille standardisée, dite *matrice MMR* (*cf.* encadré 11). Conçue à l'image de ses homologues industrielles, mais pas forcément avec les mêmes niveaux de gravité et probabilité, cette grille réglementaire délimite trois zones correspondant à trois types de prescriptions : une zone rouge de risques élevés, figurée par le mot « NON », qui impose à l'exploitant de mettre en place, dans un délai défini par arrêté préfectoral, des mesures complémentaires de réduction du risque à la source permettant de ramener les scénarios considérés vers l'une ou l'autre des deux autres zones ; une zone orange de risques intermédiaires, figurée par le sigle « MMR » (pour mesures de maîtrise des risques), dans laquelle une démarche d'amélioration continue doit permettre d'atteindre, dans des conditions économiquement acceptables, un niveau de risque aussi bas que possible ; et enfin, une zone verte de risques moindres, qui ne comporte ni « NON » ni « MMR », où les effets des accidents possibles sont jugés acceptables.

Encadré 11 La matrice MMR prescrite par la circulaire du 29 septembre 2005

GRAVITE des conséquences	PROBABILITÉ (sens croissant de E vers A)				
	E	D	C	B	A
Désastreux	NON partiel (sites nouveaux) / MMR rang 2 (sites existants)	NON	NON	NON	NON
Catastrophique	MMR rang 1	MMR rang 2	NON	NON	NON
Important	MMR rang 1	MMR rang 1	MMR rang 2	NON	NON
Sérieux			MMR rang 1	MMR rang 2	NON
Modéré					MMR rang 1

Dans cette matrice, les niveaux de gravité et de probabilité correspondent aux seuils définis par l'arrêté PIGC du 29 septembre. Selon cette échelle, un accident de classe E est considéré comme beaucoup plus improbable qu'un événement de classe A, tandis qu'un phénomène défini comme désastreux est supposé faire beaucoup plus de victimes qu'un événement sérieux ou modéré. Le principe de cette matrice est d'attribuer à chaque accident possible une action spécifique qui dépend de sa classe de probabilité et de son niveau de gravité, donc de la case qui lui correspond (NON, MMR 2, MMR 1 ou vide). Pour les cases de couleur orange, la distinction entre MMR rang 1 et MMR rang 2 définit un ordre de priorité à respecter pour la planification des mesures de réduction des risques à la source (le rang le plus élevé, qui correspond aux risques les plus critiques dans cette catégorie, est à traiter en premier).

Mis en forme à l'issue des expérimentations de 2004, cet outil réglementaire vise en premier lieu à satisfaire les demandes d'équité des industriels en atténuant les inégalités de traitement liées à l'utilisation de matrices de criticité différentes, calibrées selon des critères propres à chaque entreprise. Ainsi, un exploitant qui met en œuvre une grille peu sélective dans son étude de dangers limite normalement le nombre de scénarios critiques (donc la quantité de mesures de réduction des risques à planifier au terme de la procédure), mais s'expose dans le même temps à une démarche MMR très pénalisante, qui l'oblige à s'occuper d'un plus grand nombre d'événements dans les zones NON et MMR de la matrice. À l'inverse, un concurrent plus sélectif ayant nettement réduit ses risques dans le cadre de l'étude de dangers a des chances d'être nettement moins contraint par l'application de la grille MMR avec peu de scénarios dans les cases nécessitant la définition de mesures complémentaires de réduction des risques à la source. S'imposant de façon uniforme, l'outil est aussi conçu dans une logique d'aide à la décision. Il permet notamment aux metteurs en œuvre de ne pas avoir à tracer par eux-mêmes la frontière entre les risques considérés comme acceptables d'un côté et ceux qui nécessitent une intervention spécifique de l'autre. Ce qu'explique le chef du Bureau des risques de l'époque, en réponse à une question sur sa contribution au design de cette matrice réglementaire :

> On a fini par se dire que la probabilité ça n'avait rien d'évident pour les uns et les autres et qu'une règle nationale arrangerait tout le monde. Et peut-être même que cette règle devrait intervenir en amont des PPRT. Pour éviter des discussions un peu stériles sur : quel est le niveau de maîtrise des risques que j'exige de l'exploitant avant de définir, éventuellement, de l'expropriation et du délaissement ? Parce que c'est ça qu'avaient critiqué les expérimentateurs. Donc on l'a fait. On a écrit la circulaire et proposé une grille un peu intermédiaire entre toutes les grilles qu'on avait recensées grâce à une étude de l'INERIS[109]. Et puis ne pas le faire aurait eu des inconvénients qui nous paraissaient plus critiques encore, c'est-à-dire que ça risquait de conduire à des disparités dans les positions prises localement avec un risque d'inégalité de traitement, un risque juridique pour les PPRT derrière et puis le risque aussi de remettre en cause la décision des préfets dans le cas où un accident se produirait quand même en faisant des morts.

Comme les deux précédents, le troisième chantier se déroule lui aussi dans un dialogue à huis-clos limités aux exploitants et services d'inspection. Prolongeant la démarche MMR, il consiste à produire les données nécessaires à l'élaboration des zonages PPRT et au calibrage des mesures de prévention correspondantes (expropriation, délaissement, prescription de travaux de confortement, restriction des droits à construire, etc.). Issues des études de dangers, ces données d'entrée ne sont pas choisies de façon arbitraire. Elles sont définies en application d'une règle qui nécessite de faire un tri préalable entre tous les accidents possibles pour écarter ceux qui ne justifient pas une démarche de maîtrise de l'urbanisation.

---

[109] Il s'agit de l'étude de 2003, mentionnée au chapitre précédent et destinée à identifier les différentes familles de méthodes probabilistes.

Issue elle aussi des expérimentations de 2004, cette règle précise que les événements très improbables, dont la probabilité est inférieure à 10^{-5} (ou de classe E dans la codification réglementaire[110]), ne sont pas retenus dès lors « que cette classe de probabilité repose sur une mesure de sécurité passive vis à vis de chaque scénario identifié » ou « que cette classe de probabilité repose sur au moins deux mesures techniques de sécurité pour chaque scénario identifié, et qu'elle est maintenue en cas de défaillance d'une mesure de sécurité technique ou organisationnelle, en place ou prescrite[111] ». Pour le dire plus simplement, lorsqu'un exploitant est en mesure de démontrer qu'un phénomène dangereux est très improbable et qu'il peut en même temps justifier qu'une barrière passive ou deux mesures techniques fonctionnant indépendamment l'une de l'autre ont été prévues pour empêcher sa réalisation, il peut proposer que l'évènement en question soit retiré de la liste des scénarios d'accidents qui dimensionnent le PPRT. Conçue pour ajuster la taille des zonages de maîtrise de l'urbanisation et les coûts induits aux situations locales et aux capacités financières des parties prenantes (s'agissant notamment de l'expropriation, du délaissement et des prescriptions de travaux), cette règle dite du « filtre à la probabilité » vise notamment à créer des marges de manœuvre pour préserver dans les cas les plus défavorables le caractère « réaliste » de la démarche de maîtrise de l'urbanisation et éviter de placer les acteurs de la mise en œuvre dans des situations ingérables (par exemple en imposant des mesures de prévention nécessitant d'exproprier des villes entières). Bien que censée favoriser l'élaboration et la mise en œuvre des PPRT, cette règle reste cependant d'application difficile dans la mesure où elle nécessite que l'exploitant à l'origine de la liste des scénarios à exclure et l'inspecteur chargé d'évaluer le bien-fondé de cette demande s'accordent sur un très grand nombre de points, notamment la valeur de probabilité retenue pour chacun des événements, la qualité des barrières considérées pour justifier leur exclusion (existent-elles ? sont-elles bien positionnées ? sont-elles vraiment indépendantes ?, etc.), mais également la capacité de ces barrières à remplir les fonctions attendues, c'est-à-dire empêcher à coup sûr la réalisation complète du scénario.

---

110 Pour rappel, un phénomène dangereux de probabilité 10^{-5} correspond à un événement qui, statistiquement, se produit une fois tous les 10 000 ans d'exploitation de l'ensemble des unités et des procédés recensés qui sont susceptibles de l'engendrer.

111 Cette règle est introduite par la circulaire du 3 octobre 2005 relative à la mise en œuvre des plans de prévention des risques technologiques.

Même rapidement présentées, les opérations de mise en œuvre liées à la conversion probabiliste de l'étude de dangers témoignent dans leur ensemble de l'ampleur de la tâche qui attend les acteurs de terrain concernés. Bien que lancés en décalage, les trois chantiers que nous venons de détailler représentent une quantité considérable d'informations nouvelles à produire (pour les exploitants) et à vérifier (pour les services d'inspection). Sachant que les textes en question visent plus d'un millier d'établissements Seveso répartis sur l'ensemble du territoire national (dont 600 seuil haut), ce qui représente au total un peu plus de 2 000 études de dangers à compléter pour environ 420 PPRT à élaborer. Comme le précise le chef de Bureau des risques peu de temps après le lancement de ce programme, l'estimation de la charge de travail correspondante s'évalue alors en millions d'informations et autant de sujets de discussion possibles entre les acteurs locaux chargés de la révision des études de dangers, de l'application de la circulaire MMR et de la sélection des données nécessaires à la fabrication des PPRT :

> Au total, ça faisait 2 000 études de dangers à faire lire ou instruire par 600 inspecteurs. Et une étude de dangers… On avait fait le calcul… Enfin, on avait fait une estimation grossière : il y avait en moyenne une centaine de phénomènes dangereux par étude de dangers et, pour cette centaine de phénomènes dangereux, on avait en gros une centaine d'informations, c'est-à-dire à la fois les barrières, les probabilités, j'exclus, je n'exclus pas, les distances d'effets, etc. Bon. Donc 100 x 100 x 2 000, j'avais 20 millions d'informations à faire traiter par 600 agents sur 140 implantations géographiques différentes.

Rapporté à la région Rhône-Alpes, où 350 études de dangers sont à réviser pour une trentaine d'inspecteurs, ce programme conduit à doubler la charge de travail des services concernés en portant temporairement le nombre de procédures d'examen à une grosse centaine par an au lieu de la soixantaine habituelle.

3.1.2. Une charge de travail difficile à absorber par les acteurs de terrain

Lourdement sollicitées par ces opérations de mise en œuvre, les organisations n'ont pas d'autres choix que de s'adapter pour faire face à la surcharge de travail et favoriser, par la même occasion, la montée en compétences des agents concernés. Du côté des services d'inspection, ces ajustements se traduisent en premier lieu par un renforcement des *pôles risques* au niveau régional. Comme l'indique l'un de leurs responsables de l'époque, « quand je suis arrivé en 2005, on était cinq, deux ans après, on était huit ! C'était vraiment un secteur en plein développement, avec tout à construire ». Dans chaque unité DRIRE concernée, cette construction suppose de former les agents aux nouvelles méthodes, de réécrire les procédures d'examen et de validation des études de dangers et, dans le même temps, de réorienter les pratiques vers plus de spécialisation et de mutualisation[112]. En Rhône-Alpes par exemple, cette stratégie d'action prévoit de spécialiser les agents du pôle risques par type d'installation (chimie, raffinage, stockages pétroliers, etc.) et d'intervention (évaluation des nouvelles études de dangers ou instruction des PPRT), de collectiviser l'instruction des procédures les plus complexes (en associant un inspecteur de terrain à un agent spécialisé du niveau régional) et enfin, de créer des fonctions de référent au sein des équipes sur tous les sujets nécessitant des connaissances spécifiques. Comme le précise un responsable de cette direction régionale au cours d'un entretien réalisé en 2006, la mise en œuvre de la loi de 2003 a donc fortement bouleversé l'organisation des unités concernées, sans toutefois susciter d'opposition parmi les agents du fait d'un intérêt collectif pour les sujets travaillés et des plus-value attendues sur le front de la prévention :

> C'est une réglementation complexe, qui n'est pas facilement applicable par le volume de travail et d'investissement que ça représente, tant pour ceux qui rédigent les analyses de risques, les études de dangers, que pour ceux qui évaluent, du côté de l'administration… C'est un boulot considérable, mais c'est une réglementation qui nous fait sauter… C'est un vrai saut qualitatif en termes d'évaluation des risques. Donc de ce point de vue, c'est favorable. C'est intéressant. Bon, le problème, c'est que tout ça doit se jouer à deux, avec les industriels. Et les évolutions sont moins franches de leur côté. Il leur reste quand même à s'approprier encore plus qu'ils ne l'ont fait jusqu'à présent ces nouveaux éléments. Et à investir les ressources humaines nécessaires dans leurs usines, ce qui n'est pas le cas aujourd'hui… Ça démarre, mais enfin… Doucement.

---

[112] Promu par le plan de modernisation de l'inspection lancé au début des années 2000, ce modèle d'organisation vise à développer le travail en commun en favorisant le partage de connaissances sur tous les sujets techniques. Il entend ainsi faire de chaque inspecteur l'incarnation de l'inspection toute entière et de chaque avis rendu l'expression d'une décision collective (Bonnaud, 2005 ; Juvin, 2010).

Si les industriels prennent plus de temps pour se mettre en ordre de marche, ils finissent néanmoins par procéder aux ajustements nécessaires, augmentant progressivement leurs capacités d'action pour faire face à la nécessité de réviser d'un seul bloc la totalité de leurs études de dangers. En plus des formations dispensées aux personnels des unités HSE, des renforts sont progressivement alloués aux directions et services les plus mobilisés par la mise en œuvre du programme. La direction sécurité monde de Rhodia se dote ainsi de quelques spécialistes supplémentaires dans les domaines de la sécurité des procédés et de la modélisation des phénomènes dangereux. De même, Total profite de l'occasion pour développer la plupart de ses équipes, dans les différentes branches concernées (pétrochimie, raffinage, dépôts pétroliers) et certains de ses sites d'exploitation. Sans doute plus significatives dans les grands groupes (comparativement aux entreprises de taille plus modeste), ces réorganisations conduisent également les responsables industriels à revoir les procédures et les méthodes internes pour les ajuster au nouveau cadre réglementaire, à mettre en réseau les personnels spécialisés pour mettre en forme des guides méthodologiques et des *vade-mecum* à destination des ingénieurs HSE chargés de la révision des études de dangers et, dans certains cas (chez les pétroliers notamment), à lancer des programmes de renforcement des connaissances via la constitution des bases de données de défaillance qui leur font défaut. Ainsi ce responsable de direction de la sécurité industrielle de Total à propos des actions engagées par le groupe pour accompagner la mise en œuvre du programme de révision des études de dangers :

> On a engagé ce travail de constitution de bases de données au niveau européen, au niveau de l'organisation professionnelle du pétrole en Europe… Et puis on a aussi commencé le même travail en interne, c'est-à-dire qu'on a compilé l'ensemble des bases de données qui étaient à notre connaissance utilisées par les différentes raffineries qu'on exploite, de manière à se constituer une base de données de fiabilité interne au groupe. Actuellement, on est en train de la tester, mais je pense qu'on pourra rapidement la porter à la connaissance des autorités de contrôle. Même s'il faudra par la suite l'améliorer au fil du temps, la préciser au fil du temps.

De part et d'autre, l'acclimatation de la nouvelle réglementation se traduit donc par des restructurations plus ou moins importantes, visant à mettre les organisations à niveau techniquement et à les doter de moyens d'action supplémentaires (renforts en personnels, spécialisation accrue, mutualisation des connaissances et des compétences). Mais le travail d'organisation ne s'arrête pas là, car d'autres difficultés attendent encore les metteurs en œuvre chargés de réviser les études de dangers et lancer l'élaboration des PPRT. Un premier problème, qui freine fortement le passage à l'action, vient de la faible disponibilité d'une partie des personnels industriels censés contribuer aux revues de procédés destinées à représenter les scénarios d'accidents à la base des études de dangers. Ce qu'explique cet ingénieur HSE de la raffinerie de Feyzin, particulièrement concerné par cette contrainte :

> Lorsqu'on a commencé à parler de prescrire les PPRT, l'administration nous a demandé de réviser en urgence toutes nos études de dangers. C'est-à-dire tout notre calendrier qui était fait à 5 ans, on nous a demandé de tout accélérer pour tout réviser en même temps pour 2006. Il n'y a pas de secret, réviser une étude de dangers c'est plus de 18 mois. Pour réviser une étude de dangers, on fait une analyse des risques. Une analyse des risques, c'est fait avec des méthodes très complexes. Nous, par exemple, on parle d'HAZOP[113]. Pour le vapocraqueur par exemple, ça représente environ 50 jours de réunion. 50 jours de réunion ! Des réunions qui réunissent des personnes uniques dans l'organisation. Systématiquement, vous aurez par exemple le contremaître d'exploitation de l'unité. Et ces personnes-là, elles sont uniques dans une raffinerie. C'est-à-dire que pour réaliser l'analyse des risques du vapocraqueur, il faut 50 jours de travail du contremaître d'exploitation de l'unité. Ramené aux 210 jours qu'il travaille par an, c'est quand même énorme. Et tout ça multiplié par le nombre d'étude de dangers. Surtout qu'on ne peut pas dire qu'on ne fait que ça et qu'on arrête tout le reste. Donc c'est vraiment très lourd. Et là, on nous demande de tout réviser au pas de course en moins d'un an.

Les établissements qui, comme les raffineries, exploitent plusieurs installations sur un même site sont dans le même temps limités par les coûts associés à cet important programme de révision, ainsi que par la faible capacité des consultants et bureaux d'étude auxquels ils ont l'habitude de recourir pour orchestrer la réalisation de ces études et procéder à certains calculs[114]. Confrontés à ces problèmes structurels, les exploitants

---

[113] HAZOP, acronyme de HAZard (danger) et OPerability (fonctionnement), est une méthode de revue systématique réalisée en groupe de travail qui permet d'identifier et de caractériser les dysfonctionnements possibles d'un procédé. Cette méthode fait partie des plus utilisées par les industries chimiques, pharmaceutiques et pétrolières, notamment lors de la conception de nouvelles installations, la modification ou revue d'une installation existante (Colmellère, 2014).

[114] Peu nombreux sur ce marché de niche, les bureaux d'étude ont des ressources limitées pour accomplir le saut de compétences exigé par l'application de la

ont alors beaucoup de mal à répondre aux demandes des services d'inspection et à s'engager sur des échéanciers précis de remise de leurs études de dangers converties au format probabiliste. Ce que confirme ce chef de pôle risques qui, à l'époque, est en discussion avec la plupart de ses interlocuteurs industriels :

> Notre principal problème, c'est l'inadéquation complète, ou quasi complète, entre l'échéance fixée pour l'élaboration des PPRT et les délais nécessaires pour mettre à jour les études de dangers. C'est complètement inarticulé au plan administratif. J'entends par là qu'on est toujours dans un système de mise à jour quinquennale des études de dangers au titre de l'arrêté Seveso... Autrement dit, c'est au terme de ces révisions quinquennales, réglementairement, que les industriels doivent remettre des études conformes aux nouveaux dispositifs. Et ces révisions quinquennales ne tombent pas nécessairement de façon cohérente avec les échéances des PPRT. Ça c'est quand même un problème. Quand on dit que le PPRT de Trifouilli sera fait en 2007, à supposer que ce soit possible, ben les études de danger de Trifouilli, elles ne tombent pas toutes en révision quinquennale en 2006. Donc on en est réduit à les faire au cas par cas ces articulations. Et en ce moment on discute pied à pied avec chaque industriel pour essayer de les convaincre... Je dis bien essayer parce qu'ils ne sont pas formellement obligés ! Donc on négocie. Et on y passe un temps fou... J'ai encore écrit au ministère hier par mail pour les tenir au courant... On passe un temps fou à négocier pied à pied avec chaque industriel sur des échéanciers de mise à jour d'études de dangers. C'est un travail considérable.

Dans la plupart des régions, plusieurs mois de discussion sont ainsi nécessaires pour définir des échéanciers de mise en œuvre à peu près supportables par les exploitants et lancer, de façon concrète, la révision des premières études de dangers. Pour l'agglomération lyonnaise par exemple, les échéanciers de remise négociés par la DRIRE Rhône-Alpes s'échelonnent sur un peu plus de deux ans (de mi-2006 à fin 2008), de façon à niveler la charge pesant sur les établissements concernés et leur permettre de compléter correctement les études existantes. Dans ce contexte, la mise en œuvre de la nouvelle réglementation est donc très progressive, jusqu'à ce que les premiers retours des exploitants révèlent de nouvelles complications liées cette fois au caractère imprécis, ambigu

---

réglementation issue de la loi de 2003. Bien que soutenue par la création de formations ministérielles spécifiques, leur mise à niveau technique et réglementaire va dans ces conditions prendre plusieurs années.

et discutable de bon nombre de dispositions réglementaires devant s'appliquer localement.

3.1.3. L'affirmation du caractère lacunaire de la réglementation principale

De façon comparable aux expérimentations de 2004, la mise en œuvre constitue un test de validité à grande échelle de l'ensemble des instructions réglementaires qui encadrent le travail des acteurs de terrain chargés de réviser les études de dangers, d'appliquer la circulaire MMR et de sélectionner les données d'entrée des PPRT. En se territorialisant, le cadre normatif est en effet soumis à une multiplicité d'épreuves non anticipées qui, par effet de répétition, finissent par révéler toutes les zones d'ombre, les failles et les imprécisions qui compliquent, voire empêchent, sa déclinaison locale. Impossibles à percevoir avant d'entrer dans le concret de la mise en œuvre, les défauts et les manques de la nouvelle réglementation commencent à émerger courant 2006, au moment où les exploitants rendent les premières études de dangers converties au format probabiliste. L'exercice, qui vise un examen plus approfondi des potentialités accidentelles, de leurs effets et des moyens de les contenir, nécessite en effet de mettre en forme beaucoup d'informations nouvelles selon des méthodes et des instructions techniques qui ne sont pas toujours assez détaillées et/ou précises pour s'appliquer de façon univoque, c'est-à-dire sans discussion. Confrontés au flou de certaines de ces orientations, les exploitants chargés de procéder aux analyses de risques et les services d'inspection censés les valider se trouvent alors face à d'innombrables questions auxquelles ils ont beaucoup de mal à répondre de façon consensuelle. Ce dont témoigne par exemple ce chef de pôle risques au cours d'un entretien réalisé courant 2007, près d'un an après le début de la mise en œuvre de la nouvelle réglementation :

> Le constat qu'on fait, c'est qu'on va vers un approfondissement des études de dangers. On le voit au volume des dossiers qui sont remis. De ce point de vue, on est passé d'études de dangers volume v à des études de dangers volume 2v. Bon, c'est certainement un peu réducteur de le présenter comme ça, mais tout ce qui est sorti de la loi de 2003 nous oblige quand même à aller beaucoup plus dans le détail qu'avant. C'est le positionnement de toutes les barrières de sécurité qui s'intercalent dans le déroulement d'un scénario. Mais on n'en est qu'au début. Manifestement, on n'en est qu'au début, parce qu'il y a encore beaucoup de travail à conduire au plan méthodologique

> pour qu'on puisse vraiment avancer. Parce qu'en l'état actuel, il y a encore plein de questions qui se posent. Il y a plein de points sur lesquels il faut qu'on progresse : le choix des initiateurs, la cotation des événements redoutés centraux (ERC), le calcul des probabilités des événements finaux. Tout ça, ce sont des trucs qui sont encore mal cernés aujourd'hui.

Ces « trucs mal cernés », dont parle cet inspecteur de terrain, désignent précisément toutes les nouvelles règles de fabrication des études de dangers qui s'avèrent d'application difficile, parce qu'ambiguës, incomplètes, voire contradictoires entre elles. Dans cette période, ces « trucs mal cernés » font également référence aux instructions techniques qui se prêtent plus que d'autres à des lectures différenciées et alimentent de ce fait d'interminables discussions entre exploitants et services d'inspection. Un autre inspecteur évoque les difficultés qu'il rencontre pour clôturer les procédures d'examen des études de dangers dont il a la charge à ce moment-là :

> Dans les clôtures, on est à 10 % de nos objectifs. Alors pourquoi ? Bon, il y a plusieurs raisons... D'abord, parce que les exploitants ne nous fournissent pas les choses aussi rapidement qu'on le voudrait. Ensuite, on se rend compte que quand les exploitants nous rendent des choses, ça ne nous convient pas. Donc on en redemande. Et on a beaucoup de mal à conclure. C'est une difficulté. En ce moment, c'est une difficulté qu'on a avec les raffineries par exemple. Parce qu'ils ne nous font pas les bonnes propositions en matière de mesures de maîtrise du risque. Ou la méthodologie employée n'est pas celle qui est préconisée au niveau national. Donc on fait des allers-retours. Et ça, c'est vraiment la difficulté du moment. On a vraiment du mal à clôturer, même si on peut imaginer que lorsque tout le monde parlera à peu près le même langage, ça ira un peu plus vite. Sauf qu'on doit faire des PPRT et qu'on est un peu pressé par les événements.

Concrètement, ces écarts d'appréciation surgissent à toutes les étapes des analyses des risques qui viennent compléter les études existantes. Lors de l'évaluation préliminaire des risques par exemple, les textes recommandent de réaliser un inventaire exhaustif et de n'ignorer aucun scénario d'accident[115], mais comment être sûr que tous les phénomènes ont été pris en compte ? Jusqu'où faut-il aller dans cette exploration ? A partir de quelle proportion d'accidents étudiés peut-on considérer avoir

---

[115] D'après l'arrêté du 29 septembre 2005 modifiant l'arrêté du 10 mai 2000 modifié relatif à la prévention des accidents majeurs impliquant des substances ou des préparations dangereuses présentes dans certaines catégories d'installations classées pour la protection de l'environnement soumises à autorisation.

raisonnablement couvert toutes les possibilités ? Des questions semblables se posent également aux étapes suivantes, lors de la décomposition des scénarios en arbres de causes et d'événements, du positionnement des barrières dans ces arborescences, ou bien de l'estimation du taux de défaillance de ces mesures de réduction des risques à la source. Une discussion, observée lors d'un exercice de lecture collective d'une analyse des risques à la DRIRE Rhône-Alpes, illustre ces limites d'applicabilité des textes supposés cadrer la conversion probabiliste des études de dangers :

> Après avoir examiné les chaînes d'événements reportées dans le nœud papillon, les participants s'intéressent aux barrières positionnées sur les arbres de causes et d'événements, en amont et en aval de l'événement redouté central (ERC).
>
> Rapidement la discussion porte sur la notion d'efficacité attachée à ces mesures de maîtrise des risques. La question se pose notamment de savoir comment qualifier cette efficacité : « Que signifie précisément que telle ou telle barrière est efficace à 100 % ? », se demande un des agents.
>
> Pour tenter de répondre à cette question, les participants s'intéressent à une soupape de sécurité, positionnée sur la partie amont du scénario étudié. Chacun y va alors de son interprétation, la confrontation des points de vue dessinant au bout du compte deux conclusions possibles.
>
> Pour les uns, la réponse est que la soupape s'ouvre assurément à la pression pour laquelle elle est configurée. Pour les autres, cela signifie plutôt que son ouverture permet à coup sûr d'éviter l'accident étudié. Mais dans ce cas, faut-il valider le 100 % ? Ou faut-il suivre cet autre agent qui aurait plutôt tendance à pondérer cet indice de confiance, dans la mesure où « il doit bien exister des cas où la soupape s'ouvre effectivement mais n'est pas en mesure par sa capacité de faire suffisamment baisser la pression pour éviter l'éclatement de la colonne ».
>
> A la suite de cette remarque, la discussion glisse vers un sujet connexe, à savoir les écarts possibles entre l'efficacité affichée des barrières et la réalité de leur fonctionnement. Un inspecteur donne alors l'exemple, maintes fois constaté, de soupapes tarées pour s'ouvrir à une pression donnée, mais qui en réalité s'ouvre à des pressions inférieures ou supérieures. Son voisin s'interroge : « Comment, dans ces conditions, juger de la capacité de la barrière à remplir la fonction pour laquelle elle a été configurée ? »
>
> Après un long silence, le chef de pôle conclut : « De façon arbitraire ! Je ne vois pas trop comment faire autrement… »[116]

[116] Compte-rendu d'une observation réalisée à la DRIRE Rhône-Alpes en septembre 2006.

La quantification de la gravité est une autre opération qui contribue à révéler le caractère lacunaire de la nouvelle réglementation. Sur ce point, l'arrêté PIGC se contente en effet d'indiquer que cette mesure « résulte de la combinaison en un point de l'espace de l'intensité des effets d'un phénomène dangereux [...] et de la vulnérabilité des personnes potentiellement exposées à ces effets, en tenant compte, le cas échéant, des mesures constructives visant à protéger les personnes contre certains effets et de la possibilité de mise à l'abri des personnes en cas d'accident si la cinétique de l'accident le permet[117] ». Un tableau de correspondance est bien fourni pour aider à la définition du niveau de gravité en fonction de l'intensité du phénomène considéré et du nombre de personnes exposées (*cf.* encadré 12), mais aucune instruction ne dit comment caractériser ces personnes exposées (sont-ce les résidents permanents ? les personnels des entreprises riveraines ? les usagers réguliers ? les usagers occasionnels ? tout ou partie de ces différentes catégories ?) et surtout, comment les comptabiliser (combien de personnes vaut un pavillon ? un immeuble de trois étages ? faut-il tenir compte du trafic routier et ferroviaire quand une route ou une voie de chemin de fer borde le site ?). Pas suffisamment précise, la règle est alors prétexte à toutes sortes de débats entre les exploitants, plutôt partisans d'une conception restrictive des populations exposées (dans la mesure où leur nombre conditionne en cascade la gravité du scénario, sa criticité et, le cas échéant, le volume de mesures de réduction des risques à la source à mettre en œuvre au bout du compte), et les services d'inspection, plus enclins aux décisions conservatoires (c'est-à-dire garantissant un maximum de sécurité en toutes circonstances).

[117] *Cf.* article 10 de l'arrêté du 29 septembre 2005 relatif à l'évaluation et à la prise en compte de la probabilitéd'occurrence, de la cinétique, de l'intensité des effets et de la gravité des conséquences des accidents potentiels dans les études de dangers des installations classées soumises à autorisation

Encadré 12 L'échelle d'appréciation de la gravité prescrite par l'arrêté PIGC de septembre 2005

NIVEAU DE GRAVITÉ des conséquences	ZONE DÉLIMITÉE PAR LE SEUIL des effets létaux significatifs	ZONE DÉLIMITÉE PAR LE SEUIL des effets létaux	ZONE DÉLIMITÉE PAR LE SEUIL des effets irréversibles sur la vie humaine
Désastreux.	Plus de 10 personnes exposées (1).	Plus de 100 personnes exposées.	Plus de 1 000 personnes exposées.
Catastrophique.	Moins de 10 personnes exposées.	Entre 10 et 100 personnes.	Entre 100 et 1 000 personnes exposées.
Important.	Au plus 1 personne exposée.	Entre 1 et 10 personnes exposées.	Entre 10 et 100 personnes exposées.
Sérieux.	Aucune personne exposée.	Au plus 1 personne exposée.	Moins de 10 personnes exposées.
Modéré.	Pas de zone de létalité hors de l'établissement		Présence humaine exposée à des effets irréversibles inférieure à « une personne ».

(1) Personne exposée : en tenant compte le cas échéant des mesures constructives visant à protéger les personnes contre certains effets et la possibilité de mise à l'abri des personnes en cas d'occurrence d'un phénomène dangereux si la cinétique de ce dernier et de la propagation de ses effets le permettent.

Des débats similaires sont également suscités par la règle de sélection des données d'entrée du PPRT (le « filtre à la probabilité » évoqué plus haut), dont l'application conduit à mettre en compétition des enjeux réglementaires, sécuritaires, économiques et technologiques. On le sait bien, la quantification des risques ne peut jamais s'envisager comme un acte techniquement pur. Elle est toujours en partie conditionnée par des considérations sociales et politiques (Dagiral et al., 2016). Dans le cas qui nous intéresse ici, la dimension non strictement technique de l'opération de quantification vient de ce que la mise en nombre agit directement sur le dimensionnement des actions préventives et par suite, sur les coûts induits pour l'exploitant[118]. Pour chaque scénario étudié, les industriels ont donc tendance à envisager les répercussions possibles sur les zonages PPRT et, selon le résultat de cette projection, à rechercher les éléments de présentation susceptibles de garantir le meilleur résultat sur le plan financier et sur le plan de la sécurité. Pour procéder à ces « réglages », l'exploitant dispose de plusieurs leviers. Il peut jouer sur la qualification des

[118] La réglementation, qui instaure un principe de correspondance entre la quantification des risques et les types d'action préventive, crée un lien direct entre l'étude de dangers et les mesures foncières à mettre en œuvre. En effet, plus les phénomènes éligibles sont nombreux et plus les effets qu'ils génèrent sont intenses, plus les secteurs concernés par les mesures du PPRT sont étendus et plus les coûts de la prévention sont élevés.

phénomènes dangereux (en modifiant les récits constitutifs des scénarios d'accidents), sur la quantification de ces risques (en ajoutant des barrières ou en révisant certains modes de calcul), ainsi que sur le dimensionnement et la qualification des mesures de maîtrise des risques[119]. Tout l'enjeu de la révision des études de dangers consiste alors à trouver la configuration optimale, à justifier techniquement la position de chacun des curseurs et convaincre ensuite l'autorité de contrôle du bien-fondé de ces « réglages » vis-à-vis de la nouvelle réglementation. Ainsi ce représentant industriel d'une plate-forme chimique de la région Rhône-Alpes qui présente la façon de procéder pour minimiser les coûts directs :

> Maintenant que la prévention peut passer par des mesures d'expropriation ou de délaissement, on ne raisonne plus pareil. Parce qu'on a des cas où le seuil des effets létaux significatifs nous amène à tracer des zones PPRT qui impactent la moitié de la ville. Si derrière il faut exproprier, c'est gênant. On cherche donc à retravailler sur le terme source. On essaye de voir quels sont les scénarios qui conditionnent cette mesure d'expropriation et dans quelle mesure on ne peut pas les exclure du calcul de l'aléa, en ajoutant par exemple des barrières de sécurité, un détecteur, une vanne, etc. On étudie à quelles conditions cette exclusion peut être envisagée, si on sait le faire techniquement, ce que ça coûte et si c'est supportable pour l'entreprise.

De son côté, l'inspecteur doit juger de la conformité de ces analyses avec les textes à disposition, examiner la recevabilité des arguments justifiant les options retenues par l'exploitant et enfin, s'assurer que les mesures proposées conduiront effectivement à réduire les risques dans les proportions annoncées. Mais en l'absence d'instructions claires pour l'aider dans ces appréciations, il lui est souvent difficile de conclure cette lecture critique par un jugement ferme sur les propositions d'exclusion qui lui sont soumises. Comme l'explique cet inspecteur, la solution est alors de revenir vers l'exploitant pour l'inciter à exposer le plus clairement possible sa stratégie jusqu'à ce qu'un accord se dessine sur la façon d'appliquer la règle :

---

[119] La qualification des mesures de réduction des risques à la source constitue également un enjeu financier, puisque les mesures simples et complémentaires, qui résultent de l'étude de dangers et de la démarche de maîtrise des risques, sont entièrement à la charge de l'exploitant, alors que les mesures supplémentaires prévues par le PPRT peuvent donner lieu à un financement tripartite de l'exploitant à l'origine du risque, de l'État et des collectivités locales concernées.

> L'étude de dangers fournit des points de dialogue avec l'exploitant concernant le choix des phénomènes, l'estimation de l'intensité, les conditions de modélisation, les seuils de toxicité, la probabilité, son estimation, le choix des phénomènes à faible probabilité qui pourront être exclus du PPRT. Pour faire l'évaluation, on a une grille de lecture qui fait 5 ou 6 pages et qui permet de vérifier que le séisme a bien été traité, que le vent est envisagé avec une vitesse de 3 m/s conformément aux textes, toutes sortes de questions qu'on doit examiner. Il faut aussi vérifier que l'agrégation des phénomènes (c'est un problème important de savoir si on prend toutes sortes de petits phénomènes ou seulement les gros) a été traitée de manière logique et non de manière biaisée pour passer à travers de telle ou telle contrainte. Parce qu'il y a moyen. Un industriel qui réfléchit bien peut arriver à influencer les zones d'effets selon la façon dont il présente les choses dans son étude de dangers. Nous, ce qu'on veut, c'est que le travail soit fait honnêtement, de manière conventionnelle, comparable d'un site à un autre et ainsi de suite. Il n'y a pas de vérité, dans ces choses-là.

Qu'il s'agisse d'inventorier les scénarios d'accidents, de les représenter sous forme de nœuds papillon, de les coter en probabilité, de quantifier leur intensité ou leur gravité, ou comme ici, de s'accorder sur leurs usages, la mise en œuvre du nouveau règlement laisse finalement les acteurs concernés devant un grand nombre de situations indécidables, qu'ils n'arrivent pas à trancher faute d'avoir pu, comme l'explique le dernier enquêté, redéfinir collectivement les conventions qui, en temps normal, leur permettent justement de ne pas s'empêtrer dans ces débats sans fin. Agissant comme des normes secondaires d'application, ces conventions consistent en des accords plus ou moins formalisés qui se juxtaposent ou se substituent aux normes principales pour faciliter leur application (Lascoumes, 1993). Le flou qui résulte de l'ambiguïté ou du manque de précision des textes est alors compensé par l'entente préalable qui lie les différentes parties engagées dans la décision à prendre. Une fois établies et reconnues de façon unanime, les conventions permettent de traiter les problèmes génériques que les acteurs de la sécurité industrielle croisent en continu dans leurs interventions : autoriser l'exécution de travaux de maintenance dans telles circonstances, fixer l'indice de fiabilité de telle barrière dans telles conditions d'exploitation, définir la surface de section de telle canalisation rompue par l'explosion de tel appareil, déterminer le taux de remplissage de tel stockage au moment de sa mise à feu, etc. Elles évitent des recherches de causalité trop longues et permettent des choix systématiques et standardisés, le plus souvent sans discussion. Les conventions régissent ainsi nombre de décisions, dans tous les domaines de production de la sécurité industrielle. Il en existe de très locales, qui valent entre opérateurs d'un même atelier ou entre responsables de la sécurité et exploitants au sein d'une même usine. D'autres, comme celles qui nous intéressent ici, engagent les représentants industriels et les inspecteurs des installations classées en charge de la révision des études de dangers. Ainsi ce chef de pôle risques, interrogé courant 2007 :

> Avant, on se contentait de savoir jusqu'à combien de centaines de mètres ça pouvait tuer des gens. Maintenant on prétend savoir en plus tous les combiens ça va arriver. Tout ça, ça entraîne la création de conventions, de conventions énormes en volume, de plus en plus détaillées, parce qu'à chaque fois qu'on est face à une situation concrète, on se rend compte que la convention qui a été élaborée le mois d'avant est dans une cote mal taillée, et ainsi de suite… donc le ministère est très réactif, réfléchit aux choses, donne des précisions, par lettre à telle ou telle DRIRE, ou bien par circulaire. Il y a aussi beaucoup de choses qui passent par les réunions, qui ont lieu tous les deux mois, des correspondants risques.

Comme le souligne cet enquêté, la plus grande partie des conventions qui doivent se réinventer dans cette période de changement ne relève pas seulement du local et du colloque singulier qui unit, sur chaque site, l'exploitant à son inspecteur référent. Leur définition engage également une partie des échelons hiérarchiques des groupes industriels concernés (principalement les directions des sites, les directions de branche et les services centraux en charge de la sécurité), les fédérations patronales qui produisent des guides et des instructions techniques pour tous les adhérents qui n'ont pas les ressources suffisantes pour disposer de leurs propres méthodes, et bien évidemment, les services centraux du Ministère de l'environnement (le Bureau des risques et les niveaux supérieurs de la DPPR) qui continuent de jouer leur rôle d'autorité régulatrice. Les problèmes de mise en œuvre ne sont donc pas la propriété exclusive des acteurs de terrain. Ils concernent tout autant les acteurs centraux qui sont sollicités en continu pour donner des précisions, produire les arbitrages nécessaires et procéder, à chaque fois que la réglementation fait problème, à l'établissement de « doctrines » qui auront ensuite valeur de conventions pour l'ensemble des parties prenantes. La mise en œuvre de la nouvelle réglementation ne se joue donc pas uniquement dans les territoires d'application, elle s'opère également au niveau central, dans le petit cercle des représentants sectoriels à l'origine de la réforme et dans un certain nombre de structures d'échange spécialement créées pour produire des compléments réglementaires et aider les acteurs locaux à résorber les situations de blocage qui les empêchent d'avancer dans l'exécution du programme de révision des études de dangers et d'élaboration des PPRT.

3.2. La mise à contribution des *GT sectoriels*

Dans le cadre des politiques réglementaires, l'influence des metteurs en œuvre sur les normes principales est souvent présentée comme une donnée d'évidence (Mégie, 2004). Les conditions dans lesquelles s'opèrent ces effets de rétroaction demeurent cependant peu analysées. Les travaux qui s'intéressent à ces questions préfèrent en effet adopter d'autres points de vue : soit ils privilégient une approche par le haut pour montrer comment les perturbations et facteurs de distorsion enregistrés dans le cours de la mise en œuvre poussent les autorités normatives à réaménager le contenu des politiques publiques dont elles ont la charge (Surel, 1997 ; Charbonneau, Padioleau, 1980) ; soit ils se placent au ras du sol pour envisager la façon dont les agents de base usent de leur pouvoir discrétionnaire pour modifier le sens des décisions ou des règlements qu'ils sont chargés d'appliquer (Dubois, 2013). Les *GT sectoriels*, que le Ministère de l'environnement réactive à partir de 2005 pour réinventer le monde des conventions de la prévention des risques industriels, offrent quant à eux un point de vue intermédiaire entre ces deux approches. Ni tout à fait en haut, ni tout à fait en bas, mais quelque part entre ces deux niveaux, ces structures d'échange montrent par leur activité et leurs productions que les effets de rétroaction sur la réglementation principale sont beaucoup moins le fait d'interventions dissociées des acteurs centraux et/ou de leurs homologues de terrain, que le résultat d'actions coordonnées associant l'ensemble de ces parties prenantes.

3.2.1. Des espaces de coordination associant le centre et la périphérie

Dans le domaine des risques industriels, les *GT sectoriels* sont des groupes de travail pérennes qui sont régulièrement mis à contribution, pour résoudre des problèmes spécifiques à certains types d'installations ou décliner des textes réglementaires de portée générale dans les différents champs professionnels qui structurent le secteur de l'industrie chimique et pétrolière (chlore, ammoniac, chimie fine, gaz de pétrole liquéfié, liquides inflammables, raffinage, pyrotechnie, etc.). A chacun de ces sous-secteurs est associé un GT spécifique qui fonctionne en tant que de besoin, la plupart du temps pour produire des guides techniques et des notes de doctrine. Sollicités au printemps 2004 pour aider à l'écriture de l'arrêté PIGC, ces *GT sectoriels* sont à nouveau appelés en renfort courant 2006 pour résoudre les problèmes spécifiques des acteurs de terrain et contribuer avec eux à la définition des conventions et éléments de doctrine indispensables à la mise en œuvre de la nouvelle réglementation.

Entre l'automne 2006 et le printemps 2007, une grosse dizaine de *GT sectoriels* est ainsi sollicitée pour accompagner la mise en œuvre de la nouvelle réglementation. De taille réduite (entre dix et vingt personnes), ces groupes de travail sont le plus souvent quadripartites. Outre un ou deux représentants du Bureau des risques, ils comprennent des inspecteurs de terrain thématiques (c'est-à-dire chargés d'instruire des études de dangers en rapport avec le champ professionnel concerné), des représentants de la profession désignés parmi les groupes industriels du sous-secteur, les syndicats sectoriels compétents[120] et/ou les fédérations patronales (UIC et UFIP), et enfin, les principaux experts du secteur, dont l'INERIS, l'IRSN et diverses sociétés d'ingénierie spécialisées sur les questions de sécurité industrielle. Comme au *GT méthodologie des études de dangers*, les grands groupes y sont directement représentés par un ou plusieurs membres dirigeants de leurs divisions sécurité (parfois secondés d'ingénieurs HSE travaillant sur site) et indirectement par les permanents des syndicats professionnels supposés porter les intérêts de l'ensemble de la profession, notamment ceux des entreprises de taille plus modeste qui n'accèdent pas directement à ces espaces de coordination.

Le *GT Chlore* illustre parfaitement l'organisation fonctionnelle de ces *GT sectoriels* et la façon dont ils mettent en relation les acteurs de terrain chargés des opérations de mise en œuvre avec les représentants sectoriels du niveau central (*cf.* encadré 13). Jouant le rôle d'interface entre le centre de décision ministériel et les principaux sites chloriers concernés par la nouvelle réglementation, ce groupe de travail permet d'un côté de coordonner l'action des tous les acteurs administratifs impliqués en permettant des échanges continus entre les services d'inspection des principales régions d'implantation de la chimie du chlore d'une part

---

[120] Les syndicats sectoriels sont les unités de base des fédérations patronales de la chimie et du pétrole. L'UIC est ainsi composée de quinze syndicats sectoriels représentant chaque grande famille de produits de la chimie (chimie minérale, gaz comprimés, détergents, plastiques, fertilisants, etc.).

(Haute-Normandie, Lorraine, Aquitaine, Franche-Comté, Rhône-Alpes et Provence-Alpes-Côte d'Azur), entre l'ensemble de ces unités fonctionnelles et leurs interlocuteurs thématiques du Bureau des risques d'autre part (ces relations, qui connectent verticalement le niveau central aux différents territoires d'application et horizontalement les territoires d'application entre eux, sont représentées en pointillés longs et gris dans le schéma de l'encadré 13).

Encadré 13 L'organisation fonctionnelle du *GT Chlore*

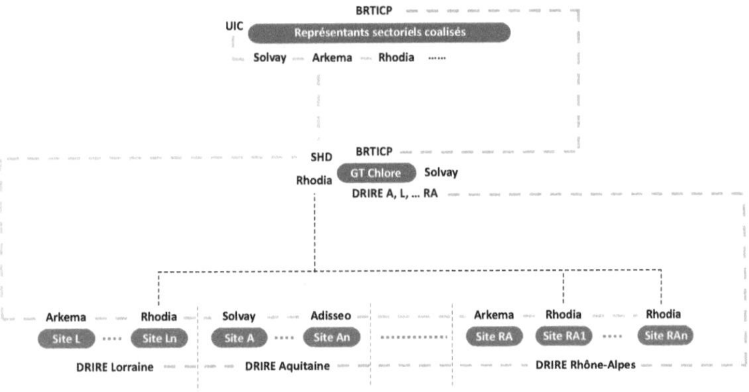

De la même manière, l'instance crée des liens directs entre les implantations locales des principaux chloriers (Solvay, Rhodia, Arkema, etc.) dans les différentes régions représentées, les représentants *corporate* de ces mêmes entreprises et les organisations professionnelles correspondantes, c'est-à-dire ici le Syndicat des halogènes et dérivés (SHD)[121] et l'UIC dont il dépend (pointillés fins-noirs et longs-bleus dans le schéma de l'encadré 14). En connectant tous ces acteurs et en permettant des échanges croisés à chaque niveau et entre niveaux, le *GT Chlore* permet finalement de partager l'ensemble des problèmes de mise en œuvre rencontrés dans

[121] Depuis, le SHD a fusionné avec la chambre syndicale des Émaux, pigments et sels et oxydes métalliques (EPSOM) et le Syndicat de la chimie minérale (SCM) pour former l'Association des entreprises de la chimie minérale (ADECHIM) qui continue d'assurer la représentation de ce sous-secteur au sein de l'UIC devenue France Chimie.

ce sous-secteur et, dans le même temps, d'élaborer des solutions adaptées aux attentes et besoin de chacun, sur tous les sites d'application.

Mis à contribution au même moment, le *GT Raffinage* est un autre *GT sectoriel* très actif durant cette période. Conçu sur le même modèle (*cf.* encadré 14), il connecte lui aussi l'ensemble des parties prenantes en charge de l'exploitation et du contrôle des raffineries aux niveaux central et local : le Bureau des risques, les services d'inspection des régions d'implantation du raffinage (Haute-Normandie, Nord-Pas-de-Calais, Ile-de-France, Pays-de-Loire, Alsace, Rhône-Alpes et Provence-Alpes-Côte d'Azur), des représentants des grands groupes gestionnaires de ces implantations locales (Esso, Shell et Total, auxquels s'ajoute Ineos après le rachat de la raffinerie de Lavéra dans les Bouches-du-Rhône) et le permanent *ad hoc* de l'UFIP.

Encadré 14 L'organisation fonctionnelle du *GT Raffinage*

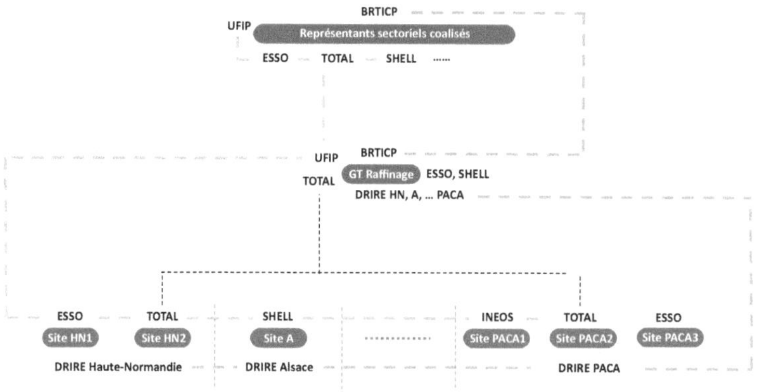

Fonctionnant en parallèle, la dizaine de *GT sectoriels* mis à contribution par le Bureau des risques forme donc une structure multidimensionnelle associant, dans un même espace relationnel, les acteurs centraux impliqués dans la mise en œuvre de la nouvelle réglementation, les représentants sous-sectoriels chargés de suivre les chantiers correspondants dans chacun des champs professionnels concernés et enfin, l'ensemble des metteurs en œuvre locaux qui, sur tous les sites d'application sollicités, travaillent conjointement à la révision des études de dangers, à l'application de la circulaire MMR et à la sélection des données d'entrée des PPRT (*cf.* encadré 15). Comme le suggère la diversité des liens fonctionnels reportés sur le schéma simplifié présenté dans cet encadré, cette structure entièrement dédiée à la production de doctrine crée la possibilité de très nombreux échanges, à la fois dans le sens vertical (entre la base et le sommet) et dans le sens horizontal (entre les acteurs de chaque niveau). Autrement dit, elle fonctionne comme une organisation matricielle qui permet des conciliations multiples, en interne à chaque sous-secteur représenté, mais également entre sous-secteurs (par l'intermédiaire du niveau central) et entre territoires de mise en œuvre (par le biais du niveau local).

Encadré 15 Schéma simplifié de la structure complète des *GT sectoriels*

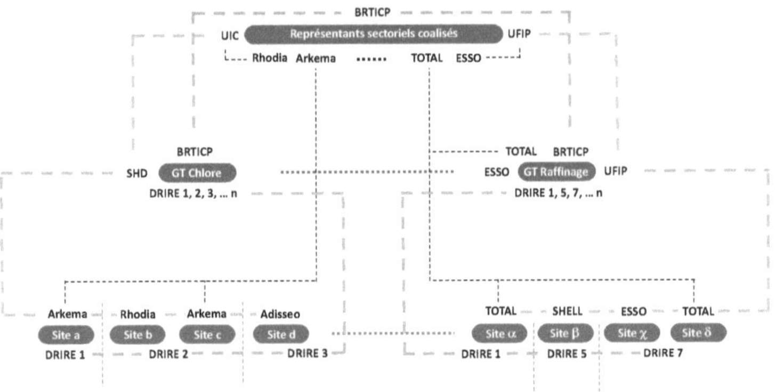

3.2.2. Des espaces de conciliations croisées

Fonctionnant avec une petite dizaine d'agents, le Bureau des risques n'a clairement pas les ressources ni les capacités logistiques suffisantes pour piloter en direct l'ensemble des *GT sectoriels* qu'il sollicite pour aider à la mise en œuvre de la nouvelle réglementation. Ses agents participent à la plupart des réunions dans leur domaine de spécialité, mais ils n'assurent ni le secrétariat, ni l'animation de ces groupes de travail. Pour chacun des GT, cette fonction de pilotage est assurée par les services régionaux qui, dans le cadre d'un mandat préétabli avec leurs interlocuteurs d'administration centrale, s'occupent de sélectionner les participants, de convoquer les réunions, de définir les ordres du jour, de faire les comptes rendus et *in fine*, de mettre en forme les éléments de doctrine qui constitueront au terme de leur mission la base des textes destinés à compléter la réglementation principale. Interrogé sur ce principe de délégation, le chef du Bureau des risques de l'époque ajoute que l'objectif n'est pas seulement de mieux répartir la charge entre services administratifs, mais également de gagner en efficacité en associant davantage les acteurs de terrain au processus de production normative :

> Les services régionaux, ce qu'on leur demande à ce moment-là, c'est de vivre en réseau, de s'organiser en petits sous-ensembles, dans le cadre des *GT sectoriels*. Et quand un volontaire se manifeste pour prendre le pilotage, on se met d'accord sur une lettre de mission, signée par le DPPR, qui confie au DRIRE (le directeur régional) cette mission de coordination à caractère national. C'est-à-dire que là, les services-pilotes ont une mission à caractère national à la fois de coordination et d'harmonisation de la profession par secteur. Ils sont chargés de préparer de la doctrine. Mais ils n'ont pas de pouvoir de décision. Ils ont juste un pouvoir d'élaboration, de concertation, de proposition. Il n'y a pas de délégation de pouvoir ou de signature du DPPR. En revanche, il y a une sorte de transfert d'un travail qui, en général, est plutôt fait par le Bureau des risques. Et ce n'est pas qu'une question de charge de travail. Enfin, il y a aussi ça, mais ce n'est pas le motif premier. L'objectif premier, c'est d'éviter un système où l'administration centrale élabore une doctrine déconnectée du terrain entre guillemets, la publie et attend ensuite qu'elle s'applique pour mesurer les écarts et éventuellement la corriger. Parce que ce cycle, il est beaucoup trop long : c'est trois à dix ans suivant les textes. Donc, ça ne va pas du tout. Ce n'est pas du tout adapté à la réflexion dont on a besoin à ce moment-là. Et puis ça ne correspond pas au mode de fonctionnement le plus efficace.

En s'appuyant sur le réseau des DRIRE, le Bureau des risques prend finalement le contrôle d'une imposante structure organisationnelle qui lui permet, avec quelques agents seulement, de répondre de façon coordonnée à tous les services d'inspection et exploitants industriels en attente de solutions pour avancer dans la mise en œuvre, dans chacun des sous-secteurs d'activité concernés et, de façon plus transversale, sur chacun des territoires d'application sollicités. Les acteurs d'administration centrale peuvent ainsi répondre en flux tendu à toutes les demandes à mesure qu'elles remontent du terrain, via les réseaux internes des entreprises et des syndicats professionnels et/ou les chaînes de transmission administratives qui lient les inspecteurs de terrain au Bureau des risques. En faisant circuler les problèmes de bas en haut et les solutions de haut en bas, ils créent également des possibilités de médiations multiples, entre les services d'inspection et les acteurs industriels bien sûr, mais également entre les entreprises concernées pour qui l'appartenance à un même secteur et/ou sous-secteur n'implique pas nécessairement une convergence de vue sur la façon de détailler la réglementation principale. Qu'il s'agisse de contribuer à l'écriture des textes d'application de la loi ou de produire de la doctrine pour faciliter leur mise en œuvre, les motivations des grands groupes industriels restent inchangées : à partir du moment où la règle est en mesure d'interférer avec les positions qu'ils occupent sur les marchés (par les coûts qu'elle engendre notamment), leur principal enjeu est de veiller à ce que son contenu soit le moins défavorable possible, sachant que dans la plupart des cas, les partenaires avec lesquels ils sont censés faire équipe pour atteindre ce résultat sont aussi leurs principaux concurrents. Investissant les *GT sectoriels* comme des espaces de conciliation, mais aussi de compétition économique, ils sont alors conduits à jouer en même temps sur plusieurs registres : un registre individuel (manœuvrer pour faire correspondre la doctrine à leurs propres standards), un registre corporatiste (faire bloc pour peser dans le rapport de force avec l'administration) et un registre collectif (jouer malgré tout le jeu de la coordination pour ne pas bloquer le processus de mise en œuvre). Un représentant du Bureau des risques témoigne de ces jeux subtils, souvent difficiles à décrypter, qu'il observe à l'époque aux réunions du *GT raffinage* :

> Avec les raffineurs, c'est un peu compliqué. Il y a déjà le fait que c'est un monde de requins. Ils ont parfois du mal à discuter entre eux. Il y a aussi le fait qu'on a affaire à de grandes multinationales qui ont développé des méthodes maison auxquelles elles tiennent beaucoup. Je pense par exemple à Exxon, à Esso... Parfois, on a des débats avec eux qui nous font penser qu'ils ne sont pas toujours de bonne foi... Mais je pense qu'ils sont quand même de bonne foi quand ils défendent des standards groupe qui sont imposés par leur siège aux États-Unis et qu'ils n'ont pas envie d'en dévier beaucoup. Shell, par exemple, a un vrai standard de sécurité interne, un vrai référentiel, ou Total... alors Total était plutôt en train de tout reconstruire à ce moment-là. Total nous a dit clairement : « À la limite, je veux bien faire ce que vous voulez à partir du moment où vous me le dites clairement et assez vite. Nous, on remet tout à plat suite à l'accident d'AZF donc on est prêt à s'orienter comme vous le voulez. Mais dites-nous comment ». Donc Total n'était pas le plus combatif. Dans les réunions internes aux raffineurs, secrètes, auxquelles on n'avait pas accès, ils étaient tellement en désaccord entre eux qu'après, ils venaient nous voir individuellement les uns après les autres pour essayer de faire pencher la balance de leur côté. Voilà... Il n'y

a pas que de la mauvaise foi ou de la mauvaise entente, il y a aussi le fait que quand on appartient à un grand groupe international qui a ses propres standards de sécurité, qui sont pensés et réfléchis, qui paraissent intelligents et qui sont ancrés dans la culture des gens, on a du mal à accepter, au titre d'un front uni contre la petite administration du petit pays de la France, de renoncer à des standards groupe qui valent à l'échelle de la planète.

Si les *GT sectoriels* concourent globalement à la médiation des intérêts industriels, ils ont aussi vocation à coordonner l'intervention des services d'inspection, par domaine de spécialités et, en même temps, sur tous les sujets qui font problème de façon transversale. Dans l'organisation prescrite par le Bureau des risques, chacun des groupes de travail fonctionne en effet selon deux modalités combinées : en formation restreinte, pour cantonner les échanges aux seuls représentants de l'administration, et en formation plénière, pour permettre la confrontation de tous les points de vue. Après quelques séances préparatoires consacrées à son organisation et à la définition de ses objectifs, le *GT raffinage* prend ainsi l'habitude de se retrouver à chaque réunion dans les deux configurations : en formation réduite le matin, en plénière l'après-midi. Moins systématique dans son fonctionnement, le *GT chlore* se réunit quant à lui par séquences, une série de plénières portées vers les échanges interprofessionnels alternant avec un moment d'entre-soi administratif pour faire le point sur les travaux en cours et, le cas échéant, les réorienter. Le format n'est donc pas toujours le même, mais la partie « club » dédiée aux échanges thématiques entre inspecteurs et représentants du Bureau des risques existe dans tous les cas. Promu par la DPPR, ce schéma vise également le développement d'un fonctionnement plus collégial dans les pratiques de l'inspection, dans le prolongement de la création des *pôles risques* dans les directions régionales et de la constitution du réseau national des correspondants risques évoqué plus haut. Dans les trois cas, l'objectif visé est le même : contribuer au partage des connaissances, faire profiter à chacun des expériences individuelles accumulées, compenser l'imprécision des données manipulées et l'absence de certitude sur les décisions à prendre par la constitution d'un savoir professionnel collectif permettant de faire face à toutes les situations. Un inspecteur de terrain partage ainsi son expérience du dispositif d'ensemble et du groupe de travail auquel il participe à l'époque :

Ça permet d'avoir toujours quelqu'un avec qui discuter. Pour se faire une opinion. Par exemple, sur les niveaux de fiabilité qu'on peut attendre de tel type d'actionneur ou de tel détecteur utilisé par les industriels du secteur.

> Parce qu'en général, on n'est pas du tout persuadé qu'on a atteint la vérité et que les chiffres une fois corrigés par la DRIRE, pour la probabilité ou la fréquence, sont corrects. De toute façon, c'est en dehors de toute vérification expérimentale. Pour le moment. Peut-être que d'ici trente ans, s'ils continuent à approfondir, il y aura des bases de données beaucoup plus fiables. Aujourd'hui, ce qui nous manque c'est une base de données sur les défaillances individuelles des matériels. Les pompes, les détecteurs, etc. Ça existe dans le nucléaire. On a un système, dans les centrales nucléaires, qui fonctionne depuis le début, qui fonctionne aussi aux États-Unis : chaque fois qu'un boulon se grippe, c'est remonté dans la base de données informatique. Du coup, on peut calculer des taux de fiabilité sur le risque de grippage des boulons dans telles et telles circonstances. On peut faire des taux de défaillance sur tous les matériels. On peut faire des calculs sur une base solide. Alors que pour le moment, en risques industriels, ils n'ont pas cette base solide. Je dis « ils » parce que c'est bien aux industriels de se doter de telles bases. Et au fil du temps, ça les amènera peut-être à éliminer tel ou tel type de capteur, tel modèle, tel fabricant. Des choses comme ça. Ce seront aussi des progrès physiques. Pas seulement pour avoir le plaisir d'avoir des idées sur des événements qui peuvent arriver tous les milliards d'années.

Vue depuis l'administration centrale, la mise en réseau des inspecteurs via les *GT sectoriels* est aussi un moyen efficace de compenser l'avantage que les exploitants tirent de la confection des études de dangers et de la possibilité qui leur est ainsi donnée, non seulement de choisir les méthodes et les outils d'analyse, mais également d'effectuer le tri dans la multiplicité des causes et conséquences possibles pour distinguer les entités utiles à la prévention de celles qui ne le sont pas (ou qui le sont moins). Comme l'expliquait ce chef de pôle risques cité un peu plus haut, « un industriel qui réfléchit bien peut arriver à influencer les zones d'effets selon la façon dont il présente les choses dans son étude de dangers ». La mise en commun des expériences de terrain au sein des GT sectoriels permet alors de contrebalancer ce pouvoir de figuration des exploitants, de vérifier que chacun d'eux a bien mené son analyse des risques dans l'esprit de la réglementation et de tendre ainsi vers une relative homogénéité des décisions conditionnées par l'étude de dangers. Ce qu'indique cet autre chef de pôle risques :

> Les GT sont des endroits où on discute, où on compare des choses, où on se fait petit à petit une idée. Et à la fin, je suis persuadé que le wagon d'ammoniac qui se balade d'une usine à l'autre il aura bien les mêmes cercles de danger avec les mêmes probabilités partout. Ce qu'on pouvait craindre au début, c'est qu'entre deux industriels, ils nous servent une version complètement différente.

Pour résumer, deux fonctions principales peuvent donc être associées à ces groupes de travail. La première est de produire des espaces d'échange et de médiation entre représentants sectoriels et représentants territoriaux pour solutionner de façon efficace les problèmes de mise en œuvre et garantir, dans le même temps, un traitement équitable et uniforme des assujettis industriels, par sous-secteur d'activité, mais également par région et par site. La seconde, qui tient à la position d'interface de ces espaces de coordination, est de permettre au petit groupe de représentants en charge de la réforme de rester en prise avec la production de doctrine, de garder ainsi le contrôle des opérations de mise en œuvre et de continuer à décider, au-delà des grands objectifs définis par les textes d'application de la loi, de la meilleure façon de concrétiser le changement. Car même s'ils ne pilotent pas directement les groupes de travail qu'ils supervisent, ils conservent malgré tout la capacité de définir les agendas, d'orienter les échanges, de contrôler le contenu des produits de sortie (modèles génériques de nœuds papillon, fiches techniques de description des phénomènes dangereux, notices explicatives des principes de modélisation, etc.), de suivre en temps réel l'appropriation de ces conventions par les acteurs de terrain, et enfin, de rassembler ces éléments épars pour mettre en forme les textes (courriers, notes de doctrine et circulaires) qui, entre 2005 et 2009, sont progressivement ajoutés à la réglementation principale. Très actifs dans les séquences précédentes d'écriture de la loi et de mise en règlement, les acteurs programmatiques à l'origine de la réforme de l'étude de dangers sont donc toujours en première ligne dans cette dernière phase destinée à finaliser le travail de production réglementaire.

3.3. La finalisation de la réforme de l'étude de dangers

De façon comparable aux expérimentations de 2004, la production des éléments de doctrine nécessaires à la réalisation complète de la réforme de l'étude de dangers correspond à un moment d'intense coopération entre les représentants sectoriels évoluant au niveau central et les acteurs de terrain chargés des opérations de mise en œuvre. Mais si les contextes locaux sont à nouveau sollicités pour aider à la concrétisation du changement, ce n'est pas, comme la fois précédente, pour arbitrer les débats du *GT méthodologie des études de dangers*. Dans cette séquence ultime du processus réformateur, les territoires sont davantage convoqués comme espaces de mise en visibilité des problèmes d'application et comme ressources d'élaboration des solutions susceptibles de favoriser la mise en œuvre de la réglementation principale. Par le biais des *GT sectoriels*, les acteurs centraux attendent en effet des acteurs de terrain qu'ils partagent leurs expériences concrètes de mise en œuvre, pour mieux cerner les obstacles qu'ils rencontrent dans l'action, mais également qu'ils testent et valident en temps réel les éléments de doctrine qu'ils contribuent à élaborer en référence à ces difficultés. Procédant par allers-retours entre le centre et l'ensemble des contextes locaux sollicités, l'élaboration de ces compléments réglementaires s'apparente alors aux « boucles étranges » mises en évidence par les juristes (Ost, Van de Kerchove, 1987), c'est-à-dire un mode de production du droit fondé sur une logique circulaire, qui conduit *in fine* à formaliser les réponses concrètes identifiées et apportées par les metteurs en œuvre.

3.3.1. La production de doctrine à l'intersection du secteur et du territoire

Pour rendre compte de cette conception à rebours de la fabrication du droit et montrer comment les situations locales contribuent à l'élaboration des compléments réglementaires destinés à finaliser la réforme de l'étude de dangers, on propose de s'immerger dans le *GT raffinage* qui, pendant deux ans (fin 2005 à fin 2007), travaille à préciser les règles de l'évaluation préliminaire des risques dans le domaine des raffineries. Très régulier dans son fonctionnement (15 réunions sur la période), le groupe se fixe d'abord sur les usages possibles de l'accidentologie pour identifier les scénarios d'accident à prendre en compte dans les nouvelles études de dangers[122]. Portée par les acteurs de terrain, la demande faite au GT est de mettre en forme une règle précisant le nombre et les caractéristiques

[122] L'accidentologie, ou phénoménologie, est une activité de la prévention des risques industriels qui consiste à inventorier et documenter, sous forme de répertoires ou de bases de données, les événements accidentels qui se produisent par type d'installation. Depuis les années 1980, de tels inventaires peuvent être constitués par des entreprises, des groupements professionnels comme le GESIP (base VICTOR) et des services administratifs comme le bureau d'analyse des risques et pollutions industriels (BARPI) du ministère de l'environnement (base ARIA). Certaines revues professionnelles, comme *Préventique*, *Face au Risque* et *Contrôle*, proposent également des éléments d'information concernant des incidents, des accidents majeurs et des catastrophes survenus un peu partout dans le monde (Dechy et al., 2010).

des phénomènes dangereux qui sont à étudier en détail à l'étape 5 de la procédure (selon le schéma présenté dans l'encadré 10). Une première piste de travail est alors explorée par le groupe : elle consiste à produire des listes-type d'événements par installation (vapocraqueur, unité de distillation, parc de stockages, etc.), de façon à donner un contenu précis au critère d'exhaustivité des analyses probabilistes que la réglementation principale n'a pas pris soin de définir. La normalisation de telles listes vise alors un double objectif : d'une part, faciliter l'action des metteurs en œuvre en leur évitant des débats sans fin sur le nombre et la qualité des phénomènes dangereux à prendre en compte, et d'autre part, assurer une égalité de traitement entre les exploitants en leur permettant de travailler à la réduction des risques sur des bases identiques (sachant que la façon de constituer ces inventaires a des effets mécaniques sur les investissements de sécurité à planifier à la dernière étape de l'étude de dangers).

À partir de fin 2005, le sujet est à l'ordre du jour de toutes les réunions du GT. En s'appuyant sur les données de l'accidentologie et les connaissances pratiques des exploitants et des inspecteurs, les participants travaillent notamment à recenser et classer, par type d'installation, les accidents possibles, les causes et conséquences associées, ainsi que les mesures de sécurité usuellement prescrites pour contenir ces événements. Plutôt constructives, ces discussions laissent cependant apparaître une divergence de vue sur la quantité de « phénomènes dangereux représentatifs » à retenir pour chaque installation : alors que les inspecteurs chargés du suivi des raffineries militent pour que tous les possibles soient envisagés, y compris ceux qui ne sont pas « statistiquement significatifs », les exploitants et représentants industriels proposent au contraire des listes plus restrictives, réduites aux événements les plus courants, conformément à leur approche *risk-based* de la prévention[123]. Ces deux conceptions de l'évaluation préliminaire des risques s'affrontent notamment dans une réunion centrée sur les causes de ces accidents possibles et leur distribution selon les caractéristiques des installations considérées. Alors que les inspecteurs prennent position pour une recherche approfondie des événements initiateurs sur l'ensemble des installations considérées, de façon à faire porter les analyses de risques (et partant, les mesures de réduction

---

[123] Pour rappel, les approches *risk-based* s'attachent moins à la prise en compte exhaustive des risques qu'à l'optimisation des moyens de prévention mis en œuvre par un ciblage sélectif des dangers les plus importants et/ou les plus critiques du point de vue de l'autorité décisionnaire.

des risques à la source) partout où elles pourraient contribuer à la fiabilisation des installations, le bloc des industriels, par la voie du représentant de la direction sécurité industrielle de Total, défend de son côté l'idée d'une utilisation sélective de ces mêmes causes, en fonction de l'installation considérée, de ses caractéristiques et de sa capacité à produire les différents types d'accidents dans une proportion donnée. Cet extrait du compte-rendu de la réunion montre comment la discussion conduit à mettre en forme ces deux perspectives concurrentes :

> [L'inspecteur de la DRIRE PACA] présente une synthèse sur des origines d'accidents trouvées dans la base ARIA et les études de dangers, faisant apparaître des causes principales sur lesquelles il souhaite que le groupe travaille pour sortir des recommandations.
>
> [Le représentant de la direction sécurité industrielle de Total] ne souhaite pas faire un catalogue *ex abrupto* des mesures, mais présente un exemple de causes d'incidents concernant l'unité HDS de Feyzin, les données étant issues de bases de données diverses (API, Concawe...). C'est d'après les données de ces bases que Total a listé les phénomènes redoutés dans l'unité considérée, puis recherché les causes possibles de ces phénomènes. [...] La probabilité est souvent difficile à évaluer, en particulier en ce qui concerne les causes. Celles-ci servent surtout à conforter les ordres de grandeur des probabilités des évènements évaluées par d'autres méthodes (issues de bases de données génériques pour Total).
>
> [Le représentant du Bureau des risques] rappelle qu'il est important de vérifier qu'on a bien d'abord une liste exhaustive des phénomènes, puis des causes. [...]
>
> [L'inspecteur de la DRIRE PACA] précise qu'il faut également se préoccuper des potentiels de danger, et non pas seulement des phénomènes dangereux déjà observés. L'approche d'analyse des risques sur la seule base du retour d'expérience n'est pas suffisante, il est également nécessaire d'avoir une approche systémique du risque. Il précise également que cette démarche doit s'appliquer aux causes potentielles vraisemblables et non pas uniquement à celles déjà apparues.
>
> [Le représentant de direction sécurité industrielle de Total] donne un exemple concernant la « proportion » dans le cas de l'inflammation d'un nuage de gaz, selon le type d'unité : par exemple pour une unité HDS elle est de l'ordre de 2 % alors qu'elle est de l'ordre de 50 % dans le cas d'une unité FCC. Il pense que l'objectif n'est pas de partir sur de la théorie, mais de se caler au plus près de la réalité du terrain, par rapport à des installations qui se ressemblent. L'analyse de risques doit s'attacher à démontrer que telle conséquence potentielle (déjà rencontrée) à partir de telle cause potentielle est « concrète ». Il considère qu'établir la liste des phénomènes dangereux va

à l'encontre du progrès apporté par la démarche RBI (*risk-based inspection*). Il souhaiterait que le GT travaille sur une accidentologie-type par unité[124].

Si dans cet échange, les pétroliers défendent l'idée de listes-types cantonnant l'analyse des risques à une petite quantité de phénomènes dangereux représentatifs, c'est avant tout parce que l'alignement de la réglementation sur cette approche *risk-based* qu'ils privilégient en interne est une source potentielle d'économies (en termes d'études notamment). Mais c'est aussi parce qu'une doctrine prônant la recherche d'exhaustivité pourrait les mettre en difficulté vis-à-vis de deux dispositions réglementaires qui, dans leur principe, conduisent à proportionner les objectifs de prévention au nombre de scénarios d'accidents pris en compte dans l'étude de dangers. La première de ces règles, instaurée par la circulaire MMR, postule que plus de cinq scénarios affectés à une même case « MMR rang 2 » de la matrice (*cf.* encadré 11) se transforment automatiquement en un accident dans une case « NON », soit l'obligation pour l'établissement concerné de prévoir des mesures complémentaires de maîtrise des risques qu'il aurait pu s'éviter si le nombre de scénarios était resté inférieur ou égal à cinq dans ladite case. Face à cette règle, un exploitant qui fait figurer un grand nombre de phénomènes dangereux dans son étude de dangers augmente donc statistiquement le risque de saturer les cases « MMR rang 2 » de sa matrice et d'alourdir, au final, la facture de sa démarche de maîtrise des risques, voire de remettre en cause son existence s'il n'est pas en mesure de satisfaire aux obligations de la circulaire[125]. En faisant le choix de la quantité, il faudra aussi que cet exploitant compte avec les effets induits sur le PPRT. Car comme l'explique cet inspecteur, le principe de fabrication des aléas, par cumul des classes de probabilités des phénomènes dangereux, procède sensiblement de la même manière que la règle dite des « 5 MMR rang 2 valant NON » :

> Avec cette règle de cumul, la représentation du risque dépend fondamentalement du nombre de phénomènes dangereux que l'on identifie. Et ce nombre, il a quand même un caractère extrêmement conventionnel, parce qu'une installation, c'est une infinité de malheur qui peut lui arriver. Le nombre des accidents possibles est par nature illimité. C'est un continuum

---

[124] Compte rendu de la réunion plénière du *GT raffinage* du 12 décembre 2005 (Archives du bureau des risques de la DGPR).

[125] Le texte indique en effet que, dans ce cas, le préfet peut demander la fermeture de l'établissement.

en fait, les accidents qui peuvent arriver. Et dans ce continuum, l'exercice consiste à trouver un certain nombre d'accidents, une « palette de phénomènes » comme disent les textes, qui sont représentatifs de ce qui peut arriver sur l'installation considérée. Le problème, c'est que la coloration de la carte d'aléas que l'on va tracer ensuite dépend de ce nombre. Donc, on voit bien que si… Enfin imaginons pour faire simple que sur telle usine, l'exploitant et l'inspecteur des installations classées fixent la palette de manière un peu macro à huit événements ou dix événements et que sur telle autre usine, les mêmes travaillent un peu plus finement et fixent la palette à cent, et bien la carte des aléas au final, elle change de couleur d'un ordre de grandeur. Donc on se retrouve avec deux sites qui, pour la simple raison qu'on a choisi de zoomer plus ou moins fin sur le nombre d'accidents qui peuvent se produire, vont générer des contraintes différentes. Et le paradoxe, c'est que plus on aura zoomé, plus on aura joué fin dans l'analyse des risques, plus on va noircir la carte, plus ça va générer des mesures de réduction de la vulnérabilité et plus on va faire gonfler la note à la fin.

Valant particulièrement dans le sous-secteur du raffinage, ce paradoxe explique la position défensive des représentants de l'UFIP et des groupes pétroliers vis-à-vis des listes-types défendues par les représentants locaux des DRIRE. Car lorsque ces derniers proposent d'élargir à son maximum le champ d'investigation de l'étude de dangers en dotant les acteurs de terrain d'inventaires exhaustifs de phénomènes dangereux, les premiers voient surtout les conséquences en bout de chaîne, en termes de mesures complémentaires de réduction des risques à la source et de contribution au financement des mesures PPRT. A l'inventaire exhaustif comme ressource de pouvoir s'oppose l'inventaire exhaustif comme risque économique. Ainsi ce représentant de TOTAL qui, lors d'une réunion de mars 2006, s'inquiètent ouvertement « du nombre des phénomènes à représenter, du fait des règles de cumul pour les cartes d'aléas », ajoutant dans le même temps « que les exploitants sont indirectement incités à réduire ce nombre[126] ».

Convenant également que cette règle de cumul ne permettra pas la définition de listes-types exhaustives, le groupe des inspecteurs se range finalement à l'avis des représentants industriels et propose, à la suite de cette réunion de mars 2006, de réorienter le travail en cours pour tendre, non plus vers des recensements complets de phénomènes dangereux par

[126] Compte rendu de la réunion plénière du *GT raffinage* du 1er mars 2006 (Archives du bureau des risques de la DGPR).

installation, mais vers des inventaires plus réduits de « scénarios attendus *a minima* », définis de façon générique, par type d'équipement (colonne de distillation, canalisation, échangeur, conteneur mobile, réseau torches et soupapes, réservoir de stockage). Le chef du pôle risques de la DRIRE Rhône-Alpes, qui suit à l'époque les discussions du *GT raffinage* par l'intermédiaire d'un agent de son unité, explique le principe de ces listes normées d'accidents à élaborer par équipement :

> L'idée c'était quand même de favoriser une analyse des risques plus détaillée. Parce que ça permettait à l'inspection d'avoir un regard plus acéré sur les dispositions à prendre sur tel ou tel élément, plutôt que de travailler de manière macro comme on le faisait avant. Aujourd'hui, on ne va plus s'intéresser au stockage en général, on va s'intéresser à tous les réservoirs de stockage, toutes les canalisations, etc. On a un regard plus fin. Alors le problème, c'est que le regard plus fin qu'on adopte se traduit mécaniquement par une carte des aléas plus colorée. Et ça, c'est un très gros problème, soulevé par les industriels. D'où l'idée, portée par l'inspection, de revenir à une certaine forme de déterminisme et de demander au groupe de travail de normaliser la liste des accidents par équipement.

Une première version de ces listes par équipement, conçue en amont par les inspecteurs membres du groupe, est débattue à la réunion plénière de juillet 2006. Bien préparés de part et d'autre, ces échanges permettent d'identifier plusieurs accords possibles, concernant par exemple la mise à l'écart de certains phénomènes (ruptures de pompes, événements sur les fours, etc.) ou la prise en compte des évènements les plus sévères comme les ruptures de réservoirs qui « sont attendus dans les études de dangers, surtout pour montrer que la question a été posée et que la probabilité est et reste faible par un suivi approprié[127] ». La portée normative des listes fait cependant problème, les représentants industriels rappelant que dans l'esprit de la réglementation principale, l'identification des phénomènes dangereux ne peut se limiter à une *check-list*, mais doit au contraire résulter d'une analyse préalable des risques qui, seule, permet de prendre en compte les spécificités de chaque installation. La remarque, réitérée à plusieurs reprises, est finalement inscrite en préambule du compte-rendu de la réunion, mais la crainte qu'une telle convention signe le retour implicite des *scénarios de référence* et porte en elle le risque d'aboutir à

[127] Compte rendu de la réunion plénière du *GT raffinage* du 4 juillet 2006 (Archives du bureau des risques de la DGPR).

des prescriptions standards non adaptées aux réalités différenciées des sites d'exploitation conduit finalement les représentants de l'UFIP et des groupes pétroliers à refuser en bloc le principe de ces listes et, devant l'incompréhension et l'insistance des inspecteurs, à décider de se retirer collectivement du groupe de travail.

En partie scénarisé, ce « claquement de porte » nous ramène brusquement à l'objet du chapitre précédent, c'est-à-dire ces contextes d'action propres au secteur des risques industriels qui mêlent les situations de conflit et de coopération en toute normalité, sans que l'un des deux états ne soit vraiment en mesure de compromettre l'autre dans la durée. Ce qui signifie que dans la situation étudiée, le clash des industriels doit avant tout s'envisager comme l'expression d'une forme de normalité. Pour le dire autrement, cet *exit* ne constitue pas une déclaration de guerre, mais plutôt la traduction concrète de ces jeux relationnels ambigus qui, par moments, privilégient la mise en commun des ressources au profit du collectif et à d'autres moments, penchent vers des usages plus individualisés de ces mêmes ressources pour tenter d'orienter la décision dans un sens favorable à l'intérêt particulier de tel ou tel. Dans la configuration du *GT raffinage*, la décision des industriels de claquer la porte à ce moment précis participe finalement de cet « équilibre de la terreur » dont nous parle le chef du Bureau des risques de l'époque à propos de ses relations avec les représentants industriels :

> Alors là où les cartes sont truquées, c'est que la relation est dissymétrique. Les industriels savent des choses qu'on ne sait pas. Et à l'inverse, l'avantage côté administration, c'est qu'on a un pouvoir de réglementation qu'ils n'ont pas vis-à-vis de nous. Ça maintient l'équilibre de la terreur, mais... Ça maintient aussi une suspicion réciproque permanente. C'est-à-dire que l'industriel se dit en permanence : « Je ne vais rien lâcher parce que si je lâche epsilon on va m'en remettre une couche ». Et l'administration de l'autre côté a tendance aussi à dire : « Ouh, la, la, de toute façon il me cache tout, il peut certainement faire beaucoup mieux, donc pour l'obliger à révéler son jeu, je vais lui mettre une pression supplémentaire ».

Dans le cas du *GT raffinage*, l'*exit* collectif des représentants industriels est donc davantage tactique que significatif d'une volonté de rupture définitive. L'objectif est avant tout de mettre la pression sur les acteurs administratifs du groupe. Ce désengagement momentané leur permet en outre de prendre le temps de consolider une stratégie collective vis-à-vis de la règle des « 5 MMR rang 2 valant NON », pour revenir ensuite vers l'administration avec l'avantage d'une position plus unifiée sur le sujet[128]. D'ailleurs, le fait d'avoir quitté le *GT raffinage* n'empêche pas l'UFIP et les représentants des groupes pétroliers de continuer à participer à d'autres groupes de travail (le *GT GPL* par exemple), de maintenir une ligne directe avec le Bureau des risques et de poursuivre les discussions dans le cadre des réunions bilatérales qui leur sont régulièrement proposées. Durant toute la période où le *GT raffinage* fonctionne sans ses représentants industriels (juillet 2006 à juillet 2007), plusieurs rencontres sont ainsi organisées entre le Bureau des risques et les deux principales entreprises concernées (Total et Esso) pour continuer à échanger sur la révision des études de dangers et tenter d'esquisser des solutions au problème posé par l'application de la circulaire MMR, notamment la règle des « 5 MMR rang 2 valant NON », sur leurs différents sites d'implantation. Le chef du pôle risques de la DRIRE Rhône-Alpes, présent à une de ces bilatérales avec Total, détaille le cadre et les apports de ces échanges menés en marge du *GT raffinage* :

> Il y a eu une réunion avec Total, à Paris, avec le staff du groupe, le staff du Ministère de l'environnement, tous les directeurs régionaux et tous les chefs de division concernés. Et donc, on a fait un exposé sur le cas de Feyzin. Il y avait une quarantaine de personnes. On a exposé le cas en montrant ce que ça donnait quand on transposait les résultats des études de dangers révisées de la raffinerie dans la matrice MMR. Alors on a fait des calculs simples en disant qu'un scénario qui impacte 50 mètres d'autoroute, c'est 100 personnes exposées. Cent personnes aux effets létaux, c'est un NON. Et des scénarios qui prennent 50 mètres de l'autoroute aux effets létaux, à la raffinerie, il y en a… Je ne sais pas… Il y en a plein. Donc on a exposé tout ça. Bien sûr au ministère, ils n'ont pas découvert le problème. On avait préparé avant. Et pour finir, le DPPR a dit… Enfin il ne l'a pas dit exactement comme ça, mais en gros ça voulait dire : « Soit on s'affranchit de la règle, soit on change la règle ». Voilà. En gros, il a acté qu'il fallait changer la règle.

Ce signal d'ouverture de l'administration, qui témoigne d'une volonté de conciliation, est en fait le déclencheur qui rend possible le retour des représentants industriels au *GT raffinage*, désormais missionné pour

---

[128] Cette règle, qui proportionne les mesures de maîtrise des risques à la gravité des scénarios des accidents, donc au nombre de personnes susceptibles d'être atteintes, pénalise surtout les groupes qui exploitent des installations à proximité immédiate de quartiers densément urbanisés et/ou de voies de transport très usitées. C'est le cas notamment de Total avec ses raffineries de Donges, traversée en son cœur par la voie de chemin de fer Nantes-Saint-Nazaire, de Feyzin, mitoyenne de l'autoroute A7 et du quartier des Razes, et de la Mède qui borde le village du même nom.

discuter de cet ajustement de la règle. Réunis en formation « club » au printemps 2007, les inspecteurs du raffinage s'occupent alors de redéfinir les orientations du groupe de travail afin d'organiser au mieux la réintégration de leurs interlocuteurs industriels. Les comptes rendus de ces réunions préparatoires détaillent ainsi les nouveaux objectifs du groupe de travail : préparer un courrier aux raffineurs « faisant bien ressortir le virage du GT » ; reprendre le travail d'identification des « éléments attendus dans les études de dangers » en remettant en avant le rôle de l'analyse des risques (soit en clair l'abandon des *check-list*) ; donner plus de place à la résolution des problèmes concrets rencontrés par les exploitants ; et enfin, tendre au plus vite vers une solution consensuelle pour l'application de la circulaire MMR aux raffineries.

Désormais conçue en objectif prioritaire du GT, la redéfinition de la règle des « 5 MMR rang 2 valant NON » se discute durant l'automne 2007, jusqu'à la mise en forme d'une possibilité de compromis reposant sur trois principes complémentaires : 1) un principe d'agrégation permettant de faire apparaître dans la matrice MMR une même famille de scénarios d'accidents par l'intermédiaire d'un seul de ses représentants (de façon à réduire les possibilités de saturation des cases « MMR rang 2 ») ; 2) un principe d'exception pour les scénarios dont la probabilité reste inchangée lorsqu'on fait abstraction de la barrière la plus fiable (de façon à limiter les ajouts de mesures complémentaires) ; et enfin, 3) un principe de délégation au PPRT pour toutes les situations non résolues au stade de l'évaluation par l'inspection de la démarche de maîtrise des risques de l'exploitant (ces trois principes sont détaillés dans l'encadré 16).

Encadré 16 La règle des « 5 MMR rang 2 équivalant à NON » dans sa version remaniée de 2010

Principe d'agrégation (d'après la circulaire du 10 mai 2010) : Afin d'évaluer le niveau de maîtrise des risques d'un établissement industriel, vous pourrez considérer comme acceptable la proposition d'un exploitant d'agréger des accidents semblables. La gravité sera alors évaluée sur la base de la courbe enveloppe des différents effets et la probabilité sera considérée comme la somme des probabilités des différents accidents, puis convertie en classe de probabilité. Par exemple, dans le cas de deux BLEVE générés par deux sphères de propane de fréquence f1 et f2, on pourra conserver l'accident agrégé ayant une zone d'effets correspondant à l'union des deux zones d'effets des BLEVE individuels et une classe de probabilité correspondant à la somme des fréquences f1 et f2. Par ailleurs, lorsqu'une telle option est choisie, c'est sur cette même base d'un phénomène dangereux « enveloppe » que sera réalisée la cartographie des aléas.

Principe d'exception (d'après la circulaire du 10 mai 2010) : Si le nombre total cumulé d'accidents situés dans l'ensemble des cases "MMR" pour l'ensemble de l'établissement est supérieur à 5, il faut considérer le risque global comme équivalent à un accident situé dans une case "NON" sauf si pour les accidents excédant ce nombre de 5, le niveau de probabilité de chaque accident est conservé dans sa même classe de probabilité lorsque, pour chacun des scénarios menant à cet accident, la probabilité de défaillance de la mesure de maîtrise des risques de plus haut niveau de confiance s'opposant à ce scénario est portée à 1. Ce critère est équivalent à considérer le niveau de confiance ramené à zéro pour ladite mesure de maîtrise des risques (parfois aussi appelée "barrière").

Principe de délégation (d'après l'annexe 1 du guide méthodologique PPRT) : La démarche MMR peut conduire à identifier l'incompatibilité d'une installation avec son environnement, malgré les dispositions prises pour réduire le risque à la source à un niveau aussi bas que possible à un niveau économiquement acceptable (mesures complémentaires), lorsque : un accident (ou plus) est positionné dans une case "NON" ; plus de cinq accidents sont positionnés dans une case "MMR rang 2". Les accidents identifiés présentent alors trop de conséquences à l'extérieur de l'établissement pour permettre à l'exploitant de poursuivre en l'état son activité. Dans ce cas, la fermeture de l'établissement peut être demandée selon les dispositions prévues par le code de l'environnement. Cependant, le PPRT peut quelque fois lever l'incompatibilité issue de l'appréciation menée au titre de cette démarche MMR : par la mise en œuvre de mesures foncières permettant de réduire la gravité d'un accident et donc de passer d'une case "NON" à une case "MMR rang 2", ou de descendre au-dessous du seuil des cinq cases "MMR rang 2"; par la mise en œuvre de mesures supplémentaires permettant de réduire les distances d'effet d'un phénomène dangereux et/ou sa probabilité ou de supprimer un phénomène dangereux. En conséquence, il est prévu de lancer la démarche PPRT à l'issue de cette appréciation pour obtenir des gains éventuels en termes de maîtrise des risques. Le PPRT, au-delà de son rôle dans la maîtrise de l'urbanisation, devient alors un outil contribuant à rendre compatible une installation et son environnement. Les inspecteurs des installations classées prendront alors en compte les modifications éventuelles apportées par le PPRT pour réévaluer la maîtrise des risques de l'établissement concerné.

Destinés à compléter la règle des « 5 MMR rang 2 valant NON » pour rendre la circulaire MMR applicable dans toutes les situations, ces trois éléments de doctrine constituent au final l'une des productions majeures du *GT raffinage* dans cette période. Mis en forme dans leurs versions définitives début 2008 à l'occasion d'ultimes échanges entre les membres du groupe de travail, ils sont ensuite présentés pour validation à la hiérarchie du Bureau des risques et aux états-majors des groupes pétroliers, avant d'être officiellement promulgués par l'intermédiaire d'une circulaire destinée à regrouper et synthétiser l'ensemble des productions des *GT sectoriels* (pour les principes d'agrégation et d'exception) et d'une annexe de la version actualisée du guide méthodologique PPRT du 5 janvier 2007 (pour le troisième principe de délégation).

Cet ajustement de la règle des « 5 MMR rang 2 valant NON », qui se présente au bout du compte comme le fruit de longues discussions entre les représentants sectoriels et territoriaux du raffinage, n'est pas seulement exemplaire de la contribution des *GT sectoriels* à l'écriture des compléments réglementaires nécessaires à la mise en œuvre de la loi. Ce travail collaboratif de production normative donne également à voir la façon dont les acteurs programmatiques à l'origine de la réforme de l'étude de dangers se chargent de concrétiser les changements qu'ils ont contribué à initier quelques années plus tôt. De ce point de vue, quatre constats ressortent assez nettement. Le premier est que ce petit groupe de représentants constitue une formation assez stable, dont la composition n'évolue quasiment pas entre le lancement de la réforme en 2002 et sa concrétisation en 2010. Sur cette période, seuls deux remplacements sont en effet à signaler : celui du chef du Bureau des risques en 2006, remplacé par un homologue du corps des Mines en provenance de la DRIRE Lorraine, et celui du directeur des affaires techniques de l'UIC, remplacé par un ancien d'Isochem (filiale de la SNPE). Le deuxième constat est qu'en dépit de la multiplicité des scènes et des acteurs engagés dans ces opérations de mise en œuvre, le Bureau des risques et ses partenaires industriels, représentants des grands groupes et permanents des fédérations patronales, restent au centre du jeu pour garder le contrôle de la production doctrinale et faire en sorte que la réforme dévie le moins possible des objectifs qu'ils poursuivent depuis le départ (le renforcement continu de la fiabilité des installations pour l'administration, la valorisation des fonctions de sécurité existantes pour les industriels). Le troisième constat est que dans ces conditions, l'élaboration de la règle continue de résulter de subtils jeux de pression, entre l'administration et les coalitions d'industriels qui lui font face, mais également entre les grands groupes qui ne perdent jamais de vue les intérêts propres qu'ils défendent au sein de ces coalitions. Enfin, le dernier constat concerne la finalité de la règle ainsi produite qui, par le niveau de détail qu'elle atteint au bout du compte, permet de résoudre les problèmes de mise en œuvre rencontrés par les acteurs de terrain et dans le même temps, de préserver les positions économiques des entreprises concernées sur les marchés dont elles dépendent. L'exemple du *GT raffinage* l'a parfaitement montré, l'enjeu de la production de doctrine dans cette période de mise en œuvre n'est pas seulement de continuer à détailler la règle pour permettre son application, mais également de garantir aux assujettis un traitement équitable qui ne fausse pas le jeu de la libre concurrence. Dans ce cas précis, les contributeurs industriels attendent en fait des services ministériels qu'ils se posent en arbitre du jeu économique, c'est-à-dire qu'ils assurent le maintien d'un équilibre d'ensemble du secteur par l'établissement d'un cadre normatif extrêmement précis qui limite les écarts d'appréciation et égalise au maximum les contraintes exercées sur les exploitants[129]. L'importance de l'enjeu explique alors l'intérêt porté par les états-majors industriels et les services centraux du ministère à l'élaboration de ces compléments réglementaires. Il explique également les investissements consentis de part et d'autre, en temps, en moyen et en énergie, pour stabiliser leur contenu. L'effet collatéral est la mise en forme, à la fin de l'histoire, d'un cadre normatif pléthorique que ces mêmes acteurs (et ceux qui les suivront dans ces fonctions) ne manqueront pas, par la suite, de critiquer pour son excès de détails et son manque de maniabilité.

3.3.2. La mise en forme d'un corpus réglementaire pléthorique

Après avoir zoomé sur le *GT raffinage* pour illustrer la façon dont se finalise la réforme de l'étude de dangers, on élargit maintenant le point de vue pour considérer ce processus de production doctrinale dans sa globalité, c'est-à-dire pour l'ensemble des sous-secteurs, depuis la sortie des textes d'application de la loi en 2005 jusqu'à la parution de l'arrêté et de la circulaire qui marquent symboliquement l'achèvement de la réforme de l'étude de dangers en 2010. Ce changement de perspective, qui suppose de prendre un peu de champ avec les activités concrètes d'écriture, est une autre façon de mettre en évidence la dynamique circulaire de la production doctrinale, c'est-à-dire le fait qu'elle procède par allers et retours continus entre le terrain et les lieux de formalisation de la règle. Ces « boucles étranges », qui invitent à rompre avec une perspective strictement séquentielle du droit (élaboration puis application) pour envisager en même temps la participation des acteurs locaux à la construction des normes générales, ont déjà été mises en évidence par Pierre Lascoumes dans ses travaux sur le droit des installations classées. Il en fait même un principe structurant de la normalisation juridique dans les secteurs de la lutte contre les pollutions et risques industriels : « C'est en effet en très grande partie l'état préexistant des normes secondaires territorialisées et leurs problèmes de mise en cohérence générale qui oriente le renouvellement des normes centrales. [...] Il y a dans ces secteurs une homologie particulière entre l'état des pratiques professionnelles et les

[129] Sur cette forme de droit, dit « de la régulation », qui s'applique préférentiellement aux secteurs économiques ouverts à la concurrence, voir (Chevallier, 2004).

cadrages politiques généraux énoncés par les décisions centrales. De plus ce contexte spécifique de mise en œuvre peut aussi être lu comme une dynamique constante de renouvellement de l'action publique : il s'agirait alors moins d'un aval de la décision politique que de l'amont de celles qui sont en devenir » (Lascoumes, 1999 : 195). Dans le cas particulier de la réforme de l'étude de dangers, ces « boucles étranges » résultent d'une connexion permanente entre l'application des textes au niveau local et la (re)définition des conventions au niveau national, jusqu'à qu'à ce que la doctrine ainsi mise en forme coïncide exactement avec les attentes de l'ensemble des parties prenantes.

Sur la séquence qui nous intéresse (2005–2010), trois boucles successives peuvent être mises en évidence. La première correspond au lancement du programme de révision des études de dangers sur la base des textes parus en 2005, à la remontée des problèmes génériques sur lesquels buttent d'emblée les acteurs locaux et à la production d'un premier ensemble d'éléments de doctrine supposé débloquer les opérations de mise en œuvre. La seconde boucle prend forme avec l'appropriation locale de ce premier paquet doctrinal, la poursuite du travail de révision des études de dangers, la mise en évidence de nouveaux problèmes, souvent plus spécifiques, leur prise en charge dans les *GT sectoriels* et enfin, l'établissement au coup par coup de nouveaux éléments de doctrine diffusés sous forme de circulaires, notes ou courriers du DPPR aux préfets et aux DRIRE. Enfin, la troisième boucle que l'on peut mettre en évidence achève le processus par la mise en cohérence dans une circulaire unique de cette immense littérature technico-réglementaire, conçue par sous-secteur, mais devant s'appliquer de façon uniforme à l'ensemble des ICPE concernées. Examinons chacune de ces boucles de façon plus précise.

La première, qui s'effectue sur un temps relativement court (un tout petit peu plus d'un an), est déclenchée par la mise à disposition des textes d'application de la loi et le lancement des différents chantiers de mise en œuvre. Les difficultés à engager la révision des études de dangers et les remontées de terrain qui convergent à ce moment-là pour signaler les multiples défauts d'applicabilité de la réglementation principale conduisent en effet le Bureau des risques à parer au plus pressé en engageant l'écriture d'un certain nombre de fiches techniques visant à clarifier le mode d'emploi des règles à l'origine des principaux blocages. Courant 2006, les agents ministériels travaillent ainsi à l'élaboration d'une méthodologie de comptage des personnes pour la mesure de la gravité des accidents, à la clarification des principes de figuration et de modélisation des phénomènes dangereux susceptibles de se produire sur des tuyauteries ou bien encore, à la détermination de critères d'appréciation des barrières fondées sur une intervention humaine. Dans le même temps, l'INERIS est sollicité pour rédiger une fiche pour la caractérisation et la modélisation des phénomènes de dispersion atmosphérique. Quant aux fiches restantes, elles sont issues du *GT méthodologie des études de dangers*, reconstitué fin 2005 pour actualiser le guide d'élaboration et de lecture des études de dangers de juin 2003, et du *GT GPL* qui finalise à ce moment-là des notes techniques dédiées à la caractérisation et à la modélisation des phénomènes d'UVCE et de BLEVE, deux accidents relativement communs qui concernent les stockages de liquides inflammables et de gaz liquéfiés.

Le chef du Bureau des risques de l'époque, tout juste arrivé dans le poste, explique que sa prise de fonction a justement coïncidé avec cette première phase de production doctrinale, qui se conclue par la compilation de l'ensemble des fiches techniques détaillées plus haut dans une circulaire d'une centaine de pages[130] :

> Quand je suis arrivé en 2006, c'était le bazar mais la faute à personne ! C'est normal, la loi date de 2003. Le temps de faire les décrets, l'expérimentation, c'est normal qu'en 2006 on en soit encore qu'au début. Mais c'était le bazar parce que les gens ne savaient pas exactement comment il fallait prendre en compte les probabilités et pour ceux qui avaient un peu d'expérience dans d'autres pays ou qui étaient capables de soumettre des propositions, ces propositions étaient divergentes entre elles. Donc les premières études de dangers pilotes que mon prédécesseur avait eu à gérer, ça partait dans tous les sens. [...] Donc il fallait qu'on stabilise une doctrine. Je suis arrivé en septembre 2006 et en décembre 2006 on a sorti cet énorme pavé de circulaires pour stabiliser la doctrine générale. Mais le diable est toujours dans le détail. Donc dans la foulée, on a fait travailler une bonne dizaine de groupes de travail sectoriels dont l'objectif était de vérifier qu'à usine donnée, on aurait les mêmes cartes et les mêmes risques étant entendu que les industriels présentent le même niveau de conception et de sécurité.

La diffusion aux acteurs de terrain de la circulaire de décembre 2006 marque le début du deuxième processus de rétroaction. Car comme

[130] Cette circulaire du 28 décembre 2006 est relative à la mise à disposition du guide d'élaboration et de lecture des études de dangers pour les établissements soumis à autorisation avec servitudes et des fiches d'application des textes réglementaires récents.

l'indique le chef du Bureau des risques de l'époque, la version actualisée du guide de juin 2003 et les huit fiches techniques qui l'accompagnent ne suffisent pas à fluidifier le travail des metteurs en œuvre. De nombreux problèmes, non couverts par ce premier ensemble de compléments réglementaires, restent en effet irrésolus[131], tandis que les instructions fournies, conçues en référence à des installations standardisées ou des sous-secteurs particuliers (le GPL notamment, concernant les fiches UVCE et BLEVE), suscitent autant de nouveaux débats qu'elles n'aident les acteurs locaux à trancher leurs différends et tenir les échéanciers de remise des études de dangers préalablement négociés. La parution de la circulaire de 2006 n'a donc pas vraiment d'incidence sur le flux des questions et des demandes qui continuent de remonter du terrain pour diffuser, selon leur origine, vers les *GT sectoriels* les plus appropriés à leur résolution. Un deuxième ensemble de compléments réglementaires est alors produit, pour progressivement réalimenter en solutions les acteurs locaux chargés de réviser les études de dangers. Ainsi cet autre représentant du Bureau des risques qui évoque des temps de réponse plus ou moins longs selon la complexité des sujets et le niveau de conflictualité des groupes de travail concernés :

> Ces *GT sectoriels*, on pensait qu'ils étaient là pour deux ans. De 2006 à 2008, en gros. Mais en réalité, il y en a qui ont tranché plus vite. Et il y en a qui ont mis plus de temps que prévu. La partie la plus difficile n'était pas forcément pour l'administration, elle était aussi pour les exploitants qui étaient à la fois des concurrents entre eux et en même temps, qui avaient besoin de planter un front uni face à l'administration sinon on les taillait en pièces. Il y a des exploitants qui ont très vite été capables d'écrire des choses et de se mettre d'accord entre eux. Un exemple : le *GT GPL* a répondu très vite. Dès 2007, on a pu sortir des circulaires très précises sur le GPL. A l'inverse, les raffineurs sont allés beaucoup moins vite parce qu'ils n'arrivaient pas à s'entendre. Bon mais ça, c'est un grand classique. L'ammoniaque, c'était très compliqué aussi. En même temps, ça nous renseignait… ça nous servait à savoir quelles professions étaient plutôt unies et quelles professions pouvaient présenter des aspérités dans lesquelles on pouvait s'engouffrer pour en tirer avantage.

Entre 2007 et 2009, les *GT sectoriels* contribuent ainsi à l'écriture de treize circulaires, trois notes de doctrine et six courriers, sur des sujets aussi divers que la caractérisation des rejets toxiques accidentels,

---

[131] C'est le cas, entre autres choses, des difficultés suscitées par l'application de la règle des « 5 MMR rang 2 valant à NON » évoquée au point précédent.

les études de dangers des terminaux méthaniers, l'évaluation des risques dans les établissements pyrotechniques, l'exclusion de certains phénomènes dangereux concernant les véhicules-citernes transportant des substances toxiques non inflammables ou bien encore la prise en compte des chutes d'avion[132]. Conçue secteur par secteur ou en réponse à des demandes liées à des situations très spécifiques, cette immense masse doctrinale qui s'ajoute à la circulaire de 2006 n'est toutefois pas pensée comme un référentiel homogène et parfaitement cohérent, susceptible de répondre uniformément à toutes les questions remontant du terrain. Les interférences sont alors nombreuses, entre les éléments de doctrine issus de GT voisins (raffinage, dépôts de liquides inflammables et GPL par exemple[133]), ou des textes susceptibles de s'appliquer différemment à une même installation sur certains points de l'étude de dangers (les exclusions de phénomènes dangereux par exemple). Ce responsable HSE d'un site Seveso de la vallée de la chimie lyonnaise se souvient de cette période marquée par de fortes incertitudes et des tensions répétées avec les services d'inspection :

> La plus grande difficulté était quand l'administration, dans les années 2005, 2006, 2007, s'est cherchée sur tout un tas de sujets. Là, c'était un peu plus compliqué. Les exclusions, qu'est-ce qu'on excluait ? Qu'est-ce qu'on n'excluait pas ? Avant la circulaire 2010, il y avait des circulaires qui sortaient un peu de temps en temps sur les GIL (gaz inflammables liquéfiés), sur des trucs comme ça, mais c'était un peu la foire d'empoigne. Depuis la circulaire 2010, ça s'est cadré. Il y a des trucs qui me font un peu marmonner… Sur certains points, la notion de risque par exemple, je trouve deux ou trois trucs un peu aberrants, mais au moins, les règles du jeu existent.

La troisième et dernière boucle correspond justement à la mise en cohérence de la pile de textes publiés depuis 2006, dans le but de stabiliser la « règle de jeu » évoquées par ce dernier enquêté, c'est-à-dire l'ensemble des conventions dont les acteurs de terrain ont besoin pour finaliser la

---

[132] La liste exhaustive de ces textes et de leurs objets figure en introduction de la circulaire du 10 mai 2010 récapitulant les règles méthodologiques applicables aux études de dangers, à l'appréciation de la démarche de réduction du risque à la source et aux plans de prévention des risques technologiques (PPRT) dans les installations classées en application de la loi du 30 juillet 2003.

[133] Les raffineries comprennent en effet de nombreux réservoirs pour stocker les produits qu'elles fabriquent, notamment les liquides inflammables (essences, fioul, etc.) et les gaz inflammables liquéfiés (GIL).

révision des études de dangers et lancer le programme d'élaboration des PPRT[134]. L'intégralité du corpus est alors reprise, ajustée et réordonnée dans une circulaire unique de près de 200 pages qui récapitule l'ensemble des règles détaillées et principes techniques permettant de décliner les objectifs fixés par la loi à chaque installation concernée, quels que soient sa spécificité fonctionnelle et son contexte d'implantation. Le texte, qui abroge et/ou reprend l'ensemble des compléments réglementaires, comprend quatre parties. La première est la plus importante en taille (160 pages) : elle compile les instructions techniques relative à la rédaction des études de dangers, à l'appréciation de la démarche de réduction du risque à la source proposée par l'exploitant (précédemment fixée par la circulaire MMR de 2005) et à la sélection des scénarios entrant dans la fabrication des PPRT. La seconde, plus courte (14 pages), est la troisième version du guide d'élaboration des études de dangers qui, outre l'architecture du document, fournit des indications sur l'identification et la caractérisation des potentiels de dangers (qui restent un inépuisable sujet de conflits entre exploitants et inspecteurs) et normalise la présentation des phénomènes dangereux ayant des effets externes à l'établissement en vue de la cartographie des aléas qui fonde la démarche PPRT. Les troisième et quatrième parties enfin, proposent un glossaire (re)définissant les notions de base de la prévention des risques industriels et un tableau récapitulant les événements initiateurs et les phénomènes dangereux que la première partie du texte permet, sous certaines conditions, de ne pas prendre en compte (par exemple la chute d'avion qui avait fait l'objet du courrier du 5 février 2007 au préfet de la Sarthe).

Près de cinq ans de travail et trois « boucles étranges » complètes auront donc été nécessaires pour finaliser le règlement correspondant à l'article 4 de la loi de 2003 et concrétiser, sous une forme stabilisée, la réforme de l'étude de dangers engagée une décennie plus tôt. Conçu sur le modèle de la hiérarchie des normes (du plus général au plus précis), ce corpus réglementaire comprend finalement, outre l'article de loi, un arrêté cadre listant les nouvelles dispositions applicables aux ICPE (par exemple l'obligation faite à chaque exploitant de fournir une étude

---

134 On y reviendra dans la partie 2, mais à ce moment-là seul un cinquième des PPRT a été prescrit (soit environ 80 sur les 400 à élaborer), le reste étant dans l'attente de la finalisation du programme de conversion des études de dangers.

de dangers probabiliste)[135], l'arrêté PIGC du 29 septembre 2005 resté inchangé[136] et enfin, la circulaire du 10 mai 2010 contenant l'ensemble des règles détaillées d'élaboration et de lecture des études de dangers. Avec la documentation annexe qui les accompagnent (guides sectoriels, fiches explicatives, *vade mecum*, etc.), ces trois textes forment la nouvelle réglementation encadrant la réalisation et l'évaluation des études de dangers probabilistes. A ce titre, ils réorientent la plupart des principes de l'évaluation déterministe des risques qui prévalaient jusqu'au début des années 2000. Ils actent notamment d'importants changements dans la façon d'identifier et de qualifier les accidents possibles (abandon des *scénarios de référence* au profit d'analyses des risques tendant vers l'exhaustivité), de les représenter (mise en scénarios sous la forme d'arbres de causes et de conséquences), de les quantifier (introduction des valeurs de probabilité, gravité et cinétique, aux côtés de l'intensité qui mesurait déjà les effets potentiels sur les populations riveraines) et enfin, de les traduire en mesures de protection et de prévention (recours à des matrices de criticité et des seuils d'acceptabilité).

* * *

Ce troisième chapitre, consacré aux dernières étapes de la conversion probabiliste de l'étude de dangers, valide largement l'hypothèse de départ : en la matière, le changement n'est pas entièrement défini par la loi et ses textes d'application, il continue de prendre forme dans la mise en œuvre du règlement, par le biais des ajustements nécessaires à son application concrète. L'immersion dans les espaces où s'élaborent ces ajustements réglementaires montre également une certaine continuité dans la distribution des rôles : à l'origine de la réforme et de sa mise en règlement, les agents du Bureau des risques et leurs partenaires industriels continuent de suivre de très près sa concrétisation sur le terrain. Toujours au centre du jeu, ils gardent le contrôle de la production

---

[135] Arrêté du 10 mai 2000 relatif à la prévention des accidents majeurs impliquant des substances ou des préparations dangereuses présentes dans certaines catégories d'installations classées pour la protection de l'environnement soumises à autorisation.

[136] Pour mémoire, l'arrêté PIGC fixe les principes généraux de quantification des risques, c'est-à-dire d'obtention des valeurs de probabilité, d'intensité, de gravité et de cinétique des scénarios d'accidents pris en compte dans les études de dangers.

doctrinale et veillent jusqu'au bout à ce que la conversion probabiliste reste sur les bons rails. La mise en œuvre ne compromet donc ni la prééminence ni le pouvoir décisionnaire de ces acteurs programmatiques qui continuent d'opérer sur tous les fronts où se discutent les aménagements progressifs de la règle. Cette dernière séquence ne compromet pas non plus « l'équilibre de la terreur[137] » qui caractérise leurs relations et empêche finalement qu'une des parties prenne l'ascendant sur les autres pour imposer ses vues de façon unilatérale. On n'observe donc pas de capture, mais des jeux de pression complexes qui impliquent aussi bien les agents ministériels dans leurs rapports aux représentants des groupes chimiques et pétroliers, que ces acteurs industriels entre eux. Du coup, le contenu substantiel de la réforme se présente comme le résultat d'un long et patient travail de conciliation de l'ensemble des intérêts représentés, y compris ceux des acteurs de terrain, qui consiste moins à arbitrer entre les positions défendues de part et d'autre, ou à trouver des compromis en définissant des positions intermédiaires, qu'à rechercher des voies de résolution permettant de les articuler et de les faire tenir ensemble. L'inconvénient de ce mode de fabrication du règlement est que les acteurs concernés doivent endurer un grand nombre d'épreuves avant d'arriver à leur fin. L'avantage est que la réglementation qui résulte de ce long processus satisfait l'ensemble des parties prenantes en répondant aux attentes diverses suscitées par le projet réformateur.

---

[137] Pour reprendre une expression d'un de nos enquêtés, cité plus haut.

Conclusion de la première partie

Cette première partie, consacrée à la conversion probabiliste de l'étude de dangers, a permis de mettre en évidence le rôle central d'un petit groupe d'ingénieurs spécialisés, rattachés pour une part aux services centraux du Ministère de l'environnement, pour une autre à l'industrie chimique et pétrolière et pour la dernière, aux principaux organismes experts du secteur (INERIS et IRSN). Présents et actifs de bout en bout du processus, ces acteurs coalisés concourent à toutes les décisions importantes qui scandent cette réforme de politique publique : sa mise à l'agenda en 2000, son inscription dans la loi en 2003, sa mise en règlement en 2005 et, pour finir, sa concrétisation dans un ensemble de textes, guides méthodologiques et instructions techniques finalement regroupés dans la circulaire pléthorique de mai 2010.

Même s'il ne relève pas de la classe dirigeante, ce petit groupe d'ingénieurs spécialisés intègre la plupart des caractéristiques des élites sectorielles ou stratégiques[138], au sens de ces coalitions d'acteurs qui agissent en arrière-plan des autorités formelles du pouvoir pour façonner l'orientation et le contenu de l'action publique. Il cumule en effet trois traits distinctifs des groupes programmatiques, tels que définis par William Genieys et Patrick Hassenteufel : il est formé d'individus qui portent collectivement un même programme de changement (ici, la conversion probabiliste de l'étude de dangers), qui sont dotés de ressources suffisantes pour pouvoir réorienter la politique publique dans le sens souhaité et qui enfin, s'inscrivent dans des processus d'apprentissages liés à leur antériorité dans le domaine d'action publique qu'ils contribuent à transformer. Comme l'indiquent les deux auteurs, « pour mettre en évidence empiriquement l'existence et le rôle d'acteurs programmatiques il est tout d'abord nécessaire d'identifier des acteurs présents dans la durée dans un domaine de politique publique ; ensuite de repérer des éléments de cohérence et de cohésion permettant de parler d'un acteur collectif ;

---

[138] Pour reprendre ici les catégories anciennes de Bruno Jobert et Pierre Muller (1987) et de Suzanne Keller (1963).

enfin d'apporter des éléments de démonstration du pouvoir exercé par ce groupe sur un domaine de politique publique. Seule la mise au jour d'un groupe fortement structuré exerçant un pouvoir sur l'action publique dans la durée peut autoriser le recours à la notion d'élite » (Genieys, Hassenteufel, 2012 : 98).

Pour révéler l'existence et le pouvoir réformateur de ce groupe d'ingénieurs à travers le récit de la conversion probabiliste de l'étude de dangers, notre attention s'est plus particulièrement fixée sur les propriétés sociales et les trajectoires professionnelles des individus concernés, mais également sur les interactions entre ces individus et, plus largement, les pratiques qu'ils développent dans la coproduction des normes d'action publique, de façon à comprendre et analyser « ce qu'ils font » en relation avec « ce qu'ils sont ». De ce point de vue, trois constats principaux ressortent des principaux épisodes de la réforme de l'étude de dangers retracés dans cette première partie.

Le premier constat est que la logique d'action collective associée à ce changement d'orientation de la politique de prévention des risques industriels est le produit d'une tension permanente entre les intérêts professionnels et sectoriels en jeu, qui favorisent les dissensions au sein du groupe, et les croyances partagées, qui assurent au contraire sa cohésion sur la durée. On note cependant que si les intérêts représentés restent relativement stables de bout en bout du processus, la croyance dans le caractère bénéfique des analyses probabilistes en matière de sécurité industrielle n'est pas d'emblée partagée par tous les protagonistes. Dans le cas étudié, ce n'est pas le partage *a priori* de cette croyance qui fonde le groupe, ce sont plutôt les expériences accumulées dans l'action qui constituent en même temps le groupe et la croyance qui l'unit, l'un et l'autre s'alimentant et se renforçant réciproquement. La croyance, qui assure la cohésion de l'élite en permettant à ses membres de s'opposer à loisir sur les finalités secondaires sans compromettre l'objectif principal (ici la réforme de l'étude de dangers), se présente alors comme le résultat d'un travail d'argumentation et de mobilisation qui permet à un petit noyau d'acteurs d'agréger progressivement de nouveaux alliés en combattant les programmes concurrents (principalement l'approche déterministe défendue à l'origine par les représentants du ministère de l'environnement).

Le deuxième constat est que cette logique d'action, qui se nourrit des tensions entre intérêts et croyances, ne peut pas se réduire au schéma classique du (néo)corporatisme qui, dans sa représentation usuelle des interactions entre l'État et les groupes d'intérêts associés à la production des normes d'action publique, envisage chacun de ces deux pôles comme une entité relativement homogène (Szarka, 2000). L'immersion au cœur du groupe programmatique lié à la réforme de l'étude de dangers invite en effet à dépasser cet effet homogénéisant et à déconstruire les entités ainsi réifiées que formeraient les représentants de l'État d'un côté, leurs partenaires industriels de l'autre. Outre le fait que chacune de ces parties doit en permanence compter avec une troisième (les experts de l'INERIS et de l'IRSN), ni l'une ni l'autre ne peut vraiment être considérée comme un acteur unitaire au plan de l'analyse. Sur le versant administratif, la fragmentation de la structure bureaucratique de la DPPR et les jeux de concurrence entre ces acteurs centraux et les services déconcentrés rendent de fait caduque une telle conception. De même, les représentants industriels ne forment pas un ensemble cohérent, tout simplement parce que la place et le rôle qu'ils tiennent au sein du groupe est aussi un moyen pour chacun d'eux de se préserver des concurrents, voire de prendre un avantage sur toutes les entreprises qui ne bénéficient pas d'un tel accès aux services du Ministère de l'environnement. Comme l'expliquait déjà Édith Brénac au milieu des années 1980, cette position privilégiée sert des stratégies défensives qui, de surcroit, créent des inégalités entre branches et entreprises et profitent majoritairement aux groupes industriels les mieux représentés (Brénac, 1985).

Enfin, le troisième constat concerne le poids relatif des différents acteurs qui composent le groupe programmatique révélé par la conversion probabiliste de l'étude de dangers. Alors qu'une grande partie des travaux consacrés à la régulation des risques sanitaires et environnementaux donnent à voir des relations contrôlés-contrôleurs fortement asymétriques (Dupré, Le Coze, 2021 ; Boullier ; 2016), les interactions s'envisagent ici plutôt sur le mode de « l'équilibre de la terreur », c'est-à-dire d'une répartition proportionnée des ressources qui tend à égaliser sur la durée le rapport de force entre les différentes entités coalisées. En particulier, on n'observe pas d'agents administratifs en difficulté ou dominés par leurs interlocuteurs industriels. Au contraire, les ressources détenues par les premiers, notamment le pouvoir de cadrage des activités d'écriture du règlement, leur octroient en toutes circonstances la capacité de résister aux pressions des seconds en défendant jusqu'au bout des positions conformes à leur vision de la réforme. Certes, le rapport de force reste un élément structurant de la décision, mais la distribution équilibrée des ressources empêche qu'une des parties ne prenne l'ascendant sur les autres pour imposer ses vues de façon unilatérale. On n'observe donc pas de « capture » de l'autorité réglementaire par les grands groupes et les représentants des fédérations patronales, encore moins de « privatisation » de la norme (Chiapello, Medjad, 2007), mais des jeux de pression complexes qui impliquent aussi bien les premiers dans leurs rapports aux seconds, que les acteurs industriels entre eux.

Partie 2

La territorialisation de la prévention des risques industriels

La territorialisation de la prévention des risques industriels correspond au second volet de la réforme engagée en réaction à la catastrophe d'AZF de 2001. Elle est liée à la création, par la loi risques de 2003, du plan de prévention des risques technologiques (PPRT). Conçu sur le modèle des plans de prévention des risques naturels (PPRN), ce nouvel instrument d'action publique vise à réduire les risques liés à toutes les situations où les établissements industriels à hauts risques (les Seveso seuil haut) cohabitent, comme l'usine AZF à Toulouse, en étroite proximité avec leur voisinage urbanisé. Perpétuant la tradition industrialiste de la politique de prévention des risques industriels (Le Roux, 2011), le PPRT n'a toutefois pas pour mission première de renforcer la sécurité des voisins, mais d'améliorer les conditions de leur coexistence avec les exploitants qui engendrent les risques. Il est donc avant tout une mesure protectrice de l'industrie, destinée à favoriser son acceptabilité sociale et à permettre son maintien, voire son développement, dans des environnements parfois densément peuplés (Bonnaud, Martinais, 2008).

Pour assurer cette mission de soutien au développement industriel, le PPRT est conçu comme un assortiment d'outils aux fonctionnalités multiples, qui permet non seulement d'agir sur les installations à l'origine des risques, dans une logique de « réduction des risques à la source », mais aussi sur le territoire environnant, dans une logique de « réduction des risques à la cible ». Dans cette optique de réduction de la vulnérabilité des « cibles » potentielles, (c'est-à-dire des entités territoriales susceptibles d'être affectées par un accident), il peut, comme la réglementation le permettait déjà avant lui (Fontanille, 1996), définir des zones dans lesquelles les nouvelles constructions sont interdites, des zones où la construction est autorisée sous condition et, de façon nouvelle, des zones où les collectivités locales peuvent instaurer un droit de préemption. Au plus près de l'usine, là où les risques sont les plus élevés, il peut également définir des secteurs dans lesquels il est possible d'exproprier les habitants (les propriétaires concernés sont alors indemnisés à hauteur de la valeur du bien), des secteurs où la collectivité locale compétente est autorisée à ouvrir un droit au délaissement (qui permet aux habitants de se soustraire au danger en demandant le rachat de leur bien immobilier) et des secteurs où des travaux de renforcement du bâti existant sont soit prescrits, soit recommandés (dans une logique, là encore, de réduction de la vulnérabilité du voisinage des installations à risques). Enfin, il peut définir des mesures supplémentaires de réduction des risques à la source, c'est-à-dire des dispositifs de sécurité destinés à réduire les dangers inhérents au fonctionnement des installations.

Contrairement à la conversion probabiliste, portée dès son origine par une coalition de fonctionnaires ministériels et de représentants industriels, le PPRT n'est pas une invention des acteurs qui gouvernent le secteur. Dans ses tout premiers développements, l'idée leur est même complètement extérieure puisqu'elle prend forme à Matignon, dans les discussions préparatoires aux annonces gouvernementales qui, une semaine après l'explosion d'AZF, doivent fixer les grandes lignes de la future loi sur les risques. La proposition originelle, que les témoins de l'époque attribuent à la conseillère transport du Premier ministre, consiste alors à prendre exemple sur les PPRN qu'elle connaît bien[139] pour introduire de nouveaux moyens d'action susceptibles de renforcer la réglementation existante, notamment dans son volet maîtrise de l'urbanisation qui a révélé ses limites à l'occasion de la catastrophe. De cette suggestion en forme de « transcodage[140] » naît finalement le PPRT, dont la mise en forme plus précise est ensuite confiée au Ministère de l'environnement, notamment ses services chargés d'écrire le projet de loi qui sera finalement soumis au Parlement en janvier 2003 et adopté six mois plus tard. Dans ce format législatif, l'instrument n'existe cependant que de façon relativement sommaire et imprécise. Pour atteindre le

[139] Ingénieure des Ponts, cette conseillère du Premier ministre a commencé sa carrière dans les services déconcentrés du Ministère de l'équipement qui étaient alors en charge de la mise en œuvre de la politique de prévention des risques naturels, donc de l'élaboration des PPRN.

[140] Le concept de transcodage est utilisé par Pierre Lascoumes pour qualifier les opérations de recyclage qui visent à réemployer et adapter le « déjà-là » de l'action publique (ici le PPRN) en lui conférant de nouveaux usages ou en le transposant dans un autre secteur, ici les risques industriels (Lascoumes, 1996).

niveau de détail nécessaire au lancement effectif de sa carrière, il lui faut encore franchir l'étape de la « mise en règlement ». A nouveau confiée aux fonctionnaires du Ministère de l'environnement, cette opération de cadrage réglementaire conduit finalement à la publication de plusieurs textes d'application : un décret daté du 7 septembre 2005, une circulaire datée du 3 octobre 2005 et pour finir, un guide méthodologique daté du 12 décembre 2005 qui décrit, de façon très détaillée, le mode d'emploi de ce nouvel outil de maîtrise de l'urbanisation.

Ce retour sur les origines du PPRT permet de noter que si les acteurs centraux qui gouvernent les risques industriels ne sont pas les inventeurs de l'instrument, ils ont toutefois largement contribué à sa définition législative et réglementaire. De ce point de vue, on peut donc dire que la fabrique administrative du PPRT ne se distingue pas vraiment de la réforme de l'étude de dangers conduite en parallèle. Elle implique les mêmes parties prenantes, dans des configurations de travail assez similaires. Les ingénieurs du Bureau des risques en charge de la politique de prévention, les permanents des fédérations patronales et les représentants des grands groupes chimiques et pétroliers qui, d'un côté, contribuent à l'élaboration des nouveaux outils d'analyse des risques, sont aussi ceux qui, de l'autre, s'occupent de préciser les fonctionnalités du PPRT et de mettre au point les méthodes destinées à transformer les données des études de dangers probabilistes en zonages de réduction de la vulnérabilité des territoires exposés. Connectés l'un à l'autre, ces deux axes de réforme recèlent par ailleurs des enjeux similaires (en termes financiers et de répartition des pouvoirs entre exploitant et inspecteur notamment). Du point de vue du groupe d'acteurs évoqué juste avant, ils nécessitent donc une attention égale et des interventions coordonnées. C'est pourquoi l'investissement consenti sur le versant de la conversion probabiliste de l'étude de dangers se double d'un engagement à peu près équivalent à toutes les étapes de la fabrique administrative du PPRT : au moment de l'écriture du projet de loi en 2002, lors des discussions au Parlement début 2003 et enfin, pendant la séquence de mise en règlement qui conduit à l'écriture du guide méthodologique dans ses versions successives de 2005 et 2007. Ce double engagement, qui permet d'articuler au mieux les deux axes de réforme jusqu'à la publication des textes d'application de la loi, caractérise également la séquence suivante de mise en œuvre. A partir de 2006, les interventions sont cependant moins synchronisées dans la mesure où les représentants ministériels et leurs partenaires industriels optent pour un programme de travail échelonné qui les conduit à se focaliser dans un premier temps sur l'actualisation des études de dangers et, une fois la doctrine correspondante à peu près stabilisée, à basculer dans un second temps sur le suivi du programme PPRT.

Dans cette seconde partie, on se propose justement de suivre ce basculement qui conduit le petit groupe de représentants sectoriels à l'origine de la conversion probabiliste à prendre en charge l'exécution du programme PPRT après avoir contribué à produire les éléments de doctrine nécessaires à l'actualisation des études de dangers. L'ambition des trois premiers chapitres était de révéler l'existence et le pouvoir réformateur de ces ingénieurs spécialisés dans les domaines de l'évaluation des risques et de l'environnement industriel. L'objectif des trois suivants est d'affiner le tableau esquissé en première partie en cherchant à caractériser plus finement la façon dont ils travaillent ensemble pour mener à bien la réforme dont ils ont la charge. Dans un premier temps (chapitre 4), on montrera comment l'exécution du programme PPRT, qui pousse à la territorialisation de la prévention des risques industriels, conduit le groupe programmatique à s'ouvrir à de nouveaux représentants pour passer du format bipartite traditionnel à un format quadripartite totalement inédit dans l'histoire du pilotage de cette politique publique. Dans un deuxième temps (chapitre 5), on verra que pour continuer à jouer les premiers rôles et garder la maîtrise du programme de changement qu'il a initié, ce groupe remanié est amené à se détacher de sa base fonctionnelle habituelle (les groupes de travail sectoriels) et à se réorganiser autour d'une instance unique de représentation conçue à son image (c'est-à-dire dans un schéma quadripartite). Enfin, dans un troisième temps (chapitre 6), on s'intéressera à la prise en compte des ressortissants du PPRT[141], notamment les riverains habitants et les riverains entrepreneurs, pour voir dans quelle mesure l'approche territoriale de la démarche, visant à l'affirmation de modalités d'action plus horizontales, davantage tournées vers les représentants des territoires exposés, se concrétise dans les faits.

---

[141] Le terme de ressortissants désigne communément les individus et les groupes socio-professionnels destinataires des politiques publiques (Warin, 1999).

Chapitre 4

Une coalition réformatrice ouverte à de nouveaux acteurs

De façon très comparable, les approches en termes de réseaux d'action publique, de coalitions de cause et d'élites programmatiques s'intéressent plus aux conditions de reproduction des collectifs étudiés qu'à leurs éventuelles recompositions. Les transformations de ces groupes d'acteurs sont ainsi rarement décrites, les trois modèles se rejoignant pour souligner, au contraire, leur grande stabilité (Massardier, 2003). Dans ces approches, les seuls facteurs d'évolution possibles sont liés au remplacement d'un groupe par un autre. Les travaux se référant à l'*advocacy coalition framework* recèlent ainsi d'exemples où un choc externe (*external shock*) conduit à des changements importants dans la hiérarchie des coalitions (Yun, 2019 ; Thomas, 1999). De tels jeux de remplacement ont également été mis en évidence dans les travaux qui s'intéressent au rôle des élites dirigeantes dans la fabrique des politiques publiques (Jobert, Muller, 1987).

Pour le petit groupe d'ingénieurs spécialisés qui nous intéresse ici, la reconfiguration envisagée n'est pas la conséquence d'un choc externe. Elle ne résulte pas non plus de la prise de pouvoir d'une coalition rivale. Elle témoigne plutôt d'une disposition stratégique de certains de ses membres qui décident de s'allier temporairement à de nouveaux représentants pour bénéficier de ressources politiques supplémentaires, considérées comme indispensables à la concrétisation du projet réformateur sur ce second volet relatif à la maîtrise de l'urbanisation. Ainsi « augmenté », le groupe ne repose donc plus uniquement sur le tandem formé d'un côté par les représentants du Bureau des risques, de l'autre par leurs partenaires industriels. Il s'ouvre formellement à d'autres acteurs, peu habitués à fréquenter le « centre de décision » ministériel, mais dont la collaboration est recherchée pour concrétiser le programme PPRT. Pour rendre compte de cette reconfiguration, qui conduit à une rupture inédite dans le huis-clos techniciste du pilotage de la politique publique, on commencera par montrer comment le nouvel instrument tend à redéfinir les rôles des acteurs sectoriels dans le sens d'une attention plus grande aux représentants des territoires concernés, notamment les communes et intercommunalités. On verra ensuite comment cette légitimation des collectivités locales incite progressivement les acteurs de terrain à des pratiques plus collaboratives et des décisions plus concertées et, pour finir, comment cette nouvelle donne se répercute au niveau central par la création d'une instance nationale de suivi des PPRT composée, en plus des habituels fonctionnaires ministériels et de leurs homologues industriels, de représentants des collectivités locales et des associations environnementales directement concernées par l'élaboration de ces plans de prévention.

4.1. Le secteur à l'épreuve du territoire

Ces dernières années, l'élaboration des PPRT a fait l'objet de plusieurs recherches en sciences sociales. Privilégiant des secteurs géographiques à forte concentration industrielle comme la zone industrialo-portuaire de Dunkerque, l'estuaire de la Seine ou le pourtour de l'étang de Berre, ces travaux se sont surtout intéressés aux modalités de fabrication de ces plans et, de façon liée, aux effets induits sur l'action publique locale. Certains ont ainsi insisté sur les potentialités conflictuelles de la procédure (Osadtchy, 2014) et les tensions engendrées par la conciliation des enjeux de sécurité et de développement économique (Suraud, 2019 ; Suraud, 2013a). D'autres ont davantage questionné la capacité de ce nouvel instrument à reconfigurer les jeux d'acteurs, notamment les hiérarchies et rapports de pouvoir entre spécialistes et non spécialistes des risques industriels (Frère et al., 2016 ; Gralepois, 2011). Dans ce chapitre, la perspective adoptée est sensiblement différente. L'objectif n'est pas de rendre compte de ce que l'instrument fait à l'action publique locale, mais plutôt de comprendre comment il affecte les logiques sectorielles de la prévention des risques industriels, c'est-à-dire comment il bouscule les habitudes de travail des acteurs de terrain et les conduit à s'organiser pour faire face à ces changements. La question posée est donc celle de la « territorialisation » des services d'inspection et des exploitants ou, pour être plus explicite, de leur transformation dans le cadre d'une procédure qui les incite à se projeter au-delà de leurs domaines d'intervention habituels et, dans le même temps, à reconsidérer les relations qu'ils entretiennent avec les autres parties prenantes de la prévention des risques industriels.

4.1.1. La logique territoriale du PPRT

Comme rappelé en introduction, le PPRT s'inspire largement des procédures PPRN qui, depuis les années 1980, participent de la territorialisation des risques naturels, via la responsabilisation croissante des collectivités locales et la promotion de modes de gestion plus horizontaux à l'échelle des bassins de risques (Cartier, 2005). Fondé sur cette même approche, le PPRT vise lui aussi l'affirmation de modalités d'action plus transversales favorisant les rapprochements intersectoriels et les coopérations entre l'ensemble des acteurs locaux de la prévention des risques industriels. Pour cela, il s'appuie sur plusieurs principes réglementaires : l'extension du travail d'analyse des risques par la prise en compte de la vulnérabilité des entités territoriales exposées aux aléas des installations à l'origine du PPRT ; l'instauration d'un principe de co-instruction qui, localement, conduit les représentants de l'inspection à faire équipe avec leurs homologues de l'équipement ; la définition d'une stratégie de réduction des risques partagée par l'ensemble des parties associées, notamment les communes et intercommunalités ; et enfin, une procédure d'élaboration plus ouverte, favorisant la concertation et la prise en compte des points de vue formulés par les principaux destinataires de ces mesures préventives, en particulier les riverains visés par les décisions d'expropriation, de délaissement et de renforcement du bâti. Examinons ces différents principes et la façon dont ils incitent à la territorialisation des acteurs de la prévention des risques industriels.

Sur le premier plan, la force d'action du PPRT réside principalement dans la méthode de fabrication des zonages réglementaires qui nécessite de ne plus seulement se situer dans l'univers clos de l'usine, mais d'envisager en même temps son « au-delà », c'est-à-dire le territoire qui l'englobe. Par le biais des mesures qu'elle définit, la démarche PPRT invite les services d'inspection et les exploitants à repousser l'horizon de leurs domaines de savoir et de compétence (le fonctionnement des installations, la sécurité des procédés, etc.), pour les amener à considérer les espaces environnants des sites de production et, avec eux, les entités qui les peuplent, c'est-à-dire les riverains qui habitent les logements visés, les entrepreneurs qui exercent leur activité à proximité, les techniciens municipaux qui gèrent ces espaces et les élus qui les administrent. Avant le PPRT, il existait déjà des mesures susceptibles d'affecter le voisinage des installations à risques[142], mais par leur conception usino-centrée,

[142] On pense en particulier à l'information préventive et aux restrictions des droits à construire instituées par la loi du 22 juillet 1987 relative à l'organisation de la

elles ne nécessitaient pas de tenir compte de la qualité et des spécificités de ce voisinage, ou alors de façon relativement marginale.

Ce renversement de perspective qui invite les acteurs de la prévention à se saisir des risques, non plus du point de vue des sites industriels qui les génèrent, mais en se plaçant au niveau des territoires exposés, n'est pas uniquement le fait des mesures prescrites par le PPRT. Ce reformatage résulte également des outils conçus pour définir ces moyens d'action. Pour figurer les accidents possibles qu'il est chargé de prévenir et les transposer en mesures de réduction de la vulnérabilité des territoires exposés, le PPRT renonce en effet à l'ancien système de mesure, qui consistait à circonscrire les sites industriels de zones de protection rapprochées et éloignées (ZPR et ZPE) en fonction de l'intensité des accidents redoutés (exprimée en pourcentages d'atteintes létales et d'atteintes irréversibles parmi les populations riveraines). A la place, il propose une nouvelle métrique dans laquelle le risque ne se définit plus en fonction de la puissance et de la portée des phénomènes considérés, mais en termes « d'enjeux » impactés par des « aléas technologiques » qui génèrent des « vulnérabilités ». Dans cette représentation, qualifiée ici de voisino-centrée (dans le sens où le point de vue adopté n'est plus celui de l'usine qui menace son voisinage, mais du territoire menacé par l'usine), le risque est le produit d'une analyse en plusieurs temps qui consiste à définir, pour toute entité vulnérable du voisinage (une maison, un immeuble d'habitation, un équipement public, un commerce, un bâtiment d'activité, etc.), 1) la liste des événements accidentels susceptibles de l'affecter de façon significative[143] ; 2) les effets qu'elle aurait à subir dans chacune de ces situations (intensité de l'onde de surpression en cas d'explosion, du rayonnement thermique en cas d'incendie, concentration du nuage gazeux en cas de fuite de produits toxiques) ; et 3) les conséquences prévisibles pour les occupants (atteinte possible à leur intégrité physique ou pas, compte tenu des caractéristiques de l'enjeu considéré)[144].

---

sécurité civile, à la protection de la forêt contre l'incendie et à la prévention des risques majeurs.

143 Selon les critères de sélection des phénomènes dangereux inventoriés par les études de dangers, notamment le filtre à la probabilité évoqué en première partie.

144 Cette méthode de fabrication des données de base du PPRT est détaillée dans le guide méthodologique d'octobre 2007.

Dans cette conception voisino-centrée de la prévention, la quantification et la représentation spatiale des risques continuent de dépendre des tandems exploitant-inspecteur et des informations qu'ils produisent dans le cadre des études de dangers. Mais ces connaissances ne suffisent plus à l'analyse triaxiale fondée sur les nouvelles catégories d'aléa, d'enjeu et de vulnérabilité. Prendre le point de vue des voisins, qui regardent l'usine de chez eux ou de leur lieu de travail, pour déterminer les dangers auxquels ils s'exposent et dimensionner les mesures susceptibles de les protéger, nécessite en effet de confronter les informations issues des études de dangers (exprimées en termes d'aléas) aux caractéristiques des espaces potentiellement affectés (exprimées en termes d'enjeux et de vulnérabilités). Dans le cadre du PPRT, l'évaluation des risques ne s'arrête donc pas à la qualification et la quantification des dangers, elle exige en même temps de recenser toutes les données susceptibles de figurer les territoires menacés (structure du foncier et de l'habitat, nature et qualité des bâtiments exposés, localisation et fonctionnement des équipements, répartition des peuplements, usages des espaces et des infrastructures, etc.), afin de les ordonner sur des cartes destinées à définir, par superposition des aléas et des enjeux, les meilleurs moyens de prévention à mettre en œuvre par secteur (expropriation ou délaissement, protection des lieux de vie et de travail, etc.).

Cette invitation au décentrement et à la prise en compte de l'au-delà de l'usine, qui découle autant des mesures prescrites que des méthodes employées pour les définir, est par ailleurs renforcée par le principe de co-instruction de la procédure, qui conduit les inspecteurs des installations classées à collaborer étroitement avec les représentants locaux de l'équipement. Dans les conditions fixées par la réglementation, ce principe de co-instruction suppose de mettre en commun les ressources et les moyens des deux services concernés, dans le but de construire des positions communes, de développer des habitudes de travail plus collectives, mais également de favoriser les enrichissements mutuels des agents par la confrontation des cultures professionnelles qu'ils incarnent et des univers d'expertise qu'ils représentent (voir encadré 17).

Encadré 17 Les principes de division du travail entre les deux services co-instructeurs des PPRT[145]

Chargée de conduire la politique de prévention des risques industriels en région, la DRIRE s'occupe normalement du pilotage de la démarche. Dans cette perspective, elle cumule les fonctions administratives d'animation, de secrétariat et de gestion des crédits alloués par le ministère avec des tâches plus techniques relatives à la détermination des aléas, à la production des cartes correspondantes et, en fin de procédure, à la rédaction des notes de présentation et à la mise en cohérence des dossiers présentés à l'enquête publique et soumis pour approbation au préfet. Placée aux côtés de la DRIRE, la DDE est plus spécialement chargée de qualifier et cartographier les enjeux, de réaliser ou conduire les études de vulnérabilité et les estimations financières entrant dans la définition des mesures de prévention sur le bâti existant (expropriation, délaissement, renforcement des qualités protectrices des logements). En fin de procédure, elle doit également élaborer les plans de zonage réglementaire et rédiger les règlements d'urbanisme correspondants.

Dans la pratique, l'élaboration des PPRT est donc le cadre de collaborations intersectorielles inédites entre d'un côté, les experts administratifs de la sécurité industrielle, et de l'autre, les experts administratifs des territoires (Reigner, 2002 ; Thoenig, 1973). Même s'il n'a pas été spécialement conçu dans cette optique, ce cadrage réglementaire contribue de fait au rapprochement de ces deux mondes administratifs et, ce faisant, à la spécialisation croisée des agents de l'équipement sur la thématique des risques industriels et des inspecteurs sur les questions territoriales. Pour ces derniers, le travail d'instruction du PPRT est donc censé se traduire par une meilleure connaissance des acteurs non industriels, par une plus grande compréhension des enjeux et des dynamiques locales (en termes d'aménagement et de peuplement notamment), ainsi que par la capacité à produire des représentations signifiantes de l'espace et de son organisation fonctionnelle. Ainsi ce témoignage rétrospectif d'un inspecteur de

[145] D'après la circulaire du 27 juillet 2005 relative au rôle des services de l'équipement dans les domaines de la prévention des risques technologiques et naturels.

terrain, recueilli peu de temps après l'approbation du PPRT de Bollène dans le Vaucluse[146] :

> Même si la DRIRE est plus spécialisée sur l'aléa et la DDE sur les enjeux, les services instructeurs ont échangé très régulièrement sur les difficultés techniques, pour avoir le même niveau d'information et faire en sorte d'avoir le même niveau de culture. Au sein des services de l'État, on a fait en sorte que préfecture, DDE et DRIRE aient le même discours. Même si les services de l'État sont normalement souvent en phase, ils n'ont pas toujours la même culture et les mêmes points de vue. Mais il vaut mieux éviter, quand on fait un PPRT, d'avoir des avis divergents lors des réunions avec les acteurs locaux.

Dans le cadre de la procédure PPRT, la territorialisation des services d'inspection est enfin favorisée par la promotion d'un double principe d'association et de concertation de ces « acteurs locaux », entendus ici dans le sens de représentants des territoires exposés. Dans le chapitre détaillant les modalités d'élaboration du plan, le guide méthodologique indique notamment que « tous les acteurs sont concernés et doivent tendre par le biais de l'association et de la concertation à une appropriation du risque », précisant dans la foulée « qu'il revient à l'État de prendre en compte cette légitime préoccupation en proposant une démarche ouverte [...] qui devra permettre à chacun de s'exprimer et de faire valoir ses idées dans le respect des principes de la politique de prévention des risques[147] ». Dans l'esprit de cette règle, le double principe d'association et de concertation vise donc à renouveler l'articulation entre le travail technique d'évaluation des risques, vu comme propriété exclusive des spécialistes de la sécurité industrielle, et le travail plus politique de définition des mesures de prévention, qui suppose la contribution des représentants et porte-parole des territoires exposés. L'objectif est de donner la possibilité à ces acteurs locaux, dont la liste est également définie par le guide[148], de faire valoir leur connaissance pratique du territoire, mais

---

[146] Ce PPRT, prescrit début 2007, est l'un des tout premiers à avoir été approuvés. A cette date (12 février 2008), seuls quatre sont terminés sur les quatre cents et quelques à élaborer.

[147] Guide méthodologique PPRT d'octobre 2007, p. 40.

[148] Cette liste comprend la ou les communes sur le territoire desquelles le plan doit s'appliquer, les établissements publics de coopération intercommunale (EPCI) compétents en matière d'urbanisme dont le périmètre d'intervention est couvert en tout ou partie par le plan, les exploitants des installations à l'origine du risque ainsi que le comité local d'information et de concertation (CLIC). Le guide

également leurs intérêts, attentes et préoccupations, en vue de l'étape dite de *stratégie du PPRT* qui doit justement conduire à la prise en compte de tous ces aspects non strictement techniques pour la définition d'un projet de réduction des risques partagé par l'ensemble des parties associées (*cf.* encadré 18).

Placées au cœur de la procédure PPRT, l'association et la concertation procèdent donc d'un mécanisme de représentation politique et sociale, qui vise à la mise en public des procédures d'évaluation des risques, c'est-à-dire la confrontation des acteurs en charge de dire ces risques (les services de l'État et les industriels) avec les représentants des territoires exposés. Plus largement, elles poussent à une implication plus systématique de ces représentants des territoires exposés qui ne doivent plus seulement être informés des décisions qui les concernent dans le cadre de réunions officielles en préfecture ou de l'enquête publique qui clôt la procédure, mais explicitement sollicitées pour former des groupes de travail visant à préparer ces décisions avant de les soumettre à l'approbation du préfet. Comme l'explique ce chef de service de la DRIRE Alsace rencontré au moment du lancement du programme PPRT, la procédure demande aux services instructeurs d'opter pour une nouvelle posture en passant d'une approche qualifiée de technicienne à une approche plus arbitrale :

> Avant, on était dans un système où les services techniques instruisaient des dossiers qui étaient ensuite présentés à l'enquête publique. Avec le PPRT, les compétences techniques des agents de l'État ne sont pas remises en cause, mais ces agents, pour continuer à être légitimes, vont devoir se placer comme partenaires ou interlocuteurs du public et ne pas lui soumettre des dossiers « ficelés ». Le dispositif est en train de basculer : on passe d'une stratégie d'enquête publique à une stratégie de concertation. Aujourd'hui, l'État n'est plus légitime pour prendre seul des décisions qui engagent la sécurité publique. Il doit davantage intervenir comme arbitre entre différents acteurs qui, au moment où la décision est élaborée, font valoir leurs intérêts, leurs possibilités et leurs contraintes.

Pour les agents instructeurs, notamment ceux issus des services d'inspection, le PPRT est finalement un peu plus qu'un nouveau dossier à caser dans des plans de charge déjà bien encombrés. Il est aussi une procédure qui, parce qu'elle demande de penser autrement les risques industriels

---

indique également que cette liste des personnes et organismes associés (POA) n'est pas limitative, qu'elle peut s'élargir à d'autres personnes morales comme par exemple des représentants d'association et des riverains.

en s'ouvrant aux territoires exposés et aux acteurs qui les représentent, bouscule les habitudes de travail et remet en cause certaines conceptions du métier. Son appropriation par les services concernés n'a donc rien d'évident. Plus précisément, elle est bien souvent l'occasion d'apprentissages difficiles pour des agents globalement peu disposés et peu préparés à penser les situations à risques en prenant le point de vue du voisinage des usines d'une part, à se plier aux exigences de la confrontation avec des publics de non spécialistes d'autre part.

Encadré 18 Aperçu schématique de la procédure d'élaboration du PPRT

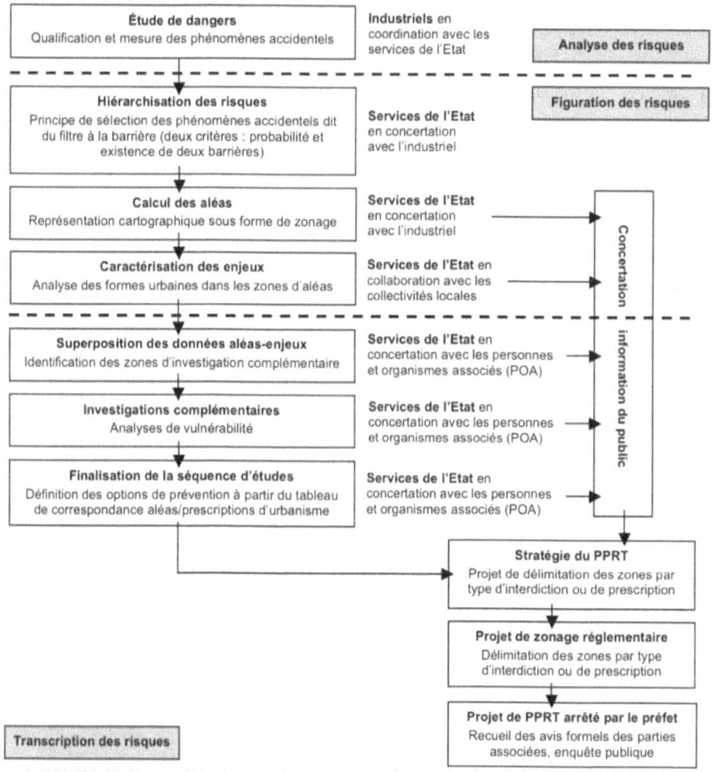

La procédure d'élaboration du PPRT comprend trois séquences principales. La première est relative à l'*analyse des risques*. Elle est dédiée à la production des données qui permettront aux étapes suivantes de spatialiser et de dimensionner les différentes mesures définies par la loi (expropriation, délaissement, restriction des droits à construire, travaux de protection prescrits et recommandés, réglementation des usages, etc.). Tirées des études de dangers réalisées par les industriels, ces informations se présentent sous la forme d'inventaires de phénomènes dangereux, décrits de façon précise et qualifiés selon quatre valeurs : leur intensité (qui mesure en un point donné l'effet physique produit par ces phénomènes), leur probabilité (c'est-à-dire leur fréquence d'occurrence), leur cinétique (soit leur vitesse de réalisation) et enfin, leur gravité (qui se définit en fonction du nombre potentiel de victimes ou d'individus atteints de façon irréversible aux différents niveaux d'intensité). Présentés sous forme de tableur, ces inventaires de phénomènes dangereux sont les données d'entrée du PPRT, que les services d'inspection utilisent pour tracer les « aléas technologiques ».

La caractérisation des aléas est la première étape de la deuxième séquence de *figuration des risques*. Elle consiste à hiérarchiser les phénomènes dangereux décrits par les industriels et à sélectionner ceux qui, par leurs caractéristiques (probabilité, cinétique, intensité), justifient l'élaboration d'un PPRT. Deux filtres sont utilisés pour faire ce tri : le premier permet d'écarter les phénomènes accidentels les plus improbables dont la réalisation est empêchée par les mesures de maîtrise des risques du site industriel ; le second conduit à distinguer les accidents à cinétique rapide de leurs homologues à cinétique lente qui ne sont pas pertinents dans une démarche de maîtrise de l'urbanisation (parce qu'ils laissent le temps d'évacuer les populations exposées). Une fois filtrés, les phénomènes dangereux sont ensuite agrégés par type d'effets (thermique, toxique et surpression) à l'aide d'un module d'analyse spatiale qui transforme les données d'entrée (intensités et probabilités) en un zonage gradué en sept niveaux. L'obtention de ces cartes d'aléas déclenche alors les deux opérations suivantes qui consistent à localiser les enjeux du territoire (habitations, établissements recevant du public, activités économiques, infrastructures, etc.), puis à évaluer, par des études de vulnérabilité, la sensibilité de ces enjeux aux dangers qui les menacent. Ces investigations complémentaires visent à définir le comportement des bâtiments aux différents types d'agression considérés dans le calcul des aléas, étudier les possibilités de renforcement susceptibles de protéger les occupants et enfin, estimer le coût de ces mesures. Une fois produites, ces données sont supposées venir compléter les informations déjà disponibles (aléas et enjeux) pour aider les services instructeurs et les personnes et organismes associés (POA) à décider des « bonnes » mesures de maîtrise de l'urbanisation.

La troisième séquence de *transcription des risques* finalise l'élaboration du PPRT. Sur la base des informations définies dans la séquence précédente, elle conduit à la définition des différentes options de prévention, puis à la mise en forme partagée des principes de zonage (ce que la réglementation identifie comme la *stratégie du PPRT*) et enfin, à l'écriture des règlements d'urbanisme associés. Cadrée de façon précise par le guide méthodologique, cette transcription s'effectue sur quatre volets principaux. Le premier correspond à la maîtrise de l'urbanisation future et consiste à délimiter, dans le périmètre d'exposition aux risques (PER), des zones rouges dans lesquelles les constructions et les aménagements nouveaux seront interdits et des zones bleues dans lesquelles l'urbanisation et le renouvellement de l'existant seront autorisés sous condition. Le deuxième volet porte sur le foncier existant et vise à déterminer les secteurs d'expropriation et de délaissement dans les zones d'aléas les plus élevés (TF+ à F). Le troisième volet concerne les mesures physiques de renforcement du bâti existant qui, selon les niveaux d'aléas et les types d'effets (toxique, thermique et surpression), peuvent être soit prescrites (c'est-à-dire rendues obligatoires), soit recommandées (c'est-à-dire que leur exécution est laissée à l'appréciation des propriétaires des logements). Enfin, le quatrième volet vise à réglementer les usages permanents ou réguliers liés aux équipements, espaces, transports et infrastructures inclus dans le périmètre d'exposition aux risques.

4.1.2. Des services d'inspection peu réceptifs à l'approche territoriale du PPRT

Dire que le PPRT incite à la territorialisation de la prévention des risques industriels ne signifie pas que les acteurs concernés se soumettent spontanément à ses prescriptions, fussent-elles véhiculées par voie législative et réglementaire. En l'espèce, il faut aussi tenir compte des résistances qui contrarient l'assimilation des principes détaillés juste avant, notamment lorsque ces derniers remettent en cause des habitudes de travail profondément ancrées dans les pratiques professionnelles des agents ciblés (Le Bourhis, Lascoumes, 2014). Cette inertie s'observe notamment du côté des services d'inspection où beaucoup d'agents instructeurs se montrent dans les faits peu réceptifs à la logique territoriale du PPRT.

A leur niveau, les difficultés d'appropriation de l'instrument se manifestent principalement de deux manières : par la volonté qu'ils affichent de maintenir un huis-clos techniciste jusqu'à la fin de la séquence de figuration des risques d'une part ; par l'absence de reconnaissance des parties associées en tant que contributeurs légitimes à ces opérations de mise en risques d'autre part.

Bien que peu nombreux, les travaux consacrés à l'inspection des installations classées ont bien montré la prégnance du modèle techniciste dans les activités de contrôle et de suivi administratifs des établissements industriels (Bonnaud, 2002). Le plus souvent, ces interventions suivent en effet cette logique d'action, qui place la science et la technique au-dessus de tous les autres modes de représentation des problèmes à résoudre. Deux caractéristiques principales définissent alors la décision techniciste : d'une part, elle manifeste clairement l'intention de produire un savoir dégagé des contingences sociales et politiques, sur la base d'une conception objectiviste de la connaissance ; d'autre part, elle est dominée par la coopération et le dialogue « entre techniciens » et contribue, dans ces conditions, à exclure toute autre forme de médiation sociale. D'abord associé aux procédures d'autorisation et de contrôle qui constituent le socle de la prévention des risques industriels depuis les années 1970, ce modèle de décision a ensuite contribué à la définition de tous les outils qui, dans les années 1980 et 1990, sont venus renforcer les moyens d'action de l'inspection. La maîtrise de l'urbanisation par exemple, qui fait suite à la transposition de la première directive Seveso dans le droit français, suit clairement cette logique d'objectivation du risque dans l'entre-soi technicien des exploitants et des services d'inspection comme préalable aux activités plus politiques de dimensionnement des mesures de prévention[149]. La procédure, fixée par une circulaire de 1986, renouvelée en 1992 puis 2003, distingue en effet clairement ces deux étapes en séparant ce qui correspond à l'identification des risques et des restrictions d'aménagement à transcrire dans les documents d'urbanisme d'abord, à la concertation avec les représentants des territoires exposés dans le but

[149] Ces activités de dimensionnement sont considérées comme « politiques » dans le sens où elles donnent lieu à des négociations avec des acteurs non spécialistes de la sécurité industrielle, portant des enjeux qui ne se réfèrent pas directement au fonctionnement et à la vie des installations à l'origine des risques. On retrouve d'ailleurs les mêmes découpages du côté de la prévention des risques naturels (Bayet, 2000).

d'ajuster cette vision technicienne aux enjeux du développement urbain ensuite. Habitués à travailler de cette façon depuis plusieurs décennies, les inspecteurs en charge du suivi des établissements à risques ont donc complètement intériorisé ce modèle techniciste et fini par se confondre avec lui, c'est-à-dire à penser naturellement que les risques doivent être qualifiés de façon « objective » avant d'être pris en charge politiquement et que le maintien d'une certaine étanchéité entre l'évaluation et la décision est la meilleure façon de garantir cette « objectivité ».

Cette disposition incorporée, qui caractérise les services d'inspection au moment de lancer l'élaboration des PPRT, explique en grande partie les difficultés qu'ils rencontrent pour se conformer à la logique territoriale de la procédure évoquée plus haut. Le problème vient notamment des exigences en termes d'ouverture aux non spécialistes et de mise à contribution des parties associées dès l'étape de production des aléas, deux principes qui ne correspondent pas au schéma de la décision techniciste qui vise, au contraire, à bien séparer ce qui se discute au préalable avec les exploitants (la mise en risques) des échanges ultérieurs avec les autres acteurs concernés (le dimensionnement des mesures de prévention). D'une certaine manière, le PPRT brouille les repères des agents instructeurs et les invite à repenser leurs modes d'action selon des orientations qu'ils jugent plus ou moins contre-nature. En particulier, la mise en public des décisions relatives à la caractérisation des aléas leur paraît non seulement incongrue, mais potentiellement contre-productive. Quelle pourrait être, en effet, la plus-value d'un élu, d'un représentant associatif ou d'un riverain à ce travail particulièrement exigeant au plan technique, sinon d'ajouter une couche de complexité à un processus de décision qui en compte déjà beaucoup ? Dans la plupart des cas, le choix est donc fait de s'en tenir à une lecture partielle de la réglementation en se gardant bien de mêler les parties associées aux premières étapes de la démarche, notamment la caractérisation des aléas qui est ainsi préservée des intrusions intempestives en restant confinée dans l'entre-soi techniciste des services d'inspection et de leurs interlocuteurs industriels.

En général, deux arguments sont avancés pour justifier cette position qui s'écarte sensiblement de l'esprit de la règle. Le premier est que le contexte de lancement du programme PPRT crée des complications supplémentaires par rapport à la situation idéale prévue par la réglementation, dans la mesure où le travail de sélection des données entrant dans la fabrication des aléas ne s'engage pas une fois la révision des études de dangers complètement achevée et les démarches de maîtrise des risques des exploitants définitivement arrêtées, mais vient s'entremêler avec ce travail de représentation de la situation à risques alors qu'il est encore en cours, ce qui conduit à augmenter très sensiblement le nombre de paramètres à prendre en compte pour chacune de ces décisions. Quant au second argument, qui incite lui aussi à ne pas multiplier les contributeurs à ce stade de la procédure, il est de faire remarquer que les complications liées au chevauchement et à l'interdépendance de ces trois procédures (révision des études de dangers, démarche de maîtrise des risques et caractérisation des aléas) sont encore redoublées par l'instabilité réglementaire qui caractérise cette séquence de mise en œuvre et qui conduit à d'incessants revirements au gré des changements de règle du jeu. Considérant ce processus de décision comme trop difficile à suivre par un public de profanes, les services d'inspection jugent alors préférable de ne pas solliciter les parties associées à ce stade de la procédure, sauf demande expresse de leur part. Ce qu'explique ce chef de pôle risques qui, à l'époque, supervise l'élaboration de plusieurs PPRT en région Alsace :

> L'exploitant fournit une étude de danger qui est actualisée tous les cinq ans ou à chaque fois que cela lui est demandé. À la fin de cette étude, l'exploitant doit fournir une liste de phénomènes dangereux susceptibles d'être créés par son établissement. Il doit indiquer les phénomènes dont la probabilité est suffisamment faible pour ne pas être retenus pour la maîtrise de l'urbanisation. Ce document, généralement consistant, est étudié par les inspecteurs et fournit des points de dialogue avec l'exploitant concernant le choix des phénomènes, l'estimation de l'intensité, les conditions de modélisation, les seuils de toxicité, la probabilité, son estimation, le choix des phénomènes à faible probabilité. Ces discussions se font par des courriers puis par des rencontres, et petit à petit, il y a convergence sur l'aléa à retenir. Les collectivités (sauf demande particulière de leur part) ne sont pas contactées durant cette période, car c'est très mouvant. Les collègues des DDE sont informés, mais le dialogue se fait essentiellement entre l'industriel et l'inspection.

La difficulté des services d'inspection à se départir de cette vision techniciste de la décision se lit également dans les arrêtés de prescription qu'ils soumettent pour avis aux futures parties associées avant le lancement effectif des procédures d'élaboration[150]. Dans la plupart des cas, ces règles du jeu se limitent en effet à quelques lignes indiquant, sans

---

[150] Le décret du 7 septembre 2005 prévoit en effet que l'arrêté de prescription qui déclenche l'élaboration du PPRT fasse l'objet d'une discussion préalable avec les futures personnes et organismes associés, concernant notamment leur contribution aux différentes séquences de la procédure.

plus de précision, que ces partenaires seront sollicités par le biais de réunions destinées à partager la connaissance du risque une fois les études techniques réalisées pour ensuite discuter de la stratégie du PPRT et du zonage réglementaire. Plutôt convergentes avec la position exprimée par l'inspecteur cité juste avant, ces formulations traduisent une conception pour le moins restrictive de l'association qui, certes, prévoit des échanges avec les collectivités locales, mais limités à leur strict minimum, selon un mode opératoire finalement assez proche de la procédure de maîtrise de l'urbanisation des années 1990 évoquée plus haut. Dans le schéma proposé, une intervention des personnes et organismes associés (POA) est effectivement prévue, mais plutôt en milieu de procédure, au terme de la séquence technique de figuration des risques (*cf.* encadré 18), c'est-à-dire une fois les discussions avec les industriels menées jusqu'au bout et les orientations du PPRT déjà bien esquissées. Ainsi cet autre chef de pôle risques, commentant la façon dont il conçoit la participation des parties associées au lancement du programme PPRT en 2008 :

> Quand on élabore un PPRT, la première partie de l'histoire est écrite uniquement par la DRIRE et l'exploitant. Il y a en effet à ce moment-là un aspect très technique qui fait que les autres parties prenantes ne sont pas vraiment invitées à entrer dans les débats. C'est plus tard qu'elles sont amenées à réagir sur nos propositions.

Une analyse comparée des arrêtés de prescription finalement signés par les préfets dans les différentes régions (beaucoup sont encore disponibles sur Internet) montre qu'à la mise en chantier des PPRT, cette conception techniciste de l'association n'est pas vraiment contestée par les acteurs concernés, notamment les collectivités locales consultées pour avis. Rares sont en effet celles qui se saisissent de cette opportunité pour amender les propositions des services d'inspection et demander, le cas échéant, d'être davantage intégrées à la séquence d'étude technique, comme le prévoit la réglementation. Peu réactives dans l'ensemble, les collectivités locales permettent donc que la grande majorité des PPRT commence à s'élaborer, non pas dans l'esprit de la règle, mais plutôt « à la façon » des services d'inspection, c'est-à-dire en proposant des schémas d'organisation qui ne remettent pas vraiment en cause le huis-clos techniciste en début de procédure et la compartimentation des séquences d'évaluation et de décision qui est systématiquement recherchée lorsqu'il s'agit de qualifier les situations à risques. Ce que confirme par exemple cet élu de la vallée de la chimie au sud de Lyon dans une tribune parue en 2009, soit un peu plus d'un an après la prescription des trois PPRT du secteur :

> Les communes ont des difficultés à être reconnues comme des interlocuteurs à part entière. En effet, les premières discussions ont lieu entre les industriels et l'État. Or ce sont elles qui fixent les règles du jeu. La procédure du PPRT n'intègre les communes qu'après la réalisation des études techniques et la définition des périmètres. Faute d'informations, elles se retrouvent en difficulté pour répondre aux questions des riverains. Il en résulte un climat d'incompréhension et d'angoisse chez les habitants qui ne se sentent pas défendus par leurs élus[151].

Cette critique, qui vise directement les services d'inspection, ne témoigne pas seulement de la résistance du modèle techniciste dans le cadre du PPRT. Elle signale également les potentialités conflictuelles de ce schéma d'organisation, qui s'affirment d'autant plus ouvertement que les collectivités locales entrent pour de bon dans la procédure, qu'elles commencent à percevoir les enjeux de la démarche (en termes financiers et d'effets possibles sur les dynamiques de développement local) et, plus largement, qu'elles s'approprient les droits que la réglementation leur octroie, notamment celui de contribuer aux côtés des services instructeurs et des exploitants à la séquence d'étude technique et, dans ce cadre, à la définition des grandes lignes du plan qui seront mises en discussion dans la phase de stratégie. Autrement dit, si l'approche techniciste n'empêche pas, en général, de franchir les étapes préalables à la prescription du PPRT (jusqu'à la caractérisation des aléas en gros), elle peut poser problème par la suite, dès lors que les parties associées se sentent lésées de ne pas avoir contribué à la définition des « règles du jeu » (pour reprendre le propos de l'élu précédemment cité) et d'être ainsi cantonnées dans un rôle de simple exécutant qui ne correspond pas à ce qu'elles attendent de la procédure. Dans ce cas, l'avancement des PPRT conduit en général les agents instructeurs à se confronter aux limites de leurs propres modes d'action et, dans ces conditions, à devoir faire preuve d'une plus grande ouverture envers les collectivités locales. Largement contrainte, cette territorialisation *a posteriori* des services d'inspection est toutefois favorisée par la proximité des agents co-instructeurs de la DDE qui, de leur côté, défendent une vision plus pragmatique de la décision, c'est-à-dire moins réfractaire à l'approche territoriale et au dialogue avec les représentants

[151] D'après le site Internet d'AMARIS, l'association nationale des communes pour la maîtrise des risques technologiques majeurs (consultation du 24 janvier 2012).

des collectivités locales. Également encouragée par les services d'administration centrale, cette mue des inspecteurs de terrain en charge des PPRT doit aussi beaucoup aux dynamiques d'apprentissage collectif liées à la création, courant 2008, d'un réseau national des services instructeurs.

4.1.3. Le réseau national des services instructeurs comme facteur d'acclimatation du PPRT

Destiné au pilotage des services déconcentrés, le réseau national des services instructeurs est d'abord pensé comme une mesure de sauvegarde du programme PPRT. Comme l'explique cet agent du Bureau des risques, l'idée est de coordonner les interventions de l'ensemble des acteurs de terrain, de façon à garantir une certaine homogénéité des décisions locales et préserver ainsi le programme des éventuels procès en incohérence qui pourraient à terme le compromettre :

> A l'époque, on se disait que si on n'était pas équitable, équilibré sur le territoire, entre la carte qu'on produit et les mesures qu'on préconise dans chaque zone d'aléas, on était mort à coup sûr. Ça n'aurait pas loupé, on aurait fait l'objet d'un procès en incohérence, en clientélisme, en système qui ne tient pas la route. Tous les gens qui n'étaient pas convaincus par le PPRT n'auraient pas hésité à nous attaquer. Certains industriels notamment. Ils auraient cherché à nous faire la peau. Donc il fallait qu'on soit irréprochable, qu'on assure une certaine homogénéité des décisions sur l'ensemble du territoire national. Et c'est là qu'on s'est dit que la solution, c'était de piloter à mort les DRIRE et les DDE pour être certain de ne pas avoir ce procès en incohérence.

Pour répondre à cet objectif de pilotage serré, le Bureau des risques imagine une structure pyramidale à trois niveaux. Au sommet, il place un nouveau groupe de travail, dits des services instructeurs PPRT (GTSI), destiné aux échanges avec les acteurs de terrains des DRIRE et DDT. L'instance ne pouvant toutefois pas fonctionner avec tous les services instructeurs, une sélection est opérée qui privilégie les dix DRIRE cheffes de file des pôles inter-régionaux risques accidentels[152] et la petite vingtaine

[152] Les pôles inter-régionaux risques accidentels sont liés aux renforts d'effectifs de l'inspection obtenus à la suite de la catastrophe d'AZF de 2001. Au nombre de dix, ils structurent les activités des DRIRE dans le domaine du contrôle des ICPE, selon la logique de mutualisation des compétences déjà évoquée en partie 1 (Dorison, 2015).

des DDE ayant le plus de PPRT à élaborer. Au niveau intermédiaire de la pyramide, les transmissions ascendantes et descendantes sont assurées par les dix DRIRE du GTSI, dans le cadre des précédents pôles risques accidentels auxquels contribuent les autres services régionaux impliqués dans l'exécution du programme PPRT. Enfin, à la base, les clubs risques régionaux[153] sont sollicités pour faire le lien avec la cinquantaine de DDE non directement représentées au GTSI. Ce qu'explique le chef du Bureau des risques de l'époque invité à détailler le fonctionnement de ce vaste réseau destiné à coordonner l'ensemble des services instructeurs :

> Le plus compliqué, c'était de toucher les DDE qui n'étaient pas présentes au GTSI. Parce qu'au début, on comptait sur nos DDE leader d'opinion pour qu'elles fassent le lien avec leurs collègues des autres départements. Ils nous ont tous dit « Oui, oui », mais en pratique ils ne le faisaient pas. Comme on ne pouvait pas se permettre d'avoir une partie des DDE qui suivait et une autre partie qui ne suivait pas, on a donc demandé aux DRIRE d'organiser des clubs risques régionaux sur les PPRT. On a dit : « Il faut étendre ces clubs risques plutôt portés sur les risques naturels en ajoutant à chaque fois une demi-journée risques technos ». Du coup, les DRIRE ont pu redescendre les infos à toutes les DDE. C'est-à-dire que les DRIRE de pôle qui participaient au GTSI rediffusaient à toutes les DRIRE de région qui elles-mêmes rediffusaient en clubs risques régionaux. Et en plus on disait : « Si jamais il y a une DRIRE qui a un doute sur ce qu'elle va dire au club risques régional, vous nous appelez et il y a quelqu'un du Bureau des risques qui viendra vous appuyer ». C'est comme ça qu'on a fini par toucher l'ensemble des DDE.

---

153 Créés en 2001, les clubs risques régionaux ont vocation à favoriser les échanges de pratiques et les débats techniques entre les différents acteurs locaux en charge des politiques de prévention des risques. Animés par les DIREN et les DRIRE, avec l'appui des CETE compétents, ils réunissent l'ensemble des agents des différents services départementaux de l'État concernés (groupes de subdivisions des DRIRE, DDE, DDAF, etc.).

Encadré 19 Schéma simplifié du réseau national des services instructeurs

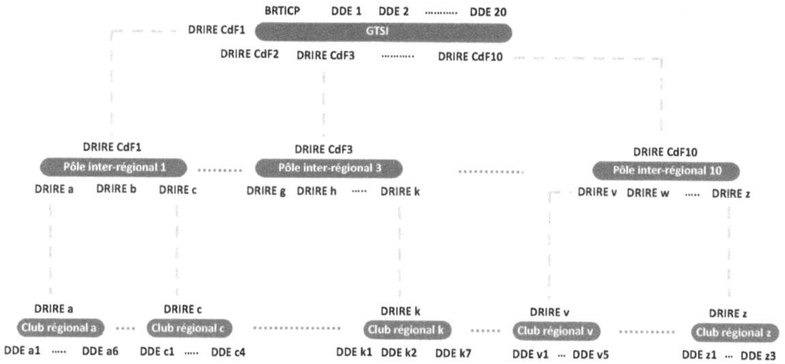

S'appuyant sur des structures existantes (les pôles inter-régionaux et les clubs risques), cette mise en réseau des services instructeurs profite également des réorganisations administratives de l'époque. En particulier, la fusion des Ministères de l'équipement et de l'environnement est l'occasion d'optimiser les liens fonctionnels entre la nouvelle direction générale de la prévention des risques (DGPR)[154], les DREAL en région et les DDT en département[155]. En plaçant ces trois entités sur la même ligne hiérarchique, l'organisation de la nouvelle administration renforce l'évidence de leur coopération tout en affaiblissant les inévitables concurrences interservices. Ainsi ce représentant du Bureau des risques, qui pointe l'effet bénéfique de la création du grand Ministère

[154] La direction générale de la prévention des risques (DGPR) remplace, sans grand changement de périmètre, l'ancienne direction de la prévention des pollutions et des risques (DPPR). Dans la nouvelle organisation du grand ministère ainsi formé, le bureau des risques est quant à lui maintenu à l'identique.

[155] Les directions régionales de l'environnement, de l'aménagement et du logement (DREAL) résultent de la fusion des DRIRE, des DIREN déjà évoquées et des directions régionales de l'équipement (DRE). Quant aux directions départementales des territoires (DDT), elles sont formées à partir des services des DDE et des DDAF (Lascoumes et al., 2014).

du développement durable sur la coordination des services instructeurs, notamment des services de l'ex-équipement :

> C'était absolument indispensable parce que les DDE n'avaient pas l'habitude d'être pilotées. Le pilotage hiérarchique, ce n'était pas du tout dans l'esprit DDE, dans l'esprit historique de l'équipement. Alors que c'est très DGPR, très écologie ! Donc au début, c'était un peu difficile. Et puis c'est devenu beaucoup plus évident quand on a pu se dire qu'on faisait tous partie du même ministère.

Très sollicité dans la phase de lancement du programme PPRT, le réseau national des services instructeurs rend alors deux grands types de services. Premièrement, il fonctionne comme une plateforme d'échange qui permet aux acteurs de terrain de partager des expériences, de confronter des points de vue, d'échanger des diagnostics et des solutions, dans le but de faire émerger des bonnes pratiques à même d'être transposées d'une région ou d'un département à l'autre. Deuxièmement, il fonctionne comme une courroie de transmission qui permet aux metteurs en œuvre de solliciter l'administration centrale sur des problèmes spécifiques ou, plus simplement, de faire remonter les informations susceptibles d'aider au pilotage des services. Fonctionnant aussi en sens inverse, du haut vers le bas, il permet en même temps de diffuser la doctrine PPRT, d'expliquer les textes réglementaires ou d'inciter les services à suivre les formations proposées par l'administration centrale. A l'usage, le réseau est donc le lieu de multiples apprentissages collectifs qui aident progressivement les agents instructeurs à entrer dans la logique du PPRT, à s'approprier les rôles imposés par la réglementation et à monter en compétences sur les différents aspects de la procédure. Cet effet instituant s'observe notamment du côté des DDT qui profitent clairement de cette ressource collective pour se familiariser avec les questions de sécurité industrielle, mais également pour cadrer leurs interventions dans le domaine de la caractérisation des enjeux et des études de vulnérabilité. Il s'observe de la même manière du côté de l'inspection, plus particulièrement sur les sujets de l'association, de la concertation et, plus largement, de la mise à contribution des acteurs supposés représenter les territoires exposés. Comme l'explique le chef du Bureau des risques de l'époque, c'est notamment par le canal du GTSI qu'il fait pression sur les services d'inspection pour les inciter à se territorialiser davantage, c'est-à-dire à rompre avec le modèle techniciste pour créer les conditions d'une collaboration plus active avec les élus et techniciens des collectivités locales :

Ça n'a pas été facile parce que ça bousculait vingt-cinq ans d'habitude. Il y avait des réticences. Beaucoup disaient : « Je n'ai pas l'habitude de discuter avec ces gens-là. Je ne suis pas formé pour ça. Mon métier c'est de lire une étude de dangers, d'être capable de dire s'il y a un risque ou non et, le cas échéant, de mettre ce risque en carte. Mon métier n'est pas de négocier avec les élus ». Certains craignaient aussi des discussions sans fin en disant : « Les élus n'y connaissent rien. Ils ne comprennent rien en matière de risques technos, ça va être terrible, les débats ne vont servir à rien. Ils vont se braquer, on ne s'en sortira pas ». Donc on est beaucoup intervenu pour lever ces réticences, en GTSI, dans les formations qu'on faisait. On disait à chaque fois : « De toute façon, il n'y a pas le choix ! Qui d'autre au sein de l'État peut le faire ? Vous n'allez quand même pas envoyer des gens qui ne savent pas en quoi consiste une étude de dangers, qui ne sauront pas expliquer quels sont les risques, qui ne sauront pas expliquer si on a le temps de se mettre à l'abri ou pas. Il n'y a que vous qui savez. Le système est ainsi fait que maintenant, il faut que les élus puissent prendre aussi en charge une partie de leur responsabilité mais pour ça, il faut qu'on leur explique les tenants et les aboutissants de chacun des problèmes. Donc il faut que vous y alliez. Il n'y a personne d'autre. Que ça nous fasse plaisir ou pas, il n'y a que nous qui pouvons le faire, c'est notre devoir au sein de l'État ». Aux DREAL, lorsqu'on leur parle de devoir et de valeur d'État, généralement, ça marche ! Et ça a fini par marcher. Plus ou moins.

Mis en action début 2008, le réseau national des services instructeurs est une bonne illustration de l'interconnexion des deux mouvements de territorialisation évoqués en introduction de cette partie. Comme l'explique le précédent enquêté, la territorialisation du processus réformateur par la création de cette architecture organisationnelle reliant le Bureau des risques à l'ensemble des acteurs de terrain favorise au bout du compte l'appropriation de la logique territoriale du PPRT par les services d'inspection et, dans ces conditions, crée la possibilité d'actions de mise en œuvre plus ouvertes aux collectivités locales, soit au final une atténuation de l'approche sectorielle au profit d'une territorialisation accrue de la prévention des risques industriels. Par son fonctionnement, cet espace d'échange contribue à l'évolution des agents instructeurs qui, dans l'ensemble, finissent par accepter l'esprit de cette règle qui leur impose de ne plus décider pour, mais avec les représentants des collectivités locales et, dans ces conditions, de les reconnaître non plus comme de simples ressortissants qu'on sollicite en bout de chaîne, mais comme des partenaires et des contributeurs légitimes à la démarche de prévention dans son intégralité. Cette nouvelle façon d'envisager les acteurs communaux et intercommunaux ne trouve cependant pas de traduction immédiate dans tous les PPRT en cours d'élaboration à ce moment-là. Pour cela, il faudra en effet attendre encore un peu que l'avancement du programme et les premières approbations fassent la preuve de l'utilité des collectivités locales (y compris sur des sujets jugés *a priori* techniques), que dans certains cas des groupes de travail spécifiques se créent pour favoriser les échanges avec les services instructeurs et enfin, que ces parties associées soient finalement reconnues comme un véritable groupe d'intérêt susceptible d'interagir avec le « centre de décision » ministériel.

4.2. La légitimation des acteurs communaux et intercommunaux

En matière de risques industriels, la position des collectivités locales se caractérise par une certaine ambivalence. D'un côté, les communes et intercommunalités sont investies de responsabilités importantes, s'agissant par exemple de la traduction des zonages de maîtrise de l'urbanisation en règlements d'urbanisme, de l'information au public, de l'alerte et de la gestion de crise (Peretti-Watel, 2004). Mais d'un autre côté, elles ne s'affirment pas, sauf exception, comme des acteurs de premier plan de cette politique publique[156]. En dépit de compétences qui ne cessent de se renforcer depuis la fin des années 1980, elles peinent en effet à se faire une place aux côtés des exploitants et des services de l'État, à peser sur les décisions locales et, plus largement, à se faire reconnaître comme des relais légitimes du pouvoir régalien dans les territoires (Chabbal, 2005 ; Glatron, 2004). Marginalisées, dominées techniquement, elles sont le plus souvent réduites à la passivité, cantonnées dans un rôle de spectateur qui les conduit, selon les cas, à osciller entre désintérêt, contemption et contestation (Fournier, Mattina, 2014). Ce cas général, qui correspond à la plupart des situations observées et documentées ces dernières années, est toutefois remis en cause par le PPRT. L'inflexion vient notamment d'un ensemble d'attributions nouvelles qui invitent les acteurs communaux et intercommunaux à adopter une attitude moins défensive et à s'impliquer davantage dans les activités de mise en risques.

---

[156] D'après la littérature, seules quelques collectivités locales échappent en effet à ce constat. C'est le cas notamment de quelques grandes villes et métropoles disposant de services dédiés (Gralepois, 2008).

4.2.1. Une procédure qui renforce nettement le rôle des collectivités locales

Dans le domaine des risques naturels, le renforcement du rôle des collectivités locales est l'un des principaux vecteurs de la territorialisation des politiques de prévention (Rode, 2009 ; Laganier, 2006). Dans le cas du PPRT, cette responsabilisation s'effectue selon trois voies principales. La première découle de la méthode d'évaluation des risques qui, on l'a vu plus haut, tend à valoriser l'expertise territoriale aux côtés des savoirs traditionnels liés à la sécurité industrielle. La deuxième voie est plus directement liée au statut de personnes et organismes associés (POA) qui confère aux acteurs communaux et intercommunaux la triple responsabilité de co-définir les mesures de prévention, de les co-financer et, une fois le PPRT approuvé, de les mettre en œuvre par l'intermédiaire de conventions préalablement signées avec les services de l'État et les exploitants à l'origine des risques. Quant à la troisième voie, elle résulte de la fonction participative du PPRT qui assigne les élus locaux et techniciens territoriaux dans un rôle inédit d'intermédiaires avec les publics destinataires des mesures de réduction de la vulnérabilité prescrites par le plan (expropriation, délaissement, renforcement du bâti, réglementation des usages). Explorons maintenant plus en détail ces différents facteurs de légitimation des communes et intercommunalités.

Dans la procédure PPRT, le renforcement du rôle des collectivités locales est d'abord la conséquence de l'approche voisino-centrée du PPRT qui consiste à définir le risque par la mise en regard des zones d'aléas issues des études de dangers avec les enjeux et vulnérabilités figurant les territoires menacés par ces aléas. Ainsi définie, la méthode ne se réfère plus uniquement aux connaissances usuelles de la prévention des risques industriels, détenues de façon quasi-exclusive par les industriels et les services d'inspection. Elle empiète également sur le terrain de l'expertise territoriale où les acteurs communaux et intercommunaux peuvent plus facilement rivaliser avec les services instructeurs, surtout lorsqu'ils sont les seuls à disposer des informations que le PPRT demande de recenser. Car si le travail de caractérisation des enjeux et vulnérabilités est plutôt bien balisé au plan théorique et réglementaire, il l'est beaucoup moins au plan pratique. En particulier, les entités territoriales que le guide méthodologique demande de mettre en cartes (les maisons, immeubles d'habitation, équipements publics, commerces, bâtiments d'activité, etc.) ne se laissent pas toujours facilement catégoriser et localiser de façon précise. Les sources manquent parfois ou restent difficiles à identifier par les services instructeurs. L'exploitation des informations recueillies pose également toutes sortes de problèmes : de quantification, quand par exemple la présentation des données INSEE à l'îlot empêche de définir le nombre de logements et d'habitants par secteur autrement que par le recours à une règle de trois (forcément imprécise) ; d'exhaustivité, quand les fichiers de recensement à disposition se révèlent incomplets ou pas suffisamment précis dans leur composition (ce qui est le cas par exemple pour les activités commerciales) ; de catégorisation, quand il faut statuer sur la nature de certains enjeux (une supérette est-elle considérée comme une entreprise ou comme un établissement recevant du public ?). Dans bon nombre de situations, notamment les secteurs densément urbanisés, ce travail ne peut donc pas être correctement réalisé sans l'appui technique des communes et intercommunalités qui, contrairement aux services de l'État, ont la connaissance fine des territoires à catégoriser et cartographier. Ainsi cet agent instructeur, qui témoigne du rôle que les acteurs communaux et intercommunaux peuvent alors être amenés à jouer dans cette phase de caractérisation des enjeux :

> La plupart du temps, on n'a pas pu faire sans les communes. Du coup, on les a beaucoup rencontrées dans cette phase de la procédure. Pour qu'elles nous aident sur les enjeux. Sur la liste, la fameuse liste des enjeux qui est dans le guide. Qu'est-ce qu'ils savent ? Qu'est-ce qu'ils peuvent nous dire sur chaque enjeu ? Est-ce que les données qu'on a recensées correspondent bien à ce qu'ils connaissent de leur territoire ? Et puis c'était aussi très important qu'ils nous parlent du contexte de leur commune, des projets en cours, des choses qu'ils envisagent de faire à court ou moyen terme. S'il y a un truc important, il faut qu'ils nous le disent pour qu'on puisse en tenir compte dans la stratégie.

Si la procédure est en mesure de favoriser l'intervention des communes et intercommunalités dans les activités de mise en risques jusqu'ici réservées aux seuls spécialistes de la sécurité industrielle, elle contribue en même temps à les responsabiliser davantage vis-à-vis des décisions qui doivent être prises sur la base de ce travail préalable de caractérisation des enjeux et vulnérabilités des territoires exposés. Avant le PPRT, la contribution des pouvoirs locaux à ces décisions était particulièrement limitée : elle consistait principalement à négocier les zonages de protection affichés par les services de l'État puis à les mettre en œuvre sous forme de restrictions des droits à construire, par le biais des documents d'urbanisme réglementant l'usage des sols et de la procédure du permis de construire (Duchêne, 2010 ; Girard, 2004). Dans le cadre du PPRT, les communes et intercommunalités sont attendues sur un plus grand nombre de registres : elles sont supposées contribuer à la stratégie du PPRT qui permet d'esquisser les grandes orientations de plan, à l'écriture du règlement qui conduit à préciser, s'il y a lieu, les mesures de réduction de la vulnérabilité, à la mise en place des conventions tripartites qui permettent de financer ces mesures, à l'enquête publique qui précède l'approbation du préfet et enfin, à l'exécution de la plupart des mesures dans le cadre des conventions préalablement signées avec les autres financeurs (notamment l'État et les industriels). Vis-à-vis de la situation antérieure, les collectivités locales sont donc confrontées à deux nouveautés de taille, qui modifient profondément leur rapport à la décision : la première est qu'elles doivent prendre part au financement des mesures prescrites, dans des proportions équivalentes aux deux autres principaux contributeurs[157] ; la seconde est que la nature de ces mesures prescrites les désigne comme principal exécuteur des PPRT, s'agissant notamment de l'application du droit de préemption, du délaissement et de l'expropriation pour lesquels elles sont les seules à pouvoir prendre l'initiative[158]. Pas toujours très bien perçue par les acteurs locaux, surtout dans les phases préliminaires de la démarche, cette redéfinition du rôle des communes et intercommunalités a malgré tout tendance à jouer comme un puissant motif d'intéressement des élus et techniciens territoriaux. L'enjeu financier notamment les encourage à des attitudes beaucoup moins passives que par le passé.

Enfin, le troisième facteur de légitimation des communes et intercommunalités concerne la relation avec les principaux destinataires des PPRT. On l'a vu plus haut, l'inclusion de ces publics est définie comme

---

[157] S'agissant des mesures foncières (expropriation et délaissement) et des mesures supplémentaires de réduction des risques à la source, la loi instaure en effet un principe de cofinancement engageant l'État, les exploitants des installations à l'origine du risque et les collectivités territoriales compétentes sur le périmètre du PPRT. Ce principe est détaillé par la circulaire du 3 mai 2007 relative aux modalités de financement, de suivi et de contrôle de la mise en œuvre des mesures foncières et supplémentaires prévues par les PPRT.

[158] Pour la mise en œuvre des mesures d'expropriation, le préfet ne peut en effet déclencher la procédure de déclaration d'utilité publique que si le maire de la commune ou le président de l'établissement public de coopération intercommunale compétent en matière d'urbanisme lui en fait la demande. De même, le droit de délaissement ne peut être instauré que par délibération d'une commune ou d'un établissement public de coopération intercommunale compétent dans le ou les secteurs délimités par le PPRT.

un enjeu important de la procédure qui doit « permettre à chacun de s'exprimer et de faire valoir ses idées[159] ». Les principes de ce dialogue restent cependant peu détaillés par la réglementation et, dans ces conditions, laissés à l'appréciation des services instructeurs. Sur ce point, le guide méthodologique se contente seulement d'indiquer que la concertation « comporte des temps d'écoute, de dialogue et d'échanges directs avec toute personne intéressée », mais sans préciser, par exemple, à qui revient la charge d'organiser ces discussions. Soucieux d'équilibrer un peu les rôles et globalement peu enthousiastes à l'idée de s'aventurer sur ce terrain dont ils n'ont pas vraiment l'expérience à l'époque, les services instructeurs ont alors souvent proposé de confier cette tâche spécifique aux acteurs communaux et intercommunaux, jugés plus aptes au dialogue de proximité avec les populations locales et les riverains susceptibles de prendre part à l'élaboration des PPRT. Ainsi ce chef de pôle risques, qui justifie ce principe de délégation de la relation aux acteurs locaux :

> On s'est dit à un moment que ça pourrait être utile de concerter directement les associations et les riverains. Pour anticiper les problèmes. Ça a été discuté à plusieurs reprises, mais finalement l'idée qu'on a retenue, c'est que les communes fassent leur affaire de la relation avec les associations et les riverains. Elles les connaissent mieux et elles sont plus au contact que nous. Voilà. Après réflexion, on s'est dit que c'était mieux comme ça. Que chaque maire fasse le relais avec ses habitants et ses associations.

Cette dernière sollicitation, lorsqu'elle s'ajoute aux attentes découlant du statut de POA et aux demandes liées à la caractérisation des enjeux, contribue donc, elle aussi, à redéfinir de façon substantielle le rôle des collectivités locales en matière de prévention des risques industriels. Cette légitimation de l'acteur communal et intercommunal reste cependant assez inégale dans ses effets. Car si dans certains cas, les élus locaux et techniciens territoriaux se montrent effectivement plus concernés et plus investis que par le passé, tous ne s'engagent pas dans cette voie de la responsabilisation ouverte par le PPRT. La mutation des collectivités locales ne s'impose donc pas comme une généralité, loin de là. En tout cas pas de façon immédiate. Du coup, la démarche conduit à des situations assez contrastées, selon qu'elle contribue ou non à transformer les acteurs communaux et intercommunaux concernés et selon que ce repositionnement

---

[159] D'après le guide méthodologique d'octobre 2007, p. 40.

conduit ou non à l'instauration de pratiques plus collaboratives avec les services instructeurs et les exploitants à l'origine des risques.

4.2.2. Des prises de rôle plus ou moins conformes aux prescriptions du PPRT

Pour mettre en évidence cette extrême variété des engagements municipaux dans la procédure PPRT et parallèlement, des formes d'action collective qu'ils conditionnent, nous avons procédé à l'analyse comparée d'une vingtaine de cas, répartis dans une douzaine de régions (*cf.* tableau à suivre).

Région	**Commune (département)**	**Établissements à l'origine du PPRT**	**Prescription du PPRT**
Alsace	Strasbourg-Port aux pétroles (67)	Plateforme pétrochimique	Mars 2009
Aquitaine	Ambès (33)	Plateforme chimique	Oct. 2013
	Bassens (33)	Dépôt pétrolier et usines chimiques	Déc. 2008
Basse Normandie	Caen-Mondeville (14)	Dépôt pétrolier	Janv. 2011
Bretagne	Redon (35)	Fabrication de briquets jetables	Déc. 2008
	Lanester (56)	Usine chimique	Mars 2009
	Quéven (56)	Stockage de gaz	Juin 2008
Centre	Saint-Pierre-des-Corps (37)	Centre emplisseur de gaz	Oct. 2009
Haute Normandie	Gaillon (27)	Usine chimique	Déc. 2009
	Le Havre (76)	Plateforme pétrochimique	Fév. 2010
Languedoc-Roussillon	Narbonne (11)	Usine chimique	Avril 2009
Midi-Pyrénées	Lespinasse (31)	Dépôt pétrolier	Fév. 2007

Région	Commune (département)	Établissements à l'origine du PPRT	Prescription du PPRT
PACA	Fos-sur-Mer (13)	Plateforme pétrochimique	Janv. 2011
	La Mède (13)	Raffinerie	Avril 2009
	Marseille Saint-Menet (13)	Usine chimique	Mai 2009
Pays de Loire	Donges (44)	Raffinerie	Déc. 2010
Poitou Charente	La Rochelle (17)	Dépôt pétrolier	Sept. 2008
Rhône-Alpes	Tersanne (26)	Stockage de gaz	Mars 2012
	Jarrie (38)	Usine chimique	Juin 2010
	Roussillon (38)	Plateforme chimique	Avril 2009
	Lyon-Vallée de la chimie (69)	Plateforme pétrochimique	Oct. 2008

Investigués à des degrés variables lors d'enquêtes réalisées entre 2010 et 2014, ces différents cas constituent un échantillon assez représentatif de la diversité des situations dans lesquelles s'élaborent les PPRT à l'époque, s'agissant de la taille et de la nature des installations industrielles à l'origine de la démarche, de l'environnement urbain de ces installations, des effets potentiels de la démarche sur cet environnement, de la taille des collectivités concernées et enfin, des ressources à leur disposition pour endosser le rôle prescrit par la réglementation.

Fondée sur une lecture systématique des comptes rendus des réunions de POA et des rapports de présentation des vingt PPRT choisis[160], l'analyse comparée de cette vingtaine de cas permet tout d'abord de montrer que l'implication des pouvoirs locaux et la place qu'ils prennent dans le processus de décision dépendent de plusieurs paramètres. En premier

---

[160] Le rapport de présentation est le support principal de l'enquête publique organisée en fin de procédure. Il détaille notamment les choix d'organisation adoptés par les services instructeurs pour procéder à l'élaboration du PPRT. Quant aux réunions POA, elles sont la traduction concrète du principe d'association mentionné plus haut. Leur but est de mobiliser les diverses parties prenantes pour favoriser la confrontation des intérêts en vue de décisions mieux partagées.

lieu, on observe que la prise de rôle est fonction de la capacité des services instructeurs à installer de telles relations avec les élus et techniciens territoriaux ce qui, on l'a vu plus haut, n'est jamais complètement donné à l'avance, notamment du côté des DREAL. Localement, des résistances peuvent en effet subsister, par manque de savoir-faire des services d'inspection et/ou absence de revendication des collectivités locales. De ce point de vue, la complexité du PPRT et ses impacts potentiels sur le développement local comptent aussi beaucoup. Ainsi, une démarche de prévention sans effet notable sur le voisinage (pas de travaux de protection, pas de mesures foncières, pas ou peu de contraintes sur l'urbanisation future) ne joue clairement pas dans le sens de la mobilisation des acteurs communaux et intercommunaux, donc de l'ouverture de la procédure. A l'inverse, un PPRT susceptible d'affecter des zones résidentielles et/ou des secteurs d'activité est davantage en mesure d'activer les élus locaux, surtout lorsque ces derniers sont investis par tout ou partie des riverains concernés pour défendre leurs causes. Enfin, on constate que les attentes suscitées par la démarche sont très variables d'un contexte à l'autre, conditionnant là aussi le niveau d'engagement des communes et intercommunalités dans un processus de décision concerté avec les services de l'État et les exploitants. Un élu local qui voit d'emblée le PPRT comme une opportunité de desserrer l'étau de la maîtrise de l'urbanisation ou comme un moyen de pérenniser l'activité industrielle sera en effet plus facile à mettre en action qu'un autre *a priori* plus réticent parce que focalisé sur les impacts économiques et la possible perte d'attractivité de sa commune. Un représentant du Bureau des risques engagé dans l'exécution du programme PPRT témoigne ainsi de ces différents styles d'élus :

> L'expérience montre qu'il y a en gros trois types d'élus. Il y a d'abord ceux qui sont un peu dépassés par la technicité du sujet, mais qui font confiance à l'État. Ce ne sont pas des élus qui veulent de l'expansion, de l'urbanisation, du chiffre d'affaires, des recettes… Ce sont par exemple des élus ruraux qui ne prétendent pas s'y connaître en risques technos. Deuxième catégorie : ce sont les élus qui sont d'accord pour discuter, qui ne refusent pas d'emblée les contraintes et qui veulent monter en puissance techniquement pour contribuer à la décision. Ce sont des élus extrêmement responsables qui, à mon avis, ne connaissaient pas grand-chose au sujet avant l'arrivée des PPRT, mais qui ne sont jamais arrivés avec des préjugés ou des positions dures. Dès le début ils ont dit : « Expliquez-nous. Faites-nous progresser qu'on puisse avancer ensemble ». Ils se sont formés, ils ont très tôt voulu participer aux réunions techniques. Ils nous ont posé plein de questions. Je pense que ça a été une bonne surprise pour nos DREAL de découvrir qu'il y avait des

élus avec qui on pouvait avoir des discussions intéressantes et qui parfois les ont amenés à reconsidérer un certain nombre de choses qu'ils avaient proposés au départ. Enfin, la troisième catégorie est la plus délicate : ce sont plutôt des élus qui ne connaissent pas grand-chose au sujet et que ça n'intéresse pas beaucoup. Ceux-là n'ont pas vraiment évolué. Ils sont toujours dans l'idée que le PPRT est juste une affaire de négociation et de rapport de force entre les industriels et l'État d'un côté, les collectivités locales de l'autre. Leur objectif est zéro contrainte pour leur commune quitte à faire partir le site industriel ou à faire réduire les risques à tout crin. Des fois, ils cherchent aussi à enfoncer des coins entre l'État et l'industriel, pour ralentir la démarche. Malheureusement, ils sont encore nombreux dans cette catégorie, dont des grands élus devenus ministres depuis. Ceux-là, évidemment, ce sont les plus difficiles à gérer. Ils ne sont pas dans une attitude de dialogue ni dans une attitude de confiance spontanée vis-à-vis de l'État. Souvent par visée stratégique.

De façon logique, la diversité des engagements décrite ici produit des formes d'action collective sensiblement différente d'un cas à l'autre. Sur la vingtaine de situations analysées, on observe ainsi des écarts importants entre des procédures très ouvertes, qui favorisent les échanges entre parties associées dès la séquence d'étude technique, et des procédures beaucoup plus fermées, qui réduisent les interactions au strict minimum. Dans quelques situations, l'élaboration du PPRT privilégie clairement l'horizontalité des échanges, via par exemple la création d'équipes projet ou de groupes de travail destinés à faire travailler ensemble les différentes parties associées d'un bout à l'autre de la procédure. D'autres en revanche se caractérisent par des structures de décision beaucoup plus étanches, qui cantonnent les échanges à quelques séquences de travail collectif positionnées aux moments clés de la démarche. Deux exemples, choisis parmi la vingtaine de cas étudiés, illustrent parfaitement cette diversité des formats collaboratifs adoptés localement : le PPRT de la vallée de la chimie au sud de Lyon (Rhône) et en contrepoint, celui de Mondeville près de Caen (Calvados) d'autre part.

Encadré 20 Deux PPRT révélateurs de pratiques d'association contrastées

Le cas de la vallée de la chimie. Ce PPRT est l'exemple-type de la procédure ouverte, qui accorde une place importante aux représentants des collectivités locales. Dans ce cas, la collaboration prend forme dans un schéma d'organisation conçu comme un « édifice » à trois étages. Le niveau supérieur est formé des *comités d'association*, c'est-à-dire les assemblées réunissant les POA supposés contribuer aux décisions marquant les grandes étapes d'élaboration du PPRT. Incarnant le principe d'association défini par la réglementation, ces comités réunissent en moyenne une trentaine de personnes : les directeurs d'établissement et/ou ingénieurs HSE des établissements à l'origine de la démarche de prévention, les élus (maires et/ou adjoints) des communes concernées, le plus souvent accompagnés du ou des techniciens municipaux en charge du dossier, les agents des différents services du Grand Lyon concernés (parfois accompagnés de leurs élus de tutelle) et enfin, le préfet et les agent des services instructeurs (DREAL et DDT). Moins politique, le niveau intermédiaire est occupé par l'*équipe technique*, conçue comme le centre névralgique du dispositif, c'est-à-dire le lieu où s'élaborent les propositions qui doivent être validées par les POA. Plutôt destinés aux techniciens des services de l'État et des collectivités locales (communes et Grand Lyon), l'*équipe technique* et les *groupes thématiques* qui lui sont associés (GT habitat, activités économiques et infrastructures) sont assez rarement investis par les élus. Ils sont également peu fréquentés par les industriels, sauf quand les discussions ont des implications directes en termes financiers. Enfin, le niveau inférieur du dispositif comprend des *réunions bilatérales* qui ont vocation à maintenir un contact permanent entre les services instructeurs et les représentants élus et techniciens municipaux pour évoquer les situations spécifiques à chaque commune. Conçue peu après le lancement de la démarche, cette structure collaborative est finalement maintenue jusqu'à l'approbation du PPRT. Favorable aux coordinations, elle permet notamment aux services instructeurs d'identifier les désaccords à mesure qu'ils surgissent puis de mettre le collectif à l'épreuve dans la recherche de solutions ou de compromis acceptables par toutes les parties prenantes. De ce point de vue, l'intégration des collectivités locales au processus de décision permet d'effacer progressivement tous les points de blocage possibles, tandis que le procédé de validation par étape produit des effets de cliquet qui empêchent de faire machine arrière et réduisent les possibilités de contestation à mesure que la démarche tend vers les phases ultimes de mise en règlement et d'approbation formelle du document.

Le cas de Caen-Mondeville. Prescrit un peu plus tardivement, le PPRT des Dépôts de pétrole côtier (DPC) de Mondeville, près de Caen, témoigne quant à lui de l'existence de procédures beaucoup plus fermées, qui peinent à intégrer les collectivités locales. Informés mais peu sollicités jusqu'à la phase de stratégie, les représentants des trois communes visées par le zonage réglementaire doivent en effet attendre la troisième réunion des POA (soit presque deux ans après la prescription du plan) pour être réellement mis à contribution. La sollicitation reste cependant limitée et surtout, très encadrée : elle consiste à choisir parmi six scénarios de réduction des risques préparés en amont par les services instructeurs, puis à proposer, dans l'épure imposée, les modifications de tracé permettant d'ajuster la démarche de prévention aux projets d'urbanisation existants.

Conçue selon le modèle de la décision techniciste évoqué plus haut, cette demande s'avère cependant impossible à satisfaire dans le temps d'une simple réunion, compte tenu de l'enjeu et de la nécessité, pour les élus concernés, de s'accorder sur des propositions communes avant d'engager la discussion sur les zonages. Menant à une impasse, le mode opératoire consistant à solliciter les acteurs locaux sur des choix prédéfinis par les seuls services instructeurs est alors remis en cause par la force des choses, pour laisser la place à un schéma d'organisation un peu plus collaboratif, impliquant des temps d'échanges moins formels mais plus systématiques et surtout, des décisions davantage concertées avec les parties associées. Après un début de procédure totalement verrouillé par les acteurs étatiques, l'élaboration du PPRT se conclut donc par une série de réunions techniques avec les communes, jusqu'à ce qu'émerge le scénario permettant de concilier la démarche de prévention avec les politiques locales d'aménagement et de renouvellement urbain. Assez rudimentaires, les structures d'échange mises en place en bout de course n'atteignent cependant pas le degré de sophistication du dispositif d'association du PPRT de la vallée de la chimie. Elles n'impliquent pas non plus le même niveau d'investissement des acteurs concernés (en nombre de réunions notamment : quelques rencontres à Caen vs. plusieurs centaines à Lyon). Mais elles visent à peu de choses près le même objectif : pacifier les relations, anticiper les conflits, réduire les oppositions entre les différentes parties associées pour, *in fine*, rendre possible l'approbation du PPRT puis son exécution.

Ces deux exemples ne sont pas seulement illustratifs de la variété des formes de collaboration proposées aux pouvoirs locaux. Ils montrent également qu'en dépit des efforts de l'administration centrale, la territorialisation prescrite continue d'être appropriée de façon très différente par les services instructeurs, avec des écarts parfois très importants d'une région à l'autre. En confrontant ces deux cas, on remarque cependant qu'indépendamment du format retenu (procédure ouverte ou procédure fermée), l'association des communes et intercommunalités semble de toute façon inévitable. Même dans les cas où les logiques sectorielles résistent fortement (comme à Caen), les services instructeurs finissent toujours par atteindre ce point critique où la coopération et l'institutionnalisation de l'action collective s'imposent à eux comme la seule voie possible pour ne pas compromettre la démarche et tendre vers l'approbation formelle du plan. Ce moment, qui se présente plus ou moins tôt dans la procédure, est alors l'occasion de reconnaître, bon gré mal gré, que l'élaboration du PPRT ne se réduit pas aux opérations techniques d'analyse et de figuration des risques, mais qu'elle suppose en parallèle de créer les conditions d'une conciliation possible avec les autres parties associées, notamment les collectivités locales. Quel que soit le mode opératoire retenu, les services instructeurs n'échappent pas à cette mise à l'épreuve sur le plan de la « nodalité » qui, même lorsqu'elle se présente à un stade avancé de la procédure, les engage à mobiliser les parties associées et à les regrouper autour d'eux en leur fournissant un cadre d'ajustement mutuel[161]. Dans tous les cas, on remarque également que l'avancement de la démarche est toujours favorable à cette reconnaissance des collectivités locales dans leur nouveau rôle d'acteur associé. Cela se vérifie au niveau local, où l'élaboration des PPRT vient peu à peu confirmer qu'il n'y a pas d'issue possible sans la contribution et l'adhésion des représentants des communes et intercommunalités. Cela se vérifie également au niveau central où ces mêmes acteurs, jusque-là plutôt mal considérés, sont finalement invités à se constituer en groupe d'intérêt pour interagir avec le « centre de décision » ministériel.

[161] Sur le concept de nodalité (*nodality*), défini comme une propriété des réseaux d'action publique, voir notamment (Hood, 1983).

4.2.3. L'intégration des collectivités locales au « centre de décision » ministériel

Avec la mise en place du GTSI, on a vu comment la territorialisation du dispositif de réforme au niveau central produit ses effets localement en favorisant l'appropriation de la logique territoriale du PPRT par les services instructeurs. Avec l'intégration des collectivités locales au « centre de décision » ministériel, on observe un mouvement inverse puisque dans ce cas, c'est la traduction locale de la logique territoriale du PPRT qui pousse à la territorialisation du dispositif de réforme via la transformation d'acteurs locaux en représentants sectoriels. Initié à peu près au même moment que la création du réseau national des services instructeurs, ce nouveau mouvement de territorialisation de la production normative répond en fait à un besoin qui s'exprime en même temps du côté de l'administration et du côté d'un petit groupe d'élus locaux particulièrement investis dans l'exécution du programme PPRT.

Sur le versant administratif, l'idée d'intégrer les collectivités locales au cercle des représentants sectoriels engagés dans le suivi du programme PPRT prend de la consistance début 2008, au moment où le retour d'expérience de la première vague de plans prescrits en 2006 et 2007 fait apparaître un certain nombre de problèmes qui, lorsqu'ils se manifestent localement, s'opposent au bon déroulement de la procédure. Parmi ces difficultés récurrentes, trois retiennent tout particulièrement l'attention du Bureau des risques à ce moment-là. La première est en rapport avec la règle de financement des travaux de protection du bâti qui, dans sa définition législative, fait porter la plus grosse partie du coût de la mesure sur les propriétaires des logements visés et contribue, par ce drôle de principe pollué-payeur, à favoriser les contestations riveraines plutôt que l'acceptabilité sociale du PPRT[162]. La deuxième difficulté, qui se cumule souvent avec la première, vient de ce que la réglementation ne permet pas de distinguer les riverains habitants de leurs homologues entrepreneurs, faisant ainsi porter sur les seconds des charges de travaux équivalentes en proportion, mais souvent excessives au regard de l'assise financière des activités économiques concernées. Quant à la troisième difficulté, elle concerne les règles de mise en œuvre des mesures foncières qui, faute

[162] L'article 34 de la loi de 2003 prévoit en effet que seulement 15 % de la dépense engagée peut faire l'objet d'une aide sous forme de crédit d'impôt, laissant les 85 % restant à la charge exclusive des propriétaires visés par cette obligation.

d'être suffisamment précises, compliquent fortement la répartition des coûts entre les principaux financeurs et empêchent de signer les conventions sans lesquelles les plans ne peuvent être formellement approuvés. Une fois ces problèmes identifiés, l'enjeu pour le Bureau des risques est alors de trouver des solutions adaptées à chacun d'eux et, le cas échéant, de modifier la réglementation principale en conséquence. Comme pour la réforme de l'étude de dangers, la séquence de mise en œuvre ne se limite donc pas au suivi de l'élaboration des PPRT au niveau local. Elle consiste également à produire des additifs réglementaires pour favoriser en continu l'action des acteurs de terrain et leur permettre au final d'appliquer la loi. Ce dont témoigne le chef du Bureau des risques de l'époque :

> On avait assez vite identifié les principaux problèmes qui nous ont poursuivi ensuite : le financement des travaux chez les riverains, la mise en œuvre des différentes mesures d'urbanisme, les questions de différenciation entre les habitants et les activités économiques. On a commencé à travailler sur ces sujets-là dès 2006–2007. Mais pas de façon visible, plutôt en sous-marin, en interne à la DGPR. Du coup, ça a été plus ou moins fructueux. C'est-à-dire qu'il y a des tas de petits sujets qu'on a déminés, qui ne se sont pas représentés par la suite […]. Mais les questions les plus sensibles, notamment les travaux chez les riverains, ça n'a pas été possible de les trancher en sous-marin. Parce que ça passait forcément par des lois, ça passait forcément par des poussées sociales et politiques.

Convaincu de la nécessité de faire évoluer cette règle de financement des travaux de protection, le Bureau des risques tente par deux fois d'obtenir un rehaussement de la contribution État, de façon à réduire la charge pesant sur les riverains. Mais trop peu soutenues, ces deux tentatives ne passent pas le cap des arbitrages interministériels préparatoires à la loi de finances. L'expérience n'est cependant pas totalement infructueuse dans la mesure où elle permet aux agents concernés de se rendre compte que le petit Ministère de l'environnement n'est pas de taille pour lutter contre son homologue du budget sur ce sujet. D'où l'idée, portée par le Bureau des risques, de se renforcer politiquement en faisant équipe avec une fraction d'élus locaux directement concernée par le problème. Ce qu'explique ce représentant ministériel, en poste à la DGPR à ce moment-là :

> On a fait une première tentative vers 2008 en demandant le rehaussement du crédit d'impôt qui correspond à la part État du financement des travaux protection. On s'est fait jeter en beauté. Il faut dire qu'on n'a pas eu beaucoup de soutien. Mais c'est normal parce que localement, le sujet c'était encore la

révision des études de dangers. Les PPRT n'étaient pas vraiment démarrés. Les élus voyaient vaguement apparaître des périmètres en pointillés, mais ils ne voyaient pas encore vraiment ce que ça allait donner, ils n'en avaient pas encore parlé à leurs riverains. Du coup, les riverains n'avaient pas commencé à râler en disant qu'il était hors de question qu'ils payent pour Monsieur Total qui est à côté et qui fait 13 milliards de bénéfices. Donc les élus ne nous ont pas beaucoup soutenus et évidemment le Ministère du budget n'était pas très chaud. Donc on a subi l'échec auquel on s'attendait. Mais ça valait le coup de tenter parce que d'abord, on ne sait jamais, sur un malentendu ça pouvait marcher. Le Grenelle de l'environnement était là, ça aurait pu passer. Et puis on s'était dit aussi que le jour où ces mêmes élus viendraient nous voir en disant « Mais vous ne vous rendez pas compte, ce système est complètement débile, les riverains râlent ! Il faut augmenter le crédit d'impôt ! », ben on pourrait ressortir ces tentatives de 2008 et 2009 en disant « Messieurs les élus, regardez ! On vous l'a déjà proposé, mais vous ne l'avez pas voté ! ». Et pour finir, c'est ce qui s'est passé. Et c'est comme ça qu'on a fait émerger l'association d'élus dont on avait besoin pour avancer sur le financement des travaux de protection.

Heureux hasard ou simple relation de cause à effet, toujours est-il que le besoin manifesté par l'administration dans cette période d'incertitude s'ajuste parfaitement avec le projet d'un petit groupe d'élus locaux qui, de son côté, cherche à se structurer pour faire face aux sollicitations des services instructeurs et tenter de peser sur les conditions de mise en œuvre du programme PPRT. Déjà liés par l'appartenance à un ancien réseau de communes dites « Seveso[163] », ces maires et présidents d'intercommunalité ont aussi en commun d'être localement confrontés à des perspectives identiques de PPRT à forts enjeux, susceptibles d'affecter lourdement le voisinage immédiat des sites industriels implantés sur leurs communes. Nourrissant les mêmes inquiétudes vis-à-vis de cette démarche qu'ils appréhendent encore assez mal, ce groupe d'une vingtaine d'élus locaux décide alors de réinvestir le réseau existant des maires Seveso pour le recentrer sur le sujet des PPRT qui les intéresse collectivement à ce moment-là. Le maire de Feyzin de l'époque retrace cette reprise en main qui conduit finalement à l'émergence d'AMARIS en tant qu'instrument de représentation des collectivités locales réglementairement associées à l'élaboration des PPRT :

---

[163] Depuis les années 1980, ce réseau est principalement structuré par l'Association nationale des communes pour la maîtrise des risques technologiques majeurs (ANCMRTM).

> AMARIS, je m'y suis intéressé parce que la ville de Feyzin était adhérente. C'est même un des membres fondateurs avec Saint-Fons et deux ou trois autres communes comme Gonfreville-l'Orcher. Mais quand j'ai mis les pieds la première fois à l'ANCMRTM (c'était son nom à l'époque[164]), je me suis rendu compte que ce n'était pas très dynamique. Ça ne faisait pas grand-chose. Et quand les PPRT sont arrivés, on s'est dit que ça serait quand même très utile d'avoir un endroit où on pourrait discuter entre nous. C'est là que j'ai décidé de me présenter. J'ai contacté les quelques copains socialistes qui étaient également membres de l'association pour qu'on reprenne le truc. Voilà, c'est comme ça qu'on a relancé l'association, en se disant qu'il y avait quelque chose à faire, qu'il y avait besoin d'un lieu d'échanges, de ressources. C'était une fonction qui n'était assurée par personne. L'AMF ne le faisait pas. A l'époque, j'avais rencontré Jacques Pélissard, qui était déjà président de l'AMF, il m'avait dit : « Oh, mais nous, on ne va pas investir le sujet. On considère que c'est vous, l'ANCMRTM, qui êtes un peu notre représentant sur ces questions ». Donc on est devenu l'interlocuteur légitime des collectivités sur le sujet. Après, la vraie dynamique a été donnée à partir du moment où on a eu un interlocuteur côté État, en l'occurrence le chef du Bureau des risques à la DGPR. Il avait bien compris que, vu la complexité du sujet, il avait intérêt à avoir en face de lui des représentants des élus locaux qui soient un peu dynamiques. Il nous a aidés à professionnaliser l'association. C'était indispensable. Aujourd'hui, on ne pourrait pas fonctionner si on n'avait pas une personne à temps plein qui permet qu'on soit dans un dialogue argumenté et plutôt riche.

Ainsi présentées, l'émergence et l'ascension d'AMARIS s'inscrivent dans le schéma classique de la reconnaissance et de la structuration des groupes d'intérêts par les administrations sectorielles (Mény, 1986). Sa légitimation passe en effet par l'attribution d'un label de représentativité qui lui assure l'exclusivité de la défense des intérêts des collectivités locales, d'un accès garanti aux autorités ministérielles grâce à l'ouverture d'une ligne directe avec le chef du Bureau des risques et enfin, d'un soutien financier via la signature d'une convention de partenariat avec la DGPR. Subventionnée à hauteur de 120 000 euros par an[165], la structure est alors en mesure de renforcer ses capacités d'expertise et, finalement, de s'imposer comme l'instance de représentation dont le Ministère de

[164] L'ANCMRTM change de nom en 2009 dans le but de faciliter sa communication, l'acronyme originel étant jugé difficile à mémoriser et prononcer.

[165] A l'époque, le budget annuel de l'association avoisine les 200 000 euros. Avec la subvention ministérielle, l'autre grosse partie des recettes est assurée par les cotisations (autour de 50 000 euros en 2010).

l'environnement a besoin pour sécuriser le programme PPRT. Ce que confirme le chef du Bureau des risques de l'époque interrogé à ce sujet :

> Il fallait qu'on professionnalise AMARIS, qu'on les fasse monter en puissance. Donc la première chose qu'on a faite, c'est qu'on les a subventionnés en disant : « On vous propose de monter en régime, parce que le sujet est important ». Cette subvention, elle visait plusieurs objectifs. Le premier était qu'ils puissent embaucher des permanents qui allaient pouvoir se former, qu'on allait pouvoir accompagner et qui, du coup, allaient pouvoir apporter un soutien de qualité aux collectivités locales. Et ces permanents, nous on pensait en toucher les bénéfices à deux niveaux : premièrement, on aurait des interlocuteurs qui savent de quoi ils parlent, qui seraient capables d'avoir un suivi dans la durée et avec qui on pourrait construire quelque chose d'utile. Deuxièmement, on se disait que ça donnerait plus de force à l'association parce que les adhérents pourraient poser leurs questions à un permanent qualifié, capable de donner les bonnes réponses, alors que les maires qui s'appellent entre eux ça ne marche pas toujours. Les permanents, d'abord ils peuvent consolider les questions de tout le monde et avoir des réponses types, et par ailleurs, quand ils n'ont pas la réponse, ils peuvent venir nous voir pour l'avoir et pour rediffuser. Et on s'est dit : du coup, comme AMARIS marchera mieux, il y aura une augmentation exponentielle de leurs adhérents.

Ce témoignage montre bien comment l'interaction avec l'État est en mesure de structurer le groupe d'intérêt (Hassenteufel, 1995b). S'agissant d'AMARIS, le soutien de la DGPR permet le recrutement d'une chargée de mission, la mise à disposition à mi-temps d'un agent de la ville de Feyzin en tant que référent technique, ainsi que l'assistance d'une agence de communication et d'un cabinet d'avocat sur les aspects juridiques. Ainsi renforcée, l'association gagne rapidement en capacités d'action, diversifie ses offres de services et élargit, presque automatiquement, sa base d'adhérents. Une fois reconnue et légitimée par l'administration centrale, la structure de représentation attire en effet entre dix et vingt nouveaux adhérents par an (11 en 2009, 14 en 2010, 16 en 2011, 13 en 2012), passant d'une trentaine de collectivités représentées au moment du lancement du programme PPRT en 2006 à près d'une centaine en 2011, dont vingt-cinq communes et intercommunalités de plus de 50 000 habitants.

En peu de temps, la nouvelle structure de représentation satisfait donc les attentes de ses promoteurs en assurant d'importantes fonctions d'échange entre les communes et intercommunalités adhérentes, mais également entre l'ensemble de ces acteurs de terrain et les autorités ministérielles en charge du programme PPRT. Jouant le rôle de courroie de transmission, elle permet aux élus et techniciens des collectivités locales de mettre en commun les difficultés qu'ils rencontrent localement, de faire parvenir ces problèmes jusqu'au Bureau des risques qui, en retour, peut mobiliser le réseau constitué pour irriguer de ses messages et conseils pratiques une bonne partie des acteurs locaux engagés dans l'élaboration des PPRT. Selon cet accord de convenance mutuel, l'attribution d'avantages et de moyens à l'association a donc pour contrepartie de renforcer les liens des acteurs ministériels avec les situations de mise en œuvre et, dans ces conditions, de favoriser l'acceptation du programme PPRT et des objectifs de politique publique associés (via notamment des formations dispensées localement ou la présence du chef du Bureau des risques aux assemblées générales de l'association). Comme on le verra par la suite, cette relation d'échanges permet également de s'allier des ressources qui font défaut à l'administration centrale et ses partenaires industriels pour résoudre les problèmes de mise en œuvre auxquels ils se confrontent à ce moment-là (s'agissant en particulier des règles de financement des travaux de protection). Mais avant de s'immerger dans ce travail spécifique de réécriture de la réglementation, il nous reste à voir comment les représentants de l'association s'intègrent au « centre du décision » ministériel et comment cet élargissement conduit à repenser la structure du groupe de représentants sectoriels investis dans le suivi du programme PPRT.

4.3. La reconfiguration de la coalition réformatrice

D'après la communication du Ministère de l'environnement, la prévention des risques industriels se présente comme une politique publique partenariale, qui se fabrique avec le concours de toutes les parties prenantes concernées : les fédérations patronales et les grands groupes industriels bien sûr, mais également les syndicats de salariés, les collectivités locales et les associations environnementales. Pour chaque texte réglementaire, la liste des partenaires à consulter comprend en effet des représentants de chacun de ces groupes d'intérêts. De même, le Conseil supérieur de la prévention des risques technologiques (CSPRT), qui formule des avis sur l'ensemble de la production normative, propose des sièges à l'ensemble de ces représentants[166]. Le pouvoir d'influence d'une grande partie de ces

[166] Pour une présentation de cette instance consultative placée en bout de chaîne de la production normative, on se reportera utilement au site Internet du Ministère de l'environnement.

groupes d'intérêt reste cependant très faible. Car le principe de cogestion, qui lie l'administration aux représentants industriels du secteur, prime en général sur ces consultations élargies. Comme l'a bien montré la première partie, l'essentiel de la production normative se décide en effet dans le huis-clos de ce petit groupe d'acteurs dominants, en dehors des autres parties prenantes. Privées d'accès à ces espaces discrets, ces dernières sont donc le plus souvent marginalisées, réduites à intervenir sur des projets et des versions de textes déjà quasi finalisés. La mise en œuvre du programme PPRT conduit toutefois le Bureau des risques à revoir cette architecture partenariale fondée sur une collaboration étroite avec les représentants industriels dans la phase amont d'écriture du règlement puis une relative ouverture dans la phase aval des consultations qui précèdent de peu la promulgation des textes. Pour lever les obstacles liés au financement des travaux de protection évoqués plus haut et procéder aux modifications législatives qu'ils jugent nécessaires, les agents ministériels ont en effet besoin d'associer leurs nouveaux partenaires des collectivités locales beaucoup plus tôt dans ce processus de production normative et pour cela, leur permettre de s'intégrer au « centre de décision » ministériel dont l'accès était jusque-là réservé aux seuls représentants industriels.

4.3.1. La création d'une instance de suivi quadripartite

Créée courant 2008, l'*instance nationale de suivi des PPRT* concrétise l'intégration d'AMARIS dans le cercle fermé des représentants sectoriels en charge du pilotage de la réforme post-AZF. Constitué sur les bases du COSUI PPRT[167], ce nouveau groupe de travail national comprend à son lancement une petite quinzaine de membres. Parmi eux, on trouve bien sûr les acteurs industriels habitués de ces instances ainsi que les représentants des collectivités locales qu'il s'agit désormais d'ériger en partenaires stables. Mais ces deux groupes ne forment au départ, avec les ingénieurs du Bureau des risques également présents, qu'une partie de l'assemblée. Celle-ci mobilise par ailleurs des participants de l'ancien COSUI PPRT ayant contribué à l'écriture du guide méthodologique PPRT et invités, à ce titre, à superviser le lancement des activités de mise en œuvre. Ces membres de la Direction générale de l'urbanisme,

[167] Le comité de suivi (COSUI) des PPRT a été créé fin 2003 pour mettre en forme les méthodes d'élaboration du PPRT. Il a notamment contribué à l'écriture du guide méthodologique diffusé en 2005 et mis à jour en 2007.

de l'habitat et de la construction (DGUHC) du Ministère de l'équipement et du Centre d'études techniques du même ministère (CETE) s'effacent toutefois rapidement, les fusions ministérielles évoquées plus haut conduisant la DGPR à reprendre seule le pilotage du programme PPRT. Enfin, comme l'explique ce responsable ministériel, le contexte « grenellien[168] » de l'époque impose d'adjoindre à cette composition de départ une dernière base de représentants associatifs[169] :

> Il nous fallait aussi une association pertinente. Parce qu'on était dans le sillage du Grenelle et que dans ce contexte, on ne pouvait pas créer ce groupe de travail avec les collectivités locales sans y associer les associations environnementales. Là, on avait plusieurs choix possibles. La DGPR travaille depuis longtemps avec Robin des Bois, avec FNE, avec Eau et rivières de Bretagne. On a fait une sorte de diagnostic en disant : quelle association est la plus susceptible de monter en puissance sur le sujet des risques industriels ? Assez rapidement, on a identifié FNE qui s'était bien mobilisée dans l'après-AZF. On les avait beaucoup entendus à ce moment-là. Donc assez vite, on s'est dit qu'on allait les associer à l'*instance de suivi des PPRT.* Pour ça, on a profité de la vague financière du Grenelle et on les a subventionnés, ce qui leur a permis de recruter des permanents sur la question des risques technologiques. Ils ont aussi pu faire des formations pour leurs adhérents sur le terrain, ils ont pu sortir des petits guides internes. Voilà, c'est comme ça qu'on s'est retrouvé avec une *instance de suivi des PPRT* qui était plutôt multipartite.

Courant 2009, l'*instance de suivi* se stabilise ainsi autour de quatre pôles : le pôle de l'administration mené par le chef du Bureau des risques, avec l'appui ponctuel de sa hiérarchie directe (la sous-direction aux risques accidentels) ; le pôle des industriels conduit par les deux permanents de l'UFIP et de l'UIC déjà croisés dans la première partie, le plus souvent assistés du directeur sécurité monde de Rhodia[170] ; le pôle

---

[168] Lancé suite à l'élection présidentielle de 2007, le Grenelle de l'environnement prend la forme d'un grand débat national visant à influencer l'évolution des politiques publiques dans le sens du développement durable. Sur le plan administratif, il s'est concrétisé par des formes spécifiques de représentation des intérêts environnementaux, dites de « gouvernance à cinq », associant à part égale des représentants de l'État, des collectivités locales, des employeurs, des organisations syndicales et des associations environnementales (Halpern, Pollard, 2017).

[169] Jugées peu impliqués dans l'élaboration des PPRT, les organisations syndicales ne sont en revanche pas invitées à s'associer au groupe de travail.

[170] Ce dernier participe à l'instance de suivi en tant que président de la commission sécurité industrielle de l'UIC.

des collectivités locales représenté par le président d'AMARIS, toujours maire de Feyzin, et la déléguée générale de l'association ; et enfin, le pôle des riverains et des associations représenté par deux membres du pôle risques industriels de France Nature Environnement (FNE)[171]. Par cette composition quadripartite, l'instance instaure donc un principe de gouvernance inédit, fondé sur la coopération d'un nombre limité de représentants connectés à tous les acteurs de l'élaboration des PPRT, y compris les élus locaux et riverains qui, d'habitude, ne sont pas représentés à ce niveau. A son lancement, trois objectifs sont assignés au groupe de travail : premièrement, mettre AMARIS et FNE à contribution pour anticiper les oppositions locales et faire remonter, en complément du GTSI, tous les problèmes d'application susceptibles d'entraver la mise en œuvre de la loi ; deuxièmement, donner de la visibilité et légitimer les actions déjà engagées par le Bureau des risques pour résorber les quelques sources de blocage déjà repérées en amont ; et troisièmement, démultiplier la force de frappe des agents ministériels en vue des combats à venir qui nécessiteront de prendre le dessus sur les ministères concurrents, de s'imposer dans les arbitrages interministériels et peut-être même de porter des projets de modification de la loi au Parlement. Ce qu'explique le chef du Bureau des risques de l'époque :

> La création de l'*instance de suivi*, ça a permis d'écouter les messages qui ne remontaient pas correctement via les DREAL et DDT. L'idée était de se dire que si on ratait les messages par le biais du GTSI, on les recevrait par ces autres capteurs-là, pour avancer correctement. Ce qui était important aussi, c'est que le travail qu'on faisait en sous-marin et qui n'était pas légitime, ben on pouvait d'un seul coup le faire porter par de multiples parties prenantes. Ce qui fait qu'au moment des débats budgétaires, à partir du moment où des parlementaires plutôt pro-industriels reçoivent des messages d'industriels, où des parlementaires plutôt pro-ONG reçoivent des messages d'ONG, où des parlementaires tout court reçoivent des messages d'associations d'élus qui leur disent « Attention, là c'est important », ben ça a forcément tendance à booster les choses.

A sa façon, la création de l'*instance de suivi* rappelle qu'à chaque programme de politique publique correspond des formes d'agrégation

---

[171] FNE est une fédération nationale d'associations de protection de la nature et de l'environnement. Elle forme un mouvement d'environ 3 500 associations, regroupées au sein de 57 organisations adhérentes, présentes sur tout le territoire français, en métropole et outre-mer (Berny, 2019).

d'intérêts et des modes d'accès au centre de décision spécifiques (Michel, 2010). Ainsi, l'organisation monopolistique qui prévalait dans le cadre du programme d'actualisation des études de dangers examiné en première partie est largement réinventée dans le cas du programme PPRT pour prendre une forme davantage oligopolistique, c'est-à-dire agrégeant des types d'intérêts bien distincts autour du « centre de décision » ministériel (Benoit, 2012). Pour la réforme de l'étude de dangers, le groupe décisionnaire unissait principalement les agents du Bureau des risques aux deux catégories de représentants industriels (les grands groupes et les deux fédérations patronales du secteur). Dans la configuration instaurée par l'*instance de suivi des PPRT*, les mêmes acteurs administratifs sont cette fois en interaction avec un collectif nettement recomposé, du fait de l'intégration d'AMARIS et FNE d'une part, de la nécessité, pour des raisons d'équilibre, de limiter la représentation des industriels aux seules fédérations patronales d'autre part. Cette nouvelle structuration, qui prive les grands groupes d'un accès direct au centre du jeu, invite alors à repenser les coordinations et, plus largement, à réorganiser les espaces de travail en commun.

4.3.2. La réorganisation des espaces de travail en commun

Le fait que les grands groupes ne soient pas physiquement présents aux réunions de l'*instance de suivi* ne signifie pas qu'ils n'ont plus de prise sur le centre de décision et la mise en œuvre du programme PPRT. La position « en dehors » les contraint seulement à l'intermédiation des deux fédérations patronales auxquelles ils adhèrent. Ils continuent par ailleurs de bénéficier d'un accès privilégié au Bureau des risques, sans parler du cabinet de la (du) ministre qu'ils peuvent également solliciter sans difficulté[172]. Dans cette séquence de mise en œuvre de la réglementation PPRT, Total est un bon exemple de ces interlocuteurs industriels qui, bien que non directement représentés à l'*instance de suivi*, restent au cœur du jeu sans perdre en capacité d'influence. Ce qu'explique, à l'époque, ce représentant de la direction HSE de la branche raffinage du groupe pétrolier :

[172] Dans le récit de son expérience de ministre de l'environnement entre 2012 et 2013, Delphine Batho évoque plusieurs situations de ce type (Batho, 2014).

> Dans l'activité un peu politique, entre guillemets, il y a aussi le travail qu'on réalise au niveau national. On a des positions à prendre et il faut les relayer au niveau national pour essayer d'obtenir des avancées, des modifications, qui permettent d'arranger toutes les situations. Je participe au groupe UFIP sur les PPRT. Sur le sujet, je ne suis pas en direct mais je participe au groupe qui prend ensuite les positions sur les PPRT. Vis-à-vis du ministère. Du coup, on produit souvent des propositions, des écrits, qui sont ensuite discutées avec le ministère au nom de l'UFIP. Total est quand même assez actif au niveau de l'UFIP. On est un gros de l'UFIP.

Si les grands groupes restent présents et actifs, la limitation du nombre de représentants industriels au sein de l'*instance de suivi* donne toutefois plus d'importance aux fédérations patronales directement chargées de coordonner les positions des entreprises des sous-secteurs intéressés par l'élaboration des PPRT. Ce regain d'influence concerne notamment l'identification et la mise en forme des problèmes rencontrés localement, ainsi que des propositions de solution. Comme l'indique le directeur des affaires techniques de l'UIC, cet énorme travail de « mise en politique » repose désormais moins sur les coordinations inter-entreprises que sur les réseaux internes et les structures d'échange des deux fédérations patronales :

> On a des relais dans toutes les régions. Tous les deux mois, on a une réunion inter-régionale avec tous ces correspondants. On a les retours de nos régions et nous-mêmes, à la direction des affaires techniques, on dit comment on a avancé. En parallèle, on a nos comités thématiques (donc le comité sécurité industrielle) où vous avez entre quinze et vingt industriels des grands groupes, mais aussi des entreprises de plus petite taille. En marge de ces comités, il peut y avoir des groupes de travail spécifiques qui avancent en parallèle sur des thèmes plus précis. Sur tel sujet, qu'est-ce qu'on dit ? Qu'est-ce qu'on propose à l'administration ? Donc on coordonne toutes ces discussions qui seront ensuite rapportées à l'*instance de suivi*. La lettre du département permet aussi de faire réagir des adhérents qu'on n'aurait pas pu atteindre autrement. Les formations aussi, parce qu'on en fait pas mal.

En tant que coordonnateurs de ce vaste réseau d'échange, les permanents des fédérations patronales s'occupent également de hiérarchiser les demandes qui remontent du terrain. Comme l'explique cet autre représentant de l'UIC, ce travail d'aiguillage vise principalement à distinguer les problèmes génériques susceptibles d'être présentés et discutés en *instance de suivi* des difficultés plus spécifiques pouvant faire l'objet d'un traitement local ou d'une prise en charge individuelle par l'entreprise directement concernée : « Si c'est purement local, on fait en sorte que ça se passe bien en local et il ne faut pas trop intervenir autrement ça n'a pas de sens. Si on sent que c'est un peu récurrent, ça devient un vrai sujet et à ce moment-là, il faut qu'on puisse le traiter au niveau national pour apporter une réponse commune ». Une fois installés dans ce fonctionnement, les acteurs industriels contribuent donc à alimenter un double circuit de remontée et de formalisation des difficultés engendrées localement par l'élaboration des PPRT : via les fédérations patronales pour les sujets destinées à l'*instance de suivi* ou par le canal des directions d'entreprise pour les questions plus spécifiques. Ce que confirme ce représentant de la DGPR en réponse à une question sur la répartition des rôles dans cette nouvelle organisation du « centre de décision » ministériel :

> Avec les industriels, on avait cette espèce de jeu double où on avait les fédérations patronales, l'UIC et l'UFIP, qui se concentraient de préférence sur les sujets généraux. Ils ne parlaient pas beaucoup des cas particuliers parce qu'ils savaient qu'on voyait les industriels par ailleurs. Et du coup, les industriels trouvaient ça bien confortable. Ils venaient égoïstement parler de leur petit sujet, de leur petit PPRT en disant : « On a des questions générales qu'on peut vous exposer si vous voulez, mais de toute façon, l'UIC vous enverra un courrier dans quinze jours pour vous expliquer tout ça ». Du coup, pour les industriels, ça s'est assez vite décanté en deux bouts différents : problèmes généraux d'un côté, problèmes plus individuels de l'autre.

Ce travail d'organisation, qui conduit à la mise en place de structures de transmission *ad hoc*, ne concerne pas seulement les acteurs industriels. Pour les représentants de FNE et AMARIS, la participation à l'*instance de suivi* est également l'occasion de définir des règles de fonctionnement internes favorisant les échanges avec la base et la circulation des informations en sens ascendant et descendant. Du côté d'AMARIS par exemple, la petite équipe dirigeante qui se met en place courant 2010 se charge ainsi de mettre en réseau les techniciens des collectivités adhérentes (souvent des agents en charge des risques et/ou de l'urbanisme) pour identifier et mettre en forme, là aussi, les sujets qui pourront être discutés en *instance de suivi* ou, de façon plus directe, se régler par une intervention auprès du chef du Bureau des risques et/ou des acteurs locaux en capacité de débloquer la situation (les préfets par exemple). La déléguée générale de l'association, chargée de ce travail de transmission et d'aiguillage, explique la façon dont elle s'y prend pour hiérarchiser les sujets remontés du terrain :

> J'organise des réunions avec les techniciens, parce que c'est quand même là où ça se construit. Il y a aussi les visites de terrain, mais moins. Les visites de

terrain vont surtout me permettre de faire venir le technicien à la réunion. Finalement, quand tu réunis trente personnes autour de la table, tu arrives à construire des choses qui se tiennent un peu. C'est là où je me sens à l'aise pour dire derrière : « Il y a un truc, ce n'est pas que du cas individuel, on va pouvoir le porter ». On a aussi des demandes spécifiques d'adhérents, mais finalement quand c'est un cas isolé que je n'arrive pas à relier à d'autres PPRT, on va plutôt voir [le chef du Bureau des risques] pour en parler au cas par cas. En général, je file le bébé [au président de l'association]. Quand on a un dossier individuel à défendre, c'est lui qui y va.

Dans son principe, l'*instance de suivi* suppose finalement d'articuler quatre réseaux contributeurs qui fonctionnent comme autant de canaux de transmission et de remontée des problèmes : celui des collectivités locales que vient d'évoquer la précédente enquêtée ; celui des associations et collectifs d'habitants évoluant dans la galaxie FNE ; celui des exploitants animé conjointement par l'UIC et l'UFIP ; et enfin, celui des services instructeurs (DREAL et DDT), via le GTSI piloté par la DGPR. Placé en tête de ces réseaux multiples qui connectent en lignes directes le centre de décision ministériel à l'ensemble des territoires d'application, le Bureau des risques est alors soumis à un flux continu de sollicitations et d'informations qui implique en retour un énorme travail d'animation et de coordination, en interne au service et en direction des partenaires de l'*instance de suivi*. En première ligne, le chef de bureau de l'époque évoque le niveau d'activité requis par le pilotage de cette imposante structure organisationnelle destinée à coordonner la totalité des acteurs du PPRT :

L'*instance de suivi*, ça m'a pris un temps fou. Je suis allé à toutes les réunions. J'ai présidé toutes les *instances de suivi*, les réunions avec les DREAL, les GTSI. Je suis allé à toutes les assemblées générales d'AMARIS. Je suis allé à tous les conseils d'administration « risques technos » de FNE parce qu'il fallait qu'on veille à diffuser des messages cohérents. Au Bureau des risques, on a tous passé beaucoup de temps sur les PPRT. Ça permettait de préparer sereinement toutes ces réunions-là, de se mettre d'accord sur les messages qu'on voulait faire passer, de récupérer les questions de tout le monde qui nous arrivaient par mail ou par un autre canal. Question d'une ONG, question d'AMARIS, question des DREAL, DDT ou d'un préfet. Une même question pouvait être posée trois fois donc on redistribuait nos messages dans toutes les réunions de pilotage. Ça a été aussi l'art de la répétition parce qu'on faisait ça par salves. Le jour où on avait décidé qu'il fallait qu'on donne telle information, par exemple sur les assurances, on présentait notre transparent à chacune de ces instances pour être certain que ça redescende de façon uniforme.

Contraint à cet effort de coordination, le Bureau des risques est lui aussi amené à revoir son organisation interne. Trois recrues viennent s'ajouter à l'équipe existante, tandis que deux nouvelles fonctions d'adjoint sont créées. Dans le même temps, chaque agent spécialisé de l'unité est invité à s'investir sur le programme PPRT, allant jusqu'à dédier la moitié de son temps au suivi des situations locales et au règlement des problèmes spécifiques du sous-secteur d'activité qui le concerne. Ainsi ce responsable hiérarchique de la DGPR :

> On a fait grossir l'équipe PPRT. Quand je suis arrivé, il y avait un poste et demi sur ce programme. Quand je suis parti, il y en avait quatre ! On a aussi augmenté le nombre d'adjoints. Avant, il y avait une adjointe au bureau, aujourd'hui il y en a trois, dont deux qui s'occupent beaucoup de PPRT. On a renforcé nos équipes au détriment d'autres sujets bien-sûr. Surtout qu'on avait demandé que tous les chargés de mission fassent au moins un mi-temps sur le PPRT. Par exemple, celui qui s'occupait d'ammoniac, la moitié de son temps il était sur « Comment je fais un PPRT sur les sites d'ammoniac ? ». Et seulement pour le reste de son temps sur les autres sujets de l'ammoniac. Il n'y a pas que les Seveso dans la vie : on a 500 000 installations classées et seulement 600 Seveso. En plus, il faut piloter les activités de recherche, il faut regarder les accidents qui se passent ailleurs à l'étranger, il faut participer à des tas de réseaux… Et ben tout ça, on leur a dit : « Vous le faites un peu moins. La priorité, ce sont les PPRT de votre secteur d'activité ». L'idée, c'était que chacun des chargés de mission soit capable à tout instant de dire ce qu'il faut savoir sur les PPRT de son secteur, ce qui se passe, où on en est.

Finalement, on constate que la réorganisation des espaces de travail en commun liée à la mise en place de l'*instance de suivi des PPRT* a des répercussions importantes sur la structure et la composition du petit groupe de représentants sectoriels qui, depuis le début des années 2000, mène la réforme post-AZF. Plusieurs évolutions tendancielles sont à souligner par rapport à la configuration décrite dans les chapitres précédents. La première est consécutive à la montée en charge de la quasi-totalité de l'effectif du Bureau des risques évoquée juste avant, qui se traduit mécaniquement par un rééquilibrage entre les représentants industriels, initialement plus nombreux, et le contingent du Bureau des risques, désormais renforcé de quelques unités. La seconde évolution, qui contribue également à égaliser les forces engagées dans chaque camp, est liée au regain d'influence des fédérations patronales, seules invitées à participer à l'*instance de suivi*, et au recul concomitant des grands groupes industriels qui n'ont pas d'accès direct à ce groupe de travail et qui ne sont pas tous également intéressés par la mise en œuvre du programme PPRT. Certains, très mobilisés dans la séquence précédente, sont désormais plus en retrait, parce que moins concernés par ce deuxième volet de la réforme. C'est le cas notamment d'entreprises qui ont très peu de PPRT « à enjeux » à gérer ou d'un groupe comme Shell qui, depuis la fin des années 2000, n'exploite plus d'établissement Seveso seuil haut en France. Enfin, la troisième évolution notable concerne l'intégration d'AMARIS et FNE à cette élite recomposée, via notamment l'entrée de leurs représentants dans le cercle fermé de l'*instance de suivi* et les proximités qu'elle crée avec l'ensemble des autres acteurs qui peuplent cet espace de décision. Au final, la combinaison de ces trois dynamiques de transformation tend à resserrer la coalition réformatrice autour d'un nombre plus limité de représentants industriels, mais également à diversifier ses répertoires d'action en l'ancrant beaucoup plus fortement dans les territoires d'application via les réseaux des deux nouveaux venus. Ces évolutions contribuent également à réarticuler la coalition autour de deux activités principales : une première, relative aux problèmes très spécifiques de mise en œuvre des PPRT, qui suppose des interactions entre le Bureau des risques et les grands groupes directement concernés ; une seconde, davantage portée sur les problèmes génériques, qui mobilise en priorité l'*instance de suivi.*

* * *

Consacré au lancement du programme PPRT à la fin des années 2000, ce quatrième chapitre a permis de suivre pas à pas la reconfiguration de la petite coalition de représentants sectoriels constituée autour du Bureau des risques. Révélatrice d'un double mouvement de territorialisation de la prévention des risques industriels, cette recomposition résulte en premier lieu de la démarche d'évaluation des risques qui, dans le cadre du PPRT, est amenée à se départir de l'approche usino-centrée utilisée jusque-là pour privilégier une conception voisino-centrée de la prévention dans laquelle le risque ne se définit plus par une estimation des dommages occasionnés, mais par une analyse en trois dimensions fondée sur des combinaisons d'aléas, d'enjeux et de vulnérabilités. Bousculant les habitudes de travail des acteurs de terrain, cette redéfinition paradigmatique du risque industriel produit également des effets dans l'ordre des pratiques gestionnaires en poussant à des collaborations inédites entre les spécialistes de la sécurité industrielle et les représentants des territoires exposés, notamment les communes et intercommunalités que la réglementation investit de nouvelles responsabilités. Prenant des formes assez variées au niveau local, ces coopérations renforcées s'accompagnent enfin d'une réorganisation de la représentation des intérêts au niveau national qui conduit, entre autres, à l'intégration de représentants des collectivités locales au centre de décision ministériel et, plus largement, à la redéfinition du périmètre de l'élite sectorielle en charge du projet réformateur. Pour le moins inattendu, ce dernier bouleversement montre finalement que le pouvoir de ce groupe programmatique ne tient pas uniquement à ses ressources expertes, relationnelles et positionnelles, mais également à sa capacité à se recomposer et se restructurer pour se réapproprier des orientations de réforme définies en dehors de lui et tenter par ce biais de les conformer à ses préférences de politique publique. Dans le cas de la mise en œuvre du programme PPRT, cette reconfiguration s'opère selon deux axes : un premier dédié à la résolution des problèmes spécifiques aux implications souvent très techniques ; un second destiné à des interventions de nature plus politiques imposant la coopération des quatre entités finalement représentés dans l'*instance de suivi*. Dans le chapitre suivant, on s'intéressera plus particulièrement à ces dernières interventions pour tenter de montrer comment l'élite sectorielle recomposée s'y prend pour résoudre les problèmes susceptibles de contrarier l'exécution du programme PPRT dont elle a la charge.

Chapitre 5

La coalition réformatrice comme espace de socialisation

Après avoir décrit la façon dont la coalition réformatrice se recompose pour accompagner l'exécution du programme PPRT, on se focalise à nouveau sur sa mécanique interne en prenant cette fois le point de vue de l'*instance de suivi* créée courant 2008. Dans l'ensemble, les analyses en termes de réseaux d'action publique, de coalitions de cause et d'élites programmatiques ne donnent pas beaucoup d'importance à ces espaces de travail en commun et, plus largement, aux structures organisationnelles qui permettent à ces groupes d'exister et d'agir en tant qu'acteurs collectifs. Comme évoqué plus haut, ces travaux se focalisent surtout sur les conditions d'émergence de ces groupes, leurs raisons d'agir, les ressources qu'ils mobilisent pour tenter d'imposer leurs préférences de politique publique ou bien encore les stratégies qu'ils déploient pour arriver à leur fin. Mais on ne voit quasiment jamais les individus qui les composent dans la réalité concrète de leurs activités d'acteurs coalisés. On ne sait pas comment ils s'organisent et dans quelles conditions pratiques ils opèrent. On ne sait pas non plus grand-chose des lieux dans lesquels ils se réunissent et des moyens matériels qu'ils utilisent pour échanger et se coordonner. Ces supports organisationnels restent le plus souvent indéfinis ou réduits à des concepts génériques tels que « milieu décisionnel » (Grémion, 1981), « arène politique » (Céfaï, 1996) ou « forum de politique publique » (Boussaguet, 2019). De même, lorsqu'ils s'intéressent aux interactions entre détenteurs du pouvoir normatif et représentants des groupes d'intérêts, les travaux sur le lobbying n'accordent pas beaucoup d'attention à la spatialité et la matérialité des pratiques d'influence, sinon pour constater que « faire pression » induit nécessairement une interpénétration des sphères d'activité des deux entités en relation (Cadiou, 2016).

Dans ce chapitre, l'idée est de se focaliser sur ces espaces de travail encore peu documentés dans la littérature sur les groupes coalisés, en faisant l'hypothèse que la structure de l'arène conditionne non seulement les formats argumentatifs, le style et la nature des échanges entre participants, mais également les capacités réformatrices du collectif concerné[173]. Concrètement, on propose de s'immerger dans l'*instance de suivi des PPRT* sur une assez longue période (de 2008 à 2014) pour observer la façon dont ses membres interagissent et travaillent ensemble, en cherchant plus particulièrement à vérifier si le format du dispositif a des effets sur ce qui se discute et se décide. En croisant les comptes rendus mis à disposition par le Bureau des risques et les témoignages des participants, on verra dans un premier temps que la composition resserrée et les modalités d'action de cette instance la distinguent assez nettement des groupes de travail standards de la DGPR et qu'à ce titre, elle finit par être davantage pratiquée comme un lieu de socialisation entre pairs que comme un espace de compétition et de confrontation d'intérêts. Dans un deuxième temps, on se plongera dans l'un de ses principaux dossiers pour rendre compte des effets concrets de cette socialisation sur le travail de production normative. Et pour finir, on suivra deux autres interventions emblématiques de l'*instance de suivi* pour montrer que si la dynamique collective contribue à estomper les intérêts particuliers des représentants, les deux dimensions continuent cependant de jouer l'une avec l'autre dans des configurations assez variables.

5.1. Un resserrement du groupe favorable à la socialisation par le groupe

En sciences sociales, la question des groupes de travail s'est surtout posée dans le cadre des institutions européennes, plus particulièrement des procédures de décision relevant de la « comitologie[174] ». Cherchant à évaluer le rôle des groupes consultatifs et autres comités d'experts dans le système politique européen, ces travaux se sont particulièrement intéressés à la mécanique interne de ces espaces intermédiaires de la bureaucratie

---

[173] On reprend ici un argument d'Edella Schlager qui, dans sa critique des communautés politiques, réseaux d'action publique et autres coalitions de cause, souligne que ces approches ont le défaut commun de sous-estimer les problèmes de coordination que rencontrent les acteurs coalisés dans leurs activités de lobbying (Schlager, 1995).

[174] La comitologie correspond formellement à l'activité spécialisée des comités exécutifs où s'élabore la règlementation européenne (Fernández Pasarín, 2016).

communautaire et, dans cette perspective, à la nature des activités de représentation de leurs membres (de Maillard, Robert, 2008). A partir d'enquêtes ethnographiques et d'observations réalisées au sein de ces instances, plusieurs auteurs se sont ainsi attachés à comprendre ce qui, dans les prises de position de ces acteurs, peut être considéré comme la traduction directe des intérêts représentés et ce qui, au contraire, est associé à la socialisation par le ou les comités d'appartenance (Robert, 2010). Autrement dit, jusqu'où la participation active à un groupe de travail peut-elle être considérée comme l'expression d'un comportement purement stratégique lié aux attentes du milieu représenté ? Et à partir de quand traduit-elle l'intériorisation de nouvelles valeurs et normes de conduite qui modifient la conception du travail de représentation ? A ces deux questions, des réponses diverses ont été formulées. Ainsi l'observation de certains comités a plutôt montré la persistance des jeux de pouvoir et des intérêts spécifiques, en dépit d'une adaptation manifeste des représentants aux règles de fonctionnement de l'instance. A l'inverse, d'autres analyses témoignent clairement de la primauté des effets de socialisation et, dans ces conditions, de la transformation progressive des identités qui se traduit par une prise de distance avec les intérêts représentés et une redéfinition sensible des engagements en termes de valeur et de loyauté. Le fonctionnement de l'*instance nationale de suivi des PPRT*, qui nous proposons d'analyser maintenant, se rapproche plutôt de cette seconde configuration, même si les intérêts représentés et les rattachements institutionnels des différents membres ne disparaissent jamais vraiment.

5.1.1. Le pari initial du carré magique

Comme la plupart des groupes de travail qui fonctionnent dans le giron de la DGPR, l'*instance de suivi des PPRT* est avant tout un lieu et un outil de production normative. Son but principal est de procéder aux modifications législatives et réglementaires indispensables à la résorption des problèmes d'application sur lesquels buttent les acteurs de terrain, de façon à ce que tous les PPRT programmés en 2006 s'élaborent correctement et produisent *in fine* les effets attendus (en termes de réduction de la vulnérabilité des territoires exposés notamment). Placé sous la responsabilité de l'administration, le groupe de travail est logiquement piloté par le Bureau des risques qui s'occupe à la fois d'établir les ordres du jour, d'animer les réunions, de rédiger les comptes rendus et, enfin, de mettre en forme les éléments de doctrine conçus collectivement. De ce point de vue, l'*instance de suivi* ne se distingue pas vraiment des très nombreux groupes de travail animés par le Bureau des risques, notamment les *GT sectoriels* croisés en première partie. Elle assure en pratique les mêmes fonctions, c'est-à-dire connecter en direct le centre de décision aux territoires d'application pour favoriser l'identification des problèmes de mise en œuvre et proposer en retour des solutions efficaces aux acteurs de terrain. Son originalité est davantage liée à sa composition, resserrée autour des quatre pôles détaillés dans le chapitre précédent et ouverte à des représentants nationaux qui sont en même temps des acteurs locaux directement concernés par l'exécution du programme PPRT. Deux membres combinent en effet cette double affiliation sectorielle et territoriale : le président d'AMARIS, qui est aussi maire de Feyzin et à ce titre, partie prenante de l'élaboration du PPRT de la vallée de la chimie lyonnaise, et la pilote du pôle risques industriels de FNE qui, en tant que spécialiste de l'association Nature Environnement 77, fait partie des personnes et organismes associés de deux PPRT de Seine-et-Marne, celui de la raffinerie Total de Grandpuits et celui de l'usine chimique Gognis de Meaux[175].

Dans l'univers bureaucratique de la DGPR, l'originalité de l'*instance de suivi* vient également de sa logique interne, qui vise moins à négocier la règle dans un esprit de confrontation des intérêts représentés qu'à produire une intelligibilité commune des problèmes à résoudre en mobilisant l'ensemble des points de vue représentés et en mutualisant les ressources de chacun. Institué dès le départ, ce principe du « carré magique » impose en particulier de ne jamais déroger au format quadripartite, en veillant à toujours jouer au complet pour ne pas risquer de compromettre l'unité du groupe. Ce qu'explique le chef du Bureau des risques qui a largement contribué à instituer (et faire respecter) cette règle de fonctionnement :

> Le but c'était de créer un groupe de travail multipartite. C'est ça qu'on voyait : des industriels qui savent de quoi ils parlent, qui ont un réseau bien structuré et qui remontent des cas concrets et des questions génériques ; des élus locaux qui commencent aussi à avoir un peu de recul par rapport aux situations particulières qu'ils vivent localement ; et puis des associations qui, elles aussi, montent gentiment en puissance de leur côté. Et c'est ce qu'on a

---

[175] Ingénieure de formation, spécialiste des risques et pollutions industriels, cette militante écologiste est aussi conseillère municipale d'une petite commune de Seine-et-Marne depuis 2008.

fait. Et là, on s'est dit : « C'est bon on a créé notre structure de gouvernance qui donnera légitimité aux questions qui vont se poser et on va vraiment pouvoir entrer dans le fond des sujets ». Et ça tournait tout le temps à quatre. C'est-à-dire qu'il fallait vraiment qu'il y ait tout le temps DGPR, MEDEF, ONG, élus. Et ça, à chaque fois qu'il manquait un de ces quatre-là, on annulait et on reportait la réunion. C'était ça, l'idée du carré magique. Et on l'a maintenu jusqu'au bout.

Le principe du carré magique évoqué ici suggère également que, dans le cadre de l'*instance de suivi,* l'addition de chaque partie dépasse la somme des parties, autrement dit que 1+1+1+1 ne font pas 4, mais beaucoup plus que 4. Ce qui signifie que les relations et les échanges entre les participants créent un horizon des possibles qui dépasse largement le cadre, les normes et les intérêts des groupes sociaux représentés. Dans cet esprit du carré magique, chacun des membres est donc fortement incité à ne pas se caler dans le schéma classique du lobbying, c'est-à-dire dans le rôle étroit d'un représentant chargé de défendre des positions, au nom et au moyen d'une organisation qui le fait parler et agir. L'instance de suivi instaure un schéma alternatif dans lequel chaque représentant est invité à laisser de côté ces façons de faire pour adopter une posture plus constructive de recherche de solution, selon une logique d'implication et d'expérience partagée. Un des représentants de l'UIC explique que ce format inhabituel ne s'est toutefois pas imposé de façon immédiate à l'ensemble des participants :

Rapidement, on a bien vu l'intérêt de réunir tous les acteurs concernés. C'est bien de prendre un peu de recul et de ne pas faire que du bilatéral industriels-administration. Je trouve que c'est une excellente chose. Avec le recul, c'est une excellente chose. Au début, peut-être qu'on s'est un peu cherché. FNE, par exemple, ouvrait des grands yeux et je conçois que pour eux, c'était un peu délicat d'entrer dans ce fonctionnement avec nous. Mais ça a vraiment eu le mérite de nous obliger à partager, à expliciter à haute voix des problèmes qu'on avait les uns les autres, à droite et à gauche. Il y a eu besoin de pédagogie de part et d'autre, ça a permis de décanter et de clarifier les situations problématiques.

Réunion après réunion, les membres de l'*instance de suivi* sont ainsi conduits à ne plus seulement se penser comme des représentants en dialogue avec d'autres représentants, mais également comme les membres d'une seule et même équipe, guidés par des intentions similaires, tendus vers un objectif unique et soudés par les mêmes convictions. Une fois intériorisé, cet esprit collectif se manifeste notamment par l'appropriation d'un code de conduite commun reflétant les valeurs constitutives du groupe : le respect de la collégialité, l'euphémisation systématique des conflits, la primauté de l'intérêt collectif sur toute autre considération et enfin, la mutualisation des ressources spécifiques de chacun, notamment la capacité à mobiliser des intermédiaires pour faire avancer les dossiers.

En jouant finalement plus collectif que personnel, le groupe de travail agit comme un lubrifiant capable de dégripper la plupart des situations difficiles qui remontent par les multiples canaux qui le lient au terrain. Grâce à sa fonction d'assistance, il aide notamment à résoudre une grande partie des problèmes auxquels se confrontent les acteurs locaux. Par son suivi rapproché des procédures les plus délicates, il permet en même temps de « refroidir » les situations trop chaudes, d'apaiser les conflits les plus vifs sans attendre qu'ils ne dégénèrent. Par ses médiations continues, il contribue également à tempérer les réactions les plus offensives et, ce faisant, à renforcer l'acceptation du programme dans son ensemble. Le directeur des affaires techniques de l'UIC se souvient de ces innombrables « missions diplomatiques » menées par les uns et les autres aux quatre coins de la France :

> On a avancé au contact du terrain. Au Bureau des risques, ils connaissaient très bien tous les PPRT, tous les acteurs. Ils ont fait énormément de déplacements. Moi-même, j'ai fait beaucoup de déplacements en région, j'avais beaucoup d'industriels en contact permanent. Et quand on sentait que c'était trop chaud, on essayait de voir comment écrêter un peu et avancer. AMARIS a fait pareil de son côté. Ce qui permettait d'intervenir sur au moins trois fronts. Et puis FNE était toujours là pour dire : « Attendez ! Ce n'est pas la peine de rajouter de l'huile sur le feu, c'est déjà suffisamment compliqué, il faut mieux essayer de calmer ». Donc oui, l'*instance de suivi* a joué un rôle d'atténuateur énorme.

Entre 2008 et 2014, le groupe de travail s'occupe ainsi d'une grande quantité de problèmes, qui se caractérisent par des niveaux de complication variables. Les plus simples, qui sont aussi les plus nombreux, se résolvent le plus souvent en flux tendu et sont évacués en une ou deux réunions. Ces dossiers « faciles » concernent par exemple la mise en place de formations spécifiques pour les élus et techniciens des collectivités locales, la production d'éléments de doctrine pour l'écriture des règlements de maîtrise de l'urbanisation future (une tâche peu détaillée par le guide), la formulation de recommandations pour assister les acteurs locaux dans les actions d'information et de concertation prévues par la procédure[176], la définition de consignes permettant la communication des études de vulnérabilité aux riverains concernés, ou bien encore la production d'un élément de doctrine permettant aux communes où le PPRT couvre l'essentiel des zones constructibles de déroger à la règle interdisant d'implanter de nouveaux établissements recevant du public dans le périmètre réglementé (*cf.* encadré 21).

Encadré 21 Un exemple de problème « simple » résolu par l'*instance de suivi des PPRT*[177]

D'après le guide méthodologique de 2007, le PPRT doit interdire l'implantation des établissements recevant du public (ERP) difficilement évacuables dans la plupart des zones d'aléas, y compris les zones d'aléas moyens (M) pour les effets toxiques et thermiques et les zones d'aléas faibles (Fai) pour les effets de surpression. Cette règle vaut également pour les ERP qui doivent être déplacés des zones d'aléas les plus forts, qui ne peuvent donc pas se relocaliser dans des zones d'aléas moindres. L'extrait suivant, tiré du compte rendu de la réunion de l'instance de suivi où le sujet a été discuté, précise la nature du problème engendré par ce point de règlement et la solution finalement envisagée par le groupe :

Les remarques d'AMARIS sont les suivantes : 1) la zone d'aléa faible (Fai) peut être extrêmement étendue et peut couvrir parfois toute une commune ; 2) interdire une école par exemple peut poser problème, notamment pour la vie sociale des quartiers concernés ; 3) les ERP déplacés devront bien trouver quelque part où aller, les zones d'interdiction ne devront donc pas être exagérément étendues.

Ces remarques amènent à se poser la question suivante : comment traiter les ERP existants sans les déconnecter des zones d'habitation ? Autrement dit, ne doit-on pas d'abord chercher comme objectif premier à améliorer une situation existante, même si l'on ne respecte pas complètement les préconisations réglementaires ?

---

[176] Le traitement de ce dossier se traduit finalement par une prestation de l'INERIS et la publication, le 30 juin 2010, du guide des pratiques d'association et de concertation dans le cadre des PPRT.

[177] D'après le compte rendu de la réunion de l'*instance de suivi* du 8 avril 2010 (Archives du bureau des risques de la DGPR).

[Le représentant d'AMARIS] souhaiterait par exemple que les éléments de doctrine permettent le déplacement d'un ERP d'une zone d'aléa fort (F) à une zone d'aléa moyen (M), dans la mesure où ce déplacement permet d'améliorer l'existant, même si, en théorie, les ERP sont interdits en zone M. [Le représentant d'AMARIS] souligne que la zone d'aléa faible est souvent très étendue et qu'ainsi, l'exposition au danger peut être très différente selon l'endroit où l'on se trouve à l'intérieur de cette zone. Cependant, fragmenter cette zone compliquerait encore davantage le PPRT.

Les participants à la réunion prônent une modification de la réglementation selon les axes suivants : en zone d'aléa M, autorisation d'implantation dans la mesure où l'établissement respecte les dispositions constructives et que cette implantation est consécutive au déplacement de l'ERP ; en zone d'aléa Fai, autorisation d'implantation à condition de respecter les dispositions constructives (prescription et non recommandation).

Finalement, ce dossier se conclut par une révision de la règle dans le sens défini par l'*instance de suivi*, via la diffusion de la note de doctrine de novembre 2011 relative à la notion d'établissement recevant du public difficilement évacuable.

Parmi les problèmes pris en charge dans cette période, tous ne se résolvent pas aussi facilement que dans ce cas particulier des établissements recevant du public. Certains dossiers demandent en effet des discussions plus longues et des efforts plus soutenus. C'est le cas notamment du financement des travaux de protection sur lequel on reviendra plus loin, qui fait l'objet de productions continues des membres de l'instance pendant près de quatre ans. C'est le cas également de plusieurs autres sujets qui, comme le précédent, nécessitent de modifier la loi de 2003 et/ou la réglementation principale définissant le cadre d'élaboration des PPRT. Ces dossiers structurants de l'*instance de suivi*, qui supposent à chaque fois de trouver des appuis solides dans la sphère gouvernementale et/ou parlementaire, concernent par exemple la fixation d'un délai pour l'exécution du délaissement après approbation du plan, la mise en place d'un mécanisme de délaissement global pour les copropriétés afin d'éviter la gestion d'immeubles partiellement vides, l'instauration d'un principe de financement par défaut des mesures foncières en l'absence d'accord lors de l'élaboration de la convention tripartite, ou bien la simplification de la procédure d'élaboration du PPRT en cas de mise en œuvre de mesures supplémentaires.

Bien que très incomplet, ce tour d'horizon des sujets traités par l'*instance de suivi* sur la période d'observation permet néanmoins de se faire une idée assez précise de l'ampleur et de la diversité des activités liées à l'exécution et au suivi du programme PPRT. Ce panorama permet également de prendre conscience du volume de travail engagé par les membres de groupe pour mettre en évidence et explorer jusqu'au bout les voies de résolution des très nombreux problèmes qu'ils doivent prendre en charge pour concrétiser ce second volet de la réforme post-AZF. Pour les représentants investis dans cette mission de longue haleine, la participation à l'*instance de suivi* n'a donc rien d'une sinécure. Très exigeante, elle conduit finalement chacun des membres à y consacrer une partie importante de son temps et de son énergie.

5.1.2. L'instance de suivi comme espace de socialisation

Sur la période considérée, l'*instance de suivi* représente une part non négligeable de l'activité de représentation de chacun de ses membres. Elle impose *a minima* une réunion tous les trois mois[178], des échanges continus entre chaque rencontre (pour préparer les ordres du jour, consulter les bases adhérentes, produire des notes de position, amender les textes en circulation, décider des réponses à donner aux questions remontant du terrain, etc.), mais aussi beaucoup d'actions communes réalisées dans les à-côtés (pour solliciter des intermédiaires, rencontrer des représentants ministériels, défendre des amendements au Parlement, etc.), ainsi que des participations croisées aux événements internes des différents réseaux représentés (assemblées générales, commissions permanentes, etc.). Bien que très prenantes, ces multiples interventions réalisées dans le cadre de l'*instance de suivi* ne sont cependant pas vécues sur le mode de la contrainte ou de l'épreuve. Au contraire, ces engagements se racontent plutôt comme des expériences singulières, chacun valorisant à sa manière les bénéfices de la socialisation par le groupe et signalant une certaine forme de plaisir à faire les choses ensemble et à se retrouver pour faire avancer des dossiers. Ce dont témoigne ce représentant de l'UIC lorsqu'il compare l'*instance de suivi* à ces clubs des sociétés bourgeoises qui permettent d'occuper utilement les loisirs de leurs membres :

---

[178] Entre juillet 2008 et janvier 2014, on comptabilise plus de vingt réunions, soit en moyenne quatre par an.

> Au bout d'un moment, on est devenu une sorte de club. A force d'être toujours ensemble, on a dépassé les jeux de rôles et on est arrivé à faire en sorte que notre petit groupe fonctionne un peu comme un club. Avec AMARIS, FNE et le ministère. Ça va vous faire sourire, mais… On a quand même fait des trucs incroyables, par exemple des communiqués de presse cosignés avec AMARIS et FNE. Jamais on n'avait fait ça ! C'était du jamais vu ! Et si ça a pu exister, c'est grâce (ou à cause) de cette instance. Si elle n'avait pas existé, on n'aurait jamais réussi des coups comme ça. On se voyait quand même tous les deux mois. On a pu créer des relations de confiance. Je n'ai pas peur de dire le mot : de confiance ! Même avec FNE ! Au début, on s'est beaucoup jaugé, puis on a tenté des choses et petit à petit, c'est rentré dans les mœurs. Une grande écoute. Et puis beaucoup de respect les uns envers les autres. C'était ça, l'*instance de suivi*.

Assez inattendue, la référence au club revient régulièrement dans les propos des membres de l'instance. Lorsqu'on les interroge sur leur participation, la plupart soulignent le caractère apaisé des réunions, un allant collectif qui ne se dément pas et la satisfaction partagée de pouvoir travailler de façon efficace dans une bonne ambiance. Ainsi la déléguée générale d'AMARIS, qui décrit l'instance de suivi comme « un lieu assez ouvert et sympathique, où tout se fait dans la bonne humeur et le dynamisme ». D'autres, comme ce représentant industriel, insistent également sur les relations de complicité, voire d'amitié, qui renforcent la proximité entre les membres : « On avait des contacts privilégiés. Il y avait même une certaine connivence autour de la table. A la DGPR, quand ils ont proposé de créer ce groupe de travail, je ne suis pas sûr qu'ils avaient ça en tête. Parce qu'un niveau de proximité comme ça, je ne pense pas que beaucoup de groupes de travail soient allés aussi loin ».

A propos des relations interpersonnelles dans les lieux d'intermédiation politique, Olivier Nay et Andy Smith notent que « les marques de confiance, la reconnaissance croisée des légitimités à exercer des rôles, la sincérité des relations, les jeux d'autorité entre individus et même certains ressorts émotionnels (l'empathie, la considération, le respect, etc.) peuvent jouer un rôle déterminant dans la construction des réseaux qui relient les institutions entre elles. Cette dimension interindividuelle semble essentielle, dans bien des cas, pour comprendre la réussite ou l'échec de la "greffe" entre des univers organisationnels ou, plus modestement, pour comprendre les conditions de négociation accompagnant la réalisation de projets transversaux » (Nay, Smith, 2002 : 9). Dans le cas de l'*instance de suivi des PPRT*, les témoignages des participants montrent que non seulement la « greffe » a bien pris, mais qu'elle joue positivement sur la dynamique collective et les capacités d'action du groupe. Comme l'explique l'un des représentants industriels, l'effet « club » permet aux membres du groupe de se dire franchement les choses, de ne pas perdre trop de temps à dissiper les ambiguïtés et les incompréhensions, donc de renforcer l'efficacité du travail collectif : « L'avantage de ce fonctionnement fondé sur la confiance, c'est qu'on n'hésite pas à se dire les vérités. Personne n'avance masqué, tout le monde est là pour énoncer les problèmes tels qu'ils se posent concrètement, de façon réaliste ». De l'avis de tous, la « clubbisation » de l'*instance de suivi* contribue également à renforcer sa force créatrice en l'éloignant des pesanteurs bureaucratiques et des contraintes institutionnelles qui pèsent habituellement sur ces espaces de travail. Bien que relative, cette autonomisation progressive du groupe de travail se signale très clairement du côté de l'administration. Ce dont témoigne le chef du Bureau des risques en réponse à une question sur l'implication de la chaîne hiérarchique ministérielle dans le suivi du programme PPRT et les décisions préparées dans le cadre de l'*instance de suivi* :

> En pratique, le cabinet et le conseiller risques nous déléguaient tout. L'un comme l'autre. Ils avaient bien compris comment ça se passait. Parce que quand ils recevaient des élus, ils leur disaient à chaque fois : « Avec le chef du Bureau des risques on s'est dit ceci, avec le chef du Bureau des risques on s'est dit cela, etc. ». Pareil, quand ils recevaient les industriels : « Le chef du Bureau des risques a envoyé un mail disant ceci ou cela ». Donc le cabinet a finalement conclu que tout se jouait à la DGPR. Surtout qu'à côté de ça, personne ne contestait la légitimité de la DGPR. Donc à un moment, ils se sont dit : « On délègue à la DGPR ». Finalement, le cabinet a choisi de ne pas trop s'investir et de ne pas trop porter de jugement sur ce qu'on faisait. Il se contentait de nous appuyer. Ils nous ont fait totalement confiance.

Cette prise d'autonomie, qui témoigne des effets de socialisation de l'*instance de suivi*, c'est-à-dire de l'intériorisation par ses membres de normes et valeurs communes qui les poussent à agir comme un seul homme, donc à confondre leur action avec celle du collectif, n'est cependant pas spécifique aux représentants du Bureau des risques. Elle se signale également dans les actions et prises de position des autres participants qui, le temps passant, hésitent de moins en moins à s'émanciper des intérêts représentés pour prendre le parti du groupe. Parfois, il arrive même que cette conversion à la logique collective prenne un tour spectaculaire, au point d'être subitement perçue comme un défaut de loyauté par les partenaires les plus proches. Un des deux représentants de l'UIC évoque une situation de ce type :

> Un jour, ça a claqué. J'ai dit au collègue de l'UFIP : « Alors là, ce n'est pas possible ». J'ai pris la parole comme le chef du Bureau des risques aurait pu la prendre à ce moment-là. En disant : « Mais attendez, on ne peut pas proposer ça. Ce n'est pas possible, ça ne va pas dans le sens du collectif ». J'étais sorti de mon rôle d'industriel pour endosser celui de membre de l'instance complètement investi par l'esprit d'équipe et le but qu'on s'était donné collectivement. On pourrait presque dire qu'à ce moment précis, je représentais l'administration… [rire]… Bon ce n'est pas très…

Bien que racontée sur un ton badin, cette anecdote montre bien qu'on ne peut pas appréhender le fonctionnement d'un groupe de travail, quel qu'il soit, sans tenir compte de la tension fondamentale dans laquelle s'inscrit la participation de chacun de ses membres (Fouilleux et al., 2004). Jusqu'où est-il possible de tenir les positions de l'institution représentée ? À partir de quel moment est-il opportun de s'en affranchir (au moins partiellement) pour favoriser la dynamique collective ? Dans le cas de l'*instance de suivi des PPRT*, l'observation montre que pour la plupart des membres, le lien à l'institution représentée, d'abord très marqué, se relâche peu à peu sous l'influence d'au moins trois facteurs. Le premier est qu'une fois à leur place dans le dispositif, les participants contribuent de plus en plus à définir les intérêts qu'ils défendent en même temps qu'ils discutent collectivement de l'avancement des dossiers, les premiers s'alignant ainsi progressivement sur la stratégie collective de l'instance. Le deuxième est relatif à la spécialisation croissante des membres qui, devenant les principaux experts des sujets traités, gagnent automatiquement en autonomie vis-à-vis des intérêts représentés. Le troisième, enfin, découle de la socialisation par le groupe qui, on l'a vu juste avant, renforce les liens affinitaires en créant des obligations collectives qui n'existaient pas au départ. En se combinant, ces trois facteurs favorisent la prise de distance avec les identités et les orientations de rôle propres au travail de représentation. Comme l'illustre le dossier du financement des travaux de protection, dans lequel on propose de s'immerger maintenant, la logique collective finit alors par prendre le dessus sur les combats individuels et la défense des intérêts corporatistes.

5.2. L'épreuve fédératrice du crédit d'impôt

L'épreuve du crédit d'impôt correspond aux tentatives répétées de l'*instance de suivi* pour redéfinir la règle de financement des travaux de protection dans un sens plus favorable aux riverains visés par cette mesure destinée à les protéger de leur(s) voisin(s) industriel(s). Revenant continuellement à l'ordre du jour des réunions, ce sujet constitue le fil rouge des travaux du groupe sur la période qui nous intéresse ici, entre 2008 et 2014. Raconté par les principaux intéressés comme une sorte d'épopée, ou d'aventure épique, il est aussi le dossier fédérateur de l'*instance de suivi,* celui par lequel le groupe est amené à se révéler à lui-même comme un collectif soudé, porteur d'un intérêt commun susceptible de s'imposer à l'ensemble des intérêts représentés. Cette épreuve du crédit d'impôt est donc un bon exemple pour montrer comment le collectif produit un ordre local contingent qui modifie sensiblement les comportements de ses membres et contribue à infléchir les stratégies individuelles des différents représentants.

5.2.1. La mise en cause collective du principe « pollué-payeur » instauré par le PPRT

On l'a vu dans le chapitre précédent, le financement des travaux de protection du bâti existant est très vite identifié comme un problème à résoudre de façon prioritaire. Dès le lancement du programme PPRT, fin 2006, les agents du Bureau des risques considèrent en effet que demander aux riverains de supporter la quasi-totalité du coût de la mesure n'est pas la meilleure façon de contribuer à l'acceptabilité sociale des PPRT. Anticipant d'importants blocages, ils proposent alors de réévaluer l'aide de l'État, initialement fixée à 15 % des dépenses engagées (plafonnées à 5 000 € pour une personne seule et 10 000 € pour un couple), pour tendre vers des modalités de financement moins défavorables aux propriétaires des logements visés par la mesure. D'abord seuls à la manœuvre, les agents du Bureau des risques tentent par deux fois, mais sans succès, de faire modifier la loi pour relever ce crédit d'impôt de 15 %. Puis convaincus qu'ils n'obtiendront jamais gain de cause sans le soutien actif des autres parties prenantes, ils optent pour une stratégie différente qui consiste à mobiliser les membres de l'instance de suivi en leur demandant de s'engager à leurs côtés dans le portage de ce dossier délicat, en vue notamment de la préparation de la loi de finances 2009. Ce dont témoigne le compte rendu de la première réunion de l'*instance de suivi* qui se tient au début de l'été 2008 :

> Le financement des mesures de protection du bâti existant prescrites dans le cadre des PPRT est un important point de blocage lors de l'élaboration des plans. [...] Au vu des premiers retours d'expérience, la DPPR a proposé, dans le cadre de la programmation de la prochaine loi de finances, d'augmenter le crédit d'impôts à 50 %. La DPPR rappelle l'importance de ce crédit d'impôt en tant que mesure incitative pour les occupants des logements situés dans les zones à risques à réaliser les travaux prescrits dans le cadre du PPRT. Un soutien de la part des différentes parties prenantes est indispensable pour que ce projet progresse[179].

Dès la première réunion, les membres de l'*instance de suivi* sont donc invités à s'accorder sur l'importance de l'enjeu et la nécessité de se mobiliser pour faire avancer le projet de l'administration. La mise en mouvement du collectif n'est cependant pas immédiate. Elle suppose un travail préalable de compréhension et de qualification du problème, de prise d'information dans les différents réseaux d'adhérents, puis de mise en commun de ces remontées de terrain. A plusieurs reprises, les représentants de FNE partagent ainsi les retours de leurs correspondants locaux (principalement des associations membres de la fédération), confirmant notamment que « l'aide actuelle apportée par le crédit d'impôt est nettement insuffisante pour la population concernée qui est la plupart du temps défavorisée[180] ». Du côté d'AMARIS, la visibilité du problème est également assurée par le canal des adhérents, notamment les élus locaux qui, à partir de 2008, s'intègrent au réseau pour faire reconnaître le caractère inique de cette règle de financement et défendre les habitants de leurs communes qui pourraient en subir les conséquences[181]. Poussée par une partie de sa base, l'association des collectivités locales fait alors de la réévaluation du crédit d'impôt l'un de ses objectifs prioritaires et un

---

[179] Compte rendu de la réunion de l'*instance nationale de suivi des PPRT* du 1er juillet 2008 (archives internes du Bureau des risques).

[180] Par « population défavorisée », il faut comprendre « habitants à faibles revenus ». *Cf.* Compte rendu de la réunion de l'*instance nationale de suivi des PPRT* du 6 mai 2009 (archives internes du bureau des risques).

[181] Certains maires, comme ceux de Saint-Pierre-des-Corps, Donges, Châteauneuf-les-Martigues ou Frontignan, sont d'autant plus incités à rejoindre les rangs d'AMARIS que les PPRT font émerger d'importants collectifs de riverains contestataires dans le périmètre de leur commune (Martinais, 2015).

sujet central de sa communication institutionnelle, comme le confirme son rapport d'activité 2009 :

> La loi de 2003 conduit à la prescription de travaux pour renforcer les habitations dans les zones Seveso. Des dizaines de milliers d'habitations vont ainsi être classées dans des espaces où des travaux de renforcement et de mise en sécurité du bâti seront rendus obligatoires. Pour ceux-là, la loi Bachelot a seulement prévu un crédit d'impôt de 15 % du montant des travaux, plafonné à 5 000 € et réservé aux seuls propriétaires occupants. Avant même la publication définitive de la loi, c'était vouer cette loi à un échec dans son application, tant on imagine mal des habitants investir, avec une aide dérisoire, pour réaliser ces travaux. D'autant qu'au fil des expertises, ce n'est plus 5 000 € mais plutôt 10 000 € de travaux qui se révèlent nécessaires. AMARIS se montre très attentive à cette question.

La lecture des comptes rendus de l'*instance de suivi* montre que ce diagnostic est également partagé par les représentants de l'UIC et de l'UFIP. Alignés sur la position collective, ces derniers considèrent la règle fixée par la loi d'autant moins appropriée qu'elle introduit selon eux un drôle de principe de « pollué-payeur » qui profite bien plus aux industriels à l'origine des risques qu'aux riverains censés financer les travaux de protection. Comme l'indique à l'époque le directeur des affaires techniques de l'UIC, « on sent tout de suite que la situation est intenable. Dire que les industriels n'auront pas un centime à verser alors que la mesure est censée les protéger, ce n'est pas possible. C'est indéfendable ». Invité à préciser ce point de vue, un autre représentant industriel de l'*instance de suivi* situe également le problème sur le plan de l'éthique et de la justice :

> À partir du moment où on est à l'origine d'un risque, il est normal qu'on assume les conséquences pour les gens. Surtout quand les activités qui génèrent le risque sont postérieures aux maisons du voisinage. C'est comme ça qu'on justifie le truc, en disant : « On fera tout ce qu'il faut pour que les risques ne sortent pas des sites industriels, mais ce qui va sortir il ne faut pas que ça soit aux gens de le payer ». C'est tout simplement une question de justice et d'éthique. Justice vis-à-vis de l'histoire. Et éthique parce qu'on ne peut pas se revendiquer du développement durable d'un côté et accepter une règle comme celle-là de l'autre.

La mise en avant de ces valeurs morales ne doit cependant pas masquer la dimension plus prosaïque de cet engagement industriel. Pour les fédérations patronales, l'enjeu est aussi de peser pour que la mesure s'applique le plus largement possible, de façon à réduire au maximum le nombre de voisins vulnérables continuant à vivre dans un logement non renforcé. Car du point de vue des industriels qui produisent les risques, un « bon voisin » est d'abord un voisin protégé, susceptible de rester hors d'atteinte en cas accident. Autrement dit, plus les mesures de renforcement du bâti s'appliquent, moins les exploitants risquent d'être mis en cause et incriminés pour les dangers qu'ils font subir à leur voisinage. En soutenant la réévaluation du crédit d'impôt, les fédérations patronales défendent donc aussi une mesure protectrice des intérêts de leurs adhérents. Ce qu'indique en passant le précédent enquêté, juste après avoir exposé les motivations morales de sa prise de position au sein de l'*instance de suivi* : « On est responsable donc il faut que les gens se protègent. S'ils ne veulent pas se protéger parce qu'on leur demande de tout payer, il faut bien reconnaître qu'on va être dans une situation très désagréable ».

Au moment où s'engage la préparation du projet de loi de finances 2009, les membres de l'instance du suivi sont donc prêts à remettre en cause le principe « pollué-payeur » instauré par la règle de financement des travaux de protection et à s'engager collectivement en faveur d'un relèvement à 50 % du crédit d'impôt, voire d'un basculement de la mesure dans le régime de financement tripartite des expropriations et délaissements. Chacun est alors mis à contribution pour activer ses réseaux, approcher des membres du gouvernement et solliciter des parlementaires « amis » pour tenter de peser sur le Ministère du budget et faire évoluer le rapport de force dans un sens plus favorable au Ministère de l'environnement. Ce qu'explique le chef du Bureau des risques de l'époque :

> En instance de suivi, on est tombés d'accord sur le fait qu'on voulait tous aller dans la même direction. Normal ! Le Ministère du budget (c'était le principal obstacle à l'époque), n'était pas de notre côté et on aimait tous les PPRT, donc… Fatalement, on s'est dit qu'il fallait qu'on soit tous à la manœuvre. AMARIS, par exemple, était chargée d'aller parler aux députés et sénateurs impliqués dans le vote de la loi de finances. Bon. C'était les débuts d'AMARIS version moderne, donc ils n'avaient pas encore beaucoup de réseau chez les parlementaires quand même. FNE devait aussi aller voir ses députés, sauf qu'à ce moment-là, c'était un gouvernement de droite et les élus écologistes, évidemment, étaient plutôt dans l'opposition. Les amendements écologistes n'avaient donc pas un poids énorme. Le MEDEF, enfin l'UIC et l'UFIP, était chargé d'aller voir les élus qui sont généralement un peu mieux positionnés par rapport à une majorité présidentielle UMP. Chacun devait faire son propre lobbying et nous, on devait faire notre lobbying auprès du cabinet et du Ministère du budget pour pousser tout cela tous ensemble.

Moyennement performant, ce travail d'intéressement des acteurs intermédiaires engagés dans la préparation de la loi de finances se traduit finalement par un amendement déposé, mais ne suffit pas à convaincre le gouvernement de trancher en faveur du Ministère de l'environnement en accédant à sa demande de relèvement du crédit d'impôt. La première tentative de l'instance de suivi se solde donc par un échec qui aura cependant permis au groupe de se tester dans cette activité relativement inédite de lobbying collectif et d'affuter ses arguments en prévision du coup suivant qui va se jouer quelques mois plus tard, dans le cadre de la table ronde sur les risques industriels et du vote de la loi Grenelle II.

5.2.2. L'ajustement chaotique de la règle de financement

La table ronde sur les risques industriels est organisée au printemps 2009 dans le but d'apaiser les remous suscités, au sein du secteur, par le projet gouvernemental de simplification du régime d'autorisation des installations classées[182]. Apparemment sans lien avec la réforme post-AZF et la mise en œuvre de la loi Bachelot, ces rencontres sont néanmoins mises à profit par les services du Ministère de l'environnement pour faire avancer quelques dossiers PPRT en souffrance, dont le relèvement du crédit d'impôt lié aux mesures de protection du bâti[183]. En proposant aux acteurs du secteur de débattre de ce sujet en « mode Grenelle[184] », l'administration vise alors trois objectifs principaux : élargir la base des soutiens au-delà du cercle restreint des partenaires déjà convertis ; mettre en lumière le caractère consensuel de la mesure en incitant les participants à la faire figurer dans la synthèse de la table ronde (grâce notamment à l'appui des membres de l'*instance de suivi* présents à ces rencontres) ;

---

[182] Conçue dans le cadre du plan de relance initié par le deuxième gouvernement Fillon suite à la crise financière de 2008, cette simplification du régime d'autorisation est très mal perçue par certaines parties prenantes, notamment les associations de protection de l'environnement, qui l'associent à un encadrement moins strict des entreprises et, dans ces conditions, à la promesse d'atteintes aggravées aux milieux naturels.

[183] Les principaux sujets de discussion de cette table ronde concernent les procédures d'encadrement des installations classées, le contrôle et les sanctions, l'information au public et la qualité des échanges entre les parties prenantes (Le Noan, 2010).

[184] C'est-à-dire dans une configuration réunissant les cinq catégories d'acteurs mis à contribution lors du Grenelle Environnement de 2007 (État, collectivités locales, entreprises, salariés et associations).

s'ouvrir ainsi le chemin du Parlement en vue du vote de la loi Grenelle II[185] censée donner une portée législative et réglementaire à ces propositions. Pour les membres de l'*instance de suivi*, la table ronde est donc l'occasion de lancer une nouvelle offensive sur le dossier du crédit d'impôt et, en même temps, de profiter de la conjoncture favorable du Grenelle pour tenter de faire sauter le verrou du Ministère du budget et des arbitrages interministériels.

Encadré 22 L'article du projet de loi Grenelle II portant le crédit d'impôt à 50 %

Proposition n° 3 de la table ronde sur les risques industriels – Le financement des travaux sera pris en charge de manière plus significative qu'actuellement, au travers soit des conventions tripartites qui sont négociées localement, soit d'incitation fiscale notamment vis-à-vis de publics défavorisés (augmentation significative du crédit d'impôts).

Exposé des motifs de l'article associé dans le projet de loi Grenelle II – [Le] taux du crédit d'impôt (15 %) est trop bas. Les ménages résidant dans le périmètre d'un PPRT sont rarement des ménages aisés et ne disposent généralement pas de la surface financière pour faire face au financement des travaux prescrits, lesquels sont pourtant obligatoires. [...] Le plafond de 5 000 € (personne isolée) ou de 10 000 € (couple) est trop bas puisque le coût des travaux obligatoires peut atteindre 10 % de la valeur de l'habitation. L'expérience des premiers PPRT montre que le système actuel est ressenti par les particuliers comme étant profondément injuste car : les installations ou extensions industrielles à l'origine des risques sont souvent postérieures aux habitations concernées ; l'aide de l'État (15 %) est très faible alors même que les autres mesures du PPRT sont financées à 100 % (expropriations et délaissement). Cette situation étant un facteur de blocage pour l'acceptabilité des PPRT, il est proposé d'améliorer ce crédit d'impôt. Il serait ouvert aux bailleurs afin d'inciter ces derniers à financer les travaux nécessaires à la protection de leurs locataires, son taux serait porté de 15 à 50 % et les dépenses seraient retenues dans la limite d'un plafond unique de 30 000 €.

[185] Loi n° 2010–788 du 12 juillet 2010 portant engagement national pour l'environnement.

Jusqu'au vote de la loi, cette stratégie va se révéler gagnante. Comme prévu, la mesure figure parmi les propositions mises en avant dans la synthèse de la table ronde et fait, comme prévu, l'objet d'un article spécifique du projet de loi Grenelle II préparé dans la foulée (*cf.* encadré 22). Le Ministère du budget reste cependant opposé à ce projet et continue de peser de tout son poids dans les arbitrages interministériels. Mais cette fois, le Ministère de l'environnement peut compter sur un allié de circonstance qui lui permet de passer outre cet arbitrage pour s'imposer dans l'hémicycle et obtenir, de façon inespérée, un relèvement du crédit d'impôt à 40 % (avec un plafond unique à 30 000 euros). Le chef du Bureau des risques de l'époque raconte :

> Au moment du vote de la loi Grenelle II, Jean-Louis Borloo était très impliqué. On a réussi à l'intéresser à nos affaires de crédit d'impôt, ça l'a branché. Bon, ça n'a pas été suffisant pour gagner l'arbitrage en réunion interministérielle. On a encore perdu. Du coup, on se dirigeait tout droit vers un avis défavorable du gouvernement. Mais Jean-Louis Borloo a dit : « Je m'en fous ! » Il s'est assis sur les bancs de l'Assemblée et lorsque l'amendement a été présenté en séance, il a dit : « Avis favorable du gouvernement ». Contre les instructions interministérielles. Il a pris ça sur lui. Donc l'article de loi est passé. Le coup était gagné.

Avec le vote de cette loi Grenelle, la victoire de *l'instance de suivi* n'est toutefois pas complètement acquise. La « chasse aux niches fiscales », engagée par le gouvernement Fillon durant l'été 2010, est en effet l'occasion pour le Ministère du budget de reprendre l'avantage pour ramener, via la loi de finances 2011, le taux du crédit d'impôt à son niveau d'origine en rétablissant le plafond à 5 000 euros pour une personne seule et 10 000 euros pour un couple. Un autre enquêté raconte cette péripétie qui anéantit les avancées de la loi Grenelle II et ramène les membres de l'*instance de suivi* au point de départ :

> Évidemment, le coup de Borloo n'avait pas plu au Ministère du budget qui s'est vengé quelques mois plus tard. C'était l'époque où le gouvernement avait décidé de raboter les niches fiscales. Du coup, il en a profité pour bien raboter notre crédit d'impôt. Sans nous prévenir évidemment. Ils nous ont pris par surprise. On a découvert le pot aux roses le jour où ça a été déposé à l'Assemblée nationale. Du coup, on n'a pas eu le temps de se mobiliser et on a perdu. Mais comme AMARIS était un peu montée en puissance depuis la fois précédente, on a quand même réussi à rattraper partiellement le coup au Sénat. On n'est pas redescendu à 15 %, mais à 30 %. Donc le crédit d'impôt a joué au yo-yo pendant toute l'année 2010 : avec la loi Grenelle

II en juillet, il est monté à 40 %. Au moment du passage du projet de loi de finances à l'Assemblée nationale en septembre-octobre, il est descendu au niveau le plus bas et à l'arrivée, on a trouvé une position de compromis qui est le résultat final, c'est-à-dire 30 %. L'avantage pour nous, c'est que le mouvement était lancé. Parce qu'à partir du moment où un crédit d'impôt commence à être rectifié deux ou trois fois, les parlementaires prennent l'habitude. Ils savent qu'à chaque loi de finances, il faudra retoucher le machin. La mode était prise.

Pour les membres de l'*instance de suivi*, l'enjeu consiste alors à maintenir la pression sur l'exécutif en espérant, dès la loi de finances suivante, convaincre le gouvernement et les parlementaires de restaurer le taux de 40 %. Chacun est alors invité à mettre en scène son mécontentement et à multiplier les prises de parole pour s'indigner publiquement du sort réservé aux riverains des sites à risques. Ainsi cet extrait d'une interview publiée, comme beaucoup d'autres au même moment, dans la presse spécialisée :

> C'est le droit à se protéger pour les populations vivant dans des zones exposées aux risques industriels qui est ici sérieusement remis en question, au prétexte d'assainir les finances publiques – objectif louable s'il en est ! – et de supprimer certains avantages fiscaux ! Comme si l'on pouvait en l'espèce parler d'avantages fiscaux quand on pense à ces foyers modestes, vivant dans le périmètre d'entreprises classées Seveso, s'indigne AMARIS[186].

Pour marquer le coup, les représentants des collectivités locales et associations de protection de l'environnement annoncent également leur mise en retrait de l'instance de suivi tant que le crédit d'impôt ne sera pas remonté à son niveau post-loi Grenelle II (soit 40 %) et exigent par ailleurs que l'élaboration des PPRT soit suspendue jusqu'à ce que les riverains pénalisés par la décision gouvernementale obtiennent satisfaction[187]. Dans le même esprit, une journée d'action nationale intitulée « Cette commune n'est pas une niche fiscale » est prévue peu avant l'examen du projet de loi de finances 2012. Organisée par AMARIS en lien avec ses adhérents, l'opération consiste à déployer des banderoles un peu partout en France pour rappeler aux parlementaires concernés « l'intolérable situation d'injustice subie par les habitants situés en zone Seveso » et « la nécessité d'augmenter la prise en charge par l'État des travaux de

---

[186] Article publié le 6 décembre 2012 sur le site d'informations *Actualités news Environnement*. En ligne: http://www.actualites-news-environnement.com/24629-Sites-SEVESO-veritable-scandale-gouvernement.html (consultation du 20 mai 2020).

[187] D'après le compte-rendu de la réunion de l'*instance nationale de suivi des PPRT* du 24 novembre 2011 (archives internes du bureau des risques).

protection auxquels sont contraints ces riverains[188] ». Par ce coup médiatique, il s'agit également de donner de la consistance et de la visibilité à ce mouvement de protestation des collectivités locales représentées en vue de rencontres à venir d'une partie de l'*instance de suivi* avec le Ministère du budget et les services du Premier ministre. Ainsi ce compte rendu d'une réunion de l'automne 2011 :

> Des délégations composées d'au moins deux représentants d'AMARIS, du MEDEF et de FNE, ont été reçues à Matignon et par le Ministère du budget. La question de supprimer le crédit d'impôt considéré comme une niche fiscale inutile au vu des dépenses 2010 et 2011 a été évoquée. Le projet de loi de finances 2012 propose de reconduire finalement le crédit d'impôt à l'identique (jusque 2014). Plusieurs amendements ont depuis été déposés : amendement déposé par le député Jacques Pélissard (n°171) pour une augmentation du plafond à 20 000 €, amendement repris par de nombreux parlementaires (n°232), augmentation du taux à 40% (proposition de revenir au plafond et taux de la loi Grenelle 2). L'augmentation du plafond semble avoir un meilleur écho que l'augmentation du taux auprès de certains acteurs[189].

Malgré le dépôt de plusieurs amendements, y compris de députés de la majorité de l'époque, l'issue du processus parlementaire ne donne que partiellement satisfaction aux membres de l'*instance de suivi* avec un taux maintenu à 30 % et un plafond relevé à 10 000 euros pour une personne seule et 20 000 euros pour un couple (au lieu de 5 et 10 000 euros). Tendant vers l'objectif visé, mais ne l'ayant pas encore complètement atteint, ces derniers sont toutefois encouragés à poursuivre leur effort un an de plus, en espérant bien toucher au but pour la loi de finances 2012. Et ce d'autant plus que pour ce quatrième passage au Parlement, les membres de l'*instance de suivi* ont deux nouveaux atouts en main : l'alternance qui a conduit quelques élus d'AMARIS, dont son président, à faire leur entrée à l'Assemblée nationale ; la montée des contestations riveraines un peu partout en France qui renforce significativement l'engagement des collectivités locales dans ce combat et permet d'enrôler de nouveaux parlementaires parmi les députés et sénateurs directement touchés par ce problème dans leur circonscription ou leur commune. Un des

---

[188] D'après le compte-rendu de cette journée du 21 octobre 2011 publié sur le site Internet de l'association AMARIS (consultation du 21 octobre 2014).

[189] Compte-rendu de la réunion de l'*instance nationale de suivi des* PPRT du 19 octobre 2011 (archives internes du bureau des risques).

représentants du Bureau des risques explique comment la combinaison de ces deux facteurs a pu jouer en faveur du crédit d'impôt :

> Une fois qu'on avait tous ces députés, c'était beaucoup plus facile. Pour nous, pour le cabinet. Parce que quand on dit : « Attendez, il y a un maire qui râle et ça semble très important », bon le cabinet nous écoute avec politesse mais ça s'arrête là. Lorsqu'on dit « Il est député », alors là d'un coup l'attention grandit. Et si en plus il est député de la majorité présidentielle, alors là, ça facilite carrément les ouvertures. On a pu accélérer beaucoup de choses à partir de 2012, par le simple fait que le président d'AMARIS et quelques autres ont été élus députés. Ça nous a énormément servi. Et ça leur a servi aussi. C'était très net pour le crédit d'impôt par exemple ! Une fois à l'Assemblée, le président d'AMARIS a passé son temps à écrire des courriers et à passer des coups de fil. Il voyait beaucoup de ses collègues. De notre côté, on a rencontré d'autres députés, d'autres sénateurs, on a refait un petit lobbying auprès de la commission des finances. Il y a Philippe Marini qui est très impliqué à la commission des finances et qui a un PPRT compliqué en Picardie. On lui a dit : « Vous voyez bien comment ça se passe ? » Certains députés-maires commençaient aussi à avoir des riverains qui râlaient à droite, à gauche, parce que la fronde montait. On s'est posé la question en *instance de suivi* et on s'est dit : « Laissons monter la fronde. A la limite, n'envoyons pas de message trop apaisant trop tôt. Laissons monter la fronde parce que les élus qui sont à la fois parlementaires et maires vont embrayer plus fort ». Et quand on s'est représenté le coup d'après, pour la loi de finances 2013, l'apport politique était là. On a réussi à faire passer beaucoup de choses.

Une fois la majorité parlementaire acquise aux objectifs de l'*instance de suivi*, la suite n'est plus que formalité. Sans surprise cette fois, l'article est voté et le taux du crédit d'impôt finalement remonté de 30 à 40 % des dépenses engagées par les riverains, plafonnées à 10 000 euros pour une personne seule et 20 000 euros pour un couple. La règle de financement, ainsi redéfinie, ne sera plus touchée par la suite et s'appliquera finalement selon les dispositions de la loi de finances 2013.

Au total, quatre années d'efforts et cinq passages au Parlement auront donc été nécessaires pour atteindre le but que l'instance de suivi s'était fixée au départ. Lorsqu'on les interroge *a posteriori* sur ce qu'ils retiennent de cette épreuve du crédit d'impôt, les membres du groupe évoquent sans surprise le caractère chaotique du processus et les multiples rebondissements qui ont scandé la décision. Presque tous valorisent également l'expérience humaine inédite. Ils expliquent comment l'aventure, qui s'engage dès la création de l'*instance de suivi*, les a progressivement détournés de l'exercice classique de la représentation pour les amener finalement à privilégier l'esprit d'équipe et l'intérêt collectif, allant même jusqu'à former des associations improbables pour négocier avec les émissaires gouvernementaux, tout en développant des affinités peu conventionnelles à force d'arpenter ensemble les couloirs du Parlement et les bureaux des ministères. Comme le rappelle à nouveau ce représentant de l'UIC, un brin amusé, « ça n'était jamais arrivé qu'on signe un communiqué conjoint avec FNE, mais là on l'a fait ». A cet égard, on peut dire que le dossier du crédit d'impôt n'a pas seulement joué sur la cohésion du groupe et sa capacité à parler d'une seule voix, il a aussi conduit ses membres à ne plus seulement voir les PPRT à travers le prisme unique de leur position institutionnelle, mais également à travers les exigences et les attentes collectives de l'*instance de suivi*. L'accord scellé entre AMARIS, l'UFIP et l'UIC, pour parfaire le dispositif de financement des travaux de protection une fois le relèvement du crédit d'impôt à peu près acquis, illustre plus précisément la façon dont se manifeste cette tension entre rattachement professionnel et intérêts représentés d'un côté, appartenance au groupe du suivi et fidélité à la démarche collective de sécurisation des PPRT de l'autre.

5.2.3. L'accord complémentaire AMARIS-UFIP-UIC

L'idée d'un financement additionnel supporté par les industriels et les collectivités locales n'est pas la traduction d'une proposition venant de l'extérieur de l'*instance de suivi*. Elle naît concrètement des échanges internes au groupe, à un moment où il devient évident qu'une prise en charge aux alentours de 50 % ne suffira ni à garantir l'acceptabilité sociale de la mesure, ni à préserver le programme PPRT des contestations locales. Plusieurs solutions sont alors envisagées et discutées, notamment la création déjà évoquée d'un régime de financement tripartite (comme pour les mesures d'expropriation et de délaissement) ou la mise en place d'une « convention bipartite entre les collectivités percevant la CET[190] et les industriels à l'origine du risque » qui pourrait s'ajouter au crédit d'impôt financé par l'État[191]. Finalement fixés sur cette deuxième option,

---

[190] La CET désigne ici la contribution économique territoriale, créée en 2010 en remplacement de la taxe professionnelle.

[191] D'après le compte-rendu de la réunion de l'*instance nationale de suivi des PPRT* du 7 juillet 2010 (archives internes du bureau des risques).

les membres du groupe se rapprochent ensuite de leurs bases adhérentes pour vérifier que la logique collective de l'*instance de suivi*, qui motive ce financement complémentaire, est susceptible de s'accorder avec les intérêts représentés. Ce qu'explique l'un des représentants des fédérations patronales chargé de se mettre en relation avec les entreprises potentiellement concernées :

> J'étais personnellement convaincu par ce financement complémentaire. Mon collègue de l'UFIP était personnellement convaincu. A partir de là, on a essayé de convaincre nos adhérents qu'il fallait passer à la caisse. Que ce n'était pas marrant mais que c'était mieux pour tout le monde, y compris pour eux. Donc on a décroché nos téléphones. Pour convaincre, pour expliquer. Et là, j'ai eu tous les groupes au téléphone. Tous les groupes !

Du côté des fédérations patronales, trois arguments principaux sont mobilisés pour rallier les adhérents à ce projet de financement complémentaire. Le premier est celui de la responsabilité partagée : il consiste à dire que les situations de grande proximité qui justifient la mise en œuvre des mesures de protection du bâti ne peuvent pas être uniquement imputées à l'État et aux collectivités locales qui ont délivré les autorisations de construire, mais également aux exploitants qui ont laissé faire, quand ils n'ont pas eux-mêmes favorisé l'installation de leurs personnels dans le voisinage immédiat des sites de production. De ce point du vue, une contribution financière des industriels à la mise en œuvre de la mesure ne paraît donc pas abusive, surtout que le renforcement du bâti est censé aller dans le sens de leurs intérêts. Le deuxième argument est comptable : il concerne la visibilité à moyen terme des conséquences financières du programme PPRT sur les entreprises concernées. Comme l'indique ce membre de l'*instance de suivi*, le financement complémentaire peut être un moyen efficace de réduire les incertitudes sur les engagements budgétaires et, dans ces conditions, de sécuriser les investissements prévus sur les sites de production concernés :

> Ce qui les embête vraiment les industriels, c'est de ne pas y voir clair. La plupart sont des entreprises très consommatrices de gros investissements, qui ont besoin de visibilité au plan financier. Et les PPRT, ça faisait déjà un moment que ça traînait, donc ils étaient pressés de boucler le truc en se disant : « Allez hop, on avale la pilule. On fait cet effort supplémentaire, parce que sinon on va continuer à se faire balader par l'État qui ne va pas arrêter de faire le yo-yo avec son crédit d'impôt. On va avoir sans arrêt les riverains aux basques qui vont nous dire qu'il n'est pas question qu'ils payent, que de toute façon c'est de notre faute, etc. ». Donc l'idée, c'était ça, dire aux entreprises qu'il valait mieux pour elles qu'elles signent

un accord qui va s'installer dans la durée. Elles budgétisent le truc, elles font le compte d'exploitation, elles ont le temps d'amortir, elles savent où elles vont. Elles lâchent le fric nécessaire mais après, le sujet est derrière elles. Et elles peuvent passer à autre chose.

Quant au troisième argument censé faire « passer la pilule » du financement complémentaire, il est en partie suggéré par ce dernier enquêté lorsqu'il aborde le sujet des contestations locales qui globalement nuisent à l'image des entreprises, surtout lorsque celles-ci sont publiquement mises en cause par les habitants en colère. Du point de vue des exploitants, une participation significative au financement des mesures de protection du bâti peut alors être considérée comme un bon moyen de pacifier les relations avec leurs voisins et/ou de s'éviter des réactions hostiles préjudiciables en termes d'image et d'acceptabilité sociale.

Mobilisé en bloc, ce répertoire de justifications n'agit cependant pas de façon uniforme sur les bases adhérentes consultées par les deux fédérations patronales. La portée des différents arguments varie en effet selon les entreprises et la façon dont elles sont engagées dans l'élaboration des PPRT. Total par exemple, qui doit à l'époque gérer plusieurs conflits avec ses voisins, est plus particulièrement sensible aux enjeux d'image. Le groupe pétrolier justifie d'ailleurs son soutien au projet de financement complémentaire en se situant précisément sur ce registre. Ce dont témoigne ce responsable de la direction sécurité industrielle de l'époque :

> On était quand même au centre de grosses polémiques sur le sujet. Ce n'était vraiment pas bon pour le groupe. Ça nous portait préjudice. Quand je dis « grosses polémiques », c'est quand même des manifs. Autour des raffineries notamment. Les gens ne demandaient pas l'arrêt du site, ça ne remettait pas en cause l'existence des installations, mais ça rendait quand même la vie quotidienne plus difficile. Surtout qu'autour de nos sites, on a de gros programmes de discussion avec les riverains, d'amélioration de nos relations avec le voisinage, etc. Et là, à cause de cette mesure mal faite, on risquait de tout mettre l'air. Donc le groupe s'est rapidement aligné sur cette idée du financement complémentaire.

Le soutien de Total, qui induit quasi automatiquement celui de l'UFIP[192], ne suffit toutefois pas à valider la proposition portée par les

[192] Compte tenu notamment de l'influence de Total sur les décisions de la fédération des pétroliers et du fait qu'à ce moment-là, les autres adhérents de l'UFIP ne sont pratiquement pas concernés par les PPRT et les mesures de protection du bâti existant.

deux fédérations patronales pour le compte de l'*instance de suivi.* D'autant que les positions des chimistes sont assez partagées. Une petite fraction des adhérents de l'UIC est même franchement hostile au projet, pour des questions financières principalement. Menacé de veto par une partie de sa base, le porte-parole du syndicat professionnel se trouve alors en porte-à-faux entre deux options non totalement satisfaisantes : privilégier les adhérents non convaincus en se dégageant du projet d'accord ou rester solidaire de l'*instance de suivi* en passant outre le principe d'unanimité qui régit normalement les décisions de l'UIC. Comme il le dit lui-même, « on est par définition la maison de toutes les industries chimiques, il n'est donc pas question d'avoir des gens qui ne s'y retrouvent pas. »

La tension évoquée plus haut s'exprime donc ici par une sorte de conflit de loyauté qui oblige les représentants patronaux à une importante prise de risque : pousser les quelques entreprises qui « ne s'y retrouvent pas » à la défection et fragiliser l'unité syndicale ou bien alors compromettre la dynamique de l'*instance de suivi* et la démarche collective de sécurisation du programme PPRT censée par ailleurs servir les intérêts industriels. Difficile à trancher au niveau de la direction des affaires techniques, le dilemme conduit finalement le représentant de l'UIC à s'en remettre aux instances dirigeantes de sa fédération pour l'aider à décider de la marche à suivre : « Là clairement, j'ai eu un mandat. C'est-à-dire que sur un sujet sensible comme celui-là, on doit en référer au conseil d'administration. Donc on écrit un papier disant qu'on souhaite un mandat clair là-dessus. Et pour finir, le conseil d'administration nous a envoyé un message en disant : "Vous avez le mandat, allez-y" ». Cette décision, qui constitue l'une des rares intrusions des plus hautes sphères de la représentation patronale dans le suivi des PPRT, permet alors de finaliser l'accord qui sera finalement signé le 21 mars 2012 par les trois parties prenantes, sous le double patronage du MEDEF et de l'association des maires de France (AMF).

Cette conclusion heureuse pour les membres de l'instance de suivi n'est cependant pas sans conséquence pour l'UIC qui, comme anticipé, perd plusieurs adhérents dans l'aventure. De même, AMARIS enregistre quelques défections, notamment de municipalités communistes (Martigues par exemple) qui demandaient que le complément au crédit d'impôt soit intégralement porté par les industriels à l'origine des risques. Pour les deux organisations, la décision n'est donc pas neutre. Elle occasionne quelques désagréments et de nombreuses critiques, qui font en même temps penser à de possibles difficultés de mise en œuvre de la mesure.

D'où l'idée, une fois l'accord signé, de l'inscrire dans la loi pour lui donner un caractère contraignant et éviter que certains adhérents, plus soucieux de leur rentabilité que de l'intérêt général, s'y soustraient. Ainsi ce membre de l'*instance de suivi* :

> Après la signature de l'accord, on a encore eu des difficultés parce que c'était un engagement volontaire et que ça ne nous paraissait pas suffisant. Et quand on a voulu le passer dans la loi, certains ne voulaient pas. Bon mais on a quand même insisté. Parce que la loi, c'est plus sûr. Ça ne protège pas totalement, mais sur des sujets aussi sensibles, il vaut mieux quand même avoir quelque chose de fort à très haut niveau. Donc la loi permettait de le faire. En plus, il peut y avoir un changement de gouvernement, un changement d'approche. Et la loi, elle est transverse par rapport à ça, sauf si on l'annule et qu'on la remplace par une autre loi.

Une fois les membres de l'*instance de suivi* alignés sur la même position, la loi de finances 2013 est identifiée comme un véhicule possible pour concrétiser ce projet de transformer l'engagement volontaire en prescription contraignante. Un amendement est déposé en ce sens à l'automne 2012, accompagnant celui relatif au relèvement du crédit d'impôt de 30 à 40 %. Les deux sont votés en même temps, mais le dispositif de financement complémentaire est finalement censuré par le Conseil constitutionnel, ce dernier considérant la mesure étrangère au domaine des lois de finances. La loi DDADUE de juillet 2013[193], en partie dédiée à la transposition de la directive Seveso 3 dans le droit français, sera l'occasion d'une seconde tentative qui, cette fois, atteindra l'objectif visé (*cf.* encadré 23).

---

[193] Loi n° 2013-619 du 16 juillet 2013 portant diverses dispositions d'adaptation au droit de l'Union européenne dans le domaine du développement durable.

Encadré 23 Article 9 de la loi DADDUE donnant un caractère légal à l'accord AMARIS-UFIP-UIC

Les exploitants des installations à l'origine du risque et les collectivités territoriales ou leurs groupements, dès lors qu'ils perçoivent tout ou partie de la contribution économique territoriale dans le périmètre couvert par le plan, participent au financement des diagnostics préalables aux travaux et des travaux prescrits aux personnes physiques propriétaires d'habitation au titre du IV de l'article L. 515–16, sous réserve que ces dépenses de travaux soient payées dans un délai de cinq ans à compter de l'approbation du plan de prévention des risques technologiques prévu à l'article L. 515-15. Cette participation minimale, répartie en deux parts égales entre les exploitants des installations à l'origine du risque, d'une part, et les collectivités territoriales ou leurs groupements, d'autre part, finance 50 % du coût des travaux prescrits. Si le coût des travaux excède 20 000 €, la participation minimale est fixée à 10 000 €.

Au final, cet accord entre industriels et collectivités locales est significatif de la dynamique interne de *l'instance de suivi* et de la façon dont les intérêts représentés sont progressivement concurrencés par l'enjeu et le souci du collectif. La concrétisation de ce projet de financement complémentaire et son inscription dans la loi montrent en effet comment l'affiliation au groupe et la socialisation qui en découle poussent les acteurs concernés à dépasser leur rôle de représentant pour chercher des marges de manœuvre supplémentaires et tenter de faire émerger une solution en phase avec l'intérêt commun. Le format « groupe de travail » est souvent propice à ces constructions collectives qui ne se limitent pas nécessairement à la conciliation des positions défendues par les différents protagonistes. Pierre Lascoumes, par exemple, l'a bien montré à propos du groupe V du Grenelle Environnement (Lascoumes, 2011). De même, Olivier Nay et Andy Smith observent que les interactions dans les espaces intermédiaires de l'action publique ne conduisent pas toujours à la simple « intégration » des intérêts en présence : « Elles peuvent conduire à des formes inédites, résultant de l'agrégation partielle des volontés, de l'asymétrie des ressources mobilisées par chaque acteur, du "style" propre de certains responsables mais aussi – et cela est important – du contexte d'action dans lequel ces interactions ont lieu » (Nay,

Smith, 2002 : 3). Dans le cas particulier de l'*instance nationale de suivi de PPRT*, le contexte d'action joue effectivement un rôle important. Le format « club » et les relations affinitaires qui se tissent entre les membres renforcent à l'évidence les capacités d'action du groupe et les prises de distance avec les intérêts représentés. Toutefois, cette emprise du collectif sur les parties prenantes n'implique pas la disparition totale des logiques corporatistes. Au contraire, même atténuées, celles-ci restent présentes. Comme on va le voir maintenant, elles continuent de jouer sur les rapports de force internes et la façon dont le collectif de l'instance de suivi envisage et solutionne les problèmes auxquels il est confronté.

5.3. La logique collective aux prises avec les intérêts corporatistes

Depuis longtemps déjà, la sociologie des organisations montre que les jeux d'entente et de conflit sont à la base de tous les systèmes de relations durables associant des acteurs provenant de différents secteurs de la société. Dans son approche de l'action organisée, Erhard Friedberg voit par exemple les contextes d'action qui nous intéresse ici comme des cadres à l'intérieur desquels se déploient, s'entrechoquent et s'articulent les unes aux autres une multiplicité de stratégies de comportement au service d'une multiplicité de rationalités et d'intérêts, sinon toujours contradictoires, du moins divergents ou, pour le dire de façon plus neutre, non spontanément convergents (Friedberg, 1993). Prolongeant l'analyse, il remarque aussi que l'ordre local qui régit ces jeux d'entente et de conflit dépend beaucoup de ce qui se discute. De son point de vue, les règles et les mécanismes de régulation sur lesquels repose cet ordonnancement ne sont ni donnés ni indépendants des processus d'interaction et de négociation. Ils en sont le produit et, en tant que tels, sont toujours contingents et problématiques. Deux dossiers traités par l'instance de suivi illustrent précisément cette contingence, c'est-à-dire la façon dont le souci du collectif et les intérêts corporatistes sont en mesure de jouer les uns avec les autres dans des configurations variables. Le premier concerne l'abrogation avortée de la règle relative aux mesures à prendre dans les zones d'aléas « Fai surpression ». Le second correspond à la création par circulaire d'un régime dérogatoire au règlement régissant les implantations et les développements dans les zones grisées des PPRT.

5.3.1. La modification avortée de la règle applicable aux zones Fai surpression

Le premier sujet qui nous intéresse ici est encore en lien avec le financement des travaux de protection sur le bâti existant évoqué au point précédent. Il apparaît à l'occasion des discussions relatives au relèvement du crédit d'impôt et à la participation additionnelle des industriels et collectivités locales. Formulée de façon peu explicite dans le titre de cette sous-partie, la question qui se pose alors à l'*instance de suivi* est de savoir si, dans les zones PPRT exposées à des aléas surpression faibles (dites *zones Fai surpression*[194]), les travaux de protection du bâti (filmage des fenêtres et renforcement des huisseries notamment) doivent être prescrits, c'est-à-dire rendus obligatoires, ou seulement recommandés, c'est-à-dire proposés aux riverains concernés, mais non imposés. Comme souvent en matière de risques industriels, ce débat d'apparence technique est en réalité d'ordre financier, dans la mesure où seuls les travaux prescrits sont concernés par le financement tripartite prévu par la loi (les 40 % du crédit d'impôt auxquels s'ajoutent les 50 % supportés à part égale par les industriels et les collectivités locales). Très concrètement, le choix entre prescription et recommandation a donc un effet automatique sur le coût global des PPRT, d'autant que les *zones Fai surpression* sont en général les plus importantes en taille et les plus fortement dotées en logement (parce que relativement plus éloignées de la source du risque).

---

[194] Dans ces zones, les phénomènes accidentels à prendre en compte pour dimensionner les travaux de renforcement des logements exposés engendrent des surpressions comprises entre 20 et 50 mbars, soit l'équivalent d'un souffle susceptible de détruire un vitrage classique.

Encadré 24 Le renforcement de la règle applicable en *zones Fai surpression*

	Niveaux d'aléas	TF+	TF	F+	F	M+	M	Fai
Mesures physiques sur le bâti existant	Effet toxique	**Prescriptions** (2) **TF+ et TF** : confinement obligatoire des locaux d'activités tolérés (rappel : habitations expropriées). **F+ et F** : confinement obligatoire pour les établissements sensibles et les ERP. Confinement obligatoire selon des critères simples pour les locaux d'activités et les habitations.				**Prescriptions** Confinement des établissements sensibles et des ERP à adapter au contexte local. Confinement des locaux d'activités. **Recommandations** Confinement des habitations des particuliers.		Recommandations
	Effet thermique	**Prescriptions** (2) Mesures de protection contre l'effet thermique (23) obligatoires, même si ces mesures techniques ne permettent de faire face qu'à un aléa moins important (4) Identification obligatoire d'une zone de mise à l'abri dans chaque bâtiment.				**Prescriptions** Identification d'une zone de mise à l'abri obligatoire dans chaque bâtiment résidentiel et à enjeux importants.		Recommandations
	Effet de surpression	**Prescriptions** (2) Mesures de renforcement des structures du bâti (5) obligatoires, même si ces mesures techniques permettent de faire face uniquement à un aléa moins important (4)				**Prescriptions** Mesures de renforcement des structures du bâti obligatoires.		Recommandations de renforcement des vitrages

Dans sa version initiale, la règle associée aux *zones Fai surpression* est définie par le tableau ci-dessus, en page 96 du guide méthodologique de 2005 (actualisé en 2007). Comme on peut le lire dans la case en bas à droite, celle-ci indique que les zones exposées à un aléa surpression de faible intensité ne créent pas d'obligation particulière pour les propriétaires concernés. Elle se limite à recommander le renforcement des vitrages. Mais avant même de pouvoir s'appliquer sous cette forme, cette disposition du guide est révisée pour inciter les acteurs de terrain à renforcer la portée du PPRT sur ces zones où la catastrophe d'AZF a montré qu'une explosion pouvait malgré tout occasionner des dégâts importants et porter atteinte à l'intégrité physique des habitants (à cause des bris de vitre notamment). Complétant la partie correspondante du guide méthodologique, une note de la DGPR de décembre 2008 propose donc de renoncer au principe de la recommandation, jugé trop permissif, pour lui substituer un principe de prescription, beaucoup plus strict. Ainsi modifiée, la règle devient : En zone d'alea faible de surpression, la prescription visera à demander le renforcement des ouvertures vitrées (fenêtres par exemple) et de la toiture.

Au sein de l'*instance de suivi*, la mise en débat de ce point est motivée par les discussions sur l'accord AMARIS-UFIP-UIC. La possibilité d'avoir à financer les mesures de renforcement des logements incite en effet les représentants des collectivités locales et des fédérations patronales à questionner la pertinence de la règle associée aux *zones Fai surpression*. Et ce d'autant plus que celle-ci, qui se contentait dans un premier temps de recommander le renforcement des vitrages, a été durcie juste avant la création de l'*instance de suivi* pour intégrer un principe de prescription beaucoup plus contraignant (*cf.* encadré 24). Prompts à la manœuvre, les permanents de l'UIC et de l'UFIP testent alors la possibilité d'un retour en arrière et d'une intervention de l'*instance de suivi* visant à rétablir la règle initiale. Ce qu'explique l'un d'eux :

> Quand on a vu la tournure que ça prenait, on a dit : « Attendez ! Pourquoi le législateur a prévu des prescriptions et des recommandations ? S'il a proposé les deux, c'était bien pour qu'on fasse la différence. Et *in fine*, on ne fait plus aucune différence. C'est bien qu'il y a un problème ». Surtout qu'à ce moment-là, la question du financement est loin d'être gagnée. Donc on dit : « On n'est même pas sûr d'avoir le financement et, en plus, on se rajoute des contraintes ! Ce n'est pas raisonnable ». Donc nous, on a plaidé pour le principe de réalité en disant : « Prescription, c'est le vrai sujet, il faut le faire. Et recommandation, ça reste recommandation. Une recommandation, ce n'est pas une prescription ». Parce qu'on voyait bien le truc, c'est qu'une fois que le financement serait acquis, toutes les DREAL allaient basculer en disant : « Maintenant, il n'y a plus de problème. On peut tout passer en prescription puisque des aides sont prévues ». Sauf que le chèque à l'arrivée, il n'a plus rien à voir avec ce que ça nous coûterait si on ne bougeait rien. Vous voyez ? Donc pour nous, oui, l'enjeu est clairement financier.

Également impliqués dans ce débat, les représentants d'AMARIS sont sur la même position que les fédérations patronales, mais avec des justifications sensiblement différentes. Laissant l'argument financier à leurs alliés industriels, ils interrogent davantage la faisabilité technique d'une décision réglementaire qui aura pour effet de faire réaliser des travaux de confortement sur des dizaines de milliers de logements dans un délai très court (cinq ans, à compter de la date d'approbation du PPRT). Jugeant ce délai insuffisant pour traiter les volumes en jeu, AMARIS plaide donc aussi pour un retour à la règle initiale. Et ce d'autant plus que son président, qui est aussi maire de Feyzin, n'est pas convaincu, à titre personnel, de la pertinence de cette démarche consistant à prescrire des travaux de protection dans ces zones Fai. Ce qu'il explique dans cet extrait d'entretien :

Comment je justifie la recommandation dans ces zones ? Par le retour d'expérience de l'accident de 1966[195]. C'est-à-dire que quand ça a pété en bas, il y a eu quelques dégâts en haut, mais pas de blessé. Donc il n'y a aucune raison de… Quand on est dans les zones de prescription où les aléas sont importants, les travaux ne se contestent pas. Qu'au-delà de ces zones, on oblige dans les permis de construire les gens à prendre en compte la situation, j'y suis tout à fait favorable. Mais qu'on prescrive là où la réglementation préconise de recommander, c'est-à-dire qu'on aille au-delà des règlements pour obliger les gens à faire des travaux, à poser des vitrages blindés, etc., je trouve ça très exagéré. Pourquoi dans ce cas, on ne prescrirait pas jusqu'à Vienne ou Givors ? Parce que si on regarde le retour d'expérience de 1966, des vitrages cassés, il y en a eu jusqu'à Vienne, Givors, etc. ! Donc il n'y a aucune raison que l'on crée des obligations au-delà des zones M, c'est-à-dire en zones Fai. Ou alors il faut aller jusqu'au bout de la logique, c'est-à-dire prendre en compte le retour d'expérience et faire des zones Fai beaucoup plus grandes en disant : « En cas de déflagration, en cas d'accident lié à la surpression, on a du bris de vitre sur sept kilomètres, donc il faut obliger les gens sur sept kilomètres à changer leur vitrage ». Mais ne faire que pour ceux qui sont en zone Fai, ça n'a pas de sens !

On l'a déjà observé en première partie, les territoires de référence de la prévention des risques industriels sont régulièrement pris à témoin pour consolider les argumentaires et justifier les prises de position des acteurs centraux chargés de produire le règlement. Ici, on voit bien comment cette ressource du territoire-témoin est mise à profit par le maire de Feyzin pour souligner l'incohérence de la note de 2008 et peser dans le sens du rétablissement de la règle d'origine. L'argument peine cependant à s'imposer, notamment parce que la référence à une autre situation, en l'occurrence celle d'AZF, permet au Bureau des risques de défendre la position exactement inverse. Ce qu'indique par exemple la note de 2008 : « Le retour d'expérience de l'accident d'AZF et des premiers PPRT montre que certaines mesures simples et faciles à identifier sont particulièrement appropriées dans cette zone (protection des ouvertures vitrées et le cas échéant passage de toitures en grands éléments à des toitures en petits éléments). Il paraît désormais judicieux de prescrire un objectif de résistance des ouvertures vitrées et de la toiture dans ces

[195] L'édile fait ici référence à l'explosion successive, le 4 janvier 1966, de plusieurs sphères de GPL de la raffinerie de Feyzin. L'accident, qui a fait 18 morts, est considéré comme l'une des catastrophes industrielles les plus marquantes des cinquante dernières années (Beltran, 1997).

zones, afin de protéger la vie des personnes[196] ». Pourtant bien fondé, l'argument n'est toutefois pas suffisant pour donner l'avantage à l'administration. D'autant que les représentants de FNE ne semblent pas en mesure de contrebalancer à eux seuls le poids de la coalition de circonstance formée par l'autre partie de l'*instance de suivi*. Comme l'explique le chef du Bureau des risques de l'époque, « FNE était plutôt avec nous, parce qu'ils sont toujours du côté de la sécurité, mais ils n'étaient pas assez puissants pour renverser le MEDEF et les élus qui présentaient un front unis ». Un compte rendu de 2011, relatif à une note préparée par les fédérations patronales, témoigne également de ces positions contrastées et, plus largement, de la façon dont s'établit à ce moment-là le rapport de force entre la logique sécuritaire et la logique financière :

> Le point B [de la note] consiste à ne pas alourdir les mesures, en particulier de ne pas proposer la prescription en zone d'aléas Fai de surpression, contrairement aux préconisations de la note de doctrine de décembre 2008. AMARIS souhaite rester prudent en insistant sur l'étendue des zones d'aléas Fai et sur le fait qu'il est nécessaire de bien considérer la faisabilité de ces travaux dans ces zones. C'est pourquoi AMARIS préconise d'en rester à la recommandation. La représentante de FNE souhaiterait en premier abord garder la prescription car la vie humaine est en jeu à cause de l'impact des bris de vitres. L'administration demande aux différentes parties prenantes de faire part de leur avis par écrit sur cette question[197].

Pour les membres de l'instance de suivi, ce face à face correspond à une configuration relativement inédite. Pour la première fois depuis la création du groupe de travail, un sujet oppose clairement une moitié du collectif à l'autre. Les arguments exprimés de part et d'autre rendent cependant le chemin de la conciliation relativement impraticable. D'autant qu'en l'espèce, il n'existe pas vraiment de position intermédiaire susceptible de faire consensus : soit la règle créée par la note de 2008 est confirmée, soit elle est invalidée au profit de sa version initiale. Pour trancher ce différend, la bonne solution ne peut pas non plus conduire à donner raison à une moitié de l'instance contre l'autre. En agissant ainsi, le groupe risquerait de compromettre son unité et sa raison d'être, ce qu'aucun des participants ne souhaite à ce moment-là. D'une certaine

---

[196] Note DGPR, Éléments de précision sur les stratégies de réduction de la vulnérabilité du bâti dans l'élaboration des PPRT, décembre 2008, p. 12.

[197] Compte-rendu de la réunion de l'instance nationale de suivi des PPRT du 5 avril 2011 (archives internes du bureau des risques).

manière, l'esprit d'équipe qui doit prévaloir en toutes circonstances interdit de compter sur un rapport de force favorable pour imposer un point de vue à tous les autres. C'est pourquoi, comme indiqué dans le compte rendu cité plus haut, le Bureau des risques propose finalement à chacune des parties de confirmer sa position par écrit. La solution est alors de remettre chacun des participants face à ses arguments en faisant le pari qu'AMARIS et les fédérations patronales ne prendront pas le risque de signer en leur nom un document officiel demandant que la logique financière l'emporte sur la sécurité publique et la vie des riverains. Le chef du Bureau des risques de l'époque raconte comment il a pensé ce mouvement tactique visant à clore le débat sans passer par la voie de l'arbitrage :

> À ce moment-là, on était un peu dans une impasse. Et là, je me suis dit : « Il ne faut surtout pas passer en force parce que si on passe en force, on brise l'habitude qu'on a créée de tout décider dans le consensus. On aurait détérioré durablement les choses ». Donc j'ai proposé au DPPR un plan qui était de dire : « On joue notre va-tout et si on perd, on recule et on ne bouge plus ». Il m'a dit Ok. Et mon va-tout, ça a été de dire en *instance de suivi* : « Écoutez, je vais vous dire pourquoi en mon âme et conscience je pense qu'il faut faire ces travaux. À AZF il y a des gens qui sont morts transpercés par les vitres explosées. Donc pour moi, ces gens sont autant en danger que les gens qui sont en zone F+ et qui auront la tête démontée ou les poumons éclatés par les ondes de surpression si ça pète un jour. Pour moi, c'est le même risque. En tant que représentant de l'administration, en tant que personne responsable, en tant qu'individu qui a assisté au procès AZF, je dis que ces gens sont autant en danger de mort. Donc ils doivent avoir la même protection. Maintenant, si vous êtes persuadés que ces gens ne doivent pas avoir la même protection, que si demain un accident se produit vous ne trouvez pas anormal que ces gens soient brisés par les vitres alors qu'on pouvait faire quelque chose, ben écrivez-le-moi. Et si la majorité des gens qui sont ici présents m'écrivent qu'ils demandent à ce qu'on retire la prescription en *zones Fai surpression*, je vous promets que je reviendrai à la règle initiale. Mais vous me l'écrivez et si un jour on me demande des comptes, je pourrai m'appuyer sur ces écrits-là pour justifier pourquoi l'administration est sortie de ce qui devait être sa position logique. C'est ça la vraie concertation, chacun doit assumer ses positions. Donc je vous demande d'assumer les choses, de l'écrire et après je justifierai pourquoi l'administration a reculé ». Et il s'est passé ce que j'avais espéré : aucun d'eux, pas un seul, n'a osé signer un papier disant « Oui, je demande à ne pas protéger ces gens-là ».

Si la manœuvre du chef de bureau produit finalement les effets escomptés, c'est aussi que la position défendue par AMARIS et les fédérations patronales reste fragile, en particulier par ce qu'elle n'est pas unanimement partagée par leurs bases adhérentes. Du côté des collectivités locales, les avis sont même très partagés. Comme le précise la déléguée générale de l'association, « On n'est pas à 70 % pour et 30 % contre, on est plutôt à 50-50. Donc quand on a vu qu'on n'avait pas la majorité, on a lâché ». De même, tous les groupes industriels concernés ne défendent pas la position de leurs représentants UIC et UFIP. C'est le cas notamment de Total qui, sur le sujet, a clairement choisi la voie de la neutralité en proposant de renvoyer la décision aux acteurs de terrain. Ce qu'explique ce représentant du groupe pétrolier :

> Quand on nous a demandé notre avis, on a répondu qu'on souhaitait que le sujet soit débattu localement, mais que sinon, on n'avait pas d'avis très arrêté. Nous, on a présenté nos risques, on les a chiffrés, on les a détaillés. A partir de là, c'est à l'État ou aux autres partenaires de dire ce qu'ils préfèrent : des travaux prescrits ou des travaux recommandés. Et si ce sont des travaux prescrits, on participera au financement.

Finalement refermé sur cette non-décision, le dossier des *zones Fai surpression* montre bien comment le jeu collectif se combine avec les prises de positions individuelles pour contribuer aux décisions de l'*instance de suivi*. D'un côté, la logique corporatiste pousse AMARIS et les fédérations patronales à s'allier pour tenter d'entraîner le reste du groupe dans leur sillage, tout en restant attentifs aux réticences de leurs partenaires et aux retours contrastés de leurs bases adhérentes. De l'autre, le souci du groupe et la volonté de préserver la dynamique collective retiennent le Bureau des risques de passer en force pour l'amener à privilégier une voie de règlement beaucoup plus subtile et attentive aux points de vue de ses trois partenaires. Pour autant, la confrontation des intérêts ne reste pas sans effet, puisqu'elle conduit finalement l'*instance de suivi* à considérer que dans certains cas la règle finalement maintenue pourrait ne pas s'appliquer, notamment lorsque les coûts induits paraissent disproportionnés au regard des capacités financières des acteurs locaux mis à contribution. Comme l'indique ce représentant de l'administration, « à la fin, on était d'accord pour dire que dans les situations vraiment difficiles, notamment sur les PPRT très chers, on pourrait déroger à la règle de prescription pour l'adapter au contexte local ». Dans ce cas, l'intervention de l'*instance de suivi* ne conduit donc pas à un aménagement de la règle, mais à un renforcement de la logique territoriale du PPRT puisqu'elle reporte sur les acteurs de terrain la responsabilité d'appliquer le principe de prescription de la note de 2008 de façon plus ou moins stricte.

5.3.2. La modification partielle de la règle applicable aux zones grisées

Sur cet autre « gros dossier » de l'instance de suivi, le jeu entre logique collective et prises de position corporatistes ne suit pas du tout le schéma d'opposition deux à deux de la situation précédente (industriels-collectivités locales vs. État-FNE). Cette fois, l'initiative revient à AMARIS qui prend appui sur les représentants de l'UIC pour tenter de mettre le sujet à l'ordre du jour de l'*instance de suivi*. Le Bureau des risques, d'abord réticent, cède finalement à la pression de ses deux partenaires pour contribuer plus activement à la résolution du problème remonté par l'association des collectivités locales. Pas vraiment concernés, les représentants de FNE restent quant à eux spectateurs de ces échanges. L'UFIP, enfin, montre un double visage sur ce dossier : plutôt suiveur au départ, le syndicat patronal doit ensuite faire face aux réticences d'une partie de ses adhérents et finit par se mettre en retrait, dans une position de relative neutralité.

Lorsqu'il apparaît à l'ordre du jour de l'instance de suivi, l'énorme sujet des *zones grisées* est tout entier contenu dans trois petites lignes du guide méthodologique noyées au milieu d'un ensemble de consignes sur la représentation cartographique des zonages PPRT. D'apparence anodine, ce passage indique que « l'emprise spatiale de l'exploitation [à l'origine des risques] sera distinguée et cartographiée en gris car elle correspond à une zone spécifique d'interdiction stricte en dehors de quelques aménagements liés à l'activité industrielle et n'aggravant pas les risques[198] ». Ainsi définie, la règle vise donc à interdire l'implantation de toute nouvelle activité sur les sites à l'origine des risques, même lorsque l'entreprise demandeuse prévoit d'exploiter des installations similaires à celles déjà présentes dans la *zone grisée*. Correspondant à des situations peu courantes, la contrainte n'est pas d'emblée reconnue comme telle. Elle passe même totalement inaperçue jusqu'à ce que deux ou trois cas, notamment en Rhône-Alpes et Haute-Normandie, contribuent à la rendre visible[199]. Alertée par le canal de ses adhérents, AMARIS se saisit alors du sujet en

198 Guide méthodologique PPRT d'octobre 2007, p. 110.

199 Au sud de Lyon par exemple, le problème vient de ce que la règle attachée aux *zones grisées* s'oppose à un important projet de régénération économique visant à tirer profit des fonciers disponibles sur les sites industriels pour permettre l'accueil d'activités de soutien aux industries en place (Martinais, 2018).

proposant de le remonter à l'*instance de suivi*. Ce qu'explique la déléguée générale de l'association :

> Les *zones grisées*, ça vient de nous. Ça nous est arrivé par plusieurs canaux. La mission vallée de la chimie de la Métropole de Lyon par exemple. Le directeur m'appelle en me disant : « Je m'occupe du projet directeur de la vallée de la chimie, il y a un truc avec les PPRT. On veut faire du développement économique sur les sites industriels, mais on ne peut pas, etc. ». J'ai eu plusieurs retours comme ça, d'adhérents confrontés au même problème. Au Havre aussi. Du coup, je me suis rapprochée du cabinet d'avocat qui nous aide sur les aspects juridiques. Parce qu'ils travaillent beaucoup avec les industriels. Donc je les teste sur les *zones grisées* et là, ils me disent : « C'est l'enfer, il y a vraiment un gros problème. Les plateformes ne sont pas reconnues comme des implantations possibles pour de nouvelles activités industrielle ». Ils pensaient que les *zones grisées* allaient globalement geler le développement économique, alors que ces entreprises ont besoin de vivre, de se développer, de se renouveler, etc. Donc on l'a construit et fait remonter comme ça.

Le Bureau des risques ne fait cependant pas la même analyse que les représentants des collectivités locales. Moyennement convaincu par l'urgence du problème, compte tenu notamment des autres dossiers en cours (le financement des travaux chez les riverains par exemple), il juge préférable de temporiser. Le sujet, discuté une première fois en avril 2010, est alors mis de côté pendant presque deux ans, malgré les relances répétées d'AMARIS. Jouant de son pouvoir d'obstruction, le Bureau des risques défend ainsi le *statu quo*, jusqu'à ce qu'un échange avec le cabinet, sollicité par les représentants des collectivités locales, le pousse finalement à réinscrire le sujet à l'ordre du jour de l'*instance de suivi*. Le souci de préserver l'unité du collectif n'est toutefois pas la seule raison qui incite les agents ministériels à reprendre les discussions interrompues deux ans plus tôt. S'ils consentent à réinvestir le sujet des *zones grisées* à ce moment-là, c'est aussi que les autres « gros » dossiers sont en voie de règlement et que, dans le même temps, les fédérations patronales ne sont pas restées inactives. Ce qu'indique ce représentant industriel :

> De notre côté, on fait aussi notre petit lobbying. On fait intervenir le MRP, le Ministère du redressement productif, en disant : « Si on continue comme ça, on va vers la fermeture de toutes les plateformes ». Donc on met une certaine pression sur le Ministère de l'environnement. Et finalement, la DGPR nous dit : « Très bien. Formulez des propositions concrètes ».

Sur la même ligne qu'AMARIS, les représentants industriels travaillent alors à mettre en forme ces « propositions concrètes » dans le cadre d'une note de position qu'ils intitulent « PPRT et plateformes industrielles : des solutions et des mesures de sécurité pour éviter un désert industriel ». Largement inspirée du schéma d'organisation de la plateforme de Roussillon en Isère, l'un des rares sites industriels français de l'époque cogérés par plusieurs entreprises[200], la note envisage d'assouplir la règle initiale d'interdiction stricte en lui substituant un principe d'autorisation sous conditions. Pour permettre les développements en *zones grisées*, trois ensembles d'obligations sont proposés : 1) protéger les salariés de l'entreprise entrante des risques engendrés par l'établissement d'accueil (par le biais de mesures physiques et/ou organisationnelles) ; 2) protéger en retour les installations existantes des dangers spécifiques de la nouvelle implantation ; 3) mettre en place une gouvernance partagée de la plateforme, sous la forme d'une charte HSE obligeant les deux entités (entrante et existante) à se coordonner sur tous les sujets hygiène-sécurité-environnement.

Mise en discussion fin 2012, cette proposition d'aménagement de la règle est diversement accueillie par les parties concernées. Du côté de l'*instance de suivi*, elle fait surtout réagir le Bureau des risques qui, après avoir fait préciser et/ou détailler certaines des mesures relatives à la protection des salariés et la gouvernance partagée, porte le débat sur le champ d'application de ces mesures en suggérant de les cantonner aux « principales plateformes économiques du territoire, sur lesquelles des entreprises à forte culture du risque technologique se développent déjà en synergie[201] ». Comme l'expliquera plus tard ce représentant de la DGPR, « on avait bien compris qu'il fallait un peu de souplesse, mais en même temps on ne souhaitait pas ouvrir la porte en grand pour enlever de l'efficacité aux PPRT. Donc il fallait trouver le bon compromis et limiter la mesure à quelques sites bien choisis ».

Engagés dans ce débat avec le Bureau des risques, les représentants de l'UIC et de l'UFIP doivent également composer, en interne, avec les retours de leurs bases adhérentes. Sur ce deuxième plan, les réactions

---

[200] Vendu par morceau à la fin des années 1990, le site de Roussillon est ensuite exploité par une dizaine de sociétés dans le cadre d'un groupement d'intérêt économique (Herbelin, Buclet, 2017).

[201] Compte-rendu de la réunion de l'instance nationale de suivi des PPRT du 6 décembre 2012 (archives internes du bureau des risques).

visent principalement le contenu des mesures à mettre en œuvre, notamment les obligations en termes de gouvernance collective et de gestion partagée des fonctions de sécurité. Une partie des entreprises intéressées par l'aménagement de la règle estime en effet que cette condition ne va pas de soi, dans la mesure où elle nécessite de coordonner des cultures et des politiques d'entreprise qui, en matière d'hygiène et sécurité, empruntent souvent des chemins différents. Certains adhérents s'inquiètent également du cadre collégial qui leur sera imposé, surtout si celui-ci les contraint à partager des informations avec des voisins qui sont aussi (et même avant tout) des concurrents. Comme l'explique l'un des rédacteurs de la note, la charte HSE est alors vue comme une possibilité d'ingérence dans les affaires internes des exploitants :

> Pour faire sauter le verrou des *zones grisées*, on s'appuie beaucoup sur l'idée de gouvernance de plateforme. Et là, on commence à avoir quelques soucis, parce qu'il y a des industriels qui veulent bien de la plateforme, mais qui disent : « Moi, la gouvernance collective… why not, mais on ne va pas trop loin ». Donc là, je suis dans mon rôle, semaine après semaine, mois après mois, pour essayer de trouver une convergence. Ça n'a pas été simple, loin de là, mais on a quand même fini par arracher un texte qui convenait à peu près à tout le monde.

Ce texte de quatre pages, diffusé par voie de circulaire en juin 2013[202], se compose finalement de trois parties distinctes. La première, qui résulte de la négociation avec le Bureau des risques et les adhérents directement concernés, dresse la liste des dix-sept sites susceptibles de répondre au critère fonctionnel de la plateforme, c'est-à-dire réunissant déjà sur un même espace plusieurs établissements en partie connectés les uns aux autres[203]. Le point 2 du texte, qui porte sur la « gouvernance à mettre en place à titre préalable », reflète quant à lui les multiples allers-retours entre l'*instance de suivi*, porteuse d'une vision extensive de la gestion

---

[202] Circulaire du 25 juin 2013 relative au traitement des plates-formes économiques dans le cadre des plans de prévention des risques technologiques (PPRT).

[203] C'est le cas par exemple de la vallée de la chimie au sud de Lyon, de la zone industrialo-portuaire de Dunkerque, du pourtour de l'étang de Berre, du port du Havre et du site de Lacq, où les entreprises existantes sont liées entre elles par des échanges de matière et/ou la mutualisation d'un certain nombre de fonctions supports et logistiques. Parmi les autres plateformes retenues, on peut également citer celles d'Ambes dans l'estuaire de la Gironde, de Jarrie et Pont-de-Claix à proximité de Grenoble, de Chalampé en périphérie de Mulhouse, de Port-Jérôme dans l'embouchure de la Seine et de Salindres non loin d'Alès.

collective des fonctions de sécurité, et la fraction des entreprises souhaitant devenir plateforme tout en défendant une vision beaucoup plus restrictive de cette gestion partagée. Longuement discuté, ce deuxième point de la circulaire détaille les diverses « opérations collectives de sécurité » à mettre en place pour que l'implantation de nouvelles activités en *zones grisées* soient autorisées par le PPRT. Beaucoup moins débattu que les deux autres, le troisième point précise enfin les dispositions à prendre pour protéger les salariés contre les accidents pouvant survenir sur la plateforme. Il indique notamment que « ces mesures de protection pourront comprendre des dispositions constructives sur les bâtiments (par exemple une conception robuste des bâtiments pour les explosions) et/ou des mesures organisationnelles (par exemple l'identification de lieux de confinement et la mise en place de masques pour les effets toxiques) ».

Ce texte, qui autorise finalement les développements en *zones grisées* sur une quinzaine de sites en France, concrétise près de six mois de discussion au mot près. En position d'intermédiaire, les fédérations patronales sont au centre de cette négociation qui vise à faire converger l'intérêt collectif de l'*instance de suivi*, qu'elles ont largement contribué à définir, avec les intérêts corporatistes des entreprises adhérentes qui se sont montrées intéressées par l'aménagement de la règle. Entre ces deux pôles (*instance de suivi* vs. entreprises intéressées), la voie du compromis n'est cependant pas facile à identifier, dans la mesure où les attentes qui s'expriment de part et d'autre renvoient à des objectifs contraires : limiter le nombre de sites éligibles en leur imposant des obligations contraignantes en termes de gouvernance d'un côté, favoriser l'accès au régime plateforme et alléger le niveau de contrainte de l'autre. Assez périlleux, l'exercice de conciliation consiste alors à faire lâcher un peu de lest à chacune des parties engagées dans la discussion, jusqu'à trouver, petit bout de concession par petit bout de concession, des formulations qui, même par défaut, conviennent à peu près à tout le monde. Comme le dit ce représentant des industriels à l'instance de suivi, « c'était vraiment très limite, mais on l'a fait quand même. Et jusqu'au dernier moment, on ne savait pas si ça allait passer ».

Dans ce cas précis, la confrontation des intérêts rend finalement le travail d'aménagement de la règle particulièrement hasardeux et l'issue du processus d'écriture relativement incertain. Ce que confirment d'ailleurs les réactions *a posteriori* de certains groupes industriels, notamment des pétroliers qui, de façon inattendue, vont finir par se désolidariser de leurs représentants de l'*instance de suivi*, via un recours au Conseil d'État pour l'un d'eux (*cf.* encadré 25) ou, de façon moins spectaculaire, en faisant savoir que l'aménagement de la règle, tel que défini par la circulaire, ne correspond pas à ce qu'ils attendaient et qu'à cet égard, ils se retiendront de l'appliquer sur les différents sites où ils auraient pu envisager l'implantation d'activités nouvelles.

Encadré 25 Le recours d'Exxon Mobil contre la circulaire plateforme de 2013

Au moment où il engage ce recours au Conseil d'État, le groupe Exxon Mobil exploite deux raffineries à Port-Jérôme et Fos-sur-Mer. Difficile à documenter, cette action en justice du pétrolier américain nous a été racontée en entretien par deux enquêtés membres de l'UIC. Le premier explique les raisons de ce recours de la façon suivante : « Exxon, ils sont très prescriptifs. A chaque fois qu'on fait un truc, ils envoient ça à leurs *lawyers* qui regardent si ça leur convient ou si ça ne leur convient pas. Et si ça ne leur convient pas, ils attaquent… C'est ce qui s'est passé pour la circulaire plateforme. Mais là, ça nous avait quand même choqué. Depuis on ne les regarde plus de la même façon. Cette circulaire, elle bénéficiait à un collectif très important, sans leur nuire, et ils nous mettent ça au Conseil d'État. Faut arrêter quoi ! C'est scandaleux ». Le second précise que la procédure a finalement été interrompue après une intervention « musclée » des instances dirigeantes de l'UIC auprès de la direction française du groupe pétrolier : « Ils ont déposé leur truc puis ils l'ont enlevé. Mais parce qu'on a fait notre lobbying. Parce qu'on a fait monter les instances dirigeantes de l'UIC au créneau ».

Au final, ce dossier relatif aux *zones grisées*, comme le précédent consacré aux *zones Fai surpression*, montre que les intérêts communs de l'instance de suivi ne l'emportent pas à tous les coups sur les engagements individuels des différentes parties prenantes. L'effet « club », qui produit de la convivialité et de la confiance mutuelle tout en favorisant les actions collectives, ne conduit pas à un alignement systématique sur tous les sujets. On l'a bien vu en retraçant pas à pas le processus d'écriture de la circulaire plateforme, les membres de l'*instance de suivi* ne sont pas toujours d'accord entre eux. Ils n'avancent pas non plus en permanence comme un seul homme. La forte cohésion et la dynamique collective qui caractérisent ce groupe de travail ne font pas complètement disparaître les asymétries de position et les rapports de pouvoir. Les relations amicales et les marques d'estime n'empêchent pas les membres de continuer à peser d'un poids différent sur la décision, comme l'a bien montré la confrontation sur les prescriptions en *zones Fai surpression*. De même, l'emprise du collectif sur les identités représentées n'implique pas l'effacement complet des logiques corporatistes. Au contraire, celles-ci sont toujours présentes et susceptibles de s'exprimer. Dans les deux dossiers que l'on vient de suivre, on peut même dire qu'elles conditionnent la façon dont le groupe envisage et solutionne les problèmes qui lui sont remontés, empêchant l'aménagement de la règle dans le premier cas, ne conduisant qu'à une modification partielle de celle-ci dans le second. Plus ou moins prononcé selon les dossiers traités, ce jeu entre engagement dans le collectif et défense des intérêts représentés permet finalement de comprendre pourquoi les décisions et les productions de l'instance de suivi ne sont pas toujours dotées de l'efficacité attendue du point de vue des acteurs supposés en profiter.

* * *

Après l'analyse des *GT sectoriels* en première partie, cette immersion dans le fonctionnement concret de l'*instance de suivi des PPRT* offre un autre point de vue sur ces espaces de coordination discrets qui connectent en continu les représentants sectoriels aux acteurs territoriaux pour solutionner les problèmes de mise en œuvre et produire les ajustements réglementaires nécessaires à la concrétisation de la réforme post-AZF. Plus attentive aux relations interpersonnelles et aux effets de socialisation, cette nouvelle plongée dans les rouages de la machinerie administrative permet cette fois de vérifier que la structure organisationnelle des interactions gouvernantes n'est pas neutre, mais qu'elle conditionne de façon significative le travail et les décisions des acteurs réformateurs. Trois types d'effets sont ainsi mis en évidence. Pour commencer, les témoignages *a posteriori* des participants font bien ressortir le caractère stimulant et unificateur de l'*instance de suivi* qui, grâce à un format resserré, crée des sociabilités inédites et, ce faisant, renforce les capacités d'action collectives. Qualifiée « d'effet club », cette plus grande proximité relationnelle, qui joue favorablement sur la fonction capacitante du groupe, est aussi le moteur de son autonomisation vis-à-vis des intérêts représentés ou, pour le dire autrement, d'une relative prise de pouvoir de la dynamique collective sur les stratégies individuelles. L'inscription du financement additionnel des travaux de protection dans la loi, qui concrétise un projet initié par les représentants des industriels et des collectivités locales contre une partie de leurs bases adhérentes, illustre parfaitement cette prise d'autonomie de l'instance de suivi et la façon dont le groupe finit par détourner ses membres de l'exercice classique de la représentation pour les amener à privilégier l'esprit d'équipe et l'intérêt commun. Les deux derniers dossiers examinés ont toutefois montré que les logiques corporatistes ne disparaissent pas complètement et que, même atténuées, elles continuent de s'exprimer dans des jeux subtils, conduisant parfois à des prises de position inattendues, voire non totalement maîtrisées par les protagonistes concernés. Au final, il reste néanmoins que le pari initial du carré magique se révèle plutôt gagnant, l'intégration d'AMARIS et FNE à l'*instance de suivi* ayant permis de résoudre les principaux problèmes de mise en œuvre et, partant, de concrétiser la réforme post-AZF sur ce second volet dédié à la maîtrise de l'urbanisation.

Chapitre 6

Une coalition réformatrice réfractaire à la participation riveraine

Conçue dans une logique d'ouverture, l'approche territoriale du PPRT vise à l'affirmation de modalités d'action plus horizontales, davantage tournées vers les représentants des territoires exposés, en premier lieu les élus et techniciens des collectivités locales évoqués dans les chapitres précédents, mais également les acteurs associatifs et les riverains en prise avec les installations à risques auxquels on s'intéresse plus particulièrement dans ce dernier chapitre. Pour les premiers, on a vu que ce processus de territorialisation est impulsé par un renforcement significatif du rôle qui, dans bon nombre de situations (mais pas partout), se traduit par un niveau d'engagement plus élevé et une présence plus active dans les processus de décision. Au niveau national, elle conduit aussi à l'émergence d'une instance de représentation dédiée à la mobilisation des ressources de ce nouvel acteur sectoriel pour concrétiser la réforme post-AZF. Pour les seconds, notamment les riverains, l'impulsion repose sur le même principe de responsabilisation, via le financement et la mise en œuvre des travaux de protection et, de façon plus restrictive, la décision d'activer ou pas le droit de délaissement. Dans le cadre de la procédure PPRT, des outils spécifiques d'information et de concertation sont également censés favoriser la participation de ces parties prenantes les plus éloignées de la décision, pour leur donner la possibilité de contribuer à la définition des mesures qu'elles seront ensuite contraintes d'appliquer, dans un souci d'efficacité de la démarche de prévention (Bonnaud, Martinais, 2008).

L'ouverture de la prévention des risques industriels aux approches participatives n'est pas un fait nouveau. Depuis les années 1980, de nombreux outils d'information et de concertation sont en effet venus s'ajouter aux formes traditionnelles de consultation prévues dans le cadre des procédures d'autorisation des installations classées pour la protection de l'environnement. Lié au processus de démocratisation de l'action publique largement décrit par ailleurs (Blondiaux, Sintomer, 2002), ce tournant délibératif de la prévention des risques industriels s'est traduit par la systématisation des documents et campagnes d'information du public, la généralisation des réunions de concertation dans le cadre des procédures de maîtrise de l'urbanisation et la création, dans les années 1990, des secrétariats permanents pour la prévention des pollutions industrielles (Ferrieux, 2017 ; Le Blanc et al., 2009 ; Blancher, Vallet, 1998). Bien que destinés à faire valoir les points de vue des populations locales, ces différents dispositifs sont cependant restés sous l'emprise des acteurs administratifs et industriels qui les ont en partie détournés en les envisageant moins dans leur dimension participative que dans leur capacité à légitimer des décisions toujours aussi peu concertées (Lascoumes, 1998). Avec le PPRT, le droit des riverains à faire entendre leurs voix dans le processus décisionnel est à nouveau réaffirmé, mais dans quelle mesure peut-il vraiment pénétrer ce secteur d'action publique dont l'opacité souvent pointée vient régulièrement s'opposer aux exigences démocratiques d'une gestion transparente et partagée ? Quelle place est effectivement donnée à ces parties prenantes dans le cadre de cette nouvelle procédure qui vise à une gestion plus horizontale des risques industriels ? Accèdent-elles, comme une partie des communes et intercommunalités, au statut d'acteur à part entière, ou continuent-elles d'être tenues à distance des scènes sur lesquelles se décident les mesures qui les concernent directement ? Autrement dit, que peut-on dire du mouvement de territorialisation impulsé par le PPRT lorsqu'on l'envisage du point de vue de la participation riveraine ? C'est à ces différentes questions qu'on se propose de répondre dans cet ultime chapitre, conçu comme la chronique d'un échec prévisible.

6.1. La difficile association des riverains à l'élaboration des PPRT

Le PPRT n'est pas seulement une boîte à outils qui permet d'agir sur l'urbanisation existante afin de réduire la vulnérabilité des territoires exposés aux risques industriels. C'est aussi une procédure normalisée qui, dans l'esprit de la loi de 2003, crée de nouvelles obligations en matière d'information et de concertation (Suraud et al., 2009). Selon sa définition réglementaire, le PPRT n'a pas vocation à s'élaborer dans le huis-clos habituel des spécialistes de la sécurité industrielle, c'est-à-dire du tandem exploitant-inspecteur. Il doit au contraire s'ouvrir aux représentants des territoires exposés, y compris les associations locales et les populations riveraines. La procédure d'élaboration prévoit ainsi plusieurs types d'accès à la décision en train de se faire pour ces publics le plus souvent tenus à l'écart des espaces où se fabriquent les mesures qui leur sont destinées. Comme le précise la réglementation, ils peuvent en effet être sollicités et mis à contribution par au moins quatre canaux : par le biais du comité local d'information et de concertation (CLIC) qui est censé suivre l'intégralité de la procédure pour émettre en bout de course un avis circonstancié sur le contenu du plan[204] ; par le biais des personnes et organismes associés (POA) qui sont invités à se prononcer sur toutes les étapes de fabrication du plan[205] ; par le biais des deux ou trois réunions publiques prévues aux moments clés de la procédure ; et enfin, par le biais de l'enquête publique qui précède normalement la décision préfectorale, au terme de la démarche d'élaboration du PPRT. Cette injonction à la participation, qui s'exprime principalement par voie réglementaire, peine cependant à se concrétiser dans ces termes sur le terrain. L'observation d'un certain nombre de situations locales montre en effet que cette intégration ne va pas de soi, pour des raisons qui tiennent autant à la faible disponibilité des services instructeurs (et, dans une moindre mesure, des industriels et représentants des collectivités locales), qu'à un manque manifeste de savoir-faire et d'intérêt de l'ensemble de ces acteurs pour ce type d'échanges.

6.1.1. Des services instructeurs en difficulté avec la participation des riverains

Ces dernières années, plusieurs équipes de recherche ont suivi l'élaboration des PPRT sous l'angle de la participation riveraine, en se focalisant sur l'appropriation et la traduction locale des règles évoquées plus haut, c'est-à-dire la diffusion d'information sur la décision en train de se faire, l'organisation de réunions publiques aux moments clés de la procédure et la sollicitation des habitants et associations par le biais

---

204 Sachant que le CLIC comprend normalement un collège de représentants des populations et des associations locales (Suraud, 2013b).

205 Les réunions des POA, qui scandent l'élaboration du PPRT, sont la traduction concrète du principe d'association. Censées mobiliser les diverses parties prenantes (services de l'État, industriels, collectivités locales, associations et populations riveraines), ces réunions ont pour but de favoriser la confrontation des intérêts en vue de décisions mieux partagées.

des CLIC et comités d'association[206]. Réalisés dans des contextes différents[207], ces travaux ont la particularité d'arriver à chaque fois au même résultat, pointant dans tous les cas un écart important entre les objectifs réglementaires et leur traduction concrète sur le terrain. Quand certains évoquent les « riverains introuvables » (Ferrieux, 2015), d'autres parlent de « concertation en trompe-l'œil » (Le Noan, 2017), mais aucun ne concluent à un réel tournant participatif. De façon convergente, les analyses pointent la rareté des actions d'information à destination du public (Kamaté, 2018), l'absence de communication sur les différentes étapes de fabrication des PPRT (notamment dans la phase amont de la procédure) et, plus largement, l'inexistence de relations suivies avec les populations riveraines (Osadtchy, 2015). Un des rapports de recherche tirés du cas Dunkerquois montre également comment les services instructeurs profitent de leur pouvoir discrétionnaire pour s'en tenir à une lecture très restrictive de la règle et proposer des espaces de concertation finalement peu ouverts aux publics visés. Comme le notent les auteurs de l'enquête, l'enjeu de démocratisation associé au PPRT est alors clairement dévoyé, les actions engagées localement se limitant à de l'affichage et ne contribuant pas réellement à la mobilisation des populations riveraines. Dans ce cas comme dans les autres situations analysées, les acteurs habituellement « sans voix » restent donc à distance de la décision, privés du rôle de « personnes associées » dans lequel la réglementation PPRT entend pourtant les faire entrer (Grembo et al., 2013).

Pour expliquer cet écart à la règle et nous aider à comprendre les difficultés des services instructeurs à concrétiser ce tournant participatif, plusieurs raisons sont mises en avant. Une partie des auteurs cités plus haut voit par exemple ce manquement comme l'expression d'un certain déterminisme culturel qui, en situation, conduit les agents de l'État, notamment en DREAL, à considérer les non-spécialistes comme incapables de s'intégrer utilement à un protocole d'expertise et de décision qui se déroule sur des bases essentiellement techniques (Le Noan, 2015). Sur un registre similaire, d'autres évoquent une forme de prudence (ou

[206] Pour rappel, les comités d'association sont formés des personnes et organismes associés (POA) évoqués plus haut. Ils constituent le public principal des réunions POA que le guide méthodologique recommande d'organiser à chaque étape de la procédure d'élaboration.

[207] Les sites étudiés sont les zones industrialo-portuaires du Havre et de Dunkerque, les plateformes pétrochimiques du pourtour de l'étang de Berre, la vallée de la chimie lyonnaise et la périphérie grenobloise.

de frilosité) des services instructeurs qui rechignent à la transparence par crainte de susciter des inquiétudes injustifiées et/ou de s'exposer à des réactions incontrôlables susceptibles d'interférer avec leur action, c'est-à-dire d'ajouter des complications à une procédure qui en compte déjà beaucoup, compte tenu de la multiplicité des parties associées et des intérêts en présence (Chambon et al., 2012). Pour justifier la faiblesse des échanges avec les populations riveraines, quelques auteurs suggèrent également de suivre la piste des asymétries de connaissance et d'information qui, compte de tenu de la technicité des sujets à discuter, limitent les possibilités d'interaction entre les acteurs détenteurs du savoir, notamment les services instructeurs, et ceux *a priori* moins bien dotés en ressources d'expertise, les habitants en particulier (Frère et al., 2016 ; Le Blanc et al., 2014).

Ces difficultés d'ordre relationnel, qui ressortent de plusieurs études de cas, ne sont toutefois pas les seules raisons qui expliquent la réticence des agents instructeurs à s'investir pleinement dans l'exercice de l'information et de la concertation. Pour bien comprendre ce qui les incite le plus souvent à privilégier une lecture restrictive de la règle en la matière, il faut aussi s'intéresser à leurs conditions de travail et à la façon dont ils conçoivent leur rôle d'agent instructeur et plus largement, leur métier d'inspecteur des installations classées. Sur ce deuxième plan, on constate par exemple qu'en dépit des injonctions démocratiques qui s'exercent depuis plusieurs décennies sur le secteur (Pollak, 1982), la pratique de la concertation peine à s'intégrer à la culture professionnelle des services d'inspection. Dans les unités chargées de la politique de prévention, on rencontre en effet des agents peu ou pas formés à ces pratiques, qui ne semblent pas vraiment intéressés par la question et qui, plus largement, ne se pensent pas compétents sur ces sujets. Les injonctions sont bien perçues, mais la plupart ne savent pas quoi en faire, quelles initiatives promouvoir et comment les organiser. Sauf exception, le dialogue avec la société civile reste une activité peu valorisante et peu valorisée professionnellement, qui n'est pas envisagée collectivement comme faisant partie intégrante du métier. En dépit d'un discours globalement légitimateur, elle continue d'être majoritairement considérée comme une contrainte, un poids supplémentaire, une perte de temps. Ce dont témoigne cette inspectrice, chargée d'accompagner la mise en place d'une partie des CLIC de Rhône-Alpes et de promouvoir les actions d'information et de concertation auprès de ses collègues instructeurs de PPRT : « Quand il vous arrive de parler de ça à la machine à café, tout le monde rigole : la concertation, c'est quoi ? En fait, les gens ne savent pas bien ce que c'est. C'est une partie de leur activité qu'ils ne maîtrisent pas ». Dans ces conditions, on comprend que la relation au public est le plus souvent subie et pour partie dénigrée, même lorsqu'elle est imposée réglementairement et globalement appropriée dans son principe :

> Ce sont des questions qui sont traitées par-dessus la jambe. Quand c'est fait, c'est toujours *à minima*. Juste parce qu'il faut le faire. Parce qu'on n'a pas le choix. Et le cœur de métier, ce n'est pas ça. L'important, ce n'est pas ça. On le voit bien avec les PPRT. Ou sur les CLIC. Il y a de la réticence. Parfois même de la crainte. Les inspecteurs ont du mal avec l'idée de transparence. Ils sont mal à l'aise dans la relation aux populations, ils ne savent pas trop comment faire pour se faire comprendre. En fait, il y a une peur de se faire prendre à partie, une peur de rendre compte.

Peu appréciée parce que mal maîtrisée, la confrontation au public n'est pas particulièrement recherchée, ni même souhaitée. Elle est donc facilement contournée ou, dans le meilleur des cas, limitée au « minimum syndical », c'est-à-dire conçue comme une fiction. Pour reprendre les mots de la précédente enquêtée, l'usage le plus répandu est de l'envisager *a minima*, sur le mode de la gouvernance performative[208], même lorsqu'elle présente un caractère obligatoire. Ce qu'illustre par exemple cet autre agent instructeur à propos de l'élaboration du PPRT du Bollène, dans le Vaucluse, à la fin des années 2000 :

> Une des limites de la communication provient de ce que le temps est limité. La procédure nous oblige à être sur plein de sujets en même temps. Du coup, il est difficile de communiquer de façon très approfondie auprès de la population. On n'a pas trop le temps. Pour le PPRT de Bollène, il n'y a pas eu de réelle concertation, même s'il y a eu information sur les principes généraux. On n'a jamais eu de contacts directs avec la population.

Dans le cadre de la procédure PPRT, le manque de disponibilité est une autre raison qui, avec la conception du métier et le manque de savoir-faire, explique les difficultés des services instructeurs à s'investir pleinement dans le dialogue avec les riverains. Comme l'indique le précédent enquêté, la procédure d'élaboration est longue et exigeante. Elle impose, à chacune de ses étapes, un important travail d'organisation et

[208] La gouvernance performative correspond à des situations où la possibilité d'une concertation est mise en scène et entretenue, mais où l'inclusion effective des citoyens est négligeable dans les faits (Futrell, 2002).

de production de données qui contraint nécessairement les activités périphériques d'information et de concertation[209]. Et ce d'autant plus que dans la plupart des régions, l'exécution du programme PPRT s'ajoute, sans être compensée en effectif, à un socle de missions qui dépasse déjà largement la capacité d'action des services instructeurs. Ce dont témoigne par exemple cette cheffe d'unité, dont le travail consiste au début des années 2010 à coordonner l'élaboration des PPRT de la région Rhône-Alpes :

> Après AZF, on avait annoncé le doublement des effectifs de l'inspection. Le constat qu'on fait aujourd'hui, c'est qu'on est très loin du compte. Du coup, ça pose un réel problème d'adéquation missions/moyens. Surtout qu'entre-temps, il y a eu la montée en puissance de thématiques qu'on ne voyait pas venir à l'époque. Les PPRT bien sûr, mais pas que ! Les sites et sols pollués par exemple, ça a pris une ampleur terrible. Donc on cherche sans arrêt à gagner du temps, on joue avec les délais, on allège en permanence. On est toujours en train de s'adapter aux contraintes extérieures. Ce n'est peut-être pas l'impression que ça donne de l'extérieur, mais c'est comme ça qu'on s'en sort. Aujourd'hui, on se retrouve dans un contexte de charge sur l'inspection qui est extrêmement forte. C'est une très grosse difficulté.

Toujours pensées comme chronophages et susceptibles d'allonger les procédures (Normand, 2014), l'information et la concertation font naturellement partie de ces variables d'ajustement qui permettent de faire correspondre les objectifs réglementaires à la disponibilité des services instructeurs. Dans une procédure comme le PPRT, le dialogue avec les riverains ne va donc jamais de soi, même lorsqu'il est jugé utile à la démarche (ce qui est loin d'être systématique, on l'a vu plus haut). Comme l'indique cet inspecteur de la DREAL Rhône-Alpes, la rareté de la ressource fait qu'il est toujours envisagé au prisme du plan de charge des agents directement concernés :

> Il faut bien voir que ce n'est jamais innocent la concertation. Ce n'est pas innocent en termes d'unités d'œuvre. La concertation, ça prend du temps, donc ça a un coût. Ça a un vrai coût. Du coup, on se demande toujours si l'enjeu en vaut la peine. Si l'enjeu est à ce prix-là.

---

[209] Pour se faire une idée de la quantité de travail demandée par l'instruction des PPRT, on se reportera utilement au résultat de l'enquête réalisée dans la vallée de la chimie lyonnaise (Martinais, 2016).

A la lumière de ce constat, on voit bien comment le manque de savoir-faire et la charge de travail sont toujours susceptibles de relativiser l'enjeu de la participation riveraine et, par conséquent, d'inciter les services instructeurs à s'économiser dans la relation avec les représentants des territoires exposés. Beaucoup moins sollicités que prévu, les riverains deviennent alors les « acteurs oubliés » de l'élaboration du PPRT (Zwarterook, 2012), ou plutôt les « acteurs provisoirement mis de côté », ou « préservés », vers qui il faudra revenir au terme de la procédure pour les convaincre du bien-fondé des choix qui les concernent directement, mais qui auront été largement définis en dehors d'eux.

6.1.2. Des injonctions à faire participer peu ou mal suivies

Pour illustrer cette difficulté des services instructeurs à faire participer les riverains aux décisions qui les concernent, il suffit d'observer le fonctionnement concret des dispositifs par lesquels ces derniers sont censés être sollicités et mis à contribution, c'est-à-dire les comités d'association, les réunions publiques et, dans une moindre mesure, les CLIC (qui deviennent CSS en 2012[210]). Une analyse sommaire des comptes rendus de ces réunions et une lecture ciblée des rapports d'enquête publique[211] permettent de se faire une idée assez précise du peu de place qui est finalement donnée à ces publics dans l'élaboration des PPRT. Menée sur une quarantaine de cas (soit un dixième des procédures engagées à l'échelle nationale), cette rapide étude quantitative couvre à peu près toutes les situations possibles, des régions et départements les plus industrialisés (Seine-Maritime, Nord, Bouches-du-Rhône, Isère, Rhône, etc.) jusqu'aux territoires les moins denses en établissements Seveso où les services d'inspection sont généralement plus petits en taille[212].

[210] Suite à la parution du décret n° 2012-189 du 7 février 2012 relatif aux commissions de suivi de site (CSS).

[211] Notamment les parties relatives au bilan de la concertation qui, dans ces documents, indiquent en général la composition des POA et comptabilisent les actions d'information en direction des populations locales.

[212] Les effectifs des unités départementales chargées de l'inspection des installations classées sont globalement proportionnels au nombre d'établissements à contrôler. Ils varient ainsi de quelques unités à une vingtaine d'agents.

Le premier enseignement de cette analyse systématique concerne les réunions POA. L'examen des comptes rendus disponibles sur Internet[213] confirme notamment qu'en dépit des recommandations du guide méthodologique, ces lieux d'échange restent majoritairement fermés aux habitants les plus concernés, c'est-à-dire ceux visés par les mesures foncières (expropriation et délaissement) et les travaux de renforcement du bâti. En effet, dans presque deux-tiers des situations examinées (25 sur 40), ces populations ne sont pas directement représentées : soit parce que la liste des POA s'arrête aux représentants des trois principaux acteurs (services de l'État, exploitants et collectivités locales) en se gardant de solliciter les autres parties prenantes[214] ; soit parce qu'une place (parfois deux) est donnée à une personne jugée « représentative » de la population locale (un membre de conseil de quartier, un militant associatif, un médecin, etc.) qui, dans les faits, ne représente pas vraiment les habitants visés par les mesures PPRT[215]. Et si dans la quinzaine de cas restants de tels habitants sont effectivement représentés, le plus souvent par l'intermédiaire d'un collectif ou d'une association déjà positionnée sur le sujet[216], leur présence aux réunions POA n'implique pas nécessairement une contribution effective aux décisions qui les concernent. Au contraire, une lecture attentive des comptes rendus, confortée par quelques témoignages de participants, montre comment ces représentants sont systématiquement marginalisés et cantonnés dans un rôle de spectateurs passifs.

---

213 Jusqu'à la décision gouvernementale de limiter l'accès à ce type de documents (via l'instruction du 6 novembre 2017 adoptée en réponse aux risques terroristes), ces comptes rendus figuraient en règle générale sur des sites dédiés, par exemple www.pprt-rhonealpes.com en Rhône-Alpes.

214 Dans ce premier groupe des procédures très fermées, on retrouve notamment les PPRT de Sisteron, Narbonne, Caen, Deluz, Ambès, Redon, Saint-Crespin-sur-Moine, Wargnies-le-Grand, Arnage, Cesson Savigny-le-Temple.

215 Dans ce deuxième groupe, on retrouve une partie des PPRT du pourtour de l'étang de Berre ou les habitants sont le plus souvent représentés par les comités d'intérêt de quartier (CIQ) des secteurs concernés. Figurent également dans cet ensemble plusieurs PPRT où la place des habitants est accaparée par des associations de consommateurs et/ou de protection de l'environnement habituées à occuper ces positions de représentants de la société civile auprès des autorités publiques : Gaillon, Vernon, Montoir-de-Bretagne, Lanester, Lorient, Dunkerque, Bourogne, Cerny, Petit-Couronne.

216 C'est le cas par exemple du collectif Plus jamais ça, ni ici ni ailleurs (PJC nina), qui intègre les POA du PPRT Esso de Toulouse dès le début de la procédure d'élaboration, de l'association RESPIRE à La Rochelle ou de l'Association de défense et protection du littoral du golfe de Fos (ADPLGF) à Fos-sur-Mer.

Même lorsqu'ils pensent avoir des choses importantes à dire, il leur est en effet extrêmement difficile de se faire entendre et, plus largement, de se faire reconnaître comme des contributeurs légitimes. Ce qu'illustre par exemple cet échange en réunion POA entre un voisin d'une entreprise de stockage de gaz, qui suggère une solution pour faire évoluer le zonage PPRT dans un sens plus favorable aux habitants, et ses contradicteurs industriels et étatiques qui usent clairement de leur autorité de « sachants » pour couper court à la discussion et éviter tout débat sur la question :

> [Un représentant des riverains] fait remarquer que l'abaissement de la pression de travail de l'installation pourrait permettre la diminution des zones de risques. Il est dommage que cette piste ne soit pas étudiée afin de faire sortir des habitations des zones d'effets.
>
> Storengy répond que la question avait été déjà soulevée lors de la dernière réunion POA et une réponse avait été apportée. L'abaissement de la pression de travail diminuerait les capacités de l'installation, alors que ce site de stockage joue un rôle stratégique par rapport à l'approvisionnement de gaz en France.
>
> [Le responsable de la sécurité de Storengy] ajoute qu'à l'heure actuelle, avec la conjoncture du marché gazier, les stockages de gaz de Storengy ne sont pas remplis à 100% mais cela ne remet pas en cause le rôle clef de ces stockages dans le réseau français.
>
> Madame la secrétaire générale [de préfecture] conclut l'échange en indiquant que ce point avait été abordé lors de la dernière réunion et la stratégie des études à mener avait été choisie en fonction des différentes options possibles et de la notion d'intérêt général, pris en compte par l'administration. Ce point a été acté lors de la dernière réunion. Aucune étude ne sera donc demandée à Storengy sur le sujet[217].

A l'origine de cet échange, l'un des deux riverains présents à la réunion revient en entretien sur cet épisode pour témoigner du caractère illusoire de la participation des habitants dans ces assemblées dominées par les services instructeurs et représentants industriels :

> Aux réunions POA, on y va à deux avec un autre voisin… quand vous êtes deux face à vingt personnes et que personne ne vous suit, vous avez beau crier haut et fort, ça ne sert à rien. A un moment donné vous n'avez plus qu'à vous taire. De toute façon, si on insiste, ils nous disent : « Mais vous ne

---

[217] Compte rendu de la réunion du 8 juillet 2013 des POA du PPRT Storengy de Tersanne dans la Drôme.

savez pas. Vous n'y travaillez pas dans l'usine, vous ne pouvez pas savoir ». C'est facile pour eux.

Toujours en minorité et facilement suspectés d'incompétence, ces représentants ne sont finalement associés qu'en apparence. Et même lorsque les services instructeurs se montrent un peu plus attentifs à leurs préoccupations, leur capacité à peser sur les décisions reste toujours très relative. Ce qu'illustre par exemple le PPRT de la ZIP de Dunkerque déjà évoqué. Dans ce cas, le comité d'association est composé, outre les services instructeurs, de vingt et un membres : neuf exploitants, six communes, la communauté urbaine de Dunkerque, le Grand Port Maritime, le syndicat mixte du SCOT région Flandres-Dunkerque, le Conseil général du Nord, le Conseil régional Nord-Pas-de-Calais et un représentant du CLIC. Les riverains, qui portent schématiquement un cinquième des voix susceptibles de s'exprimer dans cette dernière assemblée, pèsent donc formellement 1/105 des POA quand, dans le même temps, les autres parties prenantes disposent de près de la moitié des voix (46/105 pour les industriels et 41/105 pour les collectivités locales)[218]. Ce déséquilibre, qui caractérise à peu près tous les comités d'association « ouverts » aux habitants, produit finalement des contextes d'interaction fortement asymétriques qui, le plus souvent, contribuent à disqualifier les représentants riverains qui y participent et finissent par les contraindre au silence.

Très peu impliqués par le biais des réunions POA, les riverains ne le sont pas davantage par les réunions publiques. Là encore, l'injonction à faire participer est finalement peu suivie par les services instructeurs. Un comptage systématique réalisé sur la totalité des PPRT approuvés avant 2013 (soit un peu plus de 200 cas) montre en effet que ces moments d'échange restent très limités en nombre (environ un par procédure quand la réglementation en recommande au moins trois) et qu'ils interviennent le plus souvent en bout de course, c'est-à-dire une fois les orientations du document déjà bien esquissées (Dussouillez, 2013). C'est le cas par exemple du PPRT de la ZIP de Petit-Couronne en Seine-Maritime, dont la première (et dernière) réunion publique est organisée pas loin d'une décennie après sa prescription, juste avant le lancement

---

[218] Cette représentation pondérée de l'influence des riverains aux réunion POA est tirée de (Grembo, 2013 : 46).

de l'enquête publique[219]. Cette pratique d'une réunion par procédure, qui conduit à une application minimale de la règle, ne connaît pas beaucoup d'exceptions. Dans l'échantillon évoqué plus haut, seuls quelques cas échappent à cette norme. Le PPRT de la vallée de la chimie lyonnaise en fait partie. Dans ce cas, l'objectif réglementaire est en effet presque atteint, avec une réunion d'information et d'échange organisée dans les communes les plus concernées en 2009, 2012 et 2015. La quantité de public touché par ces événements reste cependant très faible au regard du nombre d'habitants et d'entrepreneurs locaux potentiellement intéressés par la démarche (soit plusieurs milliers de personnes)[220]. Ce que souligne de façon explicite le rapport d'enquête publique, dans un passage consacré au bilan de cette « concertation » : « Ces réunions ont connu une assistance plutôt modeste, compte tenu des enjeux : entre une douzaine et une trentaine de participants. Le chiffre maximum a été atteint lors d'une réunion à Saint-Fons le 6 mai 2015 (environ 40 personnes)[221] ». A raison de vingt personnes en moyenne par réunion, ce dispositif de concertation a donc mobilisé aux alentours de deux cent personnes en huit ans d'élaboration, soit moins de 1 % des habitants qui ont aujourd'hui à mettre en œuvre les mesures prescrites par ce PPRT. Ce qui signifie que même lorsque les services instructeurs se conforment à la règle, la participation des publics visés n'est pas nécessairement au rendez-vous.

Le même type de constat ressort enfin de l'observation des CLIC/CSS qui fonctionnent en marge de l'élaboration des PPRT (Ferrieux et al., 2010). Une lecture rapide des compositions données par les arrêtés de création et les listes de participants annexées aux comptes rendus de réunion[222] montre en effet que ces dispositifs, en théorie plus ouverts aux

---

[219] D'après la notice de présentation de ce PPRT (p. 30) disponible sur le site Internet de la préfecture de Seine-Maritime (consultation du 24 janvier 2020).

[220] Ce PPRT, qui sera approuvé en 2016, prescrit finalement des mesures foncières sur près d'une centaine de biens et des mesures de renforcement du bâti sur un peu plus de 9 000 logements (Martinais, 2016 : 104).

[221] Rapport de la commission d'enquête publique relative au projet de PPRT de la vallée de la chimie (p. 32), disponible sur le site Internet de la préfecture du Rhône (consultation du 24 janvier 2020).

[222] Contrairement aux documents PPRT qui ont été retirés des sites Internet dédiés, les comptes rendus des réunions de CLIC restent accessibles au public. On les trouve le plus souvent sur les sites des DREAL et des préfectures.

habitants[223], ont en pratique beaucoup de mal à recruter parmi ces publics et surtout, à les fidéliser dans la durée. Les collèges « riverains » sont ainsi plus souvent constitués de personnalités qualifiées, voire de représentants institutionnels n'ayant pas trouvé leur place dans les autres collèges (des élus par exemple), que de véritables voisins des sites industriels (Nonjon, 2009). A la CSS de Roussillon en Isère par exemple, les six places normalement réservées aux riverains sont ainsi occupées par des personnels de l'éducation nationale (un proviseur de lycée et un directeur d'école), une association généraliste (la FRAPNA), deux collectifs locaux orientés vers la promotion du développement durable et la défense de l'environnement et enfin, un représentant de l'observatoire Air Rhône-Alpes dédié à la surveillance de la qualité de l'air dans la région[224]. Globalement peu représentés dans leurs propres collèges, les riverains connaissent par ailleurs les mêmes difficultés qu'en réunions POA : surreprésentation des autres parties prenantes (notamment les agents de l'État), répartition déséquilibrée des présentations et temps de parole (au profit des services d'inspection et des exploitants), interventions empêchées et procès en incompétence, etc. (Ferrieux, 2016). Dans l'ensemble, les CLIC ne sont donc pas vraiment en mesure, eux non plus, de constituer les riverains en acteurs légitimes de la prévention des risques industriels et, ce faisant, de les associer vraiment à l'élaboration des mesures de prévention qu'ils auront à mettre en œuvre au terme de la démarche.

En dépit de procédures qui continuent de s'afficher comme « inclusives », les quelques éléments d'analyse rassemblés ici montrent finalement que, dans la majorité des cas, les PPRT s'élaborent plutôt sans les riverains, c'est-à-dire en les tenant à distance des décisions en train de se prendre, voire en les laissant délibérément dans l'ignorance de ces décisions une bonne partie de la démarche. Le problème est que cette façon de faire des services instructeurs n'est pas toujours acceptée par les habitants qui, lorsqu'ils apprennent l'existence du PPRT et des mesures qu'on leur destine, réagissent parfois violemment en s'indignant d'être mis devant le fait accompli de décisions qui les touchent d'autant plus qu'ils auront à les mettre en œuvre pour partie et qu'elles auront des conséquences importantes sur leur cadre de vie.

---

[223] Le CLIC est normalement constitué de cinq collèges de six personnes, dont un est spécifiquement dédié aux « riverains ».

[224] Voir l'arrêté interdépartemental du 28 février 2013 portant création de cette CSS, disponible sur le site www.clic-rhonealpes.com (consultation du 24 janvier 2020).

6.1.3. Des riverains non concertés désireux de se faire entendre malgré tout

Par manque de temps, de moyens et de savoir-faire, la plupart des services instructeurs ne conçoivent finalement la relation aux riverains que dans le cadre d'une communication descendante, considérant de façon implicite que l'énonciation des décisions, leur justification et leur diffusion dans l'espace public suffisent à créer l'adhésion des personnes concernées. Dans le cas de nombreux PPRT, cette politique du « fait accompli » se révèle cependant d'une efficacité très relative, dans la mesure où la présentation des mesures élaborées en milieu confiné conduit surtout à de vives réactions des publics concernés, lesquelles mêlent le plus souvent incompréhension, colère et indignation[225]. Parmi les riverains invités à témoigner de leur rencontre avec le PPRT, beaucoup évoquent d'emblée une expérience singulière qui fait l'effet « d'un coup de poing dans la figure ». Le récit de ce voisin de l'usine Guerbet de Lanester illustre bien ce que la découverte de cette procédure peut avoir de brutal, surtout lorsqu'elle s'adresse à des individus qui, jusque-là, n'avaient même pas conscience d'habiter dans une zone à risques :

> On a été mis au pied du mur avec une convocation de tous les riverains situés à l'intérieur de la zone des 350 mètres, qu'on avait reçue par l'intermédiaire de la préfecture. C'était une convocation pour une pièce de confinement à créer au sein des maisons. Au début, on a tous réagi de la même façon : on a cru que c'était une blague ! Puisqu'on n'avait jamais été confronté à ce genre de choses jusque-là. Donc rendez-vous en mairie pour toutes les personnes incluses dans ce périmètre des 350 mètres, dit des dangers irréversibles pour la santé humaine. Et en lisant bien ce document, on s'est aperçu que ce n'était pas une blague du tout et on est donc tous allés… On ne se connaissait pas encore et on est tous allés à cette réunion en mairie. Et c'est là qu'ils ont été en fin de compte obligés… parce que ça faisait déjà pas mal d'années en amont que cette histoire de PPRT avait commencé… qu'ils ont été obligés de nous informer qu'on était dans une zone où les dangers sont irréversibles pour la santé. C'est rassurant hein ? Au cours de

[225] Pour rendre compte de ces réactions riveraines et des mobilisations qu'elles suscitent, nous nous appuyons sur une série d'entretiens menés courant 2014 auprès d'une vingtaine de représentants de collectifs habitants des communes d'Ambès en Gironde, Donges en Loire-Atlantique, Fos-sur-Mer et La Mède dans les Bouches-du-Rhône, Gaillon dans l'Eure, Lanester et Quéven dans le Morbihan, La Rochelle en Charente-Maritime, Le Havre en Seine-Maritime, Saint-Pierre-des-Corps en Indre-et-Loire, Tersanne et Saint-Martin-d'Août dans la Drôme.

la même réunion, on a aussi appris que nos terrains étaient déclassés, qu'on ne pouvait pas augmenter la population tellement c'était dangereux, qu'on ne pouvait pas faire de locatif. Donc tout ça, ça a été un vrai coup de poing dans la figure.

On le voit ici, la rencontre avec le PPRT est souvent la cause d'indignations multiples qui se renforcent mutuellement. La politique du « fait accompli », qui enjoint les habitants à se soumettre à des décisions élaborées sans eux, est l'un de ces facteurs, mais pas le seul. Beaucoup réagissent en même temps au caractère injuste de cette démarche de prévention qui leur demande de financer leur propre mise en sécurité pour le bien de leurs voisins industriels. Comme le dit l'un d'eux, « la loi impose au riverain d'agir sur quelque chose qu'il ne maîtrise pas. Il habite à côté de l'usine mais ce n'est pas lui qui maîtrise le risque. Il subit le risque, la pollution, et on lui demande de payer, donc c'est normal qu'il refuse ». La colère des habitants se nourrit également de l'inversion du « discours de la maîtrise » qui, dans bon nombre de situations, conduit à l'affichage de dangers que les acteurs de la prévention s'accordaient jusque-là à minorer, soit en communiquant sur le haut niveau de sécurité des installations industrielles, soit en délivrant des permis de construire dans des secteurs désormais reconnus comme étant exposés à « des risques importants d'accident à cinétique rapide présentant un danger très grave ou grave pour la vie humaine[226] ». Le plus souvent, les habitants ne comprennent pas ce revirement : alors qu'on les a pendant longtemps incités à croire qu'ils ne risquaient rien en habitant à proximité des usines, le PPRT vient subitement leur signifier le contraire. Et quand on leur assure en réponse à leur étonnement qu'il est impossible de supprimer les risques en question mais qu'on attend d'eux qu'ils s'y adaptent en déménageant ou en renforçant leur logement, ils s'insurgent contre ce qui leur apparaît à la fois comme un renoncement et un complet changement de cap[227]. De leur point de vue, il s'agit ni plus ni moins de la remise en cause d'un droit à habiter qu'ils ont en général obtenu légalement. Ainsi cet agriculteur de la commune de Saint-Martin-d'Août dans la Drôme, qui se retrouve menacé d'expropriation quatre ans après avoir été autorisé à engager d'importants travaux de rénovation dans sa maison principale :

---

[226] Selon les termes de l'article 5 de la loi du 30 juillet 2003 qui instaure le PPRT et détaille ses principales fonctionnalités.

[227] Ce motif d'indignation ressort également de l'enquête de Clara Osadtchy portant sur les riverains de la raffinerie de Provence de Martigues (Osadtchy, 2014).

> Le maire est venu nous voir un soir. Le 20 juin 2012. Il débarque avec la carte, parce que le matin il avait eu une réunion de POA justement. Et voilà : « Vous êtes en zone rouge et au vu de ce qu'on nous a dit, ben il va falloir vous en aller ». Bon il nous annonce ça... Surtout qu'on n'habitait pas encore dans la maison, on était encore en train de la construire. C'est une ancienne grange qu'on transforme en habitation. On a eu le permis de construire en 2008. Quand on l'a demandé, le maire nous a dit que c'était le moment de le faire parce que dans deux ou trois ans ça ne sera peut-être pas aussi facile, qu'il y aura peut-être plus de contrainte. Mais bon, de là à savoir qu'on serait exproprié un jour, ce n'était pas du tout... Bon après, on avait conscience qu'on n'était pas loin du site. Mais bon, comme on a grandi avec, on n'était pas plus craintif que ça. Surtout que d'après ceux qui y travaillent, les normes de sécurité sont bien meilleures aujourd'hui qu'il y a dix, vingt ou trente ans. Donc pour nous, il n'y avait pas de souci de ce côté-là.

Ayant habité la ferme mitoyenne avant de reprendre l'exploitation familiale, cet agriculteur a aujourd'hui le sentiment d'être victime de ce voisin industriel que ses parents avaient pourtant accueilli avec bienveillance et avec lequel il pensait cohabiter pacifiquement[228]. Une lettre lue par son père au cours d'une réunion publique destinée à présenter la procédure aux populations locales, rend parfaitement compte de ce sentiment particulier de trahison et d'injustice qu'éprouve la plupart des habitants en découvrant le PPRT et ce train de mesures qui les atteint dans ce qu'ils ont souvent de plus chers et de plus précieux, c'est-à-dire leur lieu de vie et leur maison :

> Mesdames, Messieurs, Messieurs les industriels, vous qui êtes venus vous installer en 1967 en nous donnant des gages de sécurité, vous nous avez toujours dit que nous étions en sécurité et que les risques étaient pratiquement inexistants.
>
> Depuis 1967, nous vivons en bon voisinage. J'ai vu depuis 45 ans, chaque année, cette usine s'agrandir. J'ai toujours eu de très bons contacts avec les personnes qui travaillaient dans cette usine. Vous me demandiez de stocker votre matériel dans ma cour. J'ai toujours accepté de bon cœur. Vous me demandiez d'héberger des caravanes de travailleurs pendant les travaux. J'ai toujours accepté de le faire. Vous m'avez demandé d'échanger des terres pour creuser vos puits. Je l'acceptais de bon cœur.

---

[228] Le site industriel en question est dédié au stockage de gaz dans des cavités salines. Les risques associés à cette activité sont des explosions en surface, en tête de puits. Les installations sont en revanche assez peu gênantes pour leur voisinage immédiat.

> Que dois-je penser aujourd'hui de ce que je vois, de ce que je vis, de ce que vous me faites subir ? Ce que vous faites subir à mes enfants, à ma famille, à mes voisins, à mes amis ? Quel malheur d'arriver à 80 ans pour voir ça. Je me sens trahi.
>
> Vous, Messieurs les représentants de l'usine Storengy, vous avez les moyens techniques de me redonner confiance. Simplement en déplaçant une tour de déshydratation de quelques centaines de mètres. Vous, Mesdames et Messieurs les représentants de l'État, vous avez les capacités en validant ce déplacement de redonner de l'espoir à des familles.
>
> Messieurs, vous avez eu besoin de moi il y a 45 ans. Aujourd'hui, c'est moi qui vous demande : faites cet effort. Je vous ai toujours respecté. Je vous demande à votre tour de respecter mes valeurs[229].

Ce cas drômois montre très bien que s'il est un puissant facteur de mobilisation, l'intérêt financier lié aux travaux de protection n'est cependant pas l'unique, ni même la principale motivation, qui pousse les riverains contestataires à s'unir pour se défendre[230]. Ce qui les incite à se constituer en association, c'est avant tout le besoin de ne pas rester passif face à une situation vécue comme une profonde injustice. Tous les habitants interrogés témoignent à leur manière de l'émotion, de la détresse ou de la sidération suscitée par cette procédure qui les confronte à des décisions lourdes de conséquences pour leurs biens, mais également pour leurs droits et libertés (parce qu'elles les empêchent par exemple de disposer librement de leur maison). Ce sentiment d'injustice, ressenti par chacun, agit alors comme le ciment qui permet de souder ces voisins qui ne se connaissent pas toujours dans la défense d'une cause commune. Le récit de la création de l'association MARRE 56 de Lanester par le riverain cité plus haut illustre bien ce constat :

> Après la réunion où on a appris l'existence du PPRT, on s'est dit : « La mairie ne nous a rien dit. La mairie nous a pris pour des imbéciles, pour des nouilles ». Et on s'est aperçu en fin de compte que Guerbet est un peu la poule aux œufs d'or pour la collectivité, la mairie et tout, et que nous on n'est… rien. Donc ça ne l'a pas fait. Évidemment. On s'est concerté et

---

[229] Cet extrait de la réunion publique du 7 février 2013 peut s'écouter sur le site Internet de l'Association des riverains du stockage de gaz de Tersanne : http://riverains gaztersanne.free.fr/download.php?lng=fr (consultation du 28 janvier 2020).

[230] Ce que montre d'ailleurs l'écart entre le nombre de PPRT prescrivant ou recommandant des travaux de protection, soit environ deux-tiers des quatre cents et quelques aujourd'hui approuvés, et la quarantaine qui a été ouvertement contestée par des riverains fédérés en associations de défense.

on s'est dit : « Ce n'est pas possible, il faut qu'on se bagarre parce que c'est injuste. On est en train de vivre une injustice parce qu'en fin de compte, on est en train de nous imposer quelque chose dont on ne veut pas ». On a quand même le droit de vivre en toute sérénité. Il y a des gens qui sont morts pour ça, non ? Qui se sont battus pour ça. Dans les guerres. Donc on s'est dit : « Non, non, on va se battre contre ça ». Et c'est là qu'on a décidé de créer l'association MARRE 56 pour justement contrer… démontrer cette injustice qu'on était en train de subir.

Comme dans tous les conflits d'aménagement, la mobilisation des habitants procède ici d'un enchevêtrement de dimensions conflictuelles qui se rapportent au moins autant à la façon dont les décisions sont prises et annoncées, qu'à leurs conséquences pratiques et symboliques (Dziedzicki, 2004). L'ordre des motivations n'est cependant pas le même partout. Lorsqu'ils expliquent ce qui les conduit à se constituer en association de défense, certains évoquent d'abord les questions de forme (le manque de transparence, l'absence de dialogue et de considération) alors que d'autres s'attachent davantage aux contenus des mesures imposées et à leurs effets possibles (les atteintes à la propriété privée). Mais dans tous les cas, la découverte du PPRT instaure une solidarité nouvelle entre tous ces habitants qui ont subitement en commun de se penser à la fois comme voisins d'un site Seveso et victimes de cette proximité.

Plusieurs groupes contestataires se forment ainsi dès 2008, comme à Deluz dans le Doubs ou à Wargnies-le-Grand dans le Nord. D'autres suivent en 2009 et 2010, à mesure que le programme PPRT prend de l'ampleur (à Bassens en Gironde, Saint-Crespin-sur-Moine dans le Maine-et-Loire, Sisteron dans les Alpes-de-Haute-Provence, Narbonne dans l'Aude, etc.). Dans cette phase d'émergence, le mouvement reste cependant peu visible au niveau national. Très localisé et peu médiatisé, il ne profite pas encore des relais d'AMARIS, qui vient tout juste d'émerger comme instance de représentation des collectivités locales, ni du soutien de FNE, qui n'est pas vraiment connectée avec ces groupes d'habitants évoluant en marge de ses réseaux locaux. Il faut en fait attendre 2011 pour que cette mobilisation naissante commence à se rendre visible des représentants sectoriels chargés du suivi du programme PPRT, notamment l'*instance de suivi* qui travaille à ce moment-là à la révision de la règle de financement des travaux de protection. Trois éléments contribuent tout particulièrement à la reconnaissance de cette contestation montante par le niveau central : premièrement, l'écho qu'elle trouve peu à peu dans la presse régionale et certains grands médias nationaux ;

deuxièmement, plusieurs actions marquantes qui conduisent à la formation des premiers recours en annulation de PPRT approuvés (comme à Redon par exemple) ; et troisièmement, l'émergence de la *coordination nationale des associations riveraines des sites Seveso* qui contribue, par ses interventions répétées sur la scène nationale, à constituer la mobilisation riveraine, non plus comme un ensemble de groupes épars et peu connectés entre eux, mais comme un nouvel acteur collectif porteur d'une base de revendications communes et de propositions concrètes pour favoriser l'acceptabilité du programme PPRT par les populations locales.

6.2. Une coalition riveraine délégitimée et peu entendue

Pour rendre compte de l'action coordonnée de ces collectifs riverains, on peut là aussi mobiliser le modèle des coalitions de cause[231]. La nature et la forme de ce mouvement correspondent en effet assez bien à la façon dont l'*advocacy coalition framework* définit le concept de coalition, c'est-à-dire un groupe plus ou moins homogène d'acteurs qui partage un ensemble de croyances normatives et agit de concert pour traduire ses conceptions et visions du monde en politiques publiques (Sabatier, Jenkins-Smith, 1993). Ainsi cadrée, l'analyse du mouvement suppose alors de s'intéresser aux différents groupes de riverains qui le composent, à ce qui les unit dans l'action, mais également à la façon dont cet ensemble interagit avec la coalition dominante formée par le petit groupe des représentants sectoriels investis dans le pilotage du programme PPRT. Dans un premier temps, on verra donc comment les groupes contestataires qui émergent localement sont amenés à se constituer en acteur collectif pour tenter de faire évoluer les règles de fabrication des PPRT dans un sens plus favorable à leurs attentes. Puis on se focalisera sur les stratégies qu'ils déploient collectivement pour promouvoir et tenter d'imposer ces changements. Et pour finir, on s'intéressera aux relations avec le centre de décision ministériel pour montrer que si des échanges s'instaurent entre les deux coalitions, c'est davantage sur un mode concurrentiel que coopératif.

---

[231] Notons que cette approche n'a rien d'original puisqu'une partie de la littérature consacrée à ce type de mobilisations riveraines adopte également un cadrage par les coalitions (Chailleux, Moyson, 2016 ; Bayet, 2003 ; Kübler, 2002).

6.2.1. Des mobilisations éparses portées par des revendications communes

Au moment où elle commence à se rendre visible, la mobilisation riveraine est portée par une cinquantaine de collectifs et associations locales. Disséminé dans les principales régions industrielles françaises (*cf.* encadré 26), ce mouvement est en prise avec une quarantaine de PPRT plus ou moins avancés dans leur élaboration[232]. Si certaines zones semblent plus particulièrement propices à la formation de ces groupes protestataires (l'embouchure de la Seine, l'estuaire de la Loire et le pourtour de l'étang de Berre), la mobilisation ne peut toutefois pas se caractériser par la nature de ses implantations géographiques. Les sites concernés sont en effet très divers, du simple dépôt pétrolier en rase campagne, dont le voisinage n'est constitué que de quelques habitations et bâtiments agricoles, à l'immense plateforme industrielle installée en périphérie d'une grande ville, comme au Havre, à Strasbourg ou à Caen. Dans cet ensemble très hétérogène de lieux, une moitié environ est formée de secteurs peu urbanisés, en zone rurale ou en périphérie de petites agglomérations, tandis que l'autre partie se situe plutôt en milieu urbain, en proximité de quartiers résidentiels denses à très denses, le plus souvent constitués de logements individuels (pavillons), mais aussi parfois de collectifs (immeubles) ou d'un mélange des deux.

[232] Cette liste figure sur le site Internet de la *Coordination nationale des associations riveraines des sites Seveso* : https://coordinationseveso.com (consultation du 11 février 2020).

Encadré 26 La situation géographique des PPRT contestés en 2012

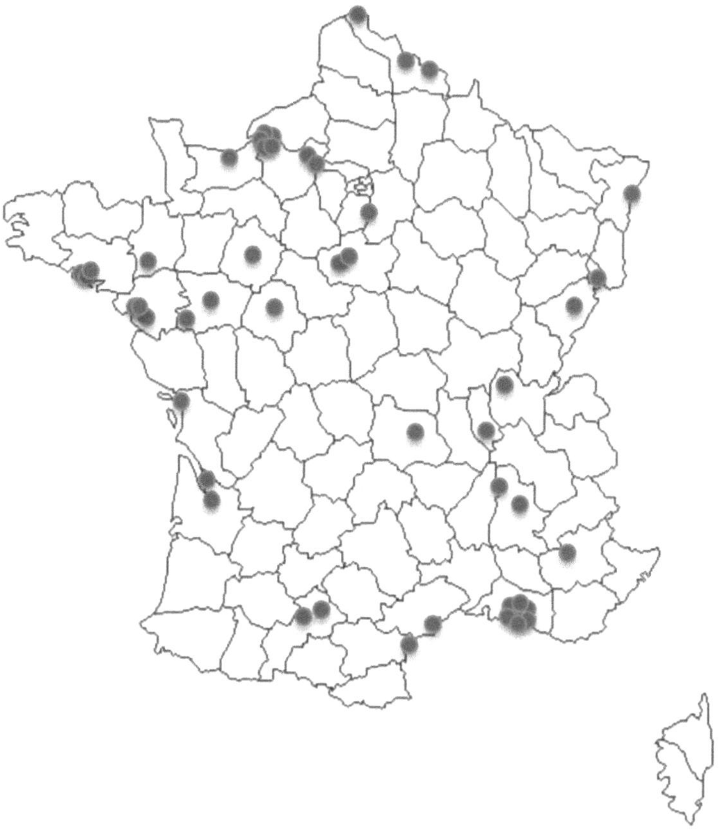

A cette disparité d'ordre géographique correspond logiquement une grande diversité de profils sociologiques[233]. A l'image de l'ancien agriculteur drômois présenté un peu plus haut, les habitants qui entrent en lutte contre les PPRT ne sont pas, dans leur très grande majorité, des professionnels de la contestation. Ils ne sont pas non plus des activistes expérimentés, habitués des zones à défendre (ZAD) et autres mobilisations anticapitalistes. Ils sont avant tout des voisins d'établissements industriels à qui le PPRT demande d'endosser le statut de riverain et d'accepter les obligations légales associées, qui partagent un même sentiment d'injustice face à cette situation largement subie et mettent à profit la solidarité de voisinage ainsi générée pour s'unir dans la défense de leur cadre de vie. Il n'existe donc pas de profil type pour caractériser ces habitants contestataires. Actifs ou retraités, fonctionnaires, exerçant en libéral ou salariés du privé, ils couvrent pour ainsi dire toute la nomenclature des catégories socio-professionnelles. Si les ouvriers et les employés dominent lorsque le mouvement recrute dans les anciens quartiers et lotissements d'entreprise construits à proximité des sites de production (comme à La Mède par exemple), les professions intermédiaires et les cadres ne sont toutefois pas en reste, notamment dans les contextes moins industrieux (comme à Quéven dans le Morbihan). Dans cette diversité de profils, quelques-uns cumulent le statut d'habitant avec une activité de militant associatif, syndical ou politique, mais ces acteurs multi positionnés sont loin d'être majoritaires dans le mouvement. En fait, la seule caractéristique vraiment partagée par la totalité de ces habitants au moment de leur rencontre avec le PPRT est d'être propriétaire d'un logement (souvent une maison individuelle) qui constitue l'essentiel (voire la totalité) de leur patrimoine.

Au-delà des individus qui la portent, la mobilisation riveraine se caractérise également par une diversité de trajectoires et structures de mobilisation. La cinquantaine de groupes investis localement se répartit ainsi en trois grandes catégories. La première est relative aux associations spécialement créées pour lutter contre le PPRT. Au nombre d'une

---

[233] Pour caractériser sociologiquement le mouvement, plusieurs types de sources ont été mobilisés : les blogs ou sites Internet support de la mobilisation, les documents relatifs à l'élaboration des PPRT contestés (comptes rendus des réunions des POA, des réunions publiques et des CLIC correspondants), ainsi que les témoignages d'une vingtaine de représentants engagés dans la contestation des PPRT d'Ambès, Donges, Fos-sur-Mer, Gaillon, Lanester, La Mède, La Rochelle, Le Havre, Quéven, Saint-Pierre-des-Corps et Tersanne.

vingtaine, elles sont le plus souvent composées d'habitants qui s'essayent pour la première fois au jeu de la contestation sociale. Le deuxième ensemble est également formé de groupes d'habitants, mais à la différence des précédents, ces derniers ont déjà l'expérience d'un ou plusieurs combats au moment où ils s'engagent dans la lutte contre le PPRT. Au nombre d'une quinzaine, ces collectifs « déjà-là » sont tous centrés sur un intérêt local ponctuel, en lien notamment avec les questions de risques et de pollutions. Quant au troisième et dernier ensemble, il est principalement formé d'associations plus classiques et plus diversifiées dans leurs centres d'intérêts qui, le plus souvent, bénéficient d'une position de partenaire institutionnel reconnue des pouvoirs publics. Moins directement concernées, elles interviennent davantage en soutien des groupes d'habitants qu'en leur nom propre, sauf lorsqu'une partie de leurs membres actifs réside dans les secteurs visés par les mesures de prévention. Dans ce cas, leurs revendications et modes d'actions ont tendance à se confondre avec ceux des collectifs de riverains.

Particulièrement hétérogène dans sa composition, le mouvement contestataire est en revanche beaucoup plus unifié dans ses revendications. Car si les groupes d'habitants se mobilisent avec des motivations variables, tous finissent rapidement par butter (voire trébucher) sur la façon dont le PPRT les définit en tant que « riverains ». Trois caractéristiques du rôle ainsi prescrit sont plus particulièrement discutées : le fait qu'on leur dénie toute capacité de jugement en les maintenant contre leur gré à distance des décisions qui les concernent (lorsque l'accès aux CLIC et POA continue de leur être refusé par exemple) ; le fait que la procédure les expose en toute légalité à des dangers « graves » ou « très graves pour la vie humaine » qui ne cadrent ni avec leur expérience vécue du lieu, ni avec le discours de la maîtrise auquel ils étaient habitués jusque-là ; le fait enfin que ce statut de victime potentielle implique qu'ils se « responsabilisent » en assumant leur part d'obligations et de contraintes en matière de prévention (se conformer aux consignes à suivre en cas d'accident, réduire la vulnérabilité de leur habitation et accepter de déménager lorsque le danger est trop important). Un billet publié en juin 2011 par un collectif des Bouches-du-Rhône témoigne de l'incompréhension engendrée par ce principe de « responsabilisation du riverain » lié au PPRT :

> Après AZF, l'État a fait voter une loi dont le but premier était de protéger les riverains des risques industriels. Malheureusement, l'application de cette loi a des effets pervers qui en réduisent considérablement son principe et reporte une partie de la charge de la protection des riverains sur le dos des riverains

> eux-mêmes. Quand l'industriel débourse 10, les riverains déboursent 50 de leur porte-monnaie et 40 sont payés par nos impôts. Cette situation est inacceptable, elle met l'industriel à l'abri de toute responsabilité tandis que le riverain sera coupable de s'être protégé ou pas. En définitive, l'industriel ne réduit pas le risque mais le riverain doit se protéger et payer pour cela ![234]

Dans les conflits d'aménagement, il n'est pas rare que l'expérience démocratique des « citoyens en tant que riverains » conduise à déplacer la contestation, du projet à l'origine de la mobilisation vers les éléments de procédure qui prescrivent des rôles sociaux contraires aux attentes locales (Fourniau, 2007). Dans le cadre du PPRT, les groupes protestataires font précisément ce chemin pour finir par découvrir que s'ils s'opposent à la démarche, c'est avant tout parce qu'elle les contraint à endosser cette identité de « riverain responsable » qui va à l'encontre de leurs aspirations en termes de participation et de prévention. Leur entrée en conflit vise donc principalement à se défaire de cette assignation en focalisant les dénonciations sur les dimensions de la procédure qui tendent justement à les fixer dans ce rôle incohérent de riverain à la fois victime potentielle de son voisin industriel, exécutant passif de décisions prises par d'autres et entrepreneur de sa propre prévention.

Dans la mesure où ils symbolisent cette identité de « riverain responsable », les travaux prescrits sont particulièrement visés par les groupes contestataires. Une quantité considérable d'arguments est en effet produite qui consiste à mettre en balance le bénéfice escompté de la mesure avec les inconvénients qu'elle entraînera d'une part, à montrer que l'obligation qui leur est ainsi faite produira des effets contraires aux objectifs poursuivis d'autre part[235]. Sur le premier registre, les habitants contestataires s'attachent surtout à révéler les diverses voies par lesquelles la démarche de prévention, à défaut de les protéger, tend surtout à les pénaliser. Pour

---

[234] Billet mis en ligne le 17 juin 2011, blog de Golfe de Fos environnement, Mouvement citoyens de tous bords : http://golfedefos.free.fr (consultation du 20 février 2015).

[235] Dans un article consacré aux conflits autour du paysage, Danny Trom fait de ces deux registres argumentatifs un invariant des mouvements contestataires. S'inspirant des travaux d'A. O. Hirschman sur la rhétorique réactionnaire, il les décrit comme relevant à la fois d'une « thèse de la mise en péril », qui « consiste à affirmer que le changement, bien que souhaitable en principe, entraîne tels ou tels coûts ou conséquences inacceptables », et d'une « thèse de l'effet pervers », selon laquelle « ce qui est fait dans l'intérêt général aboutit à des conséquences néfastes, désastreuses et contraires aux fins poursuivies » (Trom, 1999).

illustrer le propos, beaucoup recourent à l'idée de la « triple peine », soit le fait de devoir à la fois supporter les risques que leur imposent leurs voisins industriels, les coûts associés à leur mise en sécurité et la perte de valeur de leur bien que ne manquera pas d'entraîner à terme l'élaboration du PPRT. Selon cette thèse de la « mise en péril », nombreux sont les habitants contestataires qui assimilent ces obligations de travaux à une violation du droit de propriété, en leur reprochant d'exonérer les industriels de leurs obligations et de reporter sur les habitants la responsabilité d'une exposition au risque largement subie. Comme l'association Caennaise Sos Calix, ils dénoncent l'inégalité des parties prenantes devant ces responsabilités, c'est-à-dire « le fait que des propriétaires, souvent peu argentés, se trouvent dans l'obligation d'exécuter [ces] travaux, parfois onéreux, alors que le fauteur de trouble réalise des profits colossaux qu'il distribue sans états d'âme à ses dirigeants et actionnaires[236] ».

Sur le second registre, les arguments produits à ce moment-là consistent principalement à signaler l'inanité de ces mesures. Ce qu'indique par exemple ce voisin de la raffinerie de Donges en Loire-Atlantique, membre de l'Association dongeoise des zones à risques et du PPRT (ADZRP) :

> Même si demain on change nos fenêtres, on ne sera pas forcément mis en sécurité. Si on prend le cas précis de Donges, un certain nombre de maisons sont impactées par un risque de surpression qui oscille entre 35 et 50 mbar. L'argument qu'on avance, c'est que 50 mbar, ça correspond à une pression de 500 kg sur un m^2. Donc sur une façade de maison de 20 m^2, ça fait une pression de plusieurs tonnes. L'équivalent d'un camion lancé à pleine vitesse ! Vous imaginez ? Et on veut nous faire croire qu'on sera protégé parce qu'on aura changé nos vitres ? On n'est pas complétement abruti, on a vu ce qui s'est passé à Lac-Mégantic au Canada. Ou AZF à Toulouse. On a tous vu les dégâts occasionnés par des explosions de ce genre. Donc nous laisser croire que le fait de changer nos fenêtres nous mettrait en sécurité, c'est un peu se moquer du monde quoi.

Si l'entrée en conflit conduit les associations de défense à concentrer la plus grosse partie de leurs attaques sur les obligations de travaux, le caractère peu participatif de la procédure n'est cependant pas complètement oublié. Plusieurs d'entre-elles dénoncent en particulier le rôle d'exécutant passif dans lequel elles sont maintenues, qui leur interdit concrètement

---

236 Extrait d'un billet mis en ligne le 23 avril 2012 : http://soscalix.eklablog.com/recent/26 (consultation du 18 février 2020).

de s'associer à la définition des mesures qui leur sont pourtant destinées. Dans le même temps, beaucoup réclament de ne plus être tenues à l'écart de ces décisions et dans cette optique, exigent d'être intégrées aux CLIC et réunions de POA qu'elles perçoivent comme les lieux où se discutent les orientations du PPRT. Par cette revendication, les groupes contestataires cherchent non seulement à se faire reconnaître comme acteurs à part entière de la démarche de prévention, mais également à donner de l'ampleur à la mobilisation en créant les conditions de son importation au cœur même des procédures, au plus près des acteurs décisionnaires.

6.2.2. L'unification de la mobilisation riveraine

Pour la plupart des groupes protestataires, le principal enjeu de la mobilisation est d'exister aux yeux des autres parties prenantes, notamment des services instructeurs, et d'être ainsi reconnus dans leur droit à exprimer leurs attentes et faire valoir leurs revendications. Cette position d'interlocuteur légitime n'est cependant jamais offerte, elle doit au contraire se gagner et se toujours se défendre. Comme l'ont bien montré certains travaux consacrés aux procédures de débat public, la capacité à se faire entendre, pour les participants les moins légitimes, dépend principalement de trois critères : leur représentativité, leur niveau de compétence et enfin, le degré de généralité des intérêts qu'ils défendent (Rui, 2004). Pour les collectifs habitants engagés dans la reconnaissance de leur droit à parler, l'unification du mouvement est précisément une des façons possibles de gagner en légitimité sur ces trois plans : se regrouper permet à la fois de faire nombre, de partager des informations pour faire progresser l'expertise collective et enfin, d'accéder à cette exigence de montée en généralité des intérêts défendus qui fait défaut à chaque groupe pris individuellement. Cette idée de fédérer l'ensemble des associations et collectifs locaux en créant la *coordination nationale des associations riveraines des sites Seveso* émerge courant 2011, à l'occasion de prises de contact entre les représentants du Collectif des PPRT 13[237] et les membres actifs de quelques autres associations, notamment l'ADZRP de Donges, Les Amis de Kergrenne de Quéven, RESPIRE de la Rochelle et le Collectif du quartier concerné par le PPRT de Primagaz

[237] Le Collectif des PPRT 13, créé en avril 2010, est déjà le regroupement d'une quinzaine d'associations mobilisées contre les sept PPRT du pourtour de l'étang de Berre.

de Saint-Pierre-des-Corps. En assemblant les contestations éparses dans un même mouvement d'envergure nationale, les représentants de ces différents groupes espèrent donner plus de poids à la mobilisation et, dans le même temps, faire émerger une base revendicative commune. Ainsi ce membre du Collectif des PPRT 13 :

> À un moment donné, les riverains individuellement ne pèsent pas en face d'une loi. En revanche, quand ils sont regroupés au niveau départemental ou national, ils peuvent poser les problèmes collectivement au niveau où ils doivent l'être, c'est-à-dire au niveau des principes d'application de la loi et d'élaboration de la loi elle-même. C'est ce qu'on a fait en créant la *coordination nationale*. Par les relations personnelles des uns et des autres, on est arrivé petit à petit à prendre connaissance de qui s'organisait sur place. Dans la *coordination nationale*, on a d'ailleurs des gens extrêmement divers, qui n'ont pas toujours les mêmes positions et qui ne défendent pas forcément les mêmes choses au départ. On a des gens qui arrivent un peu de tous les horizons, mais ils sont tous d'accord pour poser le problème fondamental des principes de cette loi.

Une fois créée[238], la *coordination nationale des associations riveraines des sites Seveso* fonctionne principalement comme un relais d'informations et un réseau de partage d'expérience. Par la contribution de tous, elle fournit à chacun les conseils et les ressources de contre-expertise dont il a besoin. Par le biais du blog[239] ou de la messagerie électronique, elle permet à tous ses membres de partager des connaissances, d'échanger des argumentaires et de mutualiser des savoir-faire. Les rencontres, qui ont lieu une à deux fois par an, jouent également un rôle essentiel. Elles contribuent notamment à la décontextualisation des revendications. En confrontant les situations vécues par les uns et les autres, elles aident le collectif à identifier ce qu'il y a de commun à tous les cas particuliers et, dans ces conditions, à produire des argumentaires plus généraux et surtout, plus solides et plus difficilement attaquables. Ce qu'explique ce représentant des Amis de Kergrenne qui a beaucoup contribué aux activités de la *coordination nationale* :

---

[238] L'acte de naissance de ce réseau national est la rencontre à Donges le 18 février 2012 d'une dizaine de collectifs habitants parmi les plus actifs du moment.

[239] La coordination a longtemps alimenté un site Internet qui est maintenant fermé. Les informations qu'elle diffuse sont maintenant proposées sur le blog https://coordinationseveso.com (consultation du 19 février 2020).

> On vit tous des situations très diverses. Entre un PPRT au fin fond de la Mayenne et un autre à Marseille, c'est quand même très différent. Et ça rend les choses un peu difficiles. On butte toujours un peu sur cette difficulté-là, le fait qu'on n'a pas tous le même niveau d'information, les mêmes enjeux, les mêmes stratégies. C'est la difficulté. C'est pourquoi on a cherché à élargir le plus possible le sujet. Le sujet au fond, c'est un sujet sociétal. C'est une question de responsabilité. L'enjeu, c'est bien de savoir qui est responsable des risques. Moi je pense qu'il faut apporter une responsabilité supplémentaire aux entreprises. Il y a des solutions techniques... Alors évidemment, le discours n'est pas de dire : « Ce sont des salauds, il faut les faire payer ». Mais par exemple, l'idée de créer un fonds spécifique qui avait été évoquée dans le rapport Loos-Le Déaut nous a paru intéressante. Surtout qu'elle serait de nature à pérenniser l'effort de réduction des risques à la source, à traiter ce problème de cohabitation dans le temps long, au-delà du PPRT. L'autre truc, c'est que cette loi semblait un peu avant-gardiste parce qu'elle instaurait tout un processus de concertation. Bon le problème, c'est que dans les faits on voit bien que ça ne marche pas. Ça ne marche pas. C'est-à-dire... Il faut qu'il y ait des débats qui impliquent les populations, y compris quand on installe de nouvelles usines. C'est un enjeu formidable en termes de démocratie locale.

En faisant de chaque PPRT contesté l'illustration d'un problème commun, la mise en réseau des collectifs habitants conduit finalement à redéfinir l'objet de la contestation. Au sujet des travaux prescrits par exemple, la critique initiale du principe pollué-payeur laisse progressivement la place à des dénonciations plus élaborées, insistant sur l'état d'insécurité dans lequel les riverains sont maintenus et l'incapacité du PPRT, dans ses principes, à résoudre ce problème. Sur ce point, les habitants mobilisés considèrent en effet que les aménagements préconisés (création d'une pièce de confinement, filmage des fenêtres, remplacement des huisseries, renforcement des charpentes, etc.) ne les protégeront jamais complètement des risques engendrés par leurs voisins industriels, compte tenu notamment de la règle de fabrication des aléas qui permet d'écarter des phénomènes dangereux potentiellement très graves au motif que des dispositifs techniques de sécurité ont été mis en place pour réduire leur probabilité d'occurrence. Ainsi ce représentant du Collectif des PPRT 13 qui explique comment l'approche probabiliste au fondement de la démarche de prévention laisse finalement inchangés les dangers les plus importants tout en fondant le dimensionnement des travaux de protection imposés aux habitants sur des formes atténuées de ces mêmes dangers :

> A un moment donné, on avait demandé aux industriels de nous montrer ce qu'ils faisaient pour la sécurité. Bon, ils nous ont donné le détail des mesures qu'ils avaient prises. A chaque fois, c'était : « On a rajouté une vanne ici, un détecteur là, un rideau d'eau pour protéger... ». On les a écoutés sagement et à la fin on leur a quand même dit : « Nous on comprend qu'en faisant ça, vous voulez faire reculer le risque. Vous allez retarder l'accident, mais si l'accident arrive, finalement vous n'avez rien fait, la bombe c'est toujours la même ». Et on leur demande : « Est-ce que vous savez la différence entre danger et risque ? » Ils nous disent : « Ouais, ouais, c'est pareil ». Ben non, ce n'est pas pareil. Le danger, c'est la quantité de produit qu'il y a à l'intérieur des sphères. C'est ça le danger ! Et le risque, c'est qu'il explose. Par exemple, un bac qui contient des milliers de litres de gaz liquide, si vous prenez des mesures autour, arrosage automatique, détecteurs, etc., vous allez peut-être reculer le moment de l'explosion, mais si jamais elle arrive, l'impact dépendra avant tout de la contenance du bac. C'est ce qui est arrivé à AZF. La loi, elle part de ça.

Forts de ce constat, les habitants contestataires concluent logiquement que lorsqu'il prescrit des travaux, le PPRT crée l'illusion de la prévention en obligeant les voisins des sites industriels à des dépenses inutiles qui ne les mettront pas en sécurité vis-à-vis de dangers laissés inchangés[240]. Poussant le raisonnement, ils demandent donc que la réglementation PPRT renonce à ce moyen d'action qui fait l'effet « d'un cautère sur une jambe de bois » pour privilégier l'autre voie possible, c'est-à-dire la réduction des risques à la source, considérée comme l'unique moyen de réduire les potentiels de danger et de mettre les habitants en sécurité à coup sûr. Parmi les procédures contestées, de nombreux cas montrent cependant que ces décisions visant à réduire les risques à la source sont régulièrement empêchées par deux règles qui, dans certaines conditions, autorisent les industriels à limiter les investissements de sécurité et donc, à faire passer les objectifs de rentabilité avant la prévention. La première est définie par l'article L110-1 du code de l'environnement qui, depuis les années 1990, subordonne toute démarche de prévention à une double exigence : qu'elle soit techniquement réalisable et surtout, économiquement acceptable pour l'entreprise concernée[241]. La seconde figure quant

---

[240] Beaucoup notent au passage que cet effet du PPRT est d'autant plus dommageable que les dépenses en question doivent être portées par des habitants avec de petits revenus.

[241] Si en théorie, ce principe de proportionnalité doit se référer à l'état de l'art pour le type d'installation considéré et non pas à ce qui est supportable par le demandeur compte tenu de sa situation financière et de ses capacités d'investissement, la limite

à elle dans la loi de 2003 qui précise que le PPRT ne peut retenir les solutions de réduction des risques à la source qu'à partir du moment où elles contribuent à supprimer des secteurs d'expropriation et de délaissement pour un coût inférieur à leur mise en œuvre[242].

Trop souvent bloqués dans leurs demandes par ces deux verrous, les habitants contestataires envisagent logiquement une réécriture de la loi, de façon à rétablir la responsabilité pleine et entière de l'industriel vis-à-vis des dangers qu'il produit (*cf.* encadré 27). Pour les membres de la *coordination nationale*, il en va tout simplement de leur reconnaissance en tant que citoyens de plein droit, méritant d'être traités à l'égal des autres parties prenantes, dont les intérêts en termes de sécurité valent autant que ceux du développement économique. Ainsi ce représentant du collectif Rochelais RESPIRE qui, comme la plupart de ces homologues, finit par voir le PPRT comme une atteinte à sa condition de riverain « en tant que citoyen » :

> Le problème, c'est que nous les habitants, nous sommes considérés comme des enjeux secondaires. Pourtant, il n'y a pas de PPRT sans la question primordiale des enjeux que sont les habitants. Les riverains, c'est l'enjeu principal des PPRT. Mais dans les faits, l'État et l'industriel nous réduisent à l'état d'enjeux secondaires parce qu'on passe après l'intérêt de l'industriel. Et ça, c'est proprement insupportable ! Donc ce que l'on demande, c'est que l'on tienne compte véritablement de notre présence, innocente, qui n'a rien à voir avec… Ce n'est pas nous qui avons créé le risque, c'est la négligence de l'État qui a permis aux dépôts d'hydrocarbures de s'installer à côté de nos maisons. Tout ça laisse quand même l'idée qu'on est dans un combat du pot de terre contre le pot de fer. On nous réduit à l'état de pot de terre et c'est inacceptable. Nous ne voulons pas être considérés comme pot de terre, nous voulons être considérés à part égale avec les industriels, les collectivités, etc.

---

au-delà de laquelle les mesures de réduction des risques à la source ne sont plus recevables n'est jamais donnée *a priori* et résulte en pratique d'un accord négocié entre l'exploitant et les services de la DREAL en charge de l'inspection des installations classées.

[242] Cette disposition, qui figure dans l'article 5 de la loi, indique que des « conventions peuvent permettre à l'État, aux collectivités territoriales ou à leurs groupements de participer au financement par l'exploitant de mesures supplémentaires de prévention des risques permettant de réduire les secteurs [d'expropriation et de délaissement] mentionnés aux II et III de l'article L. 515–16 lorsque cette participation financière est inférieure aux coûts qu'ils supporteraient en raison de la mise en œuvre des mesures prévues à ces II et III. »

Encadré 27 Extrait du projet de modification de la loi défendu par la *coordination nationale*

Révision de la loi Bachelot

Pour supprimer toute référence à la notion de travaux économiquement acceptables par les industriels

Pour introduire la notion de réduction des risques à la source et le principe de pollueur-payeur

Pour que les riverains, leurs associations et les collectivités territoriales soient associés dès les premières études de dangers menées entre la DREAL et l'industriel

Pour que les riverains et leurs associations puissent requérir à des expertises indépendantes sur ces études

Pour que les scénarios majorants et le mode de calcul déterministe soient pris en compte pour élaborer le véritable périmètre des risques

Pour que tous les scénarios étudiés fassent apparaître les coûts des modifications pour l'industriel et les coûts des mesures à mettre en place, chaque fois, par le PPRT

Pour que la DREAL, qui doit voir son rôle renforcé et affirmé, soit obligée de donner un avis public et argumenté sur les études de danger et que ce rapport soit joint au PPRT

Cette image du riverain sacrifié sur l'autel du développement économique par la faute d'une loi mal faite est significative du travail de reformulation des thèmes de la mobilisation consécutif à l'unification du mouvement. Elle montre notamment que l'objectif de la mobilisation n'est plus à ce moment-là (ou plus seulement) de défendre les intérêts particuliers de propriétaires soucieux de leur cadre de vie et de la valeur de leurs maisons, mais bien d'inciter le Ministère de l'environnement à recadrer sa politique de prévention des risques industriels de façon à restaurer les droits fondamentaux d'habitants atteints dans leur citoyenneté. Résolus à se débarrasser des assignations en termes de « riverains responsables », les groupes contestataires ont progressivement modifié leurs priorités pour œuvrer collectivement à la reconnaissance d'une identité concurrente de « citoyens en danger » associée à une conception du PPRT plus respectueuse de leurs attentes en termes de sécurité. Ainsi redéfinie, la mobilisation riveraine prend donc un tour beaucoup plus politique en se déployant sur tous les fronts où cette conception alternative du PPRT peut être débattue en vue de décisions plus favorables aux habitants. Pour la *coordination nationale*, l'objectif est alors de se faire entendre des acteurs ministériels en charge du programme PPRT et à défaut, de faire émerger un maximum de « forums dissidents » de la prévention des risques industriels, c'est à dire des espaces de débat où le bien-fondé, les attendus et les effets de cette politique peuvent être discutés et le cas échéant, redéfinis pour mieux s'ajuster à leur programme de changement[243].

6.2.3. Un programme de changement mal perçu et largement disqualifié

A partir de 2012, la *coordination nationale* travaille activement à la promotion de son projet de réécriture de la loi. Des argumentaires sont rédigés qui explicitent les problèmes à résoudre du point de vue des habitants (notamment les deux verrous de l'économiquement acceptable et du coût des mesures foncières évoqués plus haut) et détaillent avec soin les mesures concrètes susceptibles de les restaurer dans leur condition de citoyens à part entière (en particulier la création d'un fond de prévention dédié à la réduction des risques à la source et l'organisation de débats locaux pour l'attribution de ces crédits[244]). Dans le même temps, la plupart des intermédiaires susceptibles de faire bouger les lignes sont approchés : représentants du Ministère de l'environnement, membres du gouvernement, conseillers des cabinets ministériels, représentants de groupes parlementaires, députés des circonscriptions où des collectifs riverains ont émergé[245]. Les conseillers généraux et régionaux, les maires

[243] Ce concept de « forum dissident » a été forgé par Jacques Lolive pour décrire les mobilisations associatives contre la construction du TGV Méditerranée (Lolive, 1997).

[244] Alimenté conjointement par l'État et les industriels, ce fond de prévention des risques technologiques aurait pour objet d'aider les exploitants à financer les mesures de réduction des risques à la source une fois dépassée la limite de l'économiquement acceptable.

[245] En réponse à ces sollicitations, les représentants de la *coordination nationale* sont d'ailleurs reçus deux fois par le cabinet du Ministère de l'environnement, en octobre 2012, puis en septembre 2013.

des communes concernées et les représentants des intercommunalités engagées dans le financement des PPRT sont également ciblés par ce lobbying actif, dans le but d'étoffer les soutiens locaux et d'activer des relais vers les acteurs perçus comme influents ou décisionnaires, notamment les membres de l'*instance nationale de suivi des PPRT.*

Encadré 28 Exposé des motifs de l'amendement voté le 28 octobre 2014

Le plafond de dépenses éligibles, pour les dépenses de travaux prescrits par un plan de prévention des risques technologiques, tient compte de la composition du foyer fiscal du contribuable, ce qui n'est pas pertinent compte tenu du fait que, pour de telles dépenses, il faut raisonner au niveau du logement en lui-même, dès lors que le montant des dépenses représente un coût relativement identique pour chaque logement, indépendamment du nombre de ses occupants. Dès lors, il est proposé d'apprécier le crédit d'impôt sur un plafond de dépenses unique de 20 000 € par logement, pour les dépenses de travaux prescrits par un plan de prévention des risques technologiques, quel que soit le nombre d'occupants.

Peut-être plus attentifs que les autres à la situation de ces habitants, certains maires s'engagent à leurs côtés, jouant de leurs ressources positionnelles pour relayer les propositions de la *coordination nationale* vers les services déconcentrés de l'État, les préfectures et, le cas échéant, les services ministériels auxquels ils ont accès. Quelques municipalités manifestent également leur soutien à la mobilisation riveraine en adhérant à AMARIS, espérant ainsi profiter de la nouvelle position d'influence de l'association au sein de l'*instance de suivi*[246]. Suivant ce canal des collectivités locales, une petite partie des revendications habitantes finit d'ailleurs par accéder au centre de décision ministériel, conduisant à quelques

[246] C'est le cas par exemple de Châteauneuf-les-Martigues, Martigues, Donges, Montoir-de-Bretagne, Céré-la-Ronde, Saint-Pierre-des-Corps, Frontignan et Orléans qui deviennent membres en 2010 et 2011. L'année suivante, la Communauté d'agglomération de Caen-la-Mer, la ville de La Rochelle et la Communauté urbaine de Strasbourg s'ajoutent au groupe précédent dans cette même logique d'aider à la prise en compte des problèmes rencontrés par les riverains dans le cadre des procédures PPRT.

ajustements significatifs de la réglementation principale. C'est le cas par exemple de la révision du principe de plafonnement des dépenses lié aux travaux de protection, initialement portée par plusieurs collectifs locaux, qui est ensuite intégrée à la plateforme revendicative de la *coordination nationale*, avant d'être prise en charge par l'*instance de suivi* et défendue avec succès dans le cadre d'un amendement spécifique à la loi de finances 2014 (*cf.* encadré 28).

Mais si la *coordination nationale* réussit par cet intense lobbying à faire avancer quelques-unes de ses propositions, notamment celles relatives au financement des travaux de protection, elle échoue dans le même temps à fixer l'attention de ses interlocuteurs sur les autres volets de son programme de changement. Particulièrement ciblés, les membres de l'*instance de suivi* restent en effet sourds à la majeure partie de ces revendications habitantes, notamment les mesures relatives à la réduction des risques à la source. Les seules propositions qu'ils acceptent de prendre en compte sont celles qui alimentent et confortent leur stratégie d'action sur le dossier spécifique du crédit d'impôt. Toutes les autres, qui ne convergent pas avec leurs intérêts du moment, sont ignorées, voire disqualifiées lorsqu'elles visent des évolutions contraires à leurs préférences de politique publique.

En dépit de ses efforts, la *coordination nationale* butte donc sur les mêmes difficultés que les collectifs riverains au niveau local. Jugée plus encombrante qu'utile, elle ne réussit pas à s'imposer comme un interlocuteur pleinement légitime, porteur de solutions pertinentes pour la mise en œuvre du programme PPRT. Tenue à distance du centre de décision ministériel, elle est dans l'incapacité d'infléchir les orientations de réforme définies par l'*instance de suivi*. Handicapée par un rapport de force défavorable, elle échoue également à faire voter le projet de résolution qu'elle soumet au Parlement par l'intermédiaire de ses principaux soutiens politiques, notamment la sénatrice-maire de Saint-Pierre-des-Corps et le député-maire de Martigues[247]. Enregistrée à l'Assemblée nationale le 12 septembre 2013 et au Sénat le 18 octobre 2013, cette sollicitation du Parlement vise deux objectifs principaux : d'une part, l'instauration d'un moratoire d'un an sur la mise en œuvre des PPRT et, d'autre part, la création d'une commission d'enquête chargée dans

[247] Dans le droit français, les résolutions sont des textes sans valeur contraignante qui marquent l'expression d'un souhait ou d'une préoccupation de l'assemblée votante. Elles peuvent par exemple porter sur des points de règlement interne ou décider de la création de commissions d'enquête.

ce délai d'examiner des possibilités de révision de la loi de 2003 plus favorables aux habitants[248]. En invitant les deux assemblées à discuter de ces sujets, la *coordination nationale* espère là encore attirer l'attention sur les deux mesures phares de son programme de changement, à savoir la création du fond spécial dédié au financement des mesures de réduction des risques à la source évoqué plus haut, ainsi que la suppression du crédit d'impôt en vue de son remplacement par une convention de financement assimilable à celles prévues pour la mise en œuvre des expropriations et délaissements[249]. Mais malheureusement pour elle, les députés et sénateurs concernés se montrent moins attentifs à la condition des habitants face aux PPRT qu'aux argumentaires transmis par le Bureau des risques et ses partenaires de l'*instance de suivi* qui, on l'a vu plus haut, profitent à l'époque de relais multiples au sein des deux assemblées, notamment parmi les groupes majoritaires. Ce qu'explique ce représentant de la *coordination nationale* chargé à l'époque d'approcher les différents groupes parlementaires pour tenter de les intéresser au projet de résolution :

> Le dépôt de la proposition de résolution, c'est l'idée d'atteindre le niveau où la modification de la loi peut vraiment se décider. Bon, le problème pour nous c'est que l'UMP et l'UDI sont aux abonnés absents et que les députés socialistes qui connaissent un peu ces questions sont sur les positions d'AMARIS, l'association des maires Seveso, que je qualifierais d'emplâtre sur une jambe de bois. C'est-à-dire : on va vous aider à payer, point barre. Ils ne sont pas sur le fond du problème. Mais alors pas du tout. Après, il y a les députés et sénateurs Front de Gauche qui portent la démarche. Donc eux, ils soutiennent forcément. Les députés écologistes contactés ont fait des réponses complétement évasives et au final, on ne sait pas où ils sont. Ceux qui sont le plus loin disent : « De toute façon, les industries c'est dangereux, il faut aller vers la décroissance ». Enfin bon, je passe… Ici, la vie de la région c'est l'industrie lourde et notamment la pétrochimie, donc quand vous dites décroissance, on voit tout de suite moins d'emplois. Là, on n'est clairement pas sur le même combat.

En l'absence de soutien des groupes majoritaires, l'examen en séance conduit sans surprise à l'alignement de la plupart des parlementaires

---

[248] Le texte de cette proposition de résolution est toujours disponible sur le site Internet de l'Assemblée nationale : http://www.assemblee-nationale.fr/14/propositions/pion1355.asp (consultation du 6 mars 2020).

[249] L'objectif de cette proposition est de desserrer le verrou du coût des mesures foncières pour favoriser la réduction des risques à la source en augmentant le poids des mesures de réduction de la vulnérabilité dans la balance qui doit être faite avec le coût des dispositifs de sécurisation planifiés dans l'étude de dangers.

présents sur la position ministérielle, ces derniers invoquant à tour de rôle « des solutions excessives » et nettement « disproportionnées[250] ». Dans ces interventions, la proposition de moratoire est particulièrement visée. Comme l'indique cette sénatrice UDI, « un moratoire signifie un arrêt total de la mise en place des plans de prévention [...]. Ce serait nuisible aux riverains, aux industriels, aux collectivités et, au final, à la sécurité générale. [...] Un moratoire introduit selon nous une véritable insécurité juridique préjudiciable aux riverains et à l'économie locale. Ce n'est donc pas la bonne méthode pour traiter des questions de sûreté industrielle ». Lors de son tour de parole, le représentant du groupe socialiste ajoute : « La proposition émise par le groupe communiste, républicain et citoyen [...] peut paraître légitime, mais elle ne prend pas en compte les nombreuses améliorations introduites depuis 2013 et qui vont permettre d'accélérer la mise en œuvre des PPRT[251] ». Concluant les échanges, le secrétaire d'État au budget poursuit dans la même veine, allant même jusqu'à renverser l'argument de la mise en danger des riverains : « Le Gouvernement n'est pas favorable à cette proposition de résolution. Le dispositif issu d'améliorations législatives successives apparaît désormais équilibré et applicable, même s'il a rencontré – c'est bien compréhensible – des difficultés de mise en œuvre les premières années. Le remettre en cause aboutirait à retarder la mise en sécurité des riverains et pourrait fragiliser l'activité économique du pays. En conséquence, le Gouvernement estime que les forces de l'ensemble des acteurs doivent désormais être employées à la mise en œuvre effective des plans, dans une démarche d'accompagnement des riverains et des collectivités ».

Massivement rejeté au terme d'un débat rapidement expédié[252], le projet de résolution est une nouvelle voie sans issue pour la *coordination nationale* qui, là encore, échoue à faire valoir son point de vue au-delà de son petit cercle d'alliés politiques. Bloquée de toute part, la coalition

---

[250] Le compte rendu intégral des débats de cette séance du 11 décembre 2014 est disponible sur le site du Sénat : http://www.senat.fr/seances/s201412/s20141211/s20141211011.html (consultation du 6 mars 2020).

[251] Le sénateur socialiste fait ici référence à la modification de la règle de financement des travaux de protection actée par la loi DADDUE de juillet 2013 qui, selon l'argumentaire mis à disposition par le canal de l'administration, permet de résoudre le principal problème de mise en œuvre des PPRT.

[252] Le résultat du vote est sans appel puisque sur l'ensemble des voix exprimées, 309 sont contre et seulement 18 sont pour.

riveraine ne parvient donc pas à se faire reconnaître comme un acteur à part entière, quand bien même la réforme à laquelle elle entend contribuer a pour objectif de favoriser la participation des publics visés par les mesures préventives. Comme dans le cas des collectivités locales, ce paradoxe est une nouvelle fois révélateur d'un écart important entre l'ambition réformatrice et sa traduction concrète sur les différents terrains de la mise en œuvre. En l'occurrence, il montre bien que la territorialisation prescrite, qui vise ici une implication plus grande des habitants, suscite de fortes résistances parmi les acteurs dominants du secteur. Localement, la logique territoriale du PPRT butte avant tout sur l'incapacité des services instructeurs à créer les conditions d'un dialogue possible avec les populations riveraines. A l'échelle nationale, cette même ambition est anéantie par une sorte de déterminisme gestionnaire qui, comme on vient de le voir, empêche les acteurs centraux de penser les habitants comme pouvant disposer librement de leurs points de vue et, plus largement, d'être en mesure de formuler des propositions utiles à la concrétisation du projet réformateur. Tout se passe en effet comme si à ce niveau, la mise à contribution du public ne pouvait pas s'envisager autrement que comme une forme de domestication de ce même public, c'est-à-dire un moyen de produire son consentement et de lui faire adopter des comportements souhaitables. Cette façon de voir ne concerne d'ailleurs pas que les publics habitants auxquels on vient de s'intéresser. Comme on va le découvrir maintenant, elle englobe également les publics de riverains entrepreneurs qui, malgré leur poids économique, ne sont guère mieux considérés que leur homologues simples résidents.

6.3. Des riverains entrepreneurs davantage entendus, mais peu suivis

Dans ce dernier point, on se focalise donc sur la deuxième catégorie de riverains constituée par le PPRT, c'est-à-dire les entrepreneurs, artisans et commerçants installés à proximité immédiate des sites à risques qui, de façon analogue à leurs voisins résidents, sont visés par des mesures foncières (expropriation et délaissement) et des obligations de travaux pour renforcer la sécurité de leurs salariés. En suivant là aussi la façon dont ils sont (ou non) associés à l'élaboration des mesures qui les concernent, on montre que leur mobilisation n'a pas l'envergure du mouvement habitant, mais qu'elle suffit à ce que leur situation vis-à-vis du PPRT soit considérée avec beaucoup d'attention, notamment du côté des représentants des collectivités locales. Profitant du statut particulier d'acteurs économiques pourvoyeurs de développement local et d'emplois, voire d'appuis indispensables au bon fonctionnement des entreprises à risques que le PPRT a justement pour objectif de pérenniser, ils n'ont pas vraiment besoin de se coaliser, encore moins de se constituer en *coordination nationale*, pour se faire entendre et inciter les membres de l'*instance de suivi des PPRT* à intervenir en leur faveur. Mais en suivant les actions engagées en réponse à ces sollicitations, on verra que le fait d'être entendu n'implique pas nécessairement d'être écouté et surtout, compris dans ses demandes.

6.3.1. La mise en problème des activités riveraines

Comme leurs homologues habitants, les entrepreneurs visés par les PPRT ne forment pas une catégorie homogène, loin de là. Agglomérées de façon plus ou moins compacte autour des sites à risques, leurs activités sont de forme et de taille variables : du simple bureau occupé par une seule personne jusqu'à la grosse PME employant plusieurs centaines de salariés. Dans ce tissu très disparate d'entreprises, une partie peut être directement liée au site industriel à l'origine du PPRT, en tant que sous-traitants ou fournisseurs par exemple. D'autres, en revanche, ne le sont pas du tout ou alors de façon indirecte, par le biais de services mutualisés notamment (cantine, transports de personnels, etc.). Pris dans leur globalité, ces riverains entrepreneurs couvrent à peu près tous les types d'activité : industrie, logistique, transports, réparation et contrôle automobile, travaux publics, artisanat, recherche, etc. Dans cet ensemble hétéroclite, les sociétés de service (centres de formation, cabinets médicaux, etc.) sont également représentées, ainsi que les commerces que l'on retrouve dans presque tous les cas (stations-service, restaurants, halles aux vêtements, supermarchés, etc.). Au total, le nombre de ces entreprises riveraines se situe autour d'une dizaine de milliers, répartie sur environ deux-tiers des PPRT.

On l'a dit plus haut, ces activités sont elles aussi assujetties à des mesures d'expropriation et délaissement lorsqu'elles sont exposées à un niveau d'aléa très fort à fort (compris entre TF+ et F) et à des obligations de travaux lorsqu'elles sont implantées en zone d'aléas moyens (M+ ou M). Elles ne bénéficient cependant pas tout à fait des mêmes droits, parce que dans ce deuxième cas, la réglementation ne prévoit aucune aide financière. Lorsque le PPRT leur impose de pourvoir à la sécurité de leurs salariés, en créant par exemple un espace de confinement ou en consolidant la structure métallique du bâtiment qui les abrite, les riverains entrepreneurs doivent en effet supporter l'intégralité des coûts correspondants alors que, dans le même temps, leurs homologues habitants peuvent bénéficier d'une prise en charge partielle de ces travaux (initialement fixée à 15 %, puis étendue à 90 %). Un représentant du Bureau des risques précise les raisons de cette différence de traitement nettement préjudiciable aux activités visées par ces prescriptions de travaux :

> Au départ, le PPRT n'a pas été imaginé pour traiter les activités économiques installées à proximité des sites à risques. Lorsque nos prédécesseurs ont écrit la loi, ils avaient surtout en tête les bâtiments d'habitation, conformément à la directive Seveso qui fait bien la différence entre ce qui relève de la sécurité publique d'un côté et de la sécurité au travail de l'autre. Dans leur esprit, les activités économiques, c'était la sécurité au travail. Donc le droit du Travail. Et pas le droit de l'Environnement. Et ça nous est revenu en pleine figure après le vote de la loi, pendant la phase d'écriture des textes d'application. On était toujours dans l'idée que le PPRT s'adressait exclusivement aux habitants, mais le Conseil d'État nous a demandé qu'on ne fasse pas de distinction avec les activités riveraines. Par mesure d'équité. Le problème, c'est que les coûts ne sont pas les mêmes. Surtout que contrairement à ce qui est prévu pour les habitants, la loi ne permet pas d'aider les entreprises à qui on demande de faire des travaux.

Pris au dépourvus par cette décision du Conseil d'État, les agents ministériels se trouvent donc, dès 2005, confrontés à un double problème qui, comme le financement des travaux chez les particuliers, est perçu comme susceptible d'empêcher l'élaboration de bon nombre de PPRT et, plus largement, de compromettre l'exécution du programme dans son ensemble : d'une part, la prise en charge des activités riveraines fait inévitablement gonfler, si ce n'est exploser, l'enveloppe budgétaire dédiée aux mesures foncières (faisant courir le risque d'un possible désengagement des principaux financeurs, à commencer par le Ministère du budget) ; d'autre part, elle met en grande difficulté toutes les entreprises dont les locaux ne pourront pas être renforcés dans de bonnes conditions, ou alors à des coûts non conciliables avec la poursuite de leur activité[253]. Ainsi défini, le problème va alors donner lieu à une série de réponses graduelles, selon la stratégie dite de l'oignon détaillée par le chef du Bureau

[253] C'est le cas notamment des bâtiments de type « boîte à chaussure », à structure et bardage métalliques, qui sont réputés peu résistants aux effets de surpression, y compris à des intensités relativement faibles.

des risques de l'époque : « La stratégie de l'oignon, que j'ai en tête dès 2006, ça consiste à dire : on enlève une couche de problème, on regarde et si ce n'est pas suffisant, on retire encore une couche jusqu'à arriver au bon équilibre ».

La première réponse, supposée lever une première couche de difficultés, est fournie par la version 2007 du guide méthodologique qui introduit un principe de moindre vulnérabilité des activités riveraines autorisant une application « modulable » des mesures foncières qui les visent[254]. Une deuxième réponse intervient peu de temps après avec la note de doctrine de décembre 2008 qui précise les conditions de mise en œuvre de cette recommandation destinée à diminuer le nombre des entreprises expropriables et délaissables. Le texte indique notamment que pour les activités situées en zones TF+ et TF « l'expropriation est le premier réflexe », mais que cette décision peut être évitée à chaque fois qu'une étude approfondie montre l'existence de solutions techniques de réduction de la vulnérabilité alternatives. De même, en F+ et F, le délaissement peut être remplacé par des travaux sur la base d'une étude de vulnérabilité approfondie. La troisième réponse, qui s'écrit cette fois dans le cadre de l'*instance de suivi*, est apportée par la note de doctrine de mai 2011[255]. Plus détaillée que la précédente, elle spécifie les modulations possibles selon le type d'activité considéré et les types d'effet susceptibles de l'affecter (toxique, thermique, surpression). Le texte précise ainsi que les mesures foncières et les travaux de protection ne s'imposent pas pour les activités sans fréquentation permanente, ni pour les activités exposées à des phénomènes dangereux qui laissent le temps d'une mise à l'abri des personnels (à condition que les entreprises concernées prennent des mesures organisationnelles garantissant cette mise à l'abri). Enfin, une quatrième réponse est proposée par l'article 8 de la loi DADDUE de

---

[254] Le guide précise ainsi que « la terminologie "modulable pour les activités" invite à considérer celles-ci d'une manière différente des autres enjeux. Par exemple, les activités sont considérées comme moins vulnérables à l'aléa que du bâti résidentiel dans la mesure où leurs personnels peuvent bénéficier de moyens de protection fournis par l'employeur et d'une formation à la conduite à tenir en situation accidentelle. De plus, des exercices périodiques peuvent être réalisés, et d'autres moyens susceptibles de réduire la vulnérabilité face à l'aléa technologique peuvent être mis en œuvre » (p. 94).

[255] Rédigée à partir de plusieurs contributions d'AMARIS et des représentants de l'UIC et de l'UFIP, elle est relative au traitement des activités économiques.

2013[256]. Introduit par voie d'amendement après un important travail de l'*instance de suivi*, cet article ne concerne que les prescriptions de travaux. Visant là encore à limiter les coûts associés à cette mesure, il conduit à fixer une limite au-delà de laquelle la réduction de la vulnérabilité ne doit plus s'imposer : 5 % du chiffre d'affaires lorsque l'activité est la propriété d'une personne morale de droit privé ; 1 % du budget annuel lorsqu'elle dépend d'une personne morale de droit public.

Plutôt bien appropriée par les services instructeurs, cette « boite à outils » spécialement conçue pour réduire le problème des activités riveraines peine toutefois à produire les résultats escomptés. Élaborées à distance du terrain et en dehors des principaux intéressés, les dispositions prévues par le guide, les deux notes de doctrine et la loi de 2013 se révèlent en effet en partie inadaptées aux situations locales et peu à même de répondre aux attentes et besoins des entrepreneurs placés dans le viseur des PPRT. Plus ou moins prononcé selon les cas, ce décalage se signale concrètement par un taux important de non-recours à ces différents outils, une recrudescence des oppositions locales et l'apparition, comme chez les riverains habitants, de collectifs et associations spécialement créés pour faire reconnaître les intérêts des entrepreneurs concernés. Une partie des critiques et revendications exprimées par ces groupes mobilisés est d'ailleurs commune à celles de leurs homologues habitants. Comme eux, ils dénoncent l'absence de communication et le manque d'information, la politique du fait accompli, le principe déguisé de pollué-payeur qui conduit à décharger l'industriel à l'origine du PPRT d'une partie de ses responsabilités, le caractère arbitraire de certaines décisions, etc. De façon plus spécifique, certains ajoutent à ces récriminations des mises en garde concernant les conséquences prévisibles sur leurs activités, les difficultés qu'ils auront à absorber les coûts engendrés et les effets possibles sur le développement économique local[257]. Dans cet ensemble de prises de position dont il n'est pas toujours facile de retrouver la trace, certains groupes pointent également l'effet paralysant du droit du Travail qui, le plus souvent, justifie le non-recours aux possibilités de

[256] Déjà évoquée, cette loi du 16 juillet 2013 portant diverses dispositions d'adaptation au droit de l'Union européenne dans le domaine du développement durable est en partie dédiée à la transposition de la directive Seveso 3 du 4 juillet 2012.

[257] Sur ce point, voir notamment l'enquête de perception auprès des gestionnaires du risque et des entreprises sur la mise en œuvre des PPRT dans les zones d'activités économiques, réalisée en 2014 par des étudiants du master Altervilles de l'Université Jean Monnet Saint-Étienne pour le compte d'AMARIS et du projet Résirisk.

modulation ou, en cas de travaux prescrits, à la règle du plafonnement introduite par la loi de 2013. Ce qu'explique cette juriste spécialisée dans l'accompagnement de ces entrepreneurs mobilisés :

> Si la législation relative aux PPRT plafonne les obligations qui peuvent peser sur les riverains propriétaires inclus dans le périmètre d'un PPRT, l'obligation de sécurité qui s'impose à chaque employeur sur le fondement du droit du travail peut faire éclater ce plafond. […] Un employeur qui a conscience que ses salariés courent un risque en travaillant dans ses locaux du fait de leur proximité avec une installation dangereuse pourrait voir sa responsabilité engagée s'il n'a pas mis en œuvre les moyens propres à éviter une atteinte à la santé et à la sécurité de ses salariés. Tel serait notamment le cas lorsqu'il a été informé par le PPRT que ses salariés courent un risque et que pour les en protéger il doit réaliser des travaux précisés par le PPRT. Il importe peu à cet égard que ces travaux ne lui soient imposées qu'à hauteur d'une certaine somme et seulement recommandés au-delà. En effet, dès lors que le PPRT lui précise le risque auquel ses salariés sont exposés, il doit les en protéger[258].

Relativement inefficace, la stratégie de l'oignon préconisée par le Bureau des risques laisse finalement l'*instance de suivi* aux prises avec un problème qui n'a pas fondamentalement évolué depuis le lancement du programme PPRT : fin 2013, alors que la moitié des plans est déjà approuvée et en passe d'être exécutée, plusieurs centaines d'entreprises n'entrant pas formellement dans les critères des notes de doctrine de 2008 et 2011 restent potentiellement sujettes aux mesures foncières (expropriation et délaissement), tandis que dans leur très grande majorité les entrepreneurs visés par les prescriptions de travaux se montrent dans l'incapacité, faute d'information et d'accompagnement, d'arbitrer entre le droit de l'Environnement et le droit du Travail pour décider de la meilleure façon de décliner les obligations du PPRT au niveau de leurs activités. Davantage préoccupés que les autres parties prenantes par cette situation critique qu'ils auront à gérer par la suite, les représentants des collectivités locales vont alors subitement augmenter la pression sur les services ministériels pour finalement les contraindre à revoir la stratégie initiale et envisager des solutions autrement plus radicales que celles explorées jusque-là.

---

[258] Cette analyse a été publiée par Raphaëlle Jeannel, avocate chez Huglo Lepage, dans le *Bulletin du droit de l'environnement industriel* (n° 1798, septembre 2014) sous le titre « Les entreprises riveraines, oubliées des plans de prévention des risques technologiques ».

6.3.2. La création d'un régime dérogatoire pour les activités riveraines

Jusqu'à ce renversement de stratégie, le problème des activités riveraines est finalement assez mal perçu et très largement sous-estimé. Deux raisons principales expliquent cette myopie relative des services ministériels et de leurs partenaires. La première est que depuis le lancement du programme PPRT, les membres de l'*instance de suivi* ont défini un ordre de priorité qui les a conduits plusieurs années durant à se focaliser sur d'autres sujets, notamment le financement des travaux prescrits chez les particuliers. La seconde raison est que, dans le même temps, les principaux intéressés n'ont jamais été invités à s'exprimer, à faire connaître leurs attentes et à témoigner des difficultés rencontrées dans la mise en œuvre des mesures qui leur étaient destinées. Tenus à l'écart de la démarche et des décisions qui les concernaient directement, au plan local comme au niveau national, l'occasion ne leur a jamais été donnée de faire remonter les problèmes comme ils auraient pu le faire s'ils avaient été davantage associés, laissant finalement les membres de l'*instance de suivi* dans l'incapacité de saisir avec justesse et discernement l'extrême complexité du sujet dans ses déclinaisons locales. Comme le reconnaît ce représentant ministériel, il a fallu dans ces conditions attendre plusieurs années pour que les membres de l'*instance de suivi* finissent par se convaincre de l'inefficacité des outils mis en place depuis 2008 d'une part, de la nécessité de remettre l'ouvrage sur le métier d'autre part :

> Ça nous est finalement remonté par différents canaux. Ce sont des contacts avec les DREAL, avec le corps préfectoral, où effectivement, on avait dans tel ou tel PPRT un certain nombre de problèmes difficiles à résoudre. C'est comme ça qu'on s'est rendu compte qu'on n'avait pas de solutions réellement satisfaisantes à mettre sur la table. Y compris parmi les outils proposés depuis 2008. Là-dessus est venu, effectivement, l'aimable pression des élus, notamment d'AMARIS, qui nous a montré avec beaucoup d'insistance que c'était le dernier point réellement problématique dans la loi de 2003. C'est comme ça qu'est venue petit à petit à l'idée de l'ordonnance.

Pour l'essentiel, cette « aimable pression » d'AMARIS consiste à dresser, par l'intermédiaire de ses adhérents, un tableau aussi complet que possible des situations locales pour défendre, sur cette base, l'idée d'un régime dérogatoire qui permettrait de remplacer les coûteuses mesures foncières et prescriptions de travaux par des dispositifs techniques et organisationnels nettement moins onéreux et beaucoup plus faciles à mettre en place. Plusieurs exemples critiques sont ainsi documentés en appui de cette proposition, comme celui de Dainville dans le Pas-de-Calais où un stockage de gaz d'une quinzaine de salariés, à l'origine de deux expropriations et neuf délaissements dans son voisinage immédiat, est susceptible d'entraîner la disparition d'une centaine d'emplois et, plus largement, de compromettre l'existence de toute la zone d'activité attachée au site (en plus des coûts directs estimés à plusieurs millions d'euros induits par le financement des onze mesures foncières)[259]. Choisis pour leur caractère démonstratif, ces « cas exemplaires » visent notamment à réinterroger le sens et l'utilité sociale de PPRT s'appliquant sans discernement aux entreprises riveraines, c'est-à-dire sans tenir compte de la totalité des effets produits localement. Tous les exemples mis en avant soulignent ainsi : les conséquences inévitables en termes de déprise foncière, de perte de compétitivité ou de manque à gagner financier ; les coûts prohibitifs qui mettent en péril toutes les entreprises qui, faute de ressources suffisantes, n'auront pas d'autre alternative que de déposer le bilan ou d'aller s'implanter ailleurs ; l'impossibilité pour beaucoup d'entre elles de continuer à se développer dans le voisinage des sites à risques, compromettant ainsi la survie de ces derniers à moyen terme ; enfin, les incidences plus ou moins contrôlables sur l'économie locale et, incidemment, sur les dépenses de toutes les collectivités locales qui auront à prendre part au financement des expropriations et délaissements (dont le coût global est estimé à pas moins de 1,5 milliard d'euros). Comme l'indique l'association dans un dossier de presse qu'elle consacre au sujet en juillet 2014, l'enjeu est alors de rendre le PPRT socialement et économiquement supportable et pour cela, de faire en sorte qu'il ne s'impose plus systématiquement aux entreprises riveraines par des mesures foncières et des travaux de confortement :

> Expropriation, prescription de travaux sans aucun accompagnement, possibilités restreintes de se développer… les mesures dictées par la mise en œuvre des PPRT fragilisent, quand elles ne les condamnent pas, les activités économiques implantées autour des sites Seveso seuil haut, avec des conséquences non négligeables au plan économique et social pour les collectivités. Cette situation est d'autant plus inacceptable en période de crise,

[259] D'autres situations du même type sont exposées dans les supports de communication que l'association diffuse à l'époque, notamment celles des ports de Brest dans le Finistère et de Port-la-Nouvelle dans l'Aude qui font l'objet de deux notes spécifiques discutées à l'*instance de suivi* en avril et juin 2014.

alors que chacun lutte pour pérenniser la vie des entreprises, stopper les délocalisations, sauvegarder des emplois et enrayer la désindustrialisation des territoires[260].

Pour éviter cet écueil du « désastre économique » ainsi mis en scène, les représentants d'AMARIS suggèrent un traitement différencié des entreprises riveraines fondé sur le recours à des mesures techniques et organisationnelles partout où elles sont envisageables : sensibilisation et formation des salariés, mise en place de plans d'évacuation, création de locaux de confinement, réorganisation des espaces de travail de façon à réduire l'exposition du personnel en cas d'accident, réaménagement des conditions de desserte des entreprises pour faciliter les stratégies de repli, etc. Comme l'indique le président de l'association, la solution préconisée comprend également des dispositifs d'accompagnement, comme la réalisation de diagnostics ou la recherche de solutions de financement :

> L'essentiel est que les chefs d'entreprise qui sont concernés soient au courant de la situation, qu'ils puissent organiser leur activité en tenant compte des informations qu'on leur donne et que le jour où l'inspection du Travail va être amenée à juger de l'exercice de leur responsabilité (si ça arrive), ils pourront dire : « Moi j'ai fait ça, j'ai fait des exercices, j'ai organisé ma production de telle et telle façon pour protéger mes salariés ». Par contre, il faut qu'on accompagne le dispositif. Il faut aussi que les entreprises qui sont à l'origine du risque relèvent leurs manches et qu'elles puissent aller conseiller le garagiste du coin, parce qu'il est en zone M+, et lui dire ce qu'il faut qu'il fasse. Peut-être qu'il y a des travaux de bon sens à faire, comme changer les vitres de son atelier… Et si c'est du toxique, il faut peut-être qu'il y ait deux ou trois masques à oxygène et qu'il apprenne à son personnel à s'en servir. C'est ce qu'on appelle les mesures techniques et organisationnelles. Que l'ordonnance doit permettre de substituer aux mesures foncières et aux travaux.

Présenté à l'*instance de suivi* au printemps 2014, le principe de ce régime dérogatoire est rapidement acté. Le choix de procéder à cette révision de la loi par voie d'ordonnance est ensuite confirmé par les instances dirigeantes du ministère (notamment le DGPR et le cabinet), puis officialisé par la ministre à l'occasion des assises nationales des risques technologiques d'octobre 2014. Approuvé un an plus tard, au terme d'un processus d'écriture plutôt rapide et consensuel, le texte précise enfin les conditions exactes de ce traitement différencié des

---

[260] Ce communiqué d'AMARIS est daté du 9 juillet 2014. Il a ensuite été largement relayé par la presse spécialisée et quelques médias nationaux.

entreprises riveraines[261]. Principalement défini à l'article 1er, le nouveau régime dérogatoire comprend deux dispositions principales. La première stipule, conformément à la proposition initiale d'AMARIS, que dans les secteurs de délaissement et d'expropriation (exposés aux risques les plus importants), il devient possible de prescrire des « mesures alternatives » de protection ou de réduction de la vulnérabilité dans la mesure où celles-ci améliorent substantiellement la protection des personnes, dans la limite du montant de la mesure foncière ainsi évitée. Dans ce cas, les « mesures alternatives » bénéficient du financement tripartite jusque-là réservé aux expropriations et délaissements, pour permettre de financer des réorganisations de grande ampleur (comme l'éloignement des postes de travail les plus exposés, le renforcement des possibilités de mise à l'abri, voire le transfert d'une partie de l'activité en dehors de la zone de dangers). Visant les entreprises situées dans les zones de prescriptions de travaux (donc exposées à des risques moindres), la seconde disposition de ce nouveau régime dérogatoire remplace quant à elle les prescriptions de travaux par un « porter à connaissance » permettant aux propriétaires, employeurs ou gestionnaires des biens concernés de définir les mesures les plus adaptées à la protection des personnels.

Pour les membres de l'*instance de suivi*, l'approbation de l'ordonnance et son inscription dans le code de l'Environnement sont alors perçus comme l'étape ultime du processus réformateur. Ce que confirme ce représentant ministériel qui, peu de temps après la codification du texte, se félicite du résultat obtenu, considérant que la mise en place du régime dérogatoire permettra de lever les derniers obstacles qui, localement, s'opposent encore à la réalisation complète du programme PPRT :

> Je pense que c'est une réforme très importante. Je pense que c'est probablement la plus grosse modification de la loi de 2003. Il y a eu des modifications avant, mais c'étaient des petites choses à droite, à gauche. Là, c'est vraiment une modification de fond. Je pense qu'avec ça, on est armé pour d'une part favoriser l'approbation des derniers PPRT… Parce qu'il ne faut pas se le cacher, si certains PPRT traînent, c'est parce que les conséquences font peur. Donc là, on va pouvoir réinjecter un peu de sérénité partout où les choses sont un peu bloquées. Je pense que ça va vraiment nous aider à faire approuver les derniers PPRT. Et d'autre part, avec ces outils pour les activités, on est en ordre de bataille pour la mise en œuvre de ces plans. J'espère !

[261] Ordonnance n° 2015-1324 du 22 octobre 2015 relative aux plans de prévention des risques technologiques.

En concluant par ce « J'espère ! », ce représentant ministériel nous invite finalement à prolonger encore un peu l'investigation et à se demander si, depuis son approbation, l'ordonnance s'applique effectivement comme prévu en produisant les effets attendus. En particulier, la question se pose de savoir si le texte satisfait vraiment les attentes des collectifs d'entrepreneurs qui, par leurs mobilisations, avaient incité l'*instance de suivi* à poser le principe d'un régime dérogatoire pour les activités riveraines.

6.3.3. Un régime dérogatoire qui peine à s'appliquer

Au moment où nous écrivons ces lignes, tous les PPRT sauf un sont entrés en phase de mise en œuvre. Une partie, approuvée bien avant 2015, s'applique depuis une dizaine d'années. D'autres, terminés plus récemment, viennent à peine d'opérer cette bascule qui conduit à un délicat passage de relais entre les services instructeurs, invités à se mettre en retrait, et les collectivités locales (communes et intercommunalités) qui doivent à l'inverse monter en première ligne pour faire appliquer les règlements d'urbanisation future (dans quasi tous les cas), conclure les conventions de financement et pourvoir à l'exécution des mesures foncières (dans un tiers des cas) et, enfin, mettre en place l'ingénierie nécessaire à la réalisation des travaux de renforcement du bâti existant (dans plus de deux-tiers des cas). Au total, ce volume d'opérations dites de mise en œuvre porte sur un peu plus de 25 000 biens immobiliers répartis en trois grands ensembles : environ 700 bâtiments (dont une petite moitié abritant des activités économiques) fortement exposés et potentiellement concernés par les conventions d'expropriation et de délaissement ; un peu plus de 16 000 logements un peu moins exposés concernés par des prescriptions de travaux ; et enfin, pas loin de 10 000 entreprises également soumises à ces obligations, mais susceptibles d'y déroger en demandant l'application des dispositions de l'ordonnance de 2015.

Portant sur des volumes importants et reposant sur des procédures souvent compliquées à mettre en place, l'exécution de ces mesures est plutôt lente dans l'ensemble, bien qu'elle soit contrainte par des délais légaux non extensibles (six ans pour les délaissements, huit ans pour les travaux de renforcement du bâti). Un premier bilan, réalisé fin 2017, montre ainsi que seulement 10 % des mesures foncières ont pu être exécutées au niveau national, principalement sur le contingent logements, soit un total d'environ 70 biens expropriés et délaissés en deux ans[262]. Un second point d'étape, effectué plus récemment, confirme à nouveau cette tendance d'une mise en œuvre qui peine à démarrer : seulement 600 habitations effectivement renforcées sur les 16 000 concernées (soit moins de 4 %) et une proportion de mesures foncières appliquées qui atteint péniblement les 16 % (soit une quarantaine de plus qu'en 2017)[263]. Globalement décevant, ce bilan est encore plus alarmant dans sa partie relative aux activités riveraines puisque fin 2019, les services ministériels ne comptabilisent que 24 mesures foncières exécutées au niveau national (sur un total de 300 entreprises concernées), sachant que dans le même temps, aucune n'a demandé à déroger à ces obligations. Pire, une vingtaine qui s'était préalablement engagée dans cette voie en travaillant sur des mesures alternatives y a finalement renoncé en activant le droit au délaissement. De même, très rares sont celles qui ont mobilisé l'ordonnance comme alternative aux prescriptions de travaux. A l'issue de cette période de cinq ans, le constat est donc critique : le texte, supposé répondre aux besoins des entrepreneurs se posant en « victimes » des PPRT, ne semble pas s'appliquer localement. Les possibilités dérogatoires qu'il instaure sont à ce stade ignorées et/ou laissées de côté par les ressortissants.

Comment expliquer cet insuccès manifeste de l'ordonnance ? Comme toujours, des causes multiples peuvent être évoquées. La première, assez évidente, est qu'à partir du moment où les opérations de mise en œuvre tardent à se concrétiser un peu partout, du fait de procédures complexes notamment, le retard à l'allumage se reporte mécaniquement sur les recours possibles au régime dérogatoire instauré par l'ordonnance. Une partie des PPRT n'étant approuvée que depuis peu, il subsiste forcément beaucoup de situations où la question des mesures alternatives ne s'est pas encore posée, tout simplement parce que le moment n'est pas venu de l'inscrire à l'ordre du jour des opérations de mise en œuvre. La deuxième raison, assez prévisible également, est que l'information, l'intéressement et la mise en mouvement du public concerné représente un énorme travail pour lequel les services chargés du post-PPRT (ceux de l'État comme ceux des collectivités locales) ne sont pas suffisamment armés. Comme

[262] Ces données, fournies par la DGPR, proviennent d'une présentation de la DREAL Auvergne-Rhône-Alpes datée de novembre 2017.

[263] D'après un dossier de presse d'AMARIS daté de novembre 2019.

dans la relation avec les riverains habitants, le manque de moyens et de savoir-faire se traduit là-aussi par des actions de communication largement inadaptées (comme par exemple l'envoi de courriers standardisés), qui n'atteignent leur cible qu'à de très rares exception (Goepfert et al., 2012). Ce que confirme par exemple l'association AMARIS, sur la base d'une série de constats réalisés un peu partout en France :

> Les acteurs économiques sont censés être informés de la présence de risques et de leur gravité, mais ce n'est manifestement pas le cas, ou lorsque l'information a été diffusée, elle n'a pas toujours atteint son objectif, ni les personnes qui portent la responsabilité de la protection des salariés. Généralement très institutionnelle, l'information ne donne aucune clé pour être assisté ou accompagné dans les démarches à engager, et ne permet pas de sensibiliser les entreprises aux enjeux de la protection et de les inciter à passer à l'action. [...] En l'absence de réel coup d'envoi marqué et identifiable, de règles claires et faute d'accompagnement, l'attentisme semble être de mise au sein des entreprises[264].

Afin de pallier ce déficit d'information, quelques collectivités locales se sont dotées de services d'accompagnement individualisés. La Métropole de Lyon, par exemple, a mise en place un dispositif PPRT-Pro pour les milliers d'entreprises visées par les dix PPRT supposés s'appliquer sur son territoire[265]. Conçu en partenariat avec les services déconcentrés de l'État et les communes concernées, cette mission d'assistance et de conseil vise un double objectif : sensibiliser et responsabiliser les chefs d'entreprise en premier lieu, les aider ensuite à traduire les obligations qui les concernent en mesures de réduction de la vulnérabilité adaptées à leurs activités (plan de mise à l'abri, création d'un local de confinement, réorganisation des espaces de travail, renforcement du bâti, etc.) et, le cas échéant, mobiliser les dispositions de l'ordonnance de 2015 pour déroger à certaines de ces prescriptions. Peu nombreux et souvent très lourds à faire fonctionner, ces dispositifs d'accompagnement ont cependant des effets limités et peinent, pour le moment, à mettre en mouvement les publics visés, ou alors de façon très marginale.

La troisième raison enfin, plus inattendue, est que l'ordonnance n'est pas nécessairement envisagée comme un moyen de résoudre le dilemme qu'elle est pourtant censée trancher en distinguant plus clairement les

---

[264] D'après le dossier de presse de novembre 2019 déjà cité.

[265] Le plus important, qui couvre les communes de la vallée de la chimie, au sud de l'agglomération, cible à lui seul près de 2 400 activités économiques.

obligations relevant du droit de l'Environnement d'un côté, du droit du Travail de l'autre. Une enquête réalisée en 2016 dans deux contextes rhônalpins a notamment montré que beaucoup d'entrepreneurs s'inquiètent de la capacité du texte à les sécuriser complètement au plan juridique[266]. D'une certaine manière, le régime dérogatoire instauré par l'ordonnance suscite autant de questions (dont certaines se posaient déjà avant) qu'il ne fournit de réponses : qu'arrivera-t-il si un accident se produit dans l'usine voisine en faisant des victimes parmi les salariés à cause de travaux de protection non réalisés ? Le chef d'entreprise ne sera-t-il pas, dans ce cas, considéré comme responsable au titre du droit du Travail ? La conclusion ne sera-t-elle pas qu'il a failli à ses obligations de protection du personnel ? Même si l'ordonnance de 2015 l'a autorisé à déroger aux obligations du PPRT en privilégiant des mesures organisationnelles ? Dans les rangs des riverains entrepreneurs confrontés aux PPRT, beaucoup continuent à se poser ces questions. En Rhône-Alpes comme partout ailleurs. Ce que montre par exemple ce courrier d'un collectif guyanais qui, confronté à la perspective de coûteuses prescriptions de travaux, s'interroge également sur l'opportunité de recourir aux mesures alternatives :

> Peut-on sérieusement penser qu'un chef d'entreprise, qui a connaissance du risque pour les biens et personnes sous sa responsabilité, pourra faire l'économie des travaux et dispositions préconisés dans le PPRT ? Quid de ses responsabilités civiles et pénales ? Comment les assurances pourront-elles faire abstraction de ces risques et ne pas les répercuter sur les montants de cotisations ? Aucune solution sérieuse et équitable n'est finalement apportée aux entreprises riveraines pour le financement des travaux nécessaires (ce qui, d'ailleurs, ne règlerait qu'une partie des problèmes)[267].

Vue du terrain, l'ordonnance n'est donc pas forcément la réponse attendue pour résoudre le dilemme dans lequel une grande partie des riverains entrepreneurs continue de s'enliser. Toujours confrontés à l'impossible arbitrage entre droit de l'Environnement et droit du Travail, beaucoup se résignent au *statu quo*. La stratégie est alors d'attendre.

---

[266] Réalisée par deux étudiantes de l'ENTPE, cette enquête par entretien et questionnaire a permis d'interroger trente-cinq chefs d'entreprise de la zone industrielle Lyon-Nord, riverains des usines BASF et Coatex de Neuville-Genay dans le Rhône, et de la zone d'activité de Salaise-sur-Sanne située à proximité de la plateforme Osiris de Rousillon en Isère (Guitard, 2016 ; Monnet, 2016).

[267] D'après un courrier du 13 juillet 2016 de l'Association des Riverains créée en réaction au projet de PPRT de la SARA, sur la commune de Rémire-Montjoly en Guyane.

Attendre « que les choses se précisent ». Attendre « de voir ce que ça va donner » ou, comme l'explique ce chef d'entreprise de la zone d'activité de Salaise-sur-Sanne, attendre qu'une « autorité compétente », un « on » autoritaire et éclairé, viennent prendre les décisions à leur place en leur indiquant exactement ce qu'ils doivent faire et comment ils doivent le faire :

> Je pense que dans la zone industrielle, les gens ils ont autre chose à faire que de s'occuper du PPRT. Ils ont leur boîte, ils ont leurs soucis. Il faut faire du chiffre, il faut s'occuper des salariés, il faut embaucher... On a d'autres problématiques. Donc cette problématique-là, c'est une de plus, mais je dirais, si on ne mâche pas le boulot aux gens et qu'on ne leur dit pas « Dans cette zone, à l'endroit où tu es et avec le bâtiment que tu as, il faut que tu fasses ci, ça, ça et ci pour être nickel », ben ça ne marchera pas. Il faut que ce travail soit fait. Pour qu'on puisse s'approprier le problème.

Pour revenir à la question posée plus haut, il ressort de ces quelques éléments de bilan et observations de terrain que les PPRT ont pour le moment beaucoup de mal à s'imposer aux activités économiques et que, dans ces conditions, l'ordonnance de 2015 n'est pas en mesure de remplir les missions pour lesquelles elle a été pensée, à savoir inciter les riverains entrepreneurs à mieux protéger leurs salariés et, plus largement, réduire la vulnérabilité de leurs activités sans se contraindre à de coûteuses délocalisations ou dans le pire des cas, au dépôt de bilan. Très clairement, le régime dérogatoire n'a pas encore trouvé son public et l'avancée décisive annoncée au moment de la promulgation du texte n'est toujours pas au rendez-vous de la mise en œuvre des PPRT. A ce stade, l'ordonnance fait plutôt l'effet d'un coup d'épée dans l'eau, qui ne change rien (ou presque) à la situation qu'elle était pourtant censée faire évoluer positivement. S'il n'est pas rare de voir ainsi des réformes de politique publique passer complètement à côté de leur sujet (Gourgues, Mazeaud, 2018), un tel écart entre l'intention et les effets produits interroge cependant sur les conditions de fabrication du texte, en particulier l'absence d'échange avec les principaux intéressés et/ou leurs représentants au moment de définir les outils censés répondre à leurs demandes. La question se pose notamment de savoir si une attention plus grande aux revendications des publics visés n'aurait pas permis de mettre en forme un régime dérogatoire plus en phase avec les attentes et besoins qui s'expriment aujourd'hui sur le terrain.

* * *

Ce dernier chapitre, qui retrace les ultimes étapes de la réforme engagée depuis presque deux décennies, s'intéresse finalement moins aux représentants sectoriels dans leurs activités de production législative et réglementaire, qu'à la façon dont ils perçoivent, comprennent et intègrent les problèmes de mise en œuvre que leur signalent, par leurs mobilisations, les groupes destinataires des PPRT. Sur ce registre de la relation aux ressortissants, qui n'avait pas été envisagé dans les chapitres précédents, trois constats ressortent de nos analyses. Le premier est que le petit groupe de représentants sectoriels chargé de la réforme n'est pas complètement coupé des critiques et revendications riveraines, qu'il saisit via ses multiples connexions avec le terrain. Cette capacité d'écoute se traduit d'ailleurs par la mise en révision de la règle de financement des travaux prescrits et la prise en compte d'un certain nombre de propositions formulées par le mouvement contestataire. De même, les possibilités modulatoires et dérogatoires offertes aux activités riveraines sont des réponses graduelles aux collectifs d'entrepreneurs qui se mobilisent localement et le font savoir autour d'eux et au-dessus d'eux. Mais si l'*instance de suivi*, en décidant de ces aménagements, montre qu'elle n'est pas insensible à la condition des riverains, on observe dans le même temps que sa compréhension des raisons profondes de leur mobilisation, donc des problèmes qui font concrètement obstacle à l'élaboration et la mise en œuvre des PPRT, reste plus que superficielle. C'est là le deuxième constat que nous souhaitons souligner, c'est-à-dire le relatif aveuglement de la coalition réformatrice vis-à-vis des conditions de réception de ses décisions par leurs principaux destinataires (au-delà, bien sûr, du cercle des assujettis industriels). Cet effet d'obscurcissement, qui l'empêche par moment de viser juste, trouve ici deux causes principales. La première est que cette élite sectorielle n'appréhende la réalité sociale sur laquelle elle intervient qu'à travers le filtre de ses croyances et préférences de politiques publiques et, qu'à ce compte-là, une part importante des solutions suggérées par les principaux intéressés, *a priori* porteuses d'une certaine efficacité, reste finalement hors de sa portée. La seconde, qui se combine à la précédente en la renforçant, est que la relation de ces représentants sectoriels aux ressortissants reste empreinte d'une certaine forme de paternalisme, qui les conduit souvent à penser à la place de ces publics, considérant qu'ils sont forcément mieux placés pour définir ce qui est bon pour eux[268]. Le problème est qu'en décidant ainsi, le risque existe toujours de produire une action publique désajustée et inadaptée, donc en partie inefficace, comme l'a bien montré l'exemple de l'ordonnance de 2015. Enfin, le troisième constat nous ramène à la question de la territorialisation, pour souligner que la réforme reste de ce point de vue en grande partie inachevée, en tout cas sur le plan de la mise à contribution des populations locales. Plutôt réfractaire à la participation des riverains, pour les raisons évoquées juste avant, la coalition réformatrice n'a finalement pas permis que ces parties prenantes trouvent leur place dans les procédures de la prévention des risques industriels. Autrement dit, si la logique territoriale du PPRT se traduit d'un côté par une plus grande ouverture aux communes et intercommunalités, notamment parce que leur participation est jugée nécessaire à la réussite du projet réformateur, elle reste globalement sans effet du côté des riverains qui, en dépit des efforts consentis pour faire valoir leurs points de vue, continuent d'être davantage perçus comme un problème que comme une ressource.

---

[268] Cette forme de paternalisme technocratique a bien été mise en évidence par Sandrine Rui dans son analyse des suites du débat national sur l'eau, au début des années 2000 (Rui, 2006).

Conclusion de la seconde partie

Cette seconde partie de l'ouvrage, consacrée à la définition et la mise en œuvre du programme PPRT, prolonge l'histoire de la conversion probabiliste retracée en première partie. Elle met en scène le même groupe d'ingénieurs spécialisés, rattachés pour une part aux services centraux du Ministère de l'environnement, pour une autre part aux fédérations patronales et grands groupes industriels du secteur. Toujours au centre du jeu, cette petite fraction de l'élite sectorielle ne s'emploie pas uniquement sur le front de la réforme de l'étude de dangers. Elle contribue en même temps à toutes les étapes décisives du volet relatif à la maîtrise de l'urbanisation : le cadrage législatif du PPRT entre 2001 et 2003, sa mise en règlement entre 2003 et 2005 puis, une fois la doctrine de la conversion probabiliste à peu près stabilisée, sa mise en œuvre dans le cadre d'un programme ministériel au long cours nécessitant, pour se concrétiser entièrement, de nombreuses modifications de la loi et de la réglementation correspondante. Dans la période couverte en première partie (la décennie 2000), ce petit groupe d'ingénieurs spécialisés est resté relativement stable dans son périmètre et sa composition. De même, dans la séquence de mise en œuvre du programme PPRT (qui couvre la quasi-totalité de la décennie 2010), le turn-over de ses membres demeure peu important. Le chef du Bureau des risques, par exemple, témoigne d'une longévité hors-norme à ce type de poste : arrivé en 2006, il est toujours aux manettes au moment de la légalisation de l'accord sur le financement additionnel des travaux de protection par la loi DDADUE de 2013. Idem pour le directeur des affaires technique de l'UIC : entré en jeu la même année que son homologue de la DGPR, il occupe encore la fonction une décennie plus tard lorsque paraît l'ordonnance de 2015. Dans cette période, le groupe connaît cependant deux changements significatifs qui conduisent à modifier sa physionomie générale. Le premier, qui tend à réduire sa surface, vient du retrait progressif des experts de l'INERIS et l'IRSN et d'une partie des groupes industriels peu concernés par l'élaboration des PPRT. Le second, qui joue en sens inverse, résulte de l'intégration de deux nouveaux venus au centre de décision ministériel (AMARIS et

FNE) et l'entrée concomitante de quatre de leurs représentants au tour de table de l'*instance nationale de suivi des PPRT.*

Une fois recomposé par ces mouvements entrants et sortants, le petit groupe investi dans le design et la conduite du projet réformateur n'est plus tout à fait aussi homogène sur le plan des trajectoires socio-professionnelles et des ressources d'expertise. Tous ses membres ne sont plus des ingénieurs dotés d'un haut niveau de technicité en matière de risques industriels. Une petite partie de lui-même est désormais constituée de non techniciens qui, bien que connaisseurs du domaine, ne sont pas à proprement parler des spécialistes de la sécurité des procédés et de l'analyse des risques. Cette perte d'uniformité n'empêche toutefois pas le collectif remanié de préserver la plupart des attributs mis en évidence en première partie, notamment ceux qui avaient permis de l'envisager comme un groupe programmatique. Les acteurs concernés continuent en effet de partager le même programme de changement (en l'occurrence, faire advenir le PPRT comme un outil sécuritaire au service du développement industriel). Ils sont toujours dotés de ressources importantes pour orienter le contenu de la politique publique en fonction de leurs préférences (et ce d'autant plus que l'intégration des représentants d'AMARIS et FNE permet d'optimiser ces ressources). Enfin, comme dans la séquence précédente, ces représentants sectoriels conservent une forte capacité d'apprentissage liée à leur antériorité dans ce domaine d'action publique qu'ils contribuent à transformer. Le groupe ayant préservé dans son évolution l'essentiel de ses caractéristiques, le choix a donc été fait de rester dans le cadre analytique de la première partie, pour continuer de l'envisager comme un acteur collectif structuré autour d'un programme de changement destiné à faire advenir le PPRT comme une mesure avant tout protectrice de l'industrie.

Dans les trois premiers chapitres, l'analyse a surtout consisté à révéler l'existence, les logiques d'action et les capacités réformatrices de ce petit groupe de représentants sectoriels. Dans cette seconde partie, les observations se sont davantage focalisées sur les interactions formelles et plus informelles qui lient les membres de ce groupe entre eux, les structures organisationnelles à travers lesquels ils agissent, ainsi que les lieux de rencontre et de socialisation mutuelle qui renforcent leur cohésion, notamment l'*instance de suivi* créée en 2008. L'attention portée à la « mécanique interne » de la coalition, donc à ses activités concrètes, a également permis d'envisager ses interactions avec l'environnement social dans lequel elle évolue, c'est-à-dire la façon dont elle compose, en tant qu'acteur collectif, avec tous les autres acteurs mobilisés par le projet réformateur, ceux dont elle a besoin pour arriver à ses fins, mais aussi ceux auxquels elle s'oppose ou avec lesquels elle négocie. Cette double perspective, à la fois internaliste et externaliste, a été l'occasion de trois observations principales qui, chacune à leur manière, montrent qu'en faisant advenir le changement les acteurs programmatiques ne visent pas seulement à concrétiser leurs préférences de politique publique, mais s'inscrivent en même temps dans une dynamique de reproduction (voire d'extension) de leur pouvoir.

La première observation est que si la réforme du volet maîtrise de l'urbanisation n'est pas à proprement parler initiée par cette petite élite sectorielle, l'avènement du PPRT et sa mise en programme d'action publique se présentent en fin de compte comme une conjoncture favorable qui permet à ces acteurs centraux d'étendre leur emprise sur le secteur en élargissant leur domaine d'intervention et en maximisant leurs ressources d'action. La territorialisation de la prévention des risques industriels est de ce point de vue l'occasion de gains multiples que ces derniers vont largement faire fructifier durant la décennie 2010. Elle leur permet tout d'abord d'étendre leur territoire d'influence en prenant fermement pied dans l'au-delà de l'usine et en se dotant de moyens de contrôle et de leviers d'action supplémentaires qui leur assurent des marges de manœuvre plus importantes en matière de prévention, donc de soutien au développement industriel. Pour les acteurs centraux étudiés, le PPRT est également synonyme d'un accès privilégié aux réseaux des collectivités locales et ONG directement concernées, soit en pratique une meilleure lisibilité des situations locales et des moyens de communication augmentés qui favorisent la diffusion du cadre cognitif à partir duquel les acteurs de terrain sont tenus de se situer. Enfin, la mise en œuvre du programme PPRT permet au groupe programmatique de capter à son profit des ressources spécifiques détenues par AMARIS et FNE, notamment la capacité à mobiliser des intermédiaires politiques indispensables à la concrétisation de son projet réformateur. Autrement dit, l'intégration de ces nouveaux venus à l'élite sectorielle est clairement à double sens : si d'un côté elle implique des capacités d'influence renforcées pour les représentants des collectivités locales et associations environnementales, elle permet en retour à leurs homologues administratifs et industriels d'étendre leur emprise sur la fabrique de la politique publique et, à travers elle, sur le secteur contrôlé.

La deuxième observation, qui témoigne elle aussi d'un renforcement du pouvoir réformateur de ces acteurs programmatiques, renvoie à la façon dont ils travaillent ensemble, plus précisément aux bénéfices qu'ils retirent de la structure de pilotage quadripartite qu'ils mettent en place au lancement du programme PPRT. Rompant avec le format habituel des groupes de travail bipartites dédiés à la fabrique du règlement, cette *instance de suivi* se présente comme une structure relationnelle particulièrement performante qui, dans la durée, augmente significativement les capacités d'action des acteurs réformateurs. Cette fonction « capacitante », propre à n'importe quel collectif de travail se maintenant dans la durée (Audoux, Gillet, 2020), prend ici des proportions assez inhabituelles du fait d'une composition resserrée, d'une activité intense et d'une dynamique d'ensemble qui pousse davantage à la solidarité et la camaraderie qu'à la compétition et la confrontation conflictuelle des intérêts représentés. Cette « clubbisation » du groupe programmatique, nettement favorable à l'efficacité collective, ne fait cependant pas complètement disparaître les hiérarchies et asymétries de position qui caractérisent l'ordre des relations sociales dans le domaine de la prévention des risques industriels. Même atténuée par l'esprit d'équipe et les effets de la socialisation par le groupe, la domination du Bureau des risques et des représentants industriels continue malgré tout de s'exercer, contribuant à une distribution relativement inégale des bénéfices de l'action collective. Autrement dit, si AMARIS et FNE tirent certains avantages de leur participation à l'instance de suivi, les grands gagnants de cette redéfinition de l'espace de représentation des intérêts sont avant tout les représentants de l'administration et des fédérations patronales qui se donnent ainsi les moyens de concrétiser leur programme de changement en faisant advenir un PPRT conforme à leurs croyances et préférences de politique publique.

La troisième observation, enfin, est relative à la relation qui se noue entre les acteurs programmatiques étudiés et leurs contestataires, en particulier les collectifs de ressortissants qui dans la décennie 2010 se fédèrent en *coordination nationale* pour s'opposer à la logique industrialiste du PPRT et promouvoir une vision alternative de la prévention des risques industriels. Comme le soulignent les approches en termes de coalitions de cause et d'élites programmatiques, les politiques publiques ne se redéfinissent pas uniquement dans l'entre-soi des groupes dominants. Dans la durée, les inflexions et réorientations résultent également des confrontations avec les coalitions et groupes concurrents, souvent moins puissants, dont l'existence est en partie motivée par la contestation de la position dominante du groupe majoritaire et des pouvoirs associés qui lui permettent d'aligner les programmes d'action publique sur ses préférences politiques. Mais ces interactions, conçues comme des facteurs explicatifs du changement, peuvent également s'envisager comme des facteurs de reproduction de ces pouvoirs majoritaires. On l'a bien vu avec la mise en œuvre du programme PPRT, les confrontations des acteurs centraux avec les représentants de la *coordination nationale* ont nettement moins contribué à la prise en compte des attentes et besoins des ressortissants qu'à la consolidation des marges de manœuvre des premiers qui, dans ces échanges, ont surtout trouvé les ressources nécessaires à l'étouffement progressif de la contestation, donc à la consolidation de leurs positions de représentants sectoriels. De ce point de vue, le caractère inachevé du processus de territorialisation des risques industriels mis en évidence dans le dernier chapitre apparaît bien comme un acte de résistance des acteurs dominants et une façon pour eux de renforcer leur pouvoir de contrôle sur le secteur.

Conclusion générale

Au fil de cet ouvrage, le suivi rapproché de la réforme post-AZF a permis de découvrir les identités multiples des acteurs qui se chargent d'écrire la loi et le règlement dans le domaine de la prévention des risques industriels. Comme l'ont bien montré les observations réalisées aux différentes phases de l'enquête, cette activité bureaucratique mobilise un très grand nombre de contributeurs, dans des positions et des rôles variés : des agents administratifs, des représentants sectoriels, des experts publics et privés, des parlementaires, des conseillers ministériels et parfois même, des ministres. Dans cette diversité d'acteurs, une grande partie n'intervient cependant que très ponctuellement, à des moments particuliers de l'histoire retracée tout au long de l'ouvrage. Ils constituent en quelque sorte les acteurs de seconds plans, qui ne pèsent pas beaucoup sur les orientations de réforme. D'autres sont en revanche plus présents et beaucoup plus influents, comme le petit groupe de représentants sectoriels que l'on retrouve à toutes les étapes du processus réformateur[269].

En focalisant sur la fabrique de la loi et du règlement, l'enquête ethnographique a également permis de mettre en évidence la position centrale des agents du Bureau des risques au sein de ce petit groupe des « joueurs principaux ». Toujours à la manœuvre, ils apparaissent de loin comme les partenaires les plus stables et les plus fiables du processus réformateur. Très impliqués à toutes les étapes, depuis le moment où émerge l'idée de la conversion probabiliste jusqu'à l'application complète de la loi de 2003, ils ont en permanence le contrôle du rythme et de la règle du jeu, qu'ils ajustent en fonction de leurs besoins. A cet égard, il leur revient de décider du droit à participer des autres joueurs, y compris de la hiérarchie ministérielle qu'ils choisissent d'impliquer ou pas selon les circonstances et les enjeux. Dans le même temps, ils cumulent les rôles d'ordonnateurs, de pilotes et de parties prenantes des organisations informelles d'appui

[269] Cette distinction entre « joueurs principaux » et « joueurs secondaires », qui repose sur des observations empiriques, s'inspire du modèle de la politique gouvernementale de Graham Allison et Morton Halperin (1972).

qui définissent les places et cadrent les contributions de l'ensemble des partenaires qu'ils sollicitent aux différentes étapes du processus réformateur. Et enfin, comme le note Jean-Michel Eymeri dans ses observations des fonctionnaires d'administration centrale au travail, ils ont aussi comme atout d'importance d'être « ceux qui tiennent » : ils tiennent les dossiers par leur pouvoir de cadrage et d'organisation ; il tiennent la ligne en veillant à ce que les changements impulsés ne s'opposent pas à l'orientation industrialiste de la politique publique ; et par-dessus tout, ils tiennent le stylo, ce qui constitue en toute circonstance une « chance de puissance » considérable qu'ils ne partagent avec aucun autre partenaire (Eymeri, 2003). Ce rôle nodal n'est donc pas seulement une caractéristique des hauts-fonctionnaires ministériels. Il est aussi un ressort de pouvoir de nos cadres intermédiaires du Bureau des risques de la DGPR qui, quelle que soit l'influence des acteurs avec lesquels ils interagissent, sont toujours les « écrivains publics » en charge de la mise en « bonne et due forme » des compromis et des solutions négociées, « c'est-à-dire de leur transmutation en décisions légales frappées de tous les sceaux de l'officialité étatique » (Eymeri, 2003).

Si le suivi rapproché de la réforme post-AZF confirme au final que les fonctionnaires du milieu comptent bien parmi les « joueurs principaux » de la production normative dans le domaine des risques industriels, il permet dans le même temps de dresser la liste exhaustive des autres joueurs qu'ils mobilisent et coalisent autour d'eux pour mener à bien les missions d'écriture dont ils ont la charge. Dans cet inventaire, qui s'étoffe au fil de l'histoire retracée dans les deux parties de l'ouvrage, figure un certain nombre d'acteurs dont la présence ne surprend pas, en raison des orientations technocratiques et néo-corporatistes de la prévention des risques industriels rappelées en introduction. C'est le cas par exemple des experts de l'INERIS et de l'IRSN qui contribuent à l'avancement de nombreux dossiers en tant qu'appuis techniques de l'administration. C'est le cas également des différents partenaires industriels avec lesquels les services ministériels ont l'habitude de dialoguer, c'est-à-dire les fédérations patronales de la chimie et du pétrole, les principaux syndicats sectoriels, ainsi que les grands groupes qui exploitent des établissements Seveso en France. D'autres sont en revanche beaucoup plus inattendus dans ce cercle restreint des « joueurs principaux », notamment parce que leur présence à ce niveau de décision n'est pas vraiment documentée dans la littérature sur les risques industriels. On pense en particulier aux acteurs de terrain, exploitants et inspecteurs des installations classées, qui s'associent en continu à l'écriture des textes réglementaires par le biais des consultations, des expérimentations locales, des groupes de travail nationaux (notamment le *GTSI* et les *GT sectoriels*) et des différents réseaux professionnels qui les arriment au centre de décision ministériel. Parmi ces acteurs « inattendus », on pense aussi bien sûr aux représentants d'AMARIS et FNE qui, dans la phase de mise en œuvre du programme PPRT, deviennent membres à part entière du premier cercle des représentants sectoriels pour participer aux travaux de l'*instance nationale de suivi des PPRT*. Assez mal anticipée au début de l'enquête, la présence active de ces acteurs habituellement cantonnés aux opérations de mise en œuvre a été analysée comme l'expression d'un double mouvement de territorialisation de la prévention des risques industriels : un mouvement « descendant », visant une gestion plus horizontale et plus ouverte des risques industriels par la légitimation accrue de certains représentants territoriaux, et un mouvement « ascendant », favorisant l'intervention des acteurs locaux dans le travail de production réglementaire. Dans cette conclusion, on se propose de revenir plus en détail sur ces deux formes d'ouverture, pour voir dans un premier temps comment elles informent les débats sur la territorialisation des politiques publiques, puis comment elles pourraient constituer le point de départ de nouvelles recherches sur le gouvernement des risques industriels.

Une politique publique sur le chemin de la territorialisation

La territorialisation des politiques publiques fait référence à des recherches qui, depuis les années 1980, s'intéressent aux recompositions de l'action publique locale. Très marqués par la science politique, ces travaux ont d'abord interrogé les dynamiques de décentralisation, pour voir si ces transferts de compétences aux collectivités locales étaient le signe d'une simple inflexion ou au contraire, d'un tournant décisif dans la conduite des politiques publiques. Puis dans les années 1990 et 2000, le questionnement s'est élargi à d'autres facteurs de recomposition comme la libéralisation des marchés, l'influence croissante de l'Union européenne sur les politiques de développement local et le renforcement continu des pouvoirs régionaux et métropolitains (Faure, Douillet, 2005). Cherchant là aussi à mesurer les effets de ces mutations sur la gestion publique territoriale, ces recherches foisonnantes ont avant tout montré l'extrême variabilité des changements induits selon les contextes et secteurs étudiés, certains auteurs allant même jusqu'à évoquer la formation d'un paysage institutionnel fragmenté, hétérogène et labile, confinant au « désordre territorial » (Faure, Négrier, 2007). Incidemment, ces travaux ont également souligné la relative continuité des modes opératoires de cette territorialisation qui, depuis deux à trois décennies, emprunte à peu près les mêmes voies pour recomposer l'action publique locale. Trois formes principales ont ainsi été identifiées et largement documentées par des observations couvrant, là aussi, une grande diversité de politiques publiques. La première de ces voies mène à la reconnaissance de la région, du département et du système communal comme les échelons adéquats du traitement des problèmes économiques et sociaux et au redéploiement de l'action publique à ces différents niveaux, pour mieux répondre aux besoins spécifiques de territoires définis comme prioritaires ou pertinents (Hassenteufel, 1998). La deuxième voie, qui renforce cette logique de différenciation, conduit à la réorganisation des médiations entre l'État et les intérêts sociaux par l'institutionnalisation de coopérations plus fortement mobilisatrices des acteurs et contextes locaux, la promotion de modalités de gouvernement encourageant l'ouverture et le pluralisme (Duran, Thoenig, 1996), ou bien encore le développement de politiques procédurales et de démarches contractuelles favorisant le partenariat et la transversalité (Lascoumes, Le Bourhis, 1998 ; Gaudin, 1995). Enfin, la troisième voie s'inscrit dans une logique de modernisation de la fabrication des décisions publiques. Source elle aussi de réagencements importants dans l'organisation des différents échelons de la puissance publique ces deux ou trois dernières décennies, elle repose sur une approche moins centralisée des problèmes publics, au profit de modes de légitimation davantage tournés vers les notions de proximité et de concertation (Muller, 1990).

A son niveau, la réforme post-AZF contribue à ces trois dynamiques de territorialisation désormais bien documentées dans la littérature. En phase avec la logique de différenciation, elle cantonne par exemple le programme PPRT à la fraction la plus dangereuse des ICPE (les Seveso seuil haut), actant ainsi la création d'une « géographie prioritaire » de la prévention des risques industriels qui ne dit pas vraiment son nom, mais conduit malgré tout au redéploiement d'une partie importante des moyens de la puissance publique sur un nombre limité de territoires exposés, soit environ quatre cents sites sur les milliers susceptibles d'être affectés par des accidents industriels en France. En phase également avec la logique de coopération élargie, elle vise à l'émergence d'un modèle de décision publique moins technocratique et de procédures plus ouvertes à certaines parties prenantes comme les collectivités locales, les associations du cadre de vie et les riverains des sites à risques. Lié lui aussi au programme PPRT, cet objectif de coopération élargie repose en pratique sur la combinaison de plusieurs dispositions réglementaires : l'extension du travail d'analyse des risques par la prise en compte de la vulnérabilité des entités territoriales exposées aux aléas des installations à l'origine du PPRT, l'instauration d'un principe de co-instruction qui conduit les services d'inspection à faire équipe avec leurs homologues des DDT, le renforcement significatif du rôle des communes et intercommunalités qui ne sont plus seulement chargées de l'exécution des mesures de prévention, mais également de leur financement, sans oublier la définition d'une stratégie de réduction des risques qui doit être partagée par l'ensemble des parties associées. En phase enfin avec la logique de modernisation, la réforme post-AZF propose de gérer les risques industriels de façon moins corporatiste en valorisant la proximité et le dialogue avec le public, par la promotion de nouveaux instruments d'information et de concertation comme les commissions de suivi de site, mais également par la diffusion de standards de gouvernance mettant l'accent sur la responsabilisation des acteurs locaux, via le report d'une partie des coûts de la prévention sur les communes et intercommunalités d'une part, les riverains les plus exposés d'autre part.

Si l'on s'en tenait à cette longue liste de principes et d'intentions, on serait facilement tenté de conclure que la réforme post-AZF marque un tournant important dans la gestion des risques industriels. Cependant, on a bien vu en se plongeant dans les opérations de mise en œuvre que cette territorialisation prescrite fait l'objet d'appropriations diverses et qu'au bout du compte, elle ne se concrétise pas nécessairement comme attendu ou souhaité. En l'occurrence, le cadrage invite à de multiples débordements[270], notamment du côté des services de l'État qui, dans l'ensemble, peinent à assimiler les objectifs de coopération élargie et d'ouverture au public pour les traduire en actions de proximité permettant aux acteurs territoriaux de contribuer aux décisions qui les concernent directement. En la matière, tout est donc question de point de vue. Si l'on adopte celui du droit, on voit un secteur des risques industriels sur le chemin

[270] On reprend ici la fameuse image rugbystique proposée par Olivier Mériaux pour décrire la dialectique du secteur et du territoire (Mériaux, 2005).

de la territorialisation. En revanche, si l'on prend celui des territoires, les observations témoignent plutôt de la résistance des logiques sectorielles.

Des logiques sectorielles qui résistent fortement

Ces deux images inversées de la réforme post-AZF nous ramènent finalement au débat qui, depuis les années 1990, traverse la plupart des travaux consacrés à la territorialisation des politiques publiques. La question posée, qui fait discussion, est celle du degré des recompositions observées. Ce que précise par exemple Michel Autès dans une réflexion sur le sens de ce processus de transformation : « Fondamentalement, il s'agit de savoir si l'on est dans une hypothèse de continuité dans le mode de production de la décision publique, dans le cadre d'une sorte *d'aggiornamento* des modalités instrumentales d'efficacité des politiques ; ou si l'on est sur une hypothèse de rupture, de métamorphose complète, non seulement des modes d'instrumentation, mais également des finalités de l'action publique, avec l'émergence de nouvelles formes de pouvoir et d'un nouveau régime de vérité » (Autès, 1995 : 58). Rupture ou continuité, la question s'adresse notamment à l'État et la façon dont il s'intègre à l'action publique locale. Autrement dit, la territorialisation des politiques publiques implique-t-elle un retrait du pouvoir central dans la gestion publique des territoires ou, au contraire, est-elle significative d'un repositionnement qui lui permet de maintenir une forme de leadership sur la mise en œuvre des politiques publiques ?

Sur ce sujet précis, deux lignes s'opposent assez nettement. D'un côté, une partie des recherches consacrées à la territorialisation des politiques publiques penche plutôt dans le sens d'une perte de centralité de l'État. Pour l'essentiel, il s'agit de travaux qui opèrent un décentrement vers les échelons infranationaux, notamment les régions et les métropoles, pour s'intéresser aux interactions que ces pouvoirs locaux entretiennent avec les intérêts sociaux et économiques et, plus largement, à la façon dont ils contribuent à la fabrique des décisions publiques à leur échelle (Aust et al., 2013). Dans le courant des années 1990, plusieurs concepts sont ainsi proposés pour décrire et analyser ces formes d'interaction territoriales qui, en général, associent diverses parties prenantes au-delà de celles relevant de l'administration sectorielle concernée. Certains travaux mobilisent par exemple les réseaux et communautés de politique publique (Le Galès, Thatcher, 1995), d'autres la gouvernance urbaine (Le Galès, 1995a) ou l'échange politique territorialisé (Négrier, 1995). De façon convergente, ces analyses insistent sur la multiplicité et la variété des acteurs associés à la définition et à la mise en œuvre de l'action publique locale. Certaines soulignent également que ces coopérations élargies sont rendues nécessaires par le fait qu'aucun acteur, public ou privé, ne dispose des connaissances et des moyens suffisants pour s'attaquer seul aux problèmes à résoudre. D'autres se focalisent davantage sur les conflits territoriaux comme manifestation de la prise d'autonomie des pouvoirs locaux vis-à-vis de l'État (Melé, 2003).

Sur l'autre ligne, on trouve au contraire des analyses qui tendent à réhabiliter l'État dans sa capacité à préserver une forme de leadership sur la mise en œuvre des politiques publiques. Pour l'essentiel, il s'agit de travaux qui envisagent la territorialisation comme une ressource permettant au pouvoir central de restructurer ses capacités d'action aux échelons infra-nationaux et, dans ces conditions, de rester au centre du jeu de la mise en œuvre des politiques publiques (Wright, Cassese, 1996). Dans cette perspective, la territorialisation des politiques publiques n'est pas conçue comme un mouvement subi par l'État, davantage comme un principe d'action publique encouragé par l'État, visant un traitement moins centralisé des problèmes publics par la promotion des principes de proximité, de concertation et de partenariat évoqués plus haut. Dans l'ensemble, ces travaux ne concluent donc pas à un reflux étatique, encore moins à une désétatisation des échelons locaux. Au contraire, ils décrivent le maintien d'une forme de domination de l'État, appuyée sur des ressources d'autorité largement préservées (Gaudin, 1995). Dans un autre registre, certains voient dans ces transformations de la gestion publique des territoires le reflet des mutations du capitalisme et de leur accompagnement par le pouvoir central. Dans cette perspective d'inspiration néo-marxiste, les recompositions de l'action publique locale ne seraient donc pas, là non plus, l'expression d'un retrait de l'État, mais le produit de stratégies néolibérales d'un État qui définit à distance des régimes de concurrence inter-régionaux et inter-urbains, en donnant la priorité aux politiques d'attractivité et de compétitivité conduites à ces échelles (Epstein, 2015 ; Béal et al., 2015).

Même si elles ne cadrent pas avec cette perspective néo-marxiste, les observations réalisées tout au long de l'ouvrage penchent malgré tout du côté des travaux qui envisagent la territorialisation comme un mode de restructuration des capacités d'action de l'État. En suivant la mise en œuvre du programme PPRT, on a effectivement constaté que les dispositions réglementaires visant à faire évoluer le gouvernement local des risques industriels ont été largement mises à profit par les acteurs administratifs pour conforter leur position dominante sur le secteur. Dans cette histoire, la territorialisation apparaît donc avant tout comme un outil d'affirmation de l'autorité de l'État, beaucoup moins comme un moyen de tendre vers une coopération élargie et une plus grande ouverture au public. Elle permet aux services ministériels de faire endosser une partie de leurs responsabilités par les représentants des territoires exposés, de se recentrer sur les fonctions de pilotage et d'organisation en déléguant une partie des tâches d'exécution aux acteurs territoriaux, notamment les communes et intercommunalités, voire de capter localement des ressources jugées indispensables à la concrétisation du projet réformateur. Dans le cas du PPRT, le recours au territoire permet également de s'assurer la mobilisation de l'échelon local dans la mise en œuvre des mesures de réduction de la vulnérabilité, qu'il s'agisse des collectivités locales pour l'exécution des conventions tripartites relatives aux expropriations et délaissements et, plus largement, des populations locales pour la réalisation des travaux de protection sur les logements et le respect des restrictions diverses résultant de la démarche. Comme le note Marie-Christine Jaillet à propos des politiques de lutte contre l'exclusion, l'injonction au territoire témoigne ici d'une forme d'appel aux acteurs locaux. Elle est le moyen pour l'État de s'assurer leur collaboration et par leur intermédiaire, de mener à bien les programmes d'action publique dont il a la charge (Jaillet, 1994).

Plus largement, il ressort de ces analyses que la réforme post-AZF laisse subsister les logiques sectorielles et centralisées de la prévention des risques industriels. Dans l'ensemble, les acteurs concernés résistent aux changements initiés, visant moins à faire advenir les nouvelles orientations réglementaires, qu'à les adapter pour les conformer à leurs façons de faire et leurs intérêts. Chacune des parties prenantes cherche ainsi à tirer profit de ces évolutions, tout en veillant à préserver la place qu'elle occupe dans le jeu et le pouvoir qu'elle détient sur les autres joueurs. Il en résulte une forme de *statu quo*, ou de stabilité, qui n'empêche toutefois pas quelques ajustements significatifs dans la conduite de cette politique publique. Trois méritent notamment d'être soulignés. Le premier concerne le changement d'échelle du risque industriel et les transferts de charge liés à sa mesure dans le cadre du PPRT, qui donnent aux expertises territoriales une légitimité inédite dans les arbitrages produits localement. Le second correspond à l'émergence d'un principe d'équivalence entre les parties associées qui accentue malgré tout les dynamiques de coopération, l'ancrage territorial de certains représentants engendrant parfois des ressources particulières et des solutions nouvelles en matière de prévention. Enfin, le troisième ajustement est relatif à la prise de rôle d'une partie des communes et intercommunalités qui redéfinit de fait les frontières et la nature de certaines actions collectives, notamment parce qu'elles y injectent de nouvelles priorités, liées à leurs propres contraintes et logiques d'action. Autrement dit, si les processus de fabrication des décisions publiques se déploient en apparence sur des bases globalement inchangées, dans le cadre de relations asymétriques toujours marquées par la domination des acteurs étatiques et de leurs partenaires industriels, des équations territoriales spécifiques sont malgré tout susceptibles d'hybrider les logiques sectorielles persistantes, aussi bien dans leurs fondements technocratiques que leurs orientations néo-corporatistes et peut-être même leurs finalités industrialistes.

Pour finir, l'enquête sur la réforme post-AZF ne conclut donc pas davantage à la remise en cause du secteur des risques industriels qu'à l'absence d'effets du processus de territorialisation impulsé par la loi de 2003. Pour reprendre un constat déjà formulé par ailleurs, l'idée qui ressort est plutôt qu'il n'y a pas lieu, dans ce cas, d'opposer les logiques sectorielles et les logiques territoriales, c'est-à-dire de les penser comme concurrentes ou relevant de deux modes différents de structuration de l'action publique (Douillet, 2005). Les observations restituées au fil de l'ouvrage laissent en effet apparaître des transformations qui vont bien dans le sens de la territorialisation, mais elles n'actent pas pour autant une emprise des logiques territoriales sur les logiques sectorielles. Elles témoignent surtout de formes de résistance et, dans le même temps, de phénomènes d'innovation, qui justifient finalement une analyse dialectique du secteur et du territoire.

Pour une analyse dialectique du secteur et du territoire

Au fil de l'ouvrage, cette analyse dialectique du secteur et du territoire nous a principalement conduit à envisager la territorialisation de la prévention des risques industriels comme le résultat de deux dynamiques conjointes qui s'alimentent l'une l'autre. La première, que l'on vient d'examiner, peut être qualifiée de « descendante ». Elle correspond à la définition par le niveau central de règles invitant à une gestion plus horizontale et plus ouverte des risques, à leur diffusion vers la périphérie et à leur actualisation différenciée dans les territoires de mise en œuvre.

La seconde, qui nous intéresse maintenant, est plutôt « ascendante ». Comme indiqué plus haut, elle correspond à l'intervention des acteurs locaux dans le travail de formulation des problèmes publics et des solutions réglementaires correspondantes ou, pour le dire autrement, à la mise à contribution du territoire dans le processus d'élaboration de la règle de droit qui fonde le secteur des risques industriels.

Alors que le premier mouvement nous a plutôt conduit sur le terrain de la science politique, le second nous ramène clairement du côté de la géographie et, plus précisément, d'un sous-courant disciplinaire qui, de façon assez récente, s'intéresse à la spatialité du droit. Puisant largement dans la *legal geography* anglophone, notamment le courant de la *critical legal geography*, ces travaux cherchent à mettre en évidence le caractère co-constitutif (*mutually constitutive*) du droit et de l'espace (Forest, 2015 et 2009). Comme l'indique Jacques Lévy, le droit est un environnement social qui, comme tous les environnements sociaux, interagit avec d'autres environnements sociaux, notamment l'espace (Lévy, 2018). La géographie du droit focalise précisément sur cette interaction pour montrer comment l'environnement spatial est susceptible de façonner la norme juridique qui le prend pour objet et en retour, comment l'application de la norme juridique est en mesure de produire des spatialités spécifiques.

De plus en plus présents sur ce terrain géo-légal, les géographes français se sont principalement concentrés sur la seconde dimension de l'objet, à savoir le droit en situation et les processus de localisation du droit. Certains ont ainsi montré qu'une même règle peut être diversement « saisie » selon les espaces qu'elle vise (Bony, Mellac, 2020). D'autres se sont dans le même temps intéressés à la façon dont le droit fabrique ces mêmes espaces en les qualifiant juridiquement, c'est-à-dire en constituant des réalités sociales et politiques qui les font exister, non plus comme simples supports matériels, mais comme territoires d'action (Garcier, 2009 ; Melé, 2008). Dans cette même perspective, quelques-uns ont également montré comment la norme juridique produit des ressources spécifiques qui influencent les pratiques territoriales des acteurs en leur permettant, selon les situations, de contester les pouvoirs dominants ou, au contraire, de conforter l'ordre social établi (Maccaglia, Morelle, 2013 ; Melé, 2009). L'autre dimension de l'interaction a en revanche été nettement moins investie. Le droit comme discours normatif façonné par des représentations de l'espace reste, pour le moment, un objet de recherche peu exploré par les géographes. Les principales contributions sur le sujet sont l'œuvre de juristes intéressés par la « territorialisation du droit », c'est-à-dire la capacité de certains espaces comme la montagne, le littoral, les zones humides ou les sites naturels sensibles, à produire des lois et réglementations spécifiques et à en orienter le contenu de façon durable (Gallo, 2013 ; Madiot, 1995).

Le suivi rapproché de la réforme post-AZF, qui constitue un point de vue original sur la fabrique de la norme juridique dans le domaine des risques industriels, produit à son tour quelques éclairages qui apportent un peu d'eau au moulin de cette approche géo-légale, notamment sur la dimension encore peu explorée du droit façonné par l'espace. Dans les deux parties de l'ouvrage, on a effet montré que le droit n'est pas seulement une activité sociale quand il s'applique, mais également quand il se fabrique. Comme l'indique Liora Israël, le droit « est toujours potentiellement présent dans les relations sociales, tout en étant à un autre niveau lui-même le produit du jeu et des conflits qui se jouent dans ces mêmes relations » (Israël, 2008 : 391). Cela signifie qu'en règle générale, la norme juridique n'est pas l'œuvre d'un législateur transcendant qui incarnerait à lui seul le sens de l'intérêt général, même si certains juristes se plaisent parfois à l'imaginer. On l'a bien vu aux différentes étapes du processus réformateur, le règlement est au contraire une œuvre collective qui engage de très nombreux acteurs sociaux en prise avec toutes les échelles de l'action publique, du niveau central jusqu'aux territoires d'application. Même si le sens commun n'aide pas à le percevoir distinctement, la fabrique du droit n'est pas uniquement l'affaire des agents d'administration centrale et de leurs partenaires directs, représentants des groupes d'intérêt. Elle implique également de multiples acteurs de terrain et par leur entremise, toutes sortes de référents spatiaux qui, lorsqu'ils sont mobilisés, permettent d'augmenter les capacités régulatrices de la règle en l'ajustant aux conditions de la pratique et aux contraintes spécifiques des metteurs en œuvre. De ce point de vue, on constate qu'en régime routinier, la règle de droit vise moins à faire advenir un nouvel ordre social qu'à répondre aux problèmes spécifiques des agents concernés et/ou légaliser des façons de faire déjà bien installées dans l'univers de la pratique. Les boucles étranges de la réforme de l'étude de dangers l'ont parfaitement montré, le droit s'impose moins en se diffusant vers la périphérie qu'il ne se crée en remontant du terrain. Dans cette conception à rebours, où l'aval (le territoire) est en réalité l'amont du cycle de production de la norme juridique, le droit serait finalement moins un « ordre social négocié », comme le définit Joseph Gusfield (2009), qu'un « ordre spatial négocié » cherchant à intégrer et concilier les intérêts territorialisés des acteurs de terrain mobilisés.

Si l'on reprend les observations détaillées au fil de l'ouvrage, on constate que l'intégration de ces référents spatiaux suit globalement trois voies principales. La première, identifiée à plusieurs reprises en première partie, correspond à la ressource du territoire-témoin qui est très régulièrement mobilisée par les acteurs de la fabrique du règlement pour se représenter les réalités sur lesquelles ils interviennent et penser les conditions de possibilité des règles qu'ils produisent. Tous les protagonistes croisés dans les deux parties de l'ouvrage se caractérisent par un ancrage local, même lorsqu'ils interviennent en tant que représentants sectoriels. A ce titre, ils portent toujours des intérêts territorialisés, agissent sur la base d'expériences situées, liées à leur parcours, profitent de ressources spécifiques liées aux lieux d'implantation. Tous sont « tenus » par ces attachements et ces liens d'appartenance qui contribuent à façonner leurs préférences de politique publique et orienter les décisions qu'ils prennent au cours du processus réformateur. La deuxième voie, également repérée en première partie, correspond à la ressource du territoire-arbitre qui est mobilisée pour juger de la validité opérationnelle de la règle avant application, mettre à l'épreuve des versions provisoires de texte, tester des méthodes et, on l'a vu à travers les expérimentations de 2004, arbitrer le cas échéant entre plusieurs options possibles. Dans ce cas, l'espace façonne le droit en valorisant certaines caractéristiques territoriales au détriment d'autres qui ne sont pas prises en compte et, plus largement, en favorisant la prise en compte d'intérêts territorialisés particuliers, comme l'a bien montré la contribution décisive des services d'inspection à l'écriture de l'article 2 de l'arrêté PIGC dans le cadre de la réforme de l'étude de dangers. La troisième voie, enfin, correspond à la ressource du territoire-partenaire qui est plus particulièrement mobilisée dans le cadre des groupes de travail qui interviennent en support de la production normative. Dans cette dernière configuration, les terrains d'application interviennent à nouveau en tant qu'espaces de pratiques et d'expérimentations, mais également en tant qu'espaces de production de normes secondaires d'application[271]. Le territoire est alors la condition

[271] Le concept de normes secondaires d'application, forgé par Pierre Lascoumes (1990), a été introduit au chapitre 3 pour rendre compte de l'appropriation de la réglementation principale par les acteurs de terrain dans le cadre de la réforme de l'étude de dangers.

de possibilité des boucles de rétroaction qui, sur les deux versants de la réforme, permettent au final d'aligner la réglementation principale sur les enjeux et contraintes des acteurs locaux, de façon à garantir un traitement équitable et uniforme des sites d'exploitation.

A travers ces trois configurations, on perçoit bien que le territoire est une ressource active de la production normative dans le domaine des risques industriels. Trop rapidement esquissé dans le cadre de cette conclusion, ce résultat mériterait évidemment d'être davantage étayé et surtout, plus largement documenté, avec des exemples précis et détaillés, illustrant chacune des voies présentées juste avant. A ce stade, il invite malgré tout à dépasser, pour le mettre de côté, le schéma classique de politiques publiques qui s'élaborent au centre, dans des cercles restreints de représentants sectoriels, pour ensuite se mettre en œuvre dans les territoires, dans des interactions réduites aux seuls acteurs locaux. Le suivi rapproché de la réforme post-AZF a en effet permis d'entrevoir un modèle alternatif, certainement plus réaliste, qui ne distingue pas la conception et la mise en œuvre comme deux temps consécutifs du cycle d'une politique publique, mais les envisagent comme des étapes conjointes, qui se chevauchent et s'alimentent l'une l'autre. En retraçant pas à pas l'ensemble du processus réformateur, on a bien vu que la norme juridique ne se conçoit pas de façon cloisonnée au centre pour se décliner dans un deuxième temps au local, qu'elle s'élabore en réalité dans d'innombrables interactions entre ces deux niveaux, en mêlant de façon continue des représentants sectoriels et des acteurs de terrain en prise directe avec les contextes locaux d'application de la loi et du règlement. De ce point de vue, nos analyses montrent qu'en matière de risques industriels, le secteur et le territoire ne sont pas des entités étanches l'une à l'autre. Ou, pour reprendre la célèbre formule d'Yves Barel en l'adaptant un peu, que le secteur ou le territoire pur n'existent pas, parce que le secteur est dans le territoire autant que le territoire dans le secteur (Barel, 1981).

Cette affirmation, qui ne vaut peut-être que dans le cas particulier de la prévention des risques industriels, permet pour finir de poser en quelques mots les bases de quelques prolongements possibles à l'enquête présentée dans cet ouvrage. Outre la nécessaire ouverture à d'autres secteurs d'action publique, pour comparer et tenter de monter en généralité, l'idée pourrait être de continuer à explorer les voies par lesquelles le droit s'imprègne de l'espace, de s'essayer en quelque sorte à une géographie de la production normative permettant de mieux qualifier la dimension spatiale des actions collectives organisées qui président à la fabrique des politiques publiques dans le domaine de l'environnement. Trois pistes parallèles pourraient alors être suivies : celle des ancrages locaux des acteurs qui contribuent à cette action publique ; celle de la spatialité des réseaux qui lient ces acteurs ; celle enfin de la territorialité des structures organisationnelles qui articulent ces réseaux, notamment les très nombreux groupes de travail qui contribuent dans l'ombre et de façon discrète à l'essentiel des décisions dans le domaine de l'environnement.

Références citées

Allison G., Halperin M., 1972, « Bureaucratic politics: a paradigm and some policy implications », *World Politics*, vol. 24, p. 40–79.

Amalberti R., 1996, *La conduite des systèmes à risques*, Paris, Presses Universitaires de France.

Audoux C., Gillet A., 2020, « Le(s) collectif(s) de travail comme ressource. Capacitation et management », in Rey F., Vivès C. (dir.), *Le monde des collectifs. Enquête sur les recompositions du travail*, Buenos Aires, Teseo, p. 251–271.

Aust J., Crespy C., Epstein R., Reigner H., 2013, « Réinvestir l'analyse des relations entre l'État et les territoires », *Sciences de la société*, n° 90, p. 3–21.

Autès M., 1995, « Les sens du territoire », *Recherches et Prévisions*, n° 39, p. 57–71.

Aykut S., 2014, « Gouverner le climat, construire l'Europe : l'histoire de la création d'un marché du carbone (ETS) », *Critique internationale*, n° 62, p. 39–55.

Barel Yves, 1981, « Modernité, code, territoire », *Les Annales de la recherche urbaine*, n° 10–11, p. 3–21.

Barthe Y., 2006, *Le pouvoir d'indécision. La mise en politique des déchets nucléaires*, Paris, Economica.

Baruch M. O., 2007, « L'empire (des fonctionnaires) du milieu », *Le Mouvement Social*, n° 218, p. 5–11.

Baruch M. O., Duclert V., 2000, « Une histoire politique de l'administration française, 1875–1945 », in Baruch M. O., Duclert V. (dir.), *Serviteurs de l'État. Une histoire politique de l'administration, 1875–1945*, Paris, La Découverte, p. 5–16.

Batho D., 2014, *Insoumise*, Paris, Grasset.

Bayet C., 2003, *Riverains inondables et défenseurs de l'environnement. Mobilisations et contestations associatives dans le domaine de la prévention des inondations*, Rapport de recherche, CEVIPOF/IEP de Paris.

Bayet C., 2000, « Comment mettre le risque en cartes ? L'évolution de l'articulation entre science et politique dans la cartographie des risques naturels », *Politix*, vol. 13, n° 50, p. 129–150.

Béal V., Epstein R., Pinson G., 2015, « La circulation croisée. Modèles, labels et bonnes pratiques dans les rapports centre-périphérie », *Gouvernement et action publique*, vol. 3, n° 3, p. 103–127.

Bécot R., 2021, « La part industrielle des politiques de l'environnement en France », in Frioux S. (dir.), *Une France en transition. Urbanisation, risques environnementaux et horizon écologique dans le second XXe siècle*, Seyssel, Champ Vallon, p. 206–216

Beltran A., 1997, « Feyzin, Isère, 4 janvier 1966 », *Entreprises et Histoire*, n° 17, p. 37–48.

Benoit M., 2012, « Qu'est-ce que le corporatisme ? Conceptualisation et opérationnalisation du méso-corporatisme », *Social Science Information*, vol. 51, n° 2, p. 217–237.

Benz A., Bogumil J., 2006, « Des "fonctionnaires dominants" au cœur du système fédéral : le cas de l'Allemagne », in Dreyfus F., Eymeri J.-M. (dir.), *Science politique de l'administration. Une approche comparative*, Paris, Economica, p. 118–134.

Berny N., 2019, *Défendre la cause de l'environnement. Une approche organisationnelle*, Rennes, Presses universitaires de Rennes.

Bezes P., Join-Lambert O., 2010, « Comment se font les administrations : analyser des activités administratives constituantes », *Sociologie du travail*, vol. 52, n° 2, p. 133–150.

Blancher P., 1998, « Scénarios de risque industriel et prévention par l'aménagement », in Decrop G., Galland J.-P. (dir.), *Prévenir les risques : de quoi les experts sont-ils responsables?*, La Tour d'Aigues, Éditions de l'Aube, p. 127–148.

Blondiaux L., Sintomer Y., 2002, « L'impératif délibératif », *Politix*, vol. 15, n° 57, p. 17–35.

Bodiguel J.-L., 2007, « Une image de l'administration centrale : les rédacteurs du ministère du Travail (1906–1960) », *Travail et Emploi*, n° 110, p. 77–89.

Bodiguel J.-L., Le Crom J.-P., 2006, *Le « juridisme » du ministère du Travail (une première approche historique). Le corps des rédacteurs et l'organisation de la direction du Travail,* Rapport de recherche, DARES.

Bonnaud L., 2011, « De la catastrophe de Feyzin (1966) à l'explosion d'AZF (2001) : la naissance du métier d'inspecteur des installations classées ? », *Annales des Mines, Responsabilité et Environnement*, n° 62, p. 35–42.

Bonnaud L., Martinais E., 2010, « Expertise d'État et risques industriels. La persistance d'un modèle technocratique depuis les années 1970 », in Bérard Y. et Crespin R. (dir.), *Aux frontières de l'expertise. Dialogues entre savoirs et pouvoirs*, Rennes, PUR, p. 161–175.

Bonnaud L., Martinais E., 2008, *Les leçons d'AZF. Chronique d'une loi sur les risques industriels*, Paris, La Documentation Française.

Bonnaud L., 2007, « Histoire des inspecteurs des installations classées (1810–2006) », *Annales des Mines, Responsabilité et Environnement*, n° 46, p. 89–94.

Bonnaud L., 2005, « Au nom de la loi et de la technique. L'évolution de la figure de l'inspecteur des installations classées depuis les années 1970 », *Politix*, vol. 24, n° 69, p. 131–161.

Bonnaud L., 2002, *Experts et contrôleurs d'État : les inspecteurs des installations classées de 1810 à nos jours*, Thèse de sociologie, ENS Cachan [non publiée].

Bony L., Mellac M., 2020, « Le droit : ses espaces et ses échelles », *Annales de géographie*, n° 733–734, p. 5–17.

Borraz O., Ruiz E., 2020, « Saisir l'État par son administration. Pour une sociologie des rouages de l'action publique », *Revue française de science politique*, vol. 70, n° 1, p. 7–20.

Boudia S., Demortain D., 2014, « La production d'un instrument générique de gouvernement. Le "livre rouge" de l'analyse des risques », *Gouvernement et action publique*, vol. 3, n° 3, p. 33–53.

Boullet D., 2012, « La politique de l'environnement industriel en France (1960–1990). Pouvoirs publics et patronat face à une diversification des enjeux et des acteurs », *Vingtième Siècle. Revue d'histoire*, n° 113, p. 155–168.

Boullier H., 2016, « Évaluer des dossiers "vides". L'expertise REACH face aux asymétries d'information », *Terrains & travaux*, n° 28, p. 41–61.

Bourillet C., 2010, « La contribution de l'administration française aux groupes de travail européens sur les risques industriels », in Galland J.-P., Martinais E. (dir.), *La prévention des risques industriels en France. Bilan et perspectives*, Paris, PUCA, LATTS, EVS-RIVES, p. 249–253.

Boussaguet L., 2019, « Forums », in Boussaguet L. *et al.*, *Dictionnaire des politiques publiques*, Paris, Presses de Sciences Po, p. 273–278.

Brénac E., 1988, « Corporatismes et politique intersectorielle : la politique de l'environnement », in Colas D. (dir.), *L'État et les corporatismes*, Paris, PUF, p. 127–146.

Brénac E., 1985, « Les relations entre l'État et les entreprises et la politique d'environnement industriel », *Cahiers du GERMES*, n° 10, p. 585–598.

Brissaud F., 2014, « Approches probabilistes et risques industriels », in Dupré M., Le Coze J.-C. (dir.), *Réactions à risque : regards croisés sur la sécurité dans la chimie*, Paris, Lavoisier, p. 73–93.

Buton F., 2013, « Ce que nous apprend l'observation historique du travail administratif », in Eymeri-Douzans J.-M., Bouckaert G. (dir.), *La France et ses administrations. Un état des savoirs*, Bruxelles, Bruylant, p. 151–165.

Cadiou S. (dir.), 2016, *Gouverner sous pression ? La participation des groupes d'intérêt aux affaires territoriales*, Paris, L.G.D.J..

Cahen B., 2003, « La politique du MEDD en matière de prévention des risques industriels majeurs dans les installations classées : que peuvent apporter les études probabilistes de sûreté dans le domaine des installations Seveso ? », *Contrôle*, n° 155, p. 100–102.

Cartier S., 2005, « Les nouveaux protocoles d'action publique dans la gestion de risques naturels », in Faure A., Douillet A.-C. (dir.), *L'action publique et la question territoriale*, Grenoble, Presses Universitaires de Grenoble, p. 53–73.

Cefaï D., 1996, « La construction des problèmes publics. Définitions de situations dans des arènes publiques », *Réseaux*, n° 75, p. 43–66.

Chabbal J., 2005, « Le risque invisible. La non-émergence d'un problème public », *Politix*, vol. 18, n° 70, p. 169–195.

Chailleux S., Moyson S., 2016, « The French ban on hydraulic fracturing and the attempts to reverse it: Social mobilization, professional forums and coalition strategies », in Weible C. et al. (eds), *Policy Debates on Hydraulic Fracturing: Comparing Coalition Politics in North America and Europe*, New-York, Palgrave Macmillan, p. 115–145.

Chambon M., Flanquart H., Zwarterook I., 2012, « Subtils flottements entre impératif d'information et déni de communication. Le cas de la mise en œuvre des PPRT ou la gestion des risques technologiques et sa délicate acceptation locale », *Les Enjeux de l'information et de la communication*, vol. 13, n° 2, p. 23–38.

Charbonneau S., Padioleau J.-G., 1980, « La mise en œuvre d'une politique publique réglementaire : le défrichement des bois et forêts », *Revue française de sociologie*, vol. 21, n° 1, p. 49–75.

Charpentier P., Gupta O., 2007, « Quelques enjeux actuels du contrôle de la sûreté des réacteurs nucléaires », *Annales des Mines, Responsabilité et Environnement*, n° 45, p. 34–38.

Chauvin S., Jounin N., 2010, « L'observation directe », in Paugam S. (dir.), *L'enquête sociologique*, Paris, PUF, p. 143–165.

Chevalier B., 2003, « Pour une approche probabiliste dans les études de dangers des sites pétrochimiques. L'expérience du groupe Shell », *Contrôle*, n° 155, p. 103–110.

Chevallier J., 2011, « La place de l'administration dans la production des normes », *Droit et société*, n° 79, p. 623–636.

Chevallier J., 2004, « L'État régulateur », *Revue française d'administration publique*, n° 111, p. 473–482.

Chevreau F.-R., Wybo J.-L., 2007, « Approche pratique de la culture de sécurité. Pour une maîtrise des risques industriels plus efficace », *Revue française de gestion*, vol. 33, n° 174, p. 171–189.

Chiapello E., Medjad K., 2007, « Une privatisation inédite de la norme : le cas de la politique comptable européenne », *Sociologie du Travail*, vol. 49, n° 1, p. 46–64.

Cohen M., March J., Olsen J., 1972, « A Garbage Can Model of Organizational Choice », *Administrative Science Quarterly*, vol. 17, n° 1, p. 1–25.

Colmellère C., 2014, « Penser l'organisation pour maîtriser le risque d'accident majeur. Le poids des supports de conception », in Dupré M., Le Coze J.-C. (dir.), *Réactions à risques. Regards croisés sur la sécurité dans la chimie*, Paris, Éditions Lavoisier, p. 153–167.

Colmellère C., 2008, *Quand les concepteurs anticipent l'organisation pour maîtriser les risques : deux projets de modifications d'installations sur deux sites classés Seveso 2*, Thèse de sociologie, Université de Technologie de Compiègne [non publiée].

Commaille J., 1994, *L'esprit sociologique des lois. Essai de sociologie politique du droit*, Paris, Presses Universitaires de France.

Crozier M, Friedberg E., 1977, *L'acteur et le système*, Paris, Le Seuil.

Dagiral E., Jouzel J.-N., Mias A., Peerbaye A., 2016, « Mesurer pour prévenir ? Entre mise en nombre et mise en ordre », *Terrains & travaux*, n° 28, p. 5–20.

Dechy N., Dien Y., Llory M., 2010, « Pour une culture des accidents au service de la sécurité industrielle », Communication au colloque *Lambda-Mu 17*, Institut pour la Maîtrise des Risques, La Rochelle, France, octobre.

Decrop G., Gilbert C., 1993, « L'usage des politiques de transition : le cas des risques majeurs », *Politiques et management public*, vol. 11, n° 2, p. 143–157.

Decrop G., 1991, « Les risques majeurs naturels et technologiques, objet de politique publique ? », *Les Cahiers de la sécurité intérieure*, n° 6, p. 17–29.

De Galembert C., 2013, « Le droit passe aussi par le débat d'assemblée ! Sociologie de ce moment oublié de la fabrique parlementaire de la loi », in de Galembert C., Rozenberg O., Vigour C. (dir.), *Faire parler le Parlement. Méthodes et enjeux de l'analyse des débats parlementaires pour les sciences sociales*, Paris, L.G.D.J., p. 285–293.

Deharbe D., 2004, « L'étude de dangers : nouvelle pierre angulaire de la prévention des risques technologiques », *Bulletin du droit de l'environnement industriel*, n° 4, p. 19–27.

De Maillard J., 2019, « Faire parler les policiers. Retour sur deux enquêtes par observations et entretiens », *Bulletin de Méthodologie Sociologique,* vol. 144, n° 1, p. 76–98.

De Maillard J., Robert C., 2008, « Gouvernement par comités », in Belot C., Magnette P., Saurugger S. (dir.), *Science politique de l'Union européenne*, Paris, Economica, p. 313–334.

Demarcq F., 1987, « La prévention des risques industriels majeurs en France : le rôle de l'évaluation dans la décision publique », in Fabiani J.-L., Theys J. (dir.), *La société vulnérable. Évaluer et maîtriser les risques*, Paris, Presses de l'École normale supérieure, p. 475–482.

De Terssac G., Gaillard I. (dir.), 2008a, *La catastrophe d'AZF. L'apport des Sciences Humaines et Sociales*, Paris, Lavoisier.

De Terssac G., Gaillard I., 2008b, « Relire les rapports d'expertise sur la catastrophe d'AZF. Essai sur le travail d'expertise », in De Terssac G., Gaillard I. (dir.), *La catastrophe d'AZF. L'apport des Sciences Humaines et Sociales*, Paris, Lavoisier, p. 143–164.

Dobry M., 1986, *Sociologie des crises politiques. La dynamique des mobilisations multisectorielles*, Paris, Presses de la Fondation nationale des sciences politiques.

Dorison A. et al., 2015, *Évaluation du dispositif des pôles inter-régionaux relatifs aux risques*, Rapport n° 009814-01, CGEDD.

Douillet A.-C., 2005, « Fin des logiques sectorielles ou nouveaux cadres territoriaux ? », in Faure A., Douillet A.-C. (dir.), *L'action publique et la question territoriale*, Grenoble, Presses Universitaires de Grenoble, p. 271–279.

Dreyfus F., Eymeri J.-M. (dir.), 2006, *Science politique de l'administration. Une approche comparative*, Paris, Économica.

Dubois V., 2013, « The sociology of administrative work, a study of "street-level bureaucracy" à la française », in Eymeri-Douzans J.-M., Bouckaert G. (dir.), *La France et ses administrations. Un état des savoirs*, Bruxelles, Bruylant-De Boeck, p. 169–176.

Dubois V., 1999, *La vie au guichet. Relation administrative et traitement de la misère*, Paris, Economica.

Duchêne F., 2010, « Quand le risque se heurte au territoire : la révision du POS autour d'une usine chimique », *in* Coanus T., Comby J., Duchêne F., Martinais E. (dir.), *Risques et territoires. Interroger et comprendre la dimension locale de quelques risques contemporains*, Paris, Lavoisier, p. 141–157.

Duchêne F., 2008, « L'élaboration des zonages du risque ou la négociation d'un système commun de représentation des dangers », in Larrue C., Melé P. (dir.), *Territoires d'action. Aménagement, urbanisme, espace*, Paris, L'Harmattan, p. 147–179.

Dupré M., Le Coze J.-C., 2021, *Des usines, des matières et des hommes. De la sécurité industrielle dans la chimie*, Paris, Presse des Mines.

Duran P., Thoenig J.-C., 1996, « L'État et la gestion publique territoriale », *Revue française de science politique*, vol. 46, n° 4, p. 580–623.

Dussouillez M., 2013, *PPRT, quel bilan de la concertation aujourd'hui ?*, Mémoire de master 2, Université Jean Moulin Lyon 3 [non publié].

Duval D., 2006, « La politique d'analyse des risques technologique du groupe Total : harmoniser les méthodes pour renforcer la performance », *Contrôle*, n° 168, p. 110–113.

Dziedzicki J.-M., 2004, « Au-delà du Nimby : le conflit d'aménagement, expression de multiples revendications », in P. Melé, C. Larrue,

M. Rosemberg (dir.), *Conflits et territoires,* Tours, Presses universitaires François-Rabelais, p. 35–64.

Epstein R., 2015, « La gouvernance territoriale : une affaire d'État. La dimension verticale de la construction de l'action collective dans les territoires », *L'Année sociologique*, vol. 65, n° 2, p. 457–482.

Etienne J., 2013, « Ambiguity and relational signals in regulator-regulatee relationships », *Regulation & Governance*, vol. 7, n° 1, p. 30–47.

Eymeri-Douzans J.-M., Bouckaert G. (dir.), 2013, *La France et ses administrations. Un état des savoirs*, Bruxelles, Bruylant.

Eymeri J.-M., 2006, « Pour une sociologie politique comparée des institutions et de l'action publiques », in Dreyfus F., Eymeri J.-M. (dir.), *Science politique de l'administration. Une approche comparative*, Paris, Economica, p. 269–283.

Eymeri J.-M., 2003, « Frontière ou marches ? De la contribution de la haute administration à la production du politique », in Lagroye J. (dir .), *La politisation*, Paris, Belin, p. 47–77.

Farret R., 2010, « Application de la directive Seveso et études de dangers dans quelques pays européens : un regard comparatif », in Galland J.-P., Martinais E. (dir.), *La prévention des risques industriels en France. Bilan et perspectives*, Paris, PUCA, LATTS, EVS-RIVES, p. 225–234.

Faure A., Négrier E. (dir.), 2007, *Les politiques publiques à l'épreuve de l'action locale. Critiques de la territorialisation*, Paris, L'Harmattan.

Faure A., Douillet A.-C. (dir.), 2005, *L'action publique et la question territoriale*, Grenoble, Presses Universitaires de Grenoble.

Fernández Pasarín A. M., 2016, « *The State back in* : la comitologie ou la délégation contrôlée et coordonnée du pouvoir », *Revue française d'administration publique*, n° 158, p. 463–475.

Ferrieux C., 2017, « Le succès paradoxal d'un dispositif partenarial de concertation sur les risques et pollutions industriels », *Sciences de la société*, n° 100, p. 31–45.

Ferrieux C., 2016, « L'ouverture manquée des risques industriels à la concertation. Récit de la marginalisation des riverains et des salariés au sein des Comités Locaux d'Information et de Concertation (CLIC) », in Becerra S., Lalanne M., Weisbein J. (dir.), *Faire face aux risques dans les sociétés contemporaines*, Toulouse, Octarès, p. 77–91.

Ferrieux C., 2015, *Les couloirs du risque. Les milieux industriels et le gouvernement local des risques dans la Vallée de la chimie*, Thèse de science politique, IEP de Lyon [non publiée].

Ferrieux C., Le Naour G., Martinais E., 2010, *Les CLIC en Rhône-Alpes. Bilan et perspectives*, Rapport d'étude, ENTPE-RIVES et Triangle.

Foasso C., 2012, *Atomes sous surveillance. Une histoire de la sûreté nucléaire en France*, Bern, Peter Lang.

Fontaine J., Hassenteufel P., 2002, « Quelle sociologie du changement dans l'action publique ? Retour au terrain et "refroidissement" théorique », in Fontaine J., Hassenteufel P. (dir.), *To change or not to change ? Les changements de l'action publique à l'épreuve du terrain*, Rennes, Presses Universitaires de Rennes, p. 9–29.

Fontanille P., 1996, « La maîtrise de l'urbanisation autour des sites industriels à risques majeurs », *Revue de géographie de Lyon*, vol. 71, n° 1, p. 7–9.

Forest P., 2015, « Vers une géographie du droit ? », *Développement durable et territoires*, vol. 6, n° 1. En ligne : https://journals.openedition.org/developpementdurable/10800.

Forest P. (dir.), 2009, *Géographie du droit. Épistémologie, développement et perspectives*, Québec, Presses Université Laval.

Fouilleux E., de Maillard J., Smith A., 2004, « Les groupes de travail du conseil, nerf de la production des politiques européennes ? » in Lequesne C., Surel Y. (dir.), *L'intégration européenne. Entre émergence institutionnelle et recomposition de l'État*, Paris, Presses de Sciences Po, p. 143–183.

Fourniau J.-M., 2007, « L'expérience démocratique des "citoyens en tant que riverains" dans les conflits d'aménagement », *Revue européenne des sciences sociales*, n° XLV-136. En ligne : http://ress.revues.org/95.

Fournier P., Mattina C., 2014, « Secours ou entrave à l'action publique? Les élus locaux face à l'État dans les territoires mono-industriels à risques », *Sciences de la société*, n° 90, p. 129–148.

Frère S., Zwarterook I., 2016, « La concertation dans l'élaboration des Plans de prévention des risques technologiques de Dunkerque : asymétries d'information et jeux d'acteurs », *Natures Sciences Sociétés*, vol. 24, n° 2, p. 109–122.

Fressoz J.-B., 2012, *L'apocalypse joyeuse. Une histoire du risque technologique*, Paris, Le Seuil.

Friedberg E., 1993, *Le pouvoir et la règle. Dynamiques de l'action organisée*, Paris, Seuil.

Friedberg E., Desjeux D., 1972, « Fonctions de l'État et rôle des grands corps : le cas du corps des Mines », *Annuaire international de la Fonction Publique 1971–1972*, p. 567–585.

Futrell R., 2002, « La gouvernance performative. Maîtrise des impressions, travail d'équipe et contrôle du conflit dans les débats d'une City Commission », *Politix*, vol. 15, n° 57, p. 147–165.

Gallo C., 2013, « Recherche sur la territorialisation du droit », *Jurisdoctoria*, n° 13, p. 21–44.

Garcier R., 2009, « Le droit et la fabrique de l'espace : aperçus méthodologiques sur l'usage des sources juridiques en géographie », in Forest P. (dir.), *Géographie du droit. Épistémologie, développement et perspectives*, Québec, Presses Université Laval, p. 69–89.

Gaudin J.-P., 1995, « Politiques urbaines et négociations territoriales. Quelle légitimité pour les réseaux de politiques publiques ? », *Revue française de science politique*, vol. 45, n° 1, p. 31–56.

Genieys W., Hassenteufel P., 2012, « Qui gouverne les politiques publiques ? Par-delà la sociologie des élites », *Gouvernement et action publique*, vol. 1, n° 2, p. 89–115.

Genieys W., 2010, « L'affirmation d'une élite des politiques de l'État. Le secteur de la protection sociale », *Informations sociales*, n° 157, p. 80–88.

Genieys W., Michel L., 2006, « Au-delà du complexe militaro-industriel. Le rôle d'une élite sectorielle dans le programme du char Leclerc », *Revue française de sociologie*, vol. 47, n° 1, p. 117–142.

Genieys W., Hassenteufel P., 2001, « Entre les politiques publiques et la politique : l'émergence d'une "élite du Welfare" ? », *Revue française des affaires sociales*, n° 4, p. 41–50.

Girard V., 2004, « Avenir d'une identité industrielle et gestion du ou des risque(s) : Pierre-Bénite (69) dans le couloir de la chimie », *Les Annales de la Recherche Urbaine*, n° 95, p. 27–33.

Glaser G., Strauss A., 1967, *The Discovery of Grounded Theory. Strategies for Qualitative Research*, Chicago, Aldine de Gruyter.

Glatron S., 2004, « Le citoyen et le politique dans la gestion urbaine des risques majeurs », *Écologie & politique*, n° 29, p. 85–98.

Goellner J., 2011, « Quelle place pour une réglementation nationale des installations classées, à l'heure de l'Europe ? », *Annales des Mines, Responsabilité et environnement*, n° 62, p. 73–78.

Goepfert E.-M., Martinais E., Le Naour G., 2012, *L'information sur les risques industriels : quelles attentes, quels besoins ?*, Rapport d'étude, ENTPE-RIVES et Triangle.

Gourgues G., Mazeaud A. (dir.), 2018, *L'action publique saisie par ses « publics ». Gouvernement et (dés)ordre politique*, Villeneuve d'Ascq, Presses universitaires du Septentrion.

Graeber D., 2015, *Bureaucratie. L'utopie des* règles, Paris, Les Liens qui libèrent.

Gralepois M., 2011, « L'improbable préemption des territoires à risque industriel majeur », *Géocarrefour*, vol. 86, n° 3–4, p. 271–280.

Gralepois M., 2008, *Les risques collectifs dans les agglomérations françaises : contours et limites d'une approche territoriale de prévention et de gestion des risques à travers le parcours des agents administratifs locaux*, Thèse d'urbanisme, Université Paris-Est [non publiée].

Grembo N., Le Blanc A., Gibout C., Zwarterook I., 2013, « Les PPRT dans le Dunkerquois : des artifices d'une concertation obligée à la construction de compromis », *Les cahiers de la sécurité industrielle*, n° 2013-08.

Grémion C., 1981, « Le rôle politique de la haute administration. I. Le milieu décisionnel central », in de Baecque F., Quermonne J.-L. (dir.), *Administration et politique sous la Cinquième République*, Paris, Presses de la Fondation Nationale des Sciences Politiques, p. 205–223

Guiraudet B., 1989, « ESSO REP: une politique de sécurité », *Préventique*, n° 28, p. 54–58.

Guitard E., 2016, *Les entreprises riveraines des usines Seveso face au PPRT*, Mémoire de TFE, ENTPE [non publié].

Gusfield J., 2009, *La culture des problèmes publics. L'alcool au volant : la production d'un ordre symbolique*, Paris, Economica.

Halpern C., Pollard J., 2017, « Les effets du Grenelle de l'environnement sur l'action publique. Analyse comparée entre deux secteurs : déchets et bâtiment », *Gouvernement et action publique*, vol. 6, n° 2, p. 107–130.

Hassenteufel P., Genieys W., 2020 « The programmatic action framework: an empirical assessment », *European Policy Analysis*, vol. 7, n° S1, p. 28–47.

Hassenteufel P., Smyrl M., Genieys W., Moreno J., 2010, « Programmatic Actors and the Transformation of European Health Care States », *Journal of Health Politics, Policy and Law*, vol. 35, n° 4, p. 517–538.

Hassenteufel P., 2008, *Sociologie politique : l'action publique*, Paris, Armand Colin.

Hassenteufel P., 1998, « Think Social, Act Local. La territorialisation comme réponse à la "crise de l'État-Providence" ? », *Politiques et management public*, vol. 16, n° 3, p. 1–11.

Hassenteufel P., 1995a, « Do policy networks matter ? Lifting descriptif et analyse de l'État en interaction », in Le Galès P., Thatcher M. (dir.), *Les réseaux de politique publique. Débat autour des policy networks*, Paris, L'Harmattan, p. 91–107.

Hassenteufel P., 1995b, « Les groupes d'intérêt dans l'action publique : l'État en interaction », *Pouvoirs*, n° 74, p. 155–167.

Herbelin A., Buclet N., 2017, « L'agglomération de Roussillon en moyenne vallée du Rhône : une proximité historique remise en cause entre ville et industrie », Flux, n° 109–110, p. 73–86.

Hood C., 1983, *The tools of government*, London, Macmillan Press.

Israël L., 2008, « Question(s) de méthodes. Se saisir du droit en sociologue », *Droit et société*, n° 69–70, p. 381–395.

Jaillet M.-C., 1994, « La "territorialisation" des politiques de lutte contre l'exclusion », *Géographes associés*, n° 14–15, p. 63–65.

Jobert B., Muller P., 1987, *L'État en action. Politiques publiques et corporatismes*, Paris, Presses Universitaires de France.

Jouzel J.-N., 2005, « La politique du pire. Un cas de controverse autour d'une usine à risques », in Jouzel J.-N., Landel D., Lascoumes P., *Décider en incertitude*, Paris, L'Harmattan, p. 27–133.

Juvin J.-C., 2010, « L'inspection des installations classées aujourd'hui : un point de vue de praticien », in Galland J.-P., Martinais E. (dir.), *La prévention des risques industriels en France. Bilan et perspectives*, Paris, PUCA, LATTS, EVS-RIVES, p. 27–30.

Kamaté C., 2018, « Public Participation in the Debate on Industrial Risk in France: A Success Story? », in Bourrier M., Bieder C. (eds.), *Risk Communication for the Future. Towards Smart Risk Governance and Safety Management*, Cham, Springer Open, p. 17–30.

Keller S., 1963, *Beyond the Ruling Class. Strategic Elites in Modern Society*, New York, Random House.

Keller W., Modarres M., 2005, « A historical overview of probabilistic risk assessment development and its use in the nuclear power industry: a tribute to the late Professor Norman Carl Rasmussen », *Reliability Engineering & System Safety*, vol. 89, n° 3, p. 271–285.

Knoepfel P., Larrue C., Varone F., Savard J.-F., 2015, *Analyse et pilotage des politiques publiques*, Québec, Presses de l'Université du Québec.

Kübler D., 2002, « Les acteurs associatifs dans l'*advocacy coalition framework* : application aux politiques publiques de lutte contre la drogue en suisse », *Pyramides*, n° 6, p. 83–102.

Laganier R. (dir.), 2006, *Territoires, inondation et figures du risque. La prévention au prisme de l'évaluation*, Paris, L'Harmattan.

Larrue C., 2000, *Analyser les politiques publiques d'environnement*, Paris, L'Harmattan.

Lascoumes P., Bonnaud L., Le Bourhis J.-P., Martinais E., 2014, *Le développement durable. Une nouvelle affaire d'État*, Paris, PUF.

Lascoumes P., 2011, « Des acteurs aux prises avec le "Grenelle Environnement". Ni innovation politique, ni simulation démocratique, une approche pragmatique des travaux du Groupe V », *Participations*, n° 1, p. 277–310.

Lascoumes P., 2011, « Les normes juridiques et les normes techniques de l'inspection des installations classées pour la protection de l'environnement », *Annales des Mines, Responsabilité et Environnement*, n° 62, p. 30–34.

Lascoumes P., 1999, « La technocratie comme extension, cumul et différenciation continus des pouvoirs. Le cas des politiques d'environnement », in Dubois V., Dulong D. (dir.), *La question technocratique*, Strasbourg, Presses universitaires de Strasbourg, p. 187–198.

Lascoumes P., 1998, « La scène publique, nouveau passage obligé des décisions ? Devoirs et pouvoirs d'information dans les procédures de consultation », *Annales des Mines, Responsabilité et Environnement*, n° 10, p. 51–62.

Lascoumes P., Le Bourhis J.-P., 1998, « Le bien commun comme construit territorial. Identités d'action et procédures », *Politix*, vol. 11, n° 42, p. 37–66.

Lascoumes P., 1996, « Rendre gouvernable : de la "traduction" au "transcodage". L'analyse des processus de changement dans les réseaux d'action publique », in CURAPP, *La gouvernabilité*, Paris, PUF, p. 325–338.

Lascoumes P., 1994, *L'éco-pouvoir. Environnements et politiques*, Paris, La Découverte.

Lascoumes P., 1993, « Négocier le droit, formes et conditions d'une activité gouvernementale conventionnelle », *Politiques et management public*, vol. 11, n° 4, p. 47–83.

Lascoumes P., 1990, « Normes juridiques et mise en œuvre des politiques publiques », *L'année sociologique*, n° 40, p. 43–67.

Lascoumes P., 1989, « La formalisation juridique du risque industriel en matière de protection de l'environnement », *Sociologie du travail*, vol. 31, n° 3, p. 315–333

Laurens S., 2015, *Les courtiers du capitalisme. Milieux d'affaires et bureaucrates à Bruxelles*, Paris, Agone.

Laurens S., 2008, « Les agents de l'État face à leur propre pouvoir. Éléments pour une micro-analyse des mots griffonnés en marge des décisions officielles », *Genèses*, n° 72, p. 26–41.

Laurens S., 2007, « "Pourquoi" et "comment" poser les questions qui fâchent ? Réflexions sur les dilemmes récurrents que posent les entretiens avec des "imposants" », *Genèses*, n° 69, p. 112–127.

Le Blanc A., Zwarterook I., 2014, « Les évolutions de la gouvernance des risques industriels vers une transition plus juste. Le cas de Dunkerque (France) », *Journal international de recherche syndicale*, vol. 6, n° 2, p. 337–362.

Le Blanc A., Frère S., Hellequin A.-P., Flanquart H., Gonthier F., Calvo-Mendieta I., 2009, « Le jeu de la concertation autour des sites Seveso : une analyse des dispositifs de gouvernance locale dans l'agglomération dunkerquoise », *VertigO*, hors-série 6. En ligne : http://vertigo.revues.org/9140.

Le Bourhis J.-P., Lascoumes P., 2014, « Les résistances aux instruments de gouvernement. Essai d'inventaire et de typologie des pratiques », in Halpern C., Lascoumes P., Le Galès P. (dir), *L'instrumentation de l'action publique. Controverses, résistance, effets*, Paris, Presses de Sciences Po, p. 493–520.

Le Bourhis J.-P., Bayet C., 2002, *Écrire le risque. Cartographie du danger et transformations de l'action publique dans la prévention des inondations*, Rapport de recherche, CNRS-GAPP.

Le Galès P., 1995a, « Du gouvernement des villes à la gouvernance urbaine », *Revue française de science politique*, vol. 45, n° 1, p. 57–95.

Le Galès P., 1995b, « Les réseaux d'action publique entre outil passe-partout et théorie de moyenne portée », in Le Galès P., Thatcher M. (dir.), *Les réseaux de politique publique. Débat autour des policy networks*, Paris, L'Harmattan, p. 13–28.

Le Galès P., Thatcher M. (dir.), 1995, *Les réseaux de politique publique. Débat autour des policy networks*, Paris, L'Harmattan.

Le Noan R., 2017, « La gestion locale des risques industriels : une concertation en trompe l'œil ? », *Sciences de la société*, n° 100, p. 47–61.

Le Noan R., 2015, *La continuité par le changement. Les changements comme facteurs de stabilité dans la conduite de l'action publique de gestion des risques industriels à Pont-de-Claix (1971–2011)*, Thèse de science politique, Université Lumière Lyon 2 [non publiée].

Le Noan R., 2010, *L'intégration de nouveaux acteurs dans l'élaboration des politiques publiques. L'exemple des tables rondes risques industriels*, Mémoire de TFE, ENTPE [non publié].

Le Roux T. (dir.), 2016, *Risques industriels. Savoirs, régulations, politiques d'assistance, fin XVIIe-début XXe siècle*, Rennes, Presses Universitaires de Rennes.

Le Roux T., 2011, « La première jurisprudence du décret de 1810 : une régulation à l'orientation industrialiste (1810–1830) », *Annales des Mines, Responsabilité et Environnement*, n° 62, p. 11–15.

Lévy J., 2018, « Des espaces du droit », *Revue Géographique de l'Est*, vol. 58, n° 1–2. En ligne : https://journals.openedition.org/rge/8010.

Llory M., 1979, « Utilisation des méthodes probabilistes dans l'aéronautique et le domaine nucléaire », *Revue Générale Nucléaire*, n° 4, p. 399–410.

Lolive J., 1997, « La montée en généralité pour sortir du Nimby. La mobilisation associative contre le TGV Méditerranée », *Politix*, vol. 10, n° 39, p. 109–130.

Maccaglia F., Morelle M., 2013, « Pour une géographie du droit : un chantier urbain », *Géocarrefour*, vol. 88, n° 3, p. 163–172.

Madiot Y., 1995, « Vers une “territorialisation” du droit », *Revue française de droit administratif*, vol. 11, n° 5, p. 946–960.

Malloy T., 2010, « The Social Construction of Regulation: Lessons from the War Against Command and Control », *Buffalo Law Review*, vol. 58, n° 2, p. 267–355.

Martinais E., 2018, « La prévention des risques industriels, frein ou moteur du développement économique ? », *Développement durable et territoires*, vol. 9, n° 3. En ligne : http://journals.openedition.org/developpementdurable/12575.

Martinais E., 2016 « L'élaboration du PPRT de la vallée de la chimie lyonnaise. La prévention des risques industriels comme moteur du développement économique », *Les cahiers de la sécurité industrielle*, n° 2016-04.

Martinais E., 2015, « Citoyens en danger contre riverains responsables. La mobilisation habitante engendrée par l'élaboration des PPRT », *Les cahiers de la sécurité industrielle*, n° 2015-05.

Martinais E., 2011, « Les fonctions sociales et politiques de l'étude de dangers dans le domaine des risques industriels », *Géocarrefour*, vol. 85, n° 4, p. 293–301.

Martinais E., 2010, « L'écriture des règlements par les fonctionnaires du ministère de l'écologie. La fabrique administrative du PPRT », *Politix*, vol. 23, n° 90, p. 193–223.

Martinais E., 2007, « L'administration des risques industriels : entre renouvellement et stabilité », *Regards sur l'actualité*, n° 328, p. 25–37.

Massard-Guilbaud G., 1999, « La régulation des nuisances industrielles urbaines (1800–1940) », *Vingtième Siècle. Revue d'histoire*, n° 64, p. 53–65 ;

Massardier G., 2003, *Politiques et actions publiques*, Paris, Armand Colin.

Mégie A., 2004, « Mise en œuvre », in Boussaguet L., Jacquot S., Ravinet P. (dir.), *Dictionnaire des politiques publiques*, Paris, Presses de Sciences Po, p. 283–290.

Melé P., 2009, « Pour une géographie du droit en action », *Géographie et cultures*, n° 72, p. 25–42.

Melé P., 2008, « Territoires d'action et qualifications de l'espace », in Melé P., Larrue, C. (dir.), *Territoires d'action. Aménagement, urbanisme, espace*, Paris, L'Harmattan, p. 15–45.

Melé P., 2003, « Conflits, territoires et action publique », in Melé P., Larrue C., Rosemberg M. (dir.), *Conflits et territoires*, Tours, Presses universitaires François Rabelais, p. 2–24.

Mény Y., Thoenig J.-C., 1989, *Politiques publiques*, Paris, PUF.

Mény Y., 1986, « La légitimation des groupes d'intérêt par l'administration française », *Revue française d'administration publique*, n° 39, p. 483–494.

Mériaux O., 2005, « Le débordement territorial des politiques sectorielles », in Faure A., Douillet A.-C. (dir.), *L'action publique et la question territoriale*, Grenoble, Presses Universitaires de Grenoble, p. 27–32.

Michel H., 2010, « Mouvements sociaux, groupes d'intérêts et politiques publiques », in Borraz O., Guiraudon V. (dir.), *Politiques publiques 2. Changer la société*, Paris, Presses de Sciences Po, p. 189–212.

Monnet L., 2016, *L'impossible mobilisation. L'exemple des chefs d'entreprise visés par le Plan de Prévention des Risques Technologiques (PPRT) de Salaise-sur-Sanne*, Mémoire de master, IEP de Lyon [non publié].

Muller P., 1990, « Les politiques publiques entre secteurs et territoires », *Politiques et management public*, vol. 8, n° 3, p. 19–33.

Nay O., Smith A., 2002, « Les intermédiaires en politique : médiations et jeux d'institution », in Nay O., Smith A. (dir.), *Le gouvernement du compromis. Courtiers et généralistes dans l'action politique*, Paris, Economica, p. 1–21.

Négrier E., 1995, « Intégration européenne et échanges politiques territorialisés », *Pôle sud*, vol. 3, n° 3, p. 38–54.

Nonjon M., 2009, « Ouvrir la concertation sur les risques industriels : quelle place pour les riverains ? », in Suraud M.-G., Blin M.-P., de Terssac G. (dir.), *Risques industriels : quelle ouverture publique ?*, Toulouse, Octarès, p. 141–157.

Normand T., 2014, « La concertation, ce kaléidoscope d'une action publique plurielle », *Annales des Mines, Responsabilité et environnement*, n° 74, p. 97–100.

Offerlé M., 2013, *Les patrons des patrons. Histoire du Medef*, Paris, Odile Jacob.

Offerlé M., 2009, *Sociologie des organisations patronales*, Paris, Éditions La Découverte.

Osadtchy C., 2014, « Mobilisations et conflits liés à la maitrise de l'urbanisation autour des industries à risque. Le cas du PPRT de la raffinerie de

Provence de Martigues (13) », *Territoire en mouvement*, n° 23–24, p. 129–142.

Osadtchy C., 2015, *Conflits environnementaux en territoire industriel : réappropriation territoriale et émergence d'une justice environnementale. Le cas de l'étang de Berre et de Fos-sur-Mer*, Thèse de géographie, Université du Maine [non publiée].

Ost F., Van de Kerchove M., 1987, « Création et application circulaire du droit. Structure linéaire ou circulaire du système juridique ? », in Ost F., Van de Kerchove M., *Jalons pour une théorie critique du droit*, Bruxelles, FUSL, p. 183–253.

Padioleau J.-G., 1982a, *L'État au concret*, Paris, Presses Universitaires de France.

Padioleau J.-G., 1982b, « L'État et l'entreprise : la lutte anti-pollution dans le secteur des cimenteries », in Padioleau J.-G., *L'État au concret*, Paris, PUF, p. 113–136.

Page E. C., Jenkins B., 2005, *Policy Bureaucraty: Government with a Cast of Thousands*, Oxford, Oxford University Press.

Pautz M. C., 2009, « Trust between Regulators and the Regulated: A Case Study of Environmental Inspectors and Facility Personnel in Virginia », *Politics & Policy*, vol. 37, n° 5, p. 1047–1072.

Penissat E., 2007, « Entre science, administration et politique : produire des statistiques au sein d'un ministère », *Socio-logos*, n° 2. En ligne : http://journals.openedition.org/socio-logos/853.

Peretti-Watel P., 2004, « Le pouvoir local à l'épreuve de la société du risque », *Les Annales de la recherche urbaine*, n° 95, p. 15–18.

Pollak M., 1982, « La régulation technologique : le difficile mariage entre le droit et la technologie », *Revue française de science politique*, vol. 32, n° 2, p. 165–184.

Reigner H., 2002, *Les DDE et le politique. Quelle co-administration des territoires ?*, Paris, L'Harmattan.

Rothstein H., Huber M., Gaskell G., 2006a, « A theory of risk colonization: The spiralling regulatory logics of societal and institutional risk », *Economy and Society*, vol. 35, n° 1, p. 91–112.

Rothstein H., Irving P., Walden T., Yearsley R., 2006b, « The risks of risk-based regulation: Insights from the environmental policy domain », *Environment International*, vol. 32, n° 8, p. 1056–1065.

Robert C., 2010, « Être socialisé à ou par "l'Europe" ? Dispositions sociales et sens du jeu institutionnel des experts de la commission européenne », in Michel H., Robert C. (dir.), *la Fabrique des « Européens ». Processus de socialisation et construction européenne*, Strasbourg, Presses universitaires de Strasbourg, p. 313–345.

Rode S., 2009, *Au risque du fleuve. La territorialisation de la politique de prévention du risque d'inondation en Loire moyenne*, Thèse de géographie, Université Paris X [non publiée].

Rui S., 2006, « Le public fait-il la loi ? Le débat national sur l'eau, entre injonction participative et néo-corporatisme », *Politix*, vol. 19, n° 75, p. 125–142.

Rui S., 2004, *La démocratie en débat. Les citoyens face à l'action publique*, Paris, Armand Colin.

Sabatier P., Weible C., 2007, « The Advocacy Coalition Framework: Innovations and Clarifications », in Sabatier P., *Theories of the Policy Process*, Boulder, Westview Press, p. 189–220.

Sabatier P., Schlager E., 2000, « Les approches cognitives des politiques publiques : perspectives américaines », *Revue française de science politique*, vol. 50, n° 2, p. 209–234.

Sabatier P., Jenkins-Smith H., 1999, « The Advocacy Coalition Framework: An Assessment », in Sabatier P. (ed.), *Theories of the Policy Process*, Boulder, CO, Westview Press, p. 117–166.

Sabatier P., 1998, « The advocacy coalition framework: revisions and relevance for Europe », *Journal of European Public Policy*, vol. 5, n° 1, p. 98–130.

Sabatier P., Jenkins-Smith H., 1993, *Policy Change and Learning. An Advocacy Coalition Framework*, Westview, Boulder.

Sabatier P., 1988, « An Advocacy Coalition Model of Policy Change and the Role of Policy-Oriented Learning Therein », *Policy Sciences*, vol. 21, n° 2–3, p. 129–168.

Schlager E., 2007, « A Comparison of Frameworks, Models, and Theories of Policy Processes », in Sabatier P. (ed.), *Theories of the Policy Process*, Boulder, CO, Westview Press, p. 293–319.

Schlager E., 1995, « Policy Making and Collective Action: Defining Coalitions Within the Advocacy Coalition Framework », *Policy Sciences*, vol. 28, p. 243–270.

Smith A., 2000, « Policy networks and advocacy coalitions: explaining policy change and stability in UK industrial pollution policy? », *Environment and Planning C: Government and Policy*, vol. 18, n° 1, p. 95–114.

Spire A., 2005, « L'application du droit des étrangers en préfecture », *Politix*, vol. 24, n° 69, p. 11–37.

Suraud M.-G., 2019, « La mise en œuvre d'un plan de prévention des risques technologiques : acceptabilité économique *vs.* réduction des risques », *Natures Sciences Sociétés*, vol. 27, n° 3, p. 267–277.

Suraud M.-G., 2013a, « La thématisation des risques industriels majeurs en France : la concurrence "participative" comme enjeu », *VertigO*, vol. 13, n° 3. En ligne : https://id.erudit.org/iderudit/1026861ar.

Suraud M.-G., 2013b, « Comité local d'information et de concertation », in Cassillo I. et al. (dir.), *Dictionnaire critique et interdisciplinaire de la participation*, Paris, GIS Démocratie et Participation. En ligne : https://www.dicopart.fr/comite-local-d-information-et-de-concertation-2013.

Suraud M.-G., Blin M.-P., de Terssac G. (dir.), 2009, *Risques industriels : quelle ouverture publique ?*, Toulouse, Octarès.

Surel Y., 1997, « Quand la politique change les politiques. La loi Lang du 10 aout 1981 et les politiques du livre », *Revue française de science politique*, vol. 47, n° 2, p. 147–172.

Szarka J., 2000, « Environmental Policy and Neo-Corporatism in France », *Environmental Politics*, vol. 9, n° 3, p. 89–108.

Thoenig J.-C., 1996, « Les grands corps », *Pouvoirs*, n° 79, p. 108–121.

Thoenig J.-C., 1973, *L'ère des technocrates. Le cas des Ponts et Chaussées*, Paris, L'Harmattan.

Thomas G. B., 1999, « External Shocks, Conflict and Learning as Interactive Sources of Change in U.S. Security Policy », *Journal of Public Policy*, vol. 19, n° 2, p. 209–231.

Tierney K., 2010, « L'analyse des risques et leurs dimensions sociales », *Télescope*, vol. 16, n° 2, p. 93–114.

Torny D., 2007, « L'administration des risques sanitaires face à l'éloignement de l'expertise : le cas français au tournant des années 2000 ». *Sociologie et sociétés*, vol. 39, n° 1, p. 181–196.

Trom D., 1999, « De la réfutation de l'effet NIMBY considérée comme une pratique militante. Notes pour une approche pragmatique de l'activité revendicative », *Revue française de science politique*, vol. 49, n° 1, p. 31–50.

Varone F., Ingold K., Fischer M., « Administration et réseaux d'action publique », in Giauque D., Emery Y. (dir.), *L'acteur et la bureaucratie au XXIe siècle*, Québec, Presses de l'université de Laval, 2016, p. 115-140.

Vlassopoulou C., 2007, « Protection de l'environnement ou protection du pollueur ? L'emprise des industriels sur la politique antipollution », in Dockès E. (dir), *Au cœur des combats juridiques*, Paris, Dalloz, p. 473–485.

Vogel D., 1986, *National Styles of Business Regulation. A Case Study of Environmental policy*, Ithaca, New York, Cornell University Press.

Warin P., 1999, « Les "ressortissants" dans les analyses des politiques publiques », *Revue française de science politique*, vol. 49, n° 1, p. 103–121.

Weible C. M., 2005, « Beliefs and Perceived Influence in a Natural Resource Conflict: An Advocacy Coalition Approach to Policy Networks », *Political Research Quarterly*, vol. 58, n° 3, p. 461–475.

Weller J.-M., 2018, *Fabriquer des actes d'État. Une ethnographie du travail bureaucratique*, Paris, Economica.

Weller J.-M., 2013, « Enquêter sur l'Administration ou l'énigme du travail administratif », in Eymeri-Douzans J.-M., Bouckaert G. (dir.), *La France et ses administrations. Un état des savoirs*, Bruxelles, Bruylant, p. 211–235.

Weller J.-M., 1999, *L'État au guichet. Sociologie cognitive du travail et modernisation administrative des services publics*, Paris, Desclée de Brouwer.

Wright V., Cassese S. (dir.), 1996, *La recomposition de l'État en Europe*, Paris, La Découverte.

Wright M., 1988, « Policy Community, Policy Network and Comparative Industrial Policies », *Political Studies*, vol. 36, n° 4, p. 593–612.

Vuillard G., 1986, « Le groupe Rhône-Poulenc et la directive post-Seveso », *Annales des Mines*, octobre-novembre, p. 61–66.

Yun C., 2019, « External shocks and policy change in different coalition opportunity structures », *International Review of Public Administration*, vol. 24, n° 1, p. 17–35.

Zwarterook I., 2012, *De la formation à l'incertitude à la gouvernance par l'incertitude*, Rapport de recherche, Programme *Concertation, Décision, Environnement* du ministère de l'écologie et du développement durable.

Liste des sigles

ADECHIM :	Association des entreprises de la chimie minérale
AMF :	Association des maires de France
ANCMRTM :	Association nationale des communes pour la maîtrise des risques technologiques majeurs
BARPI :	Bureau d'analyse des risques et pollutions industriels
BLEVE :	Boiling liquid expanding vapor explosion
BRIEC :	Bureau des risques des industries de l'énergie et de la chimie
BRTICP :	Bureau des risques technologiques et des industries chimiques et pétrolières
CET :	Contribution économique territoriale
CETE :	Centre d'études techniques de l'équipement
CHSCT :	Comité d'hygiène, de sécurité et des conditions de travail
CLIC :	Comité local d'information et de concertation
COSUI PPRT :	Comité de suivi des PPRT
CSIC :	Conseil supérieur des installations classées
CSPRT :	Conseil supérieur de la prévention des risques technologiques
CSS :	Commission de suivi de site
CVM :	Chlorure de vinyle monomère
DGPR :	Direction générale de la prévention des risques
DGUHC :	Direction générale de l'urbanisme, de l'habitat et de la construction
DPPR :	Direction de la prévention des pollutions et des risques
DDAF :	Direction départementale de l'agriculture et de la forêt
DDE :	Direction départementale de l'équipement
DDT :	Direction départementale des territoires
DIREN :	Direction régionale de l'environnement

DRE :	Direction régionale de l'équipement
DREAL :	Direction régionale de l'environnement, de l'aménagement et du logement
DRIRE :	Direction régionale de l'industrie, de la recherche et de l'environnement
EIPS :	Éléments importants pour la sécurité
EPCI :	Établissements publics de coopération intercommunale
EPS :	Études probabilistes de sûreté
EPSOM :	Chambre syndicale des émaux, pigments et sels et oxydes métalliques
ERP :	Établissements recevant du public
FNE :	France nature environnement
GPL :	Gaz de pétrole liquéfié
GT EDD :	Groupe de travail méthodologie des études de dangers
GTSI :	Groupe de travail des services instructeurs PPRT
HSE :	Hygiène, sécurité et environnement
ICPE :	Installations classées pour la protection de l'environnement
IGE :	Inspection générale de l'environnement
IIC :	Inspection des installations classées
INERIS :	Institut national de l'environnement industriel et des risques
IPSN :	Institut de protection et de sureté nucléaire
IRSN :	Institut de radioprotection et de sureté nucléaire
MEDEF :	Mouvement des entreprises de France
MRP :	Ministère du redressement productif
ONG :	Organisation non gouvernementale
OPRI :	Office de protection contre les rayonnements ionisants
PER :	Périmètre d'exposition aux risques
POA :	Personnes et organismes associés
POI :	Plan d'opération interne
PPI :	Plan particulier d'intervention
PPRN :	Plan de prévention des risques naturels
PPRT :	Plan de prévention des risques technologiques
SCM :	Syndicat de la chimie minérale

SEI : Service de l'environnement industriel
SHD : Syndicat des halogènes et dérivés
SGS : Système général de la sécurité
SMHV : Scénario maximum historiquement vraisemblable
SMPP : Scénario maximum physiquement possible
SPPPI : Secrétariat permanent pour la prévention des pollutions industrielles
SREI : Service régional de l'environnement industriel
SRT : Service des risques technologiques
UFIP : Union française des industries pétrolières
UDI : Union des démocrates et indépendants
UIC : Union des industries chimiques
UMP : Union pour un mouvement populaire
UVCE : Unconfined vapour cloud explosion

Tableau récapitulatif des sources

Enquêtes réalisées	Chapitre	Sources mobilisées
Genèse de la réforme de l'étude de dangers	Chap. 1	• Archives nationales, cote CAC 20080057, article 33 (dossiers 90 à 93), articles 60 et 61 (dossiers 184 à 190), article 126 (dossiers 406 et 407), article 131 (dossiers 420 à 422) • Archives internes du Bureau des risques de la DPPR • Entretiens cabinet et DPPR (n = 4)
Écriture et vote de la loi Articles 4 et 5	Chap. 2	• Archives nationales, cote CAC 20080057, articles 70 à 72 (dossiers 219 à 230) • Archives internes du Bureau des risques de la DPPR • Page dédiée à la loi sur le site Internet de l'Assemblée nationale : www.assemblee-nationale.fr/12/dossiers/risques.asp • Entretiens ministres, parlementaires, cabinet, DPPR, fédérations patronales, industriels, DRIRE (n = 18)

Enquêtes réalisées	Chapitre	Sources mobilisées
Mise en règlement de la loi	Chap. 2	• Archives nationales, cote CAC 20080057, articles 62 à 67 (dossiers 191 à 212) • Archives internes du Bureau des risques de la DPPR • Observations groupes de travail, journées nationales et assises nationales des risques technologiques (n = 16) • Entretiens cabinet, DPPR, DGUHC, INERIS, CERTU, fédérations patronales, industriels, DRIRE (n = 15)
Mise en œuvre de l'article 4 Actualisation des études de dangers	Chap. 3	• Archives nationales, cote CAC 20080057, article 127 (dossiers 408 à 410) • Archives internes du Bureau des risques de la DPPR • Observations groupes et réunions de travail (n = 6) • Entretiens DPPR, INERIS, fédérations patronales, industriels, DRIRE (n = 17)
Travaux des GT sectoriels	Chap. 3	• Archives internes du Bureau des risques de la DPPR • Entretiens DPPR, INERIS, UFIP, industriels, DRIRE (n = 6)
Mise en œuvre de l'article 5 Élaboration des PPRT	Chap. 4	• Sites et pages Internet des préfectures et/ou DREAL dédiés à l'élaboration des PPRT • Observations comités d'association, CSS, réunions publiques, groupes et réunions de travail (n = 60) • Entretiens DPPR, AMARIS, DREAL, DDT, industriels, élus et techniciens des collectivités locales (n = 35)

Enquêtes réalisées	Chapitre	Sources mobilisées
Travaux de l'instance de suivi	Chap. 5	• Archives internes du Bureau des risques de la DPPR • Site Internet et archives AMARIS • Entretiens DPPR, fédérations patronales, AMARIS, FNE, industriels (n = 9)
Mobilisations riveraines	Chap. 6	• Blogs et sites Internet des collectifs mobilisés et de la *coordination nationale des association riveraines de sites Seveso* • Sites et pages Internet des préfectures et/ou DREAL dédiés à l'élaboration des PPRT • Revue de presse nationale et locale • Page dédiée à la proposition de résolution d'un moratoire sur les PPRT du site Internet de l'Assemblée nationale : http://www.assemblee-nationale.fr/14/propositions/pion1355.asp • Entretiens membres de collectifs riverains et associations (n = 20)
Écriture de l'ordonnance	Chap. 6	• Archives internes du Bureau des risques de la DGPR • Archives AMARIS • Entretiens DGPR, AMARIS, fédérations patronales (n = 6)

Table des matières

Partie 2
La territorialisation de la prévention des risques industriels

La Fabrique du politique (FAPOL)

Sociologie de l'action publique

L'analyse des politiques publiques, des institutions et acteurs qui les conçoivent, a beaucoup gagné à s'ouvrir largement aux autres sciences sociales et particulièrement à la sociologie. Qu'il s'agisse des organisations internationales, des institutions européennes, des administrations nationales ou encore des collectivités territoriales, les enquêtes quantitatives et qualitatives sur leur personnel et leurs interlocuteurs privilégiés, l'observation ethnographique, le travail sur archives, permettent de renouveler le regard sur l'action publique. Attentives à la diversité des acteurs engagés dans la formulation des politiques publiques, ces recherches peuvent en outre s'appuyer avec profit sur les enseignements et concepts de la sociologie du droit, des organisations, des professions, ou des institutions pour éclairer la façon dont élus, fonctionnaires, experts, représentants d'intérêts, ou encore usagers y contribuent.

La collection accueille des travaux inscrits dans une telle perspective de recherche et mobilisant à cette fin tous types d'enquêtes et de données empiriques de nature à éclairer la fabrique du politique, de l'échelle locale à l'échelle internationale.

Ouvrages parus :

Vol. 1 : Guillaume Courty, *Le lobbying en France. Invention et normalisation d'une pratique politique*, 2018.

Vol. 2 : Yohann Morival, *Les Europes du patronat français depuis 1948*, 2019.

Vol. 3 : Christine Guionnet et Bleuwenn Lechaux (dir.), *Rapports au genre en politique. Petits accommodements du quotidien*, 2020.

Vol. 4 : Willy Beauvallet, Cécile Robert, Elise Roullaud (dir.), *EU Affairs. Sociologie des lobbyistes européens*, 2022.

Vol. 5 : Chloé Gaboriaux et Martine Kaluszynski (dir.), *Au nom de l'intérêt général*, 2022.

Vol. 6 : Gaëlle Ronsin, *Sociologie des conseils scientifiques, Un millefeuille scientifique pour protéger la nature,* 2022.

Vol. 7 : Lola Avril, Samuel B. H. Faure, Vincent Lebrou (dir.), *« C'est la crise ». Contribution à une sociologie politique de l'action publique européenne,* 2023.

Vol. 8 : Emmanuel Martinais, *La fabrique administrative des lois et règlements. Enquête au ministère de l'environnement après la catastrophe d'AZF,* 2024.

www.peterlang.com

FSC
www.fsc.org
MIX
Papier | Fördert gute Waldnutzung
FSC® C083411

Kolibri 360 GmbH
Ferdinand-Jühlke-Straße 7
99095 Erfurt, Deutschland
produktsicherheit@kolibri360.de

Druck:
CPI Druckdienstleistungen GmbH
im Auftrag der
Kolibri 360 GmbH
Ferdinand-Jühlke-Str. 7
99095 Erfurt